高等院校计算机规划教材多媒体系列

InDesign CC 2017 中文版应用教程

张　凡　等◎编著

中国铁道出版社有限公司
CHINA RAILWAY PUBLISHING HOUSE CO., LTD.

内 容 简 介

InDesign CC 2017中文版是Adobe公司推出的一款专业排版设计软件。该软件具有界面友好、易学易用等优点，深受广大用户青睐。

本书属于实例教程类图书，全书分为InDesign CC 2017基础知识，创建基本图形及相关操作，图像、图层和对象效果，文字与段落，文字排版，表格，版面管理，印前与输出，综合实例9章，旨在帮助读者用较短的时间掌握这一软件。本书将艺术灵感和计算机技术结合在一起，系统全面地介绍了InDesign CC 2017的使用方法和技巧，展示了InDesign CC 2017的无限魅力。为了便于读者学习，本书网络资源中包含电子课件以及书中用到的全部素材及结果文件。

本书适合作为大专院校相关专业或社会培训班的教材，也可作为平面设计爱好者的自学和参考用书。

图书在版编目（CIP）数据

InDesign CC 2017中文版应用教程/张凡等编著. —北京：中国铁道出版社有限公司，2021. 8

高等院校计算机规划教材多媒体系列

ISBN 978-7-113-28118-2

Ⅰ.①I… Ⅱ.①张… Ⅲ.①电子排版-应用软件-高等学校-教材 Ⅳ.①TS803. 23

中国版本图书馆CIP数据核字（2021）第125509号

书　　名：InDesign CC 2017 中文版应用教程
作　　者：张　凡　等

策　　划：汪　敏　　　　**编辑部电话：**（010）51873628
责任编辑：汪　敏　包　宁
封面设计：付　巍
封面制作：刘　颖
责任校对：焦桂荣
责任印制：樊启鹏

出版发行：中国铁道出版社有限公司（100054，北京市西城区右安门西街 8 号）
网　　址：http://www.tdpress.com/51eds/
印　　刷：国铁印务有限公司
版　　次：2021 年 8 月第 1 版　2021 年 8 月第 1 次印刷
开　　本：787 mm×1 092 mm　1/16　**印张：**19　**字数：**511 千
书　　号：ISBN 978-7-113-28118-2
定　　价：49.80 元

前 言

Adobe InDesign CC 2017 是 Adobe 公司推出的一款优秀的排版软件，特别是它与 Photoshop、Illustrator 的整合，充分吸收了文字、图形、图像处理的精粹，图文处理功能特别强大，这使得设计人员及排版人员在工作中更加得心应手。使用 InDesign CC 2017 可以制作出各种精美的报纸版面、广告单页、折页、宣传册、VI（视觉识别系统）、杂志版面。

本书属于实例教程类图书，共分 9 章，主要内容包括：

第 1 章主要介绍了图像处理的基础知识和 InDesign CC 2017 的工作界面等方面的知识；第 2 章介绍了创建基本图形及相关操作方面的知识；第 3 章介绍了图像、图层和对象效果方面的知识；第 4 章介绍了文字与段落方面的知识；第 5 章介绍了文字排版方面的知识；第 6 章介绍了表格方面的知识；第 7 章介绍了版面管理方面的知识；第 8 章介绍了印前与输出方面的知识；第 9 章结合前面各章的知识，通过 3 个综合实例来讲解 InDesign CC 2017 在实际设计工作中的具体应用。

本书是“设计软件教师协会”推出的系列教材之一，具有内容丰富、结构清晰、实例典型、讲解详尽、富有启发性等特点。全部实例都是由多所院校（中央美术学院、北京师范大学、清华大学美术学院、北京电影学院、中国传媒大学、天津美术学院、天津师范大学艺术学院、首都师范大学、北京工商大学传播与艺术学院、山东理工大学艺术学院、河北艺术职业学院）具有丰富教学经验的知名教师和一线优秀设计人员从长期教学和实际工作中总结出来的。为了便于读者学习，本书网络资源中含有书中用到的全部素材及结果文件，以及相关电子课件，读者可到中国铁道出版社有限公司网站（Http://www.tdpress.com/51eds/）下载。

本书适合作为大专院校相关专业师生或社会培训班的教材，也可作为平面设计爱好者的自学用书和参考用书。

由于作者水平有限，书中难免存在不足之处，敬请广大读者批评指正。

编 者

2021 年 3 月

目　录

第1章

InDesign CC 2017基础知识

本章重点

InDesign 作为专业的排版软件，在报纸版面设计、广告单页设计、广告折页设计、宣传册设计、封面设计以及杂志设计等方面得到了广泛应用。本章将具体讲解 InDesign CC 2017 基本操作方面的相关知识，通过本章的学习，读者应掌握以下内容。

- 掌握图像处理的基础知识
- 掌握 InDesign CC 2017 工作界面的构成
- 掌握 InDesign CC 2017 文档的基本操作方法
- 掌握置入图形与图像的方法

1.1 图像处理的基础知识

本节主要沿着数字图像艺术创作与图像软件技术的发展这两条脉络，来分析科技的思维方法是如何与艺术创作理念相结合的。

1.1.1 位图与矢量图

以数字方式来记录、处理和保存的图像文件分为两大类：即位图图像和矢量图形。在应用图形与图像时，可以根据其特点取长补短，交叉运用。

1. 位图

位图又称像素图或栅格图像。位图使用排列在网格内的彩色点来描述图像，每个点为一个像素，每个像素都有明确的颜色，用缩放工具将其放大到一定程度，就可以看到紧密排列的颜色方块，如图 1-1 所示。位图图像能够真实地表现色彩，也能够很方便地在不同软件间进行交换。

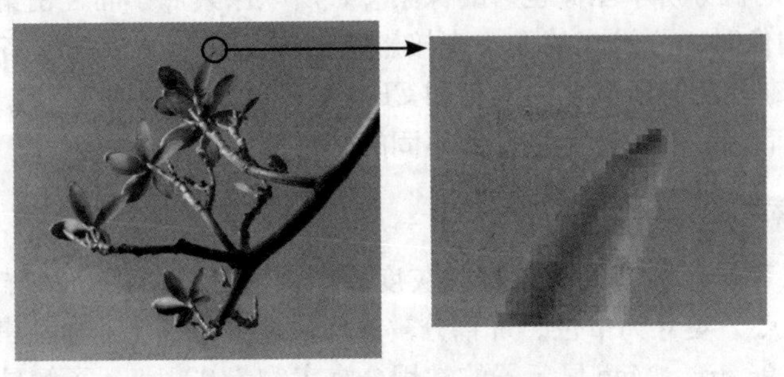

图1-1　位图的放大效果

位图图像在保存文件时，会记录下每一个像素的位置和色彩数值。因此像素越多，分辨率越高，文件也就越大，处理速度就越慢。也因此可以精确地记录色调丰富的图像。可以逼真地表现色彩。

由于位图与分辨率有关，所以如果在屏幕上放大位图图像，或者在打印时采用比其创建目标分辨率更高的分辨率，就会丢失细节并呈现锯齿状。

处理位图的软件有Photoshop、Painter，位图图像通常需要大量的存储空间，因此常常需要进行压缩以降低文件大小。将图像文件导入 InDesign CC 2017之前，可以先在其原始应用程序中压缩该文件。

2. 矢量图

矢量图是用数学方式在屏幕上用线描述的曲线或曲线图形对象，内容以线和色块为主，因此文件容量较小。

矢量图形与分辨率无关，可以将它放大到任意大小，都会保持很高的清晰度，如图1−2所示。在任何分辨率下都可以正常显示或打印，显示矢量图形的像素数目取决于显示器或打印机的分辨率，而不是图像本身。因此，矢量图形适用于标志设计、插图设计、图案设计等。

图1−2　矢量图的放大效果

矢量图形对象具有颜色、形状、轮廓、大小、位置等属性。

制作矢量图形的软件有CorelDRAW、Adobe Illustrator、Freehand、InDesign等。

1.1.2　分辨率

常用的分辨率有图像分辨率、屏幕分辨率、输出分辨率和位分辨率4种。

1. 图像分辨率

图像分辨率是指图像每单位长度所含有的点（dots）或像素（pixel）的多少。高分辨率的图像比相同输出尺寸的低分辨率图像包含的像素多，所以像素点小而且密集，显示图像更精确。

在处理数字化图像时，分辨率的大小直接影响图像品质。分辨率越高，图像越清晰，所产生的文件也就越大，在使用时所需要的内存和CPU处理时间也就越多、越长。因此制作图像时，不同品质的图像、不同用途的图像尽量设置不同的分辨率。

2. 显示器分辨率

显示器分辨率又称屏幕频率，是指打印灰度级图像或分色所用的网屏上每英寸显示的像素或点的数目，一般以点/英寸为单位。屏幕分辨率取决于显示器大小加上其像素设置。PC显示器的常用分辨率约为96 dpi、Mac显示器的常用分辨率约为92 dpi。了解显示器分辨率有助于理解屏幕上图像的显示大小与其打印尺寸不同的原因。

3．输出分辨率

输出分辨率是指激光打印机等输出设备在输出图像的每英寸上所产生的油墨点数。打印时，应使用与打印机分辨率成正比的图像分辨率。多数打印机输出分辨率为 300 ~ 600 dpi，当图像分辨率为 72 ~ 150 dpi 时，打印效果较好。高档照排机能以 1 200 dpi 或更高精度打印，当图像的分辨率为 150 ~ 350 dpi 时，打印效果较好。

4．位分辨率

位分辨率又称位深，单位为位（bit），用来衡量每个像素存储信息的位数。它决定在图像的每个像素中存放的颜色信息量。在 RGB 图像中，每个像素都要记录 R、G、B 三原色的值，每个像素所存储的位数即为 24 位。

1.2　InDesign CC 2017 的工作界面

InDesign CC 2017 的工作界面结构简单，界面清晰。与 Adobe Photoshop、Illustrator 等在软件风格和操作习惯上完全类似，操作起来非常方便。

1.2.1　启动 InDesign CC 2017

启动计算机，单击屏幕左下方的田（开始）按钮，在弹出的菜单中单击“Adobe InDesign CC 2017”，如图 1–3 所示。此时会出现 InDesign CC 2017 的启动画面，如图 1–4 所示。

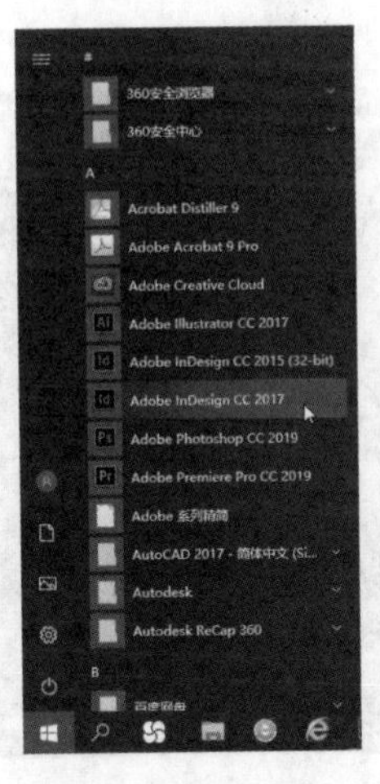

图1–3　启动Adobe InDesign CC 2017

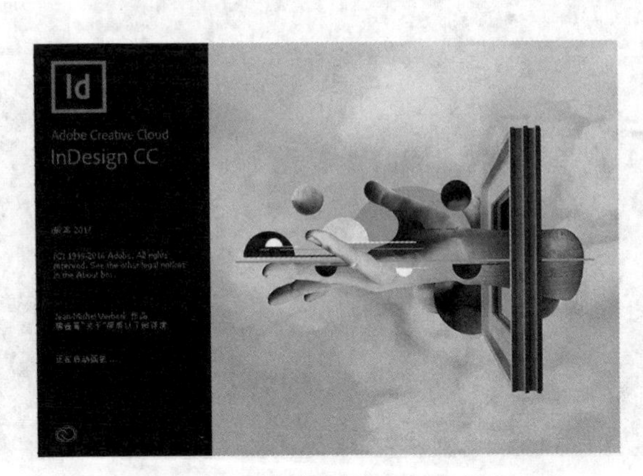

图1–4　InDesign CC 2017 启动画面

等检测完后，默认出现 InDesign CC 2017 起点工作界面窗口，如图 1–5 所示。在该窗口左侧单击“新建”或“打开”按钮，可以新建或打开 Indesign CC 2017 文件；在右侧显示的是最近打开的 Indesign CC 2017 文件缩略图，单击相应的缩略图可以快速打开该文件。

如果要在启动 Indesign CC 2017 后不显示起点工作界面，可执行菜单中的“编辑 | 首选项 | 常规”命令，在打开的“首选项”对话框中取消勾选“没有打开的文档时显示‘起点’工 . . .”复选框，如图 1–6 所示，单击“确定”按钮。这样，以后启动 Indesign CC 2017 时，则不会显示起点工作界面，而直接进入正式工作界面，如图 1–7 所示。

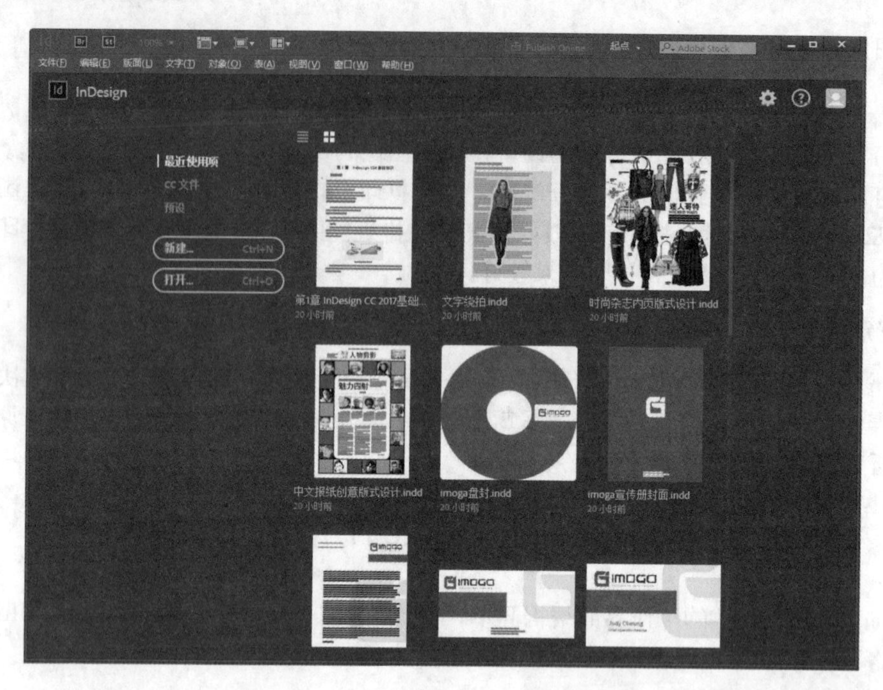

图1-5 InDesign CC 2017工作界面

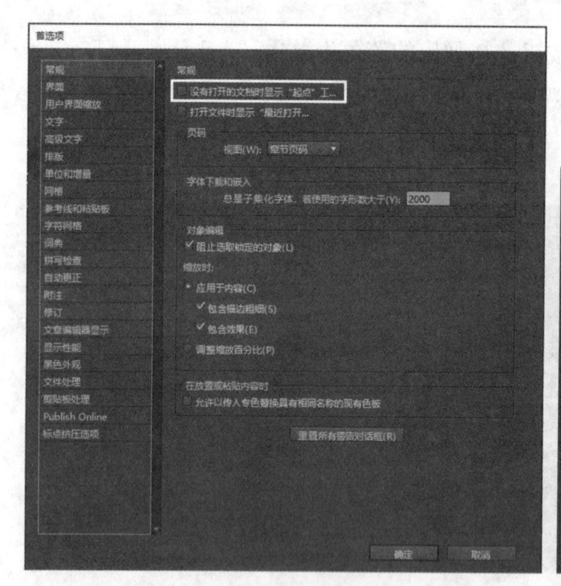

图1-6 取消勾选"没有打开的文档时显示'起点'工..."复选框

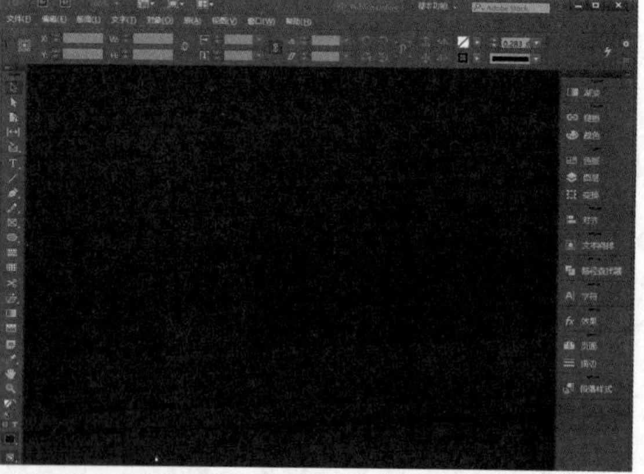

图1-7 正式工作界面

1.2.2 工作界面组成

启动 InDesign CC 2017，然后新建一个 InDesign CC 2017 文件。此时 InDesign CC 2017 工作界面如图 1-8 所示，工作界面中主要包括菜单栏、文档窗口、工具箱和面板组。

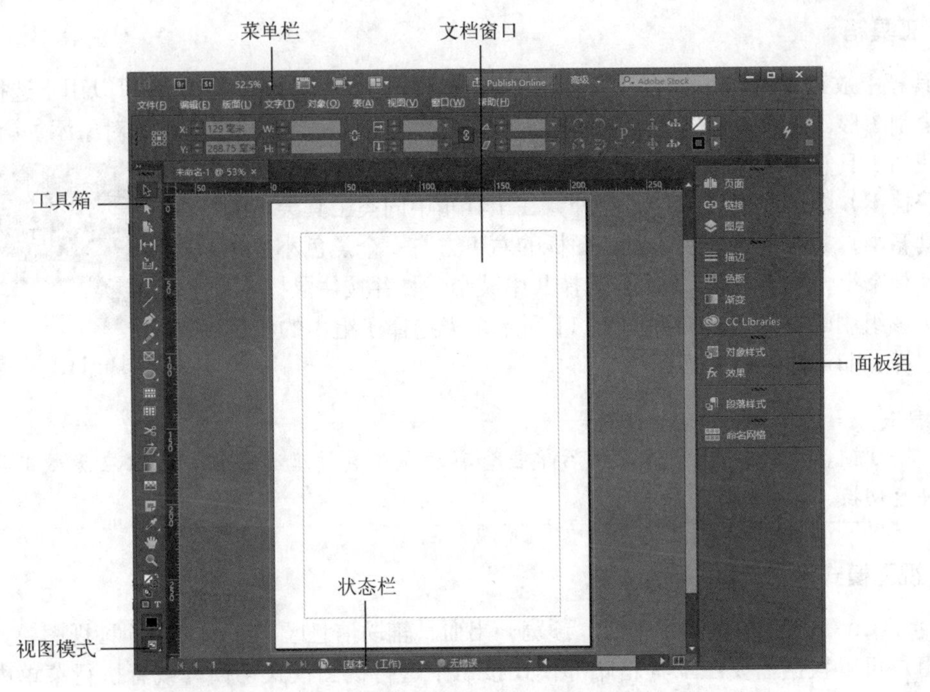

图1-8 新建文件后的工作界面

1．菜单栏

InDesign CC 2017菜单栏中包括“文件”“编辑”“版面”“文字”“对象”“表”“视图”“窗口”“帮助”9个菜单，通过这些菜单中的相关命令可以完成相关操作。菜单栏右侧的3个按钮分别为最小化、最大化和关闭按钮，通过它们可以对工作窗口进行最小化、最大化和关闭操作。该部分讲解详见“1.2.3 菜单简介”。

2．文档窗口

文档窗口用于显示新建、打开或导入的InDesign CC 2017文档内容。其中最外面的红线显示的是3 mm出血，当一张图要覆盖整个页面时一定要覆盖出血，从而防止后期打印或裁剪时留出白边，最里面的框是页边距的控制线，如图1-9所示。

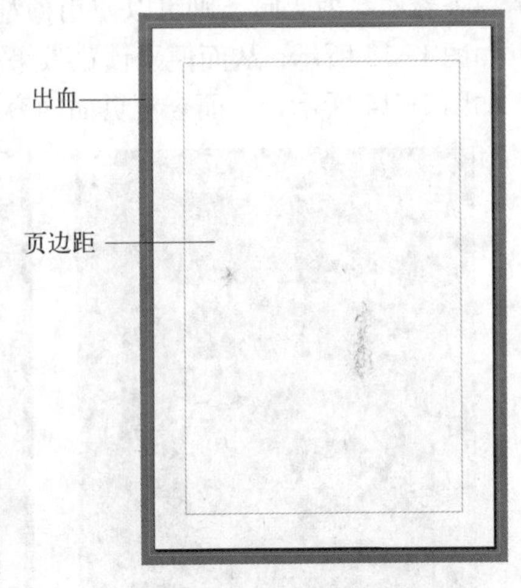

图1-9 文档窗口

3．状态栏

在文档窗口的下方是状态栏，如图1-10所示。用于显示当前页面的页码、印前检查提示等信息，并可以通过页面滚动条调整页面以及通过◀（上一页）、▶（下一页）等按钮控制页面的前进或后退。

图1-10 状态栏

4. 工具箱

工具箱中放置了 InDesign CC 2017 中常用操作的所有工具，这些工具可以用于选择、绘制路径、绘制图形、变换、取样、裁切、查看图像，还可以输入、编辑文字，为对象添加渐变色等。如果要使用工具箱中的某个工具，只要在工具箱中单击该工具的图标（或按下其快捷键）即可选中该工具。另外，在工具箱中同类工具会被编成组置入工具箱中，其特征就是在该工具图标的右下方有一个黑色小三角，表示该工具是个组，含有隐藏工具，当选择其中某个工具并按住鼠标不放时，会显示出该组中的全部工具，如图 1-11 所示，当选择了组中的相应工具后松开鼠标，即可选中该工具。

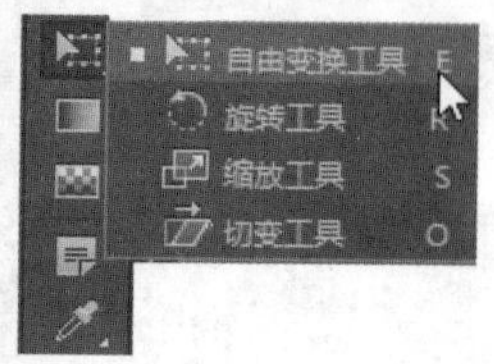

图1-11 隐藏工具

提示
按住键盘上的〈Alt〉键，然后单击含有隐藏工具的工具按钮，可以在隐藏工具间进行快速切换。

5. 视图模式

InDesign CC 2017 提供了正常、预览、出血、辅助信息区和演示文档 5 种视图模式供用户选择。用户可以根据需要在工具箱底部模式按钮中进行视图模式切换（或者执行菜单中的“视图|屏幕模式”中的命令进行视图模式切换）。比如用户在排版时通常使用正常模式，该模式会在页面中显示出辅助线、网格和框架等内容，如图 1-12 所示，从而便于用户创作作品；而当用户查看作品效果时，则可以使用预览模式，这样可以隐藏页面中的辅助线、网格和框架等内容，如图 1-13 所示，从而便于预览效果；在输出作品之前，通常使用出血模式显示页面边缘的出血，如图 1-14 所示，从而查看页面内容是否完整，防止在后期裁剪时将内容裁剪掉，出现白边。

图 1-12 正常视图模式显示

1-13 预览视图模式显示

图 1-14 出血视图模式显示

6. 面板组

面板组用于查看或修改文件的编排方式。使用面板组可以在很大程度上方便执行某些命令，或者加快制作某种效果的速度。该部分讲解详见“1.2.4 控制面板与面板使用”。

1.2.3 菜单简介

对菜单的认识和理解是正确、高效地应用 InDesign CC 2017 各种功能的前提。本节将对各菜单进行介绍。

1. “文件”菜单

“文件”菜单中包括用于新建、打开、浏览、关闭、存储、恢复、导出、文档设置、打包、打印文档的相关命令，如图 1−15 所示。

2. “编辑”菜单

“编辑”菜单中包括还原、重做、复制、粘贴、全选、快速应用、查找更改、透明混合空间、透明度拼合预设、颜色设置、指定配置文件、键盘快捷键、菜单及首选项等命令，如图 1−16 所示。

提示

菜单中显示为灰色的命令，为当前不可执行的命令。

3. “版面”菜单

“版面”菜单中的命令用于文档版面的设置，包括版面网格、页面、边距和分栏、标尺参考线、创建参考线、页码和章节选项、目录、更新目录、目录样式，还有上一页、下一页等页面导航命令，如图 1−17 所示。

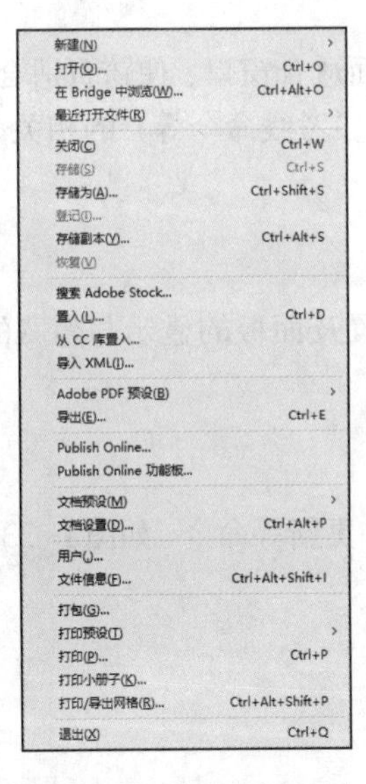

图1−15 “文件”菜单

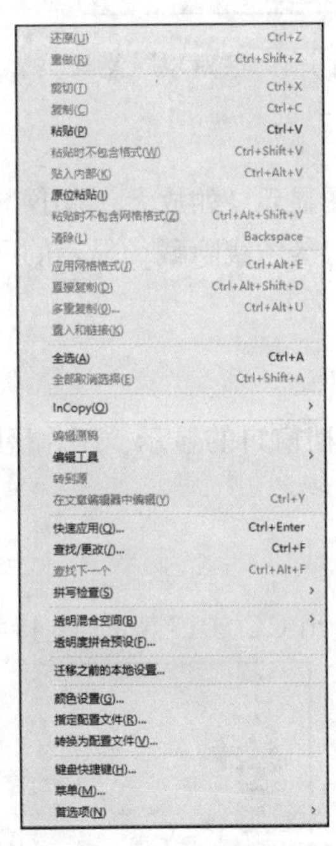

图1−16 “编辑”菜单

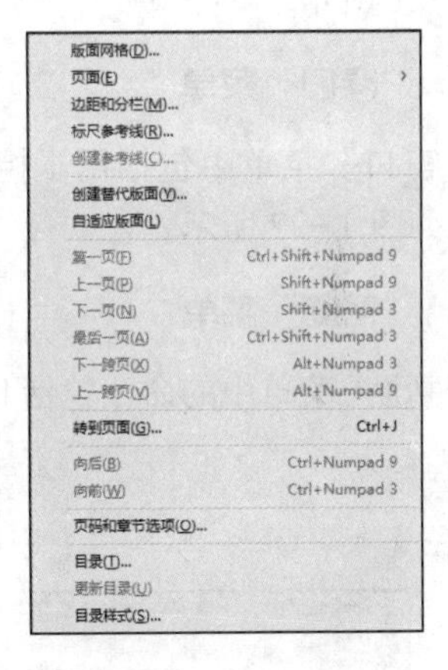

图1−17 版面菜单

4. “文字”菜单

“文字”菜单中包括主要用于字符与段落属性的设置，以及插入一些特殊符号的相关命令，如图 1−18 所示。

5. “对象”菜单

“对象”菜单中包括用于变换、排列、选择、编组、锁定、定位对象、效果、角选项，以及剪切路径、路径、路径查找器等相关命令，如图 1−19 所示。

6．“表”菜单

“表”菜单中包括用于制作、设置表以及设置表的行、列和单元格等命令，如图 1–20 所示。

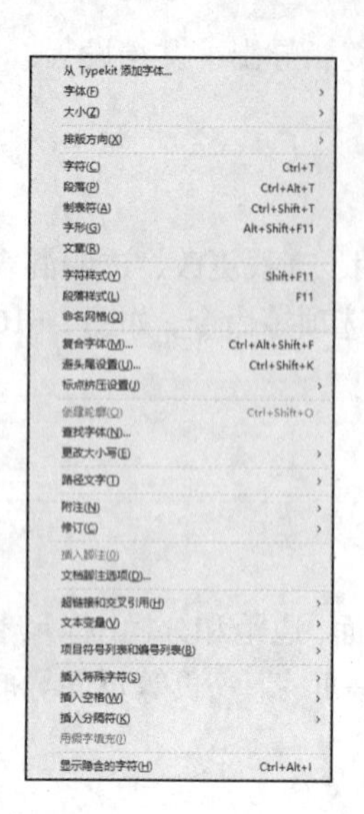

图1–18 “文字”菜单

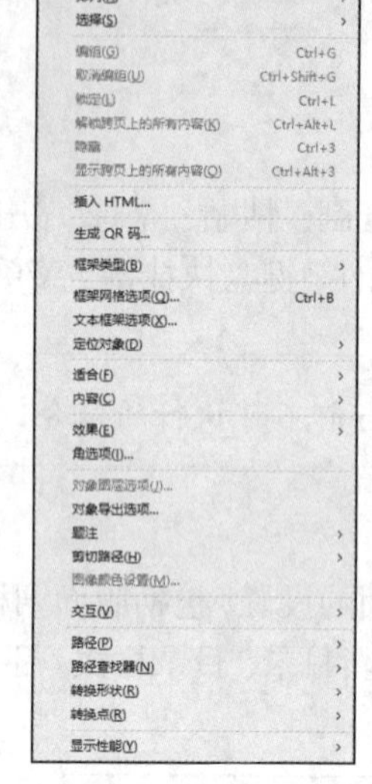

图1–19 “对象”菜单

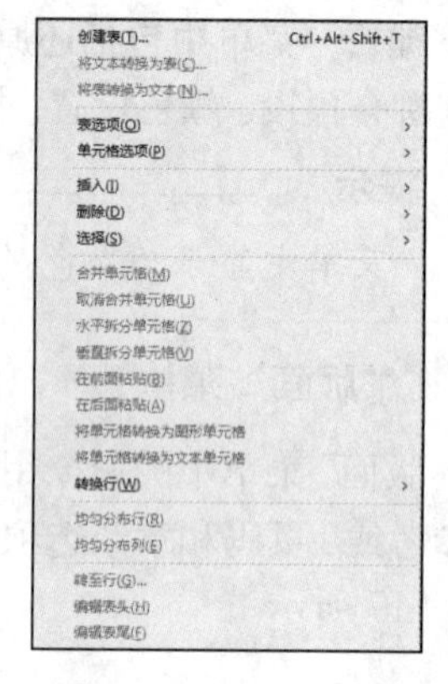

图1–20 “表”菜单

7．“视图”菜单

“视图”菜单中包括用于控制视图显示（如放大、缩小、使页面适合窗口、使跨页适合窗口、实际尺寸、屏幕模式，还有控制网格与参考线隐藏／显示的网格和参考线命令等）的相关命令，如图 1–21 所示。

8．“窗口”菜单

“窗口”菜单中包括用于控制文档窗口的显示、工作区域设置及面板的显示与隐藏的相关命令，如图 1–22 所示。

9．“帮助”菜单

“帮助”菜单中的命令包括 InDesign CC 2017 帮助、支持中心和更新等命令，如图 1–23 所示。

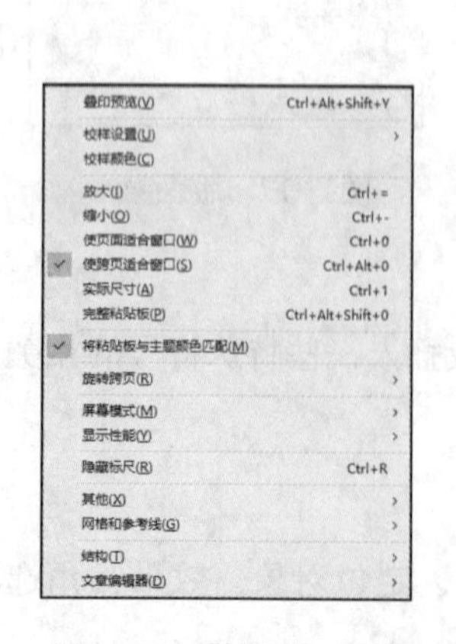

图1–21 “视图”菜单

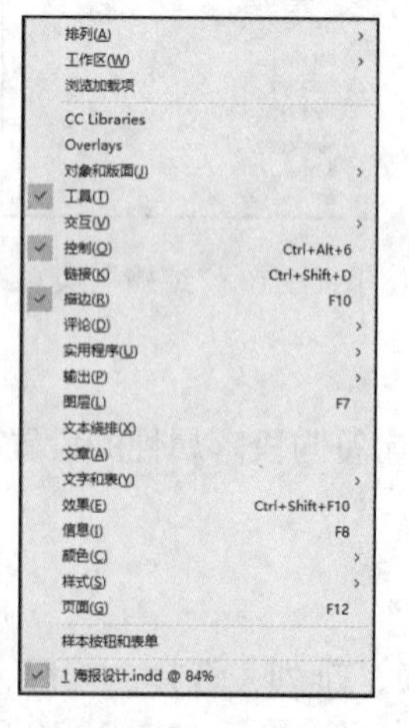

图1–22 “窗口”菜单

图1–23 “帮助”菜单

1.2.4　控制面板与面板使用

默认情况下，InDesign CC 2017 的控制面板位于工作界面中菜单栏下面，其他面板位于工作界面右侧。

1．控制面板

控制面板是最常用的面板，用于显示与当前页面项目或对象有关的选项和命令。根据选择对象的不同，控制面板中显示的选项也会相应变化。使用控制面板可以方便地对文字、图形、图像进行编辑与设置。

（1）选择对象为文字或段落文本的控制面板

当选择对象为文字或段落文本时，控制面板会显示出关于字符与段落属性的选项。

在控制面板左侧单击字（字符格式控制）按钮，可以显示出字符的相关属性，此时可以设置字符的字体、字号、缩放比例、上标、下标、间距、挤压、应用的字符样式，如图 1-24 所示。

图1-24　字符控制面板

在控制面板左侧单击段（段落格式控制）按钮，可以显示出段落属性，此时可以设置段落的对齐、缩进、段前段后间距、首字下沉、避头尾设置、标点挤压、所用的段落样式、文章方向，如图 1-25 所示。

图1-25　段落控制面板

（2）选择对象为图形、图片和文本框架的控制面板

当选择对象为置入的图形、图片和文本框架时，控制面板中会显示出适合选项图标和用于编辑这些对象的选项，例如对象的位置、长宽尺寸、对象缩放百分比、旋转、切变、描边等，如图 1-26 所示。

图1-26　对象控制面板

（3）选择对象为表格的控制面板

当选中表格中的单元格时，控制面板中会显示出表格设置的选项，此时可以设置单元格中文字的属性、文本对齐方式，调整表格行数、列数、行高、列宽，还可以将选中单元格进行合并或取消合并，如图 1-27 所示。

图1-27　表格控制面板

2．使用面板

面板组位于工作界面右侧，默认情况下以缩略图的方式进行显示，如图 1-28 所示。单击面板组顶部的«（展开面板）按钮，可将面板图标扩展，如图 1-29 所示。

（1）显示 / 隐藏面板

显示 / 隐藏面板有以下 3 种方法。

- 在“窗口”菜单中选择相应的面板名称，如“链接”，如果面板名称前显示为☑，如图 1-30 所示，表示在窗口中已经显示了该面板，再次选择此命令将隐藏此面板。

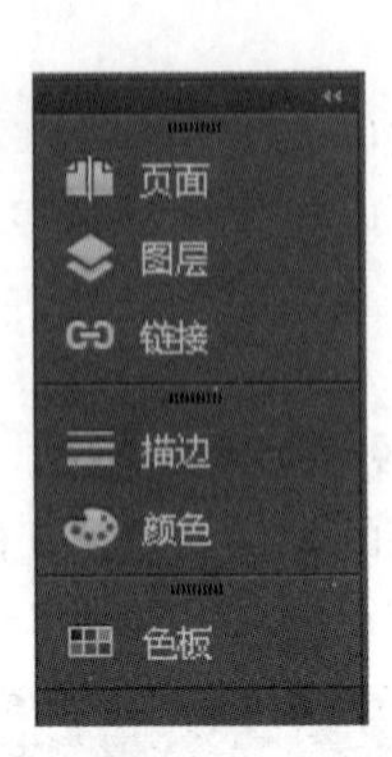

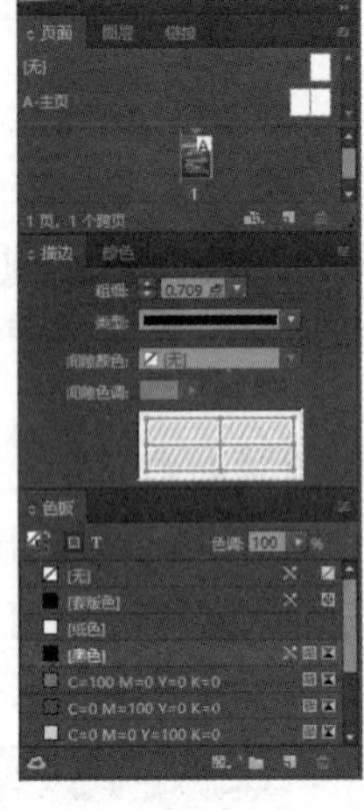

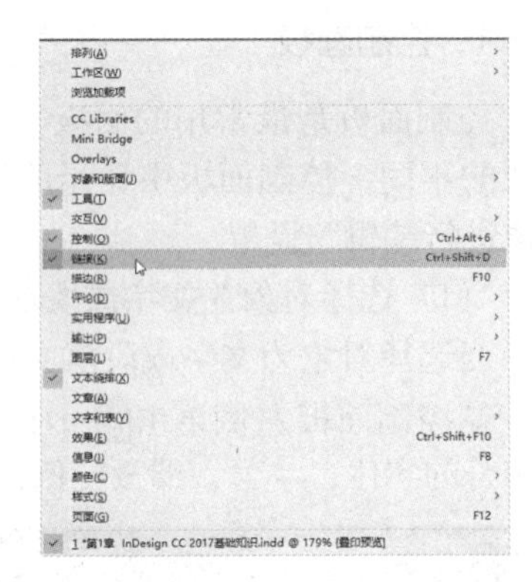

图1-28　面板组以缩略图进行显示　图1-29　扩展面板后的效果　图1-30　选中面板前显示为☑

- 按面板相应的键盘快捷键可以在显示和隐藏相应的面板之间进行切换。例如按快捷键〈F10〉，可以在显示和隐藏“描边”面板之间进行切换；按快捷键〈Ctrl+T〉，可以在显示和隐藏“字符”面板之间进行切换。
- 当页面中的文本框或面板选项文本框中没有任何文本插入点时，按〈Tab〉键，可以显示或隐藏所有面板。

（2）调整面板的大小

使用鼠标拖动面板的边框或四个角，可以调整面板的大小，如图 1-31 所示。

（3）简化面板

- 对于有些面板，如“色板”面板，单击面板名称左侧的按钮⇕，面板会依次显示为大面板、中面板和小面板，如图 1-32 所示。

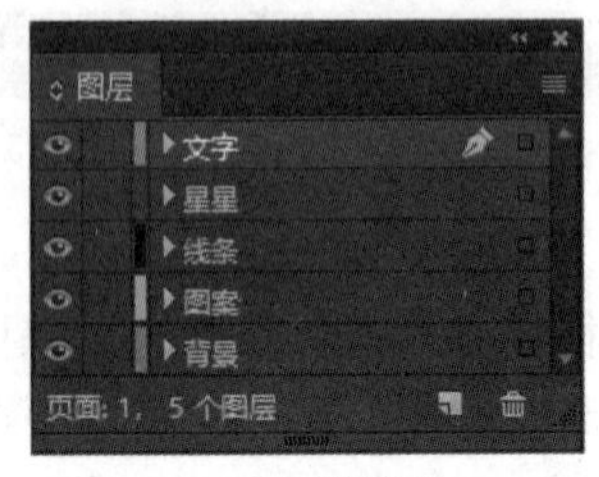

(a) 调整前

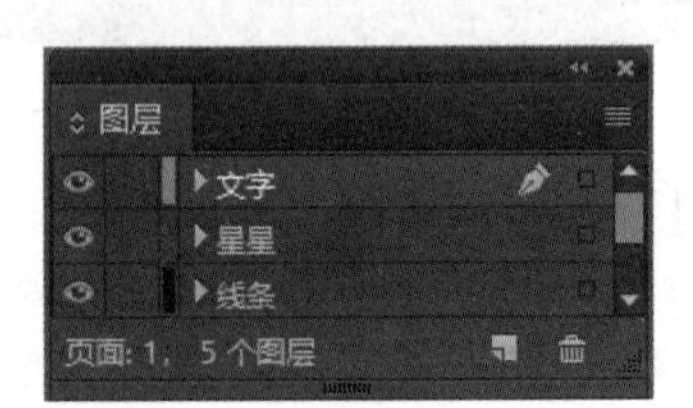

(b) 调整后

图1-31　调整面板的大小

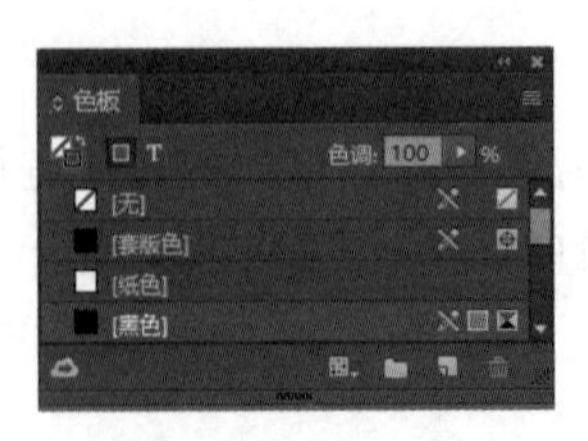

图1-32　显示为大面板、中面板和小面板

● 单击面板右上角的▤按钮，从弹出的快捷菜单中选择“隐藏选项”命令，如图 1-33 所示，可隐藏部分选项，如图 1-34 所示；当需要显示选项时，可单击“面板”右上角的▤按钮，从弹出的快捷菜单中选择“显示选项”命令即可。

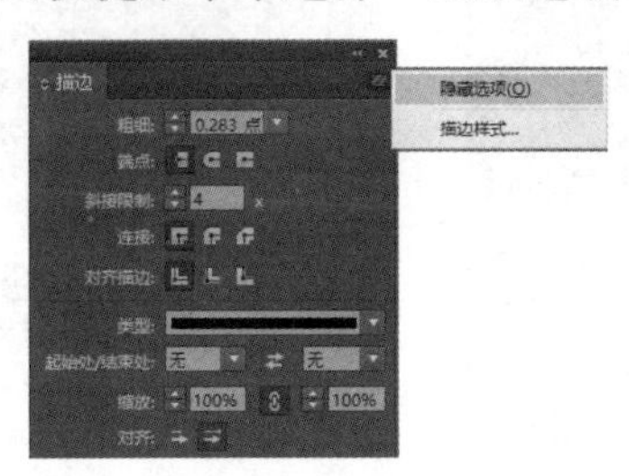

图1-33　选择“隐藏选项”命令

图1-34　“隐藏选项”后的效果

● 单击面板右上角的«按钮，如图 1-35 所示，可以简化面板，如图 1-36 所示。

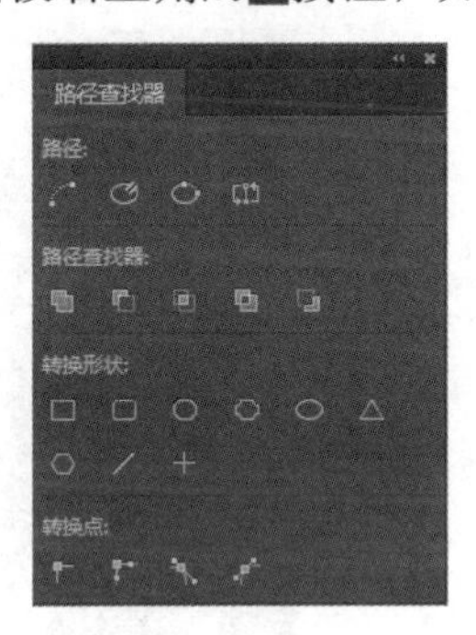

图1-35　单击面板右上角的«按钮

图1-36　简化面板后的效果

（4）组合面板

为方便显示与使用，可以将多个面板组合在一起。例如，可以将描边、对齐、颜色面板组合在一起。组合面板的方法很简单，只需将要组合的面板选项卡拖到目标面板中，如图 1-37 所示，然后松开鼠标，即可将面板组合到一个面板中，如图 1-38 所示。

如果要将多个面板组中的某个面板显示为单独的面板，可以将面板选项卡拖至所在面板组的外面，然后松开鼠标即可。

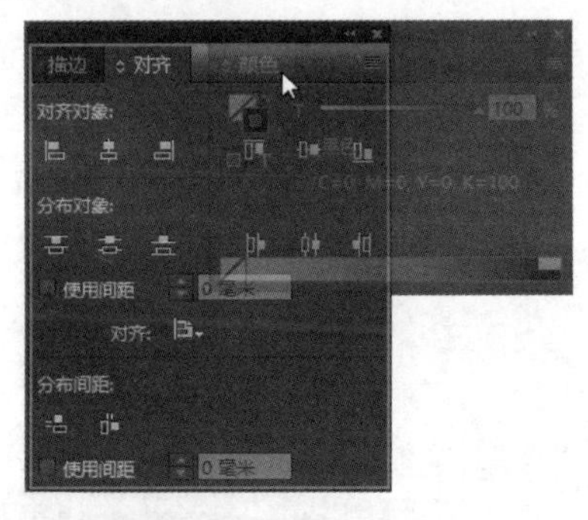

图1-37　将面板的选项卡拖到目标面板中

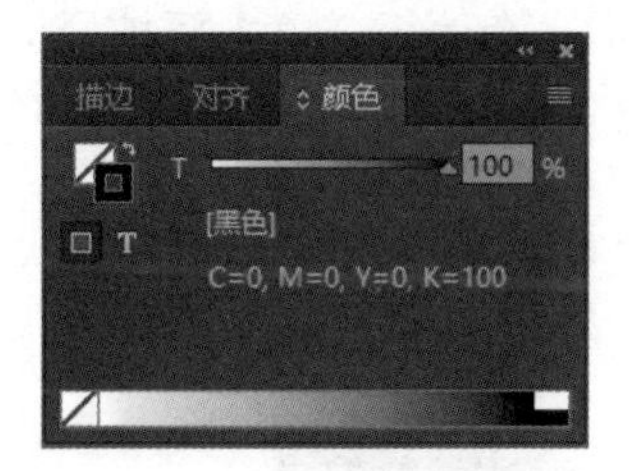

图1-38　组合面板的效果

（5）停放面板

在 InDesign CC 2017 中，默认情况下面板组停放在应用程序窗口右侧，只显示选项卡，如图 1-39 所示。如果要便于调整相关属性，也可以将停放的面板拖出来成为浮动面板。

- 停放浮动面板。单击相关面板的选项卡(此时选择的是“字符”面板)，如图 1-40 所示，然后将其拖动到应用程序窗口的右侧面板组中，当其显示为图 1-41 所示的形状时，放开鼠标，即可将该面板停放到窗口的右侧，如图 1-42 所示。
- 将停放的面板转换为浮动面板。在停放的面板中选择目标选项，然后将其拖离停放的面板组，即可将其从停放的面板转换为浮动面板。

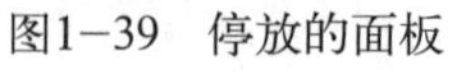
图1-39　停放的面板

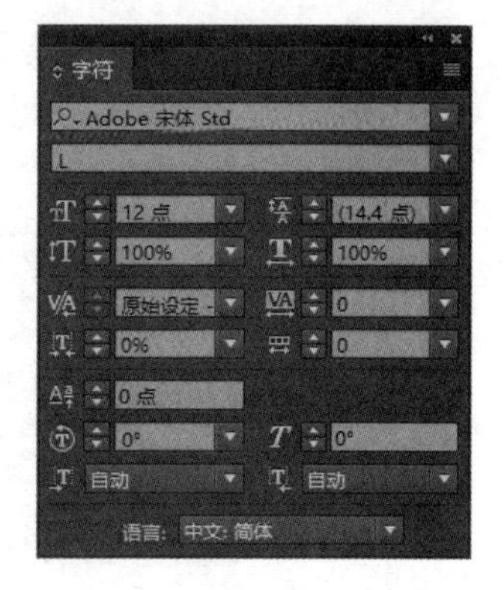

图1-40　单击相关面板的选项卡

- 显示停放的面板。单击“扩展停放”按钮 ，将显示出面板的全部选项，如图 1-43 所示。

图1-41　拖动时的状态

图1-42　停放面板的效果

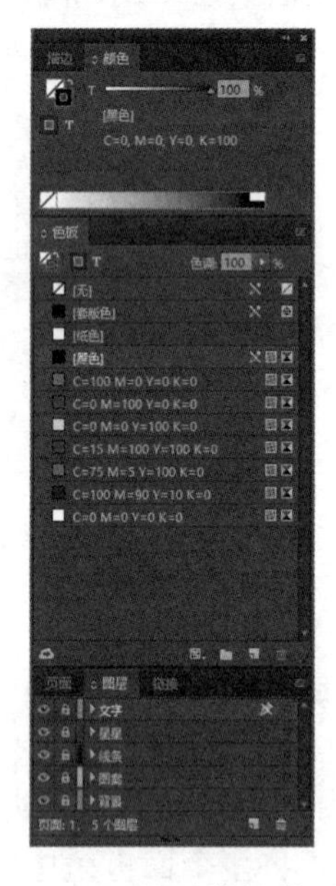

图1-43　显示停放的面板

- 折叠停放的面板。单击“折叠为图标”按钮，将只显示面板图标和面板名称，如图 1-44 所示。
- 只扩展一个面板。单击要扩展面板的图标即可扩展该面板，如图 1-45 所示。

图1-44　折叠停放的面板

图1-45　扩展单个面板

1.3　文档基本操作

本节将具体讲解 InDesign CC 2017 中新建文档、打开文档、存储文档等基础操作。

1.3.1　新建文档

在 InDesign 中设计作品，首先需要新建文档，用于保存和显示设计内容。新建文档的具体操作步骤如下。

执行菜单中的“文件 | 新建 | 文档”（快捷键〈Ctrl+N〉）命令，弹出图 1-46 所示的“新建文档”对话框。

该对话框中的主要参数含义如下。

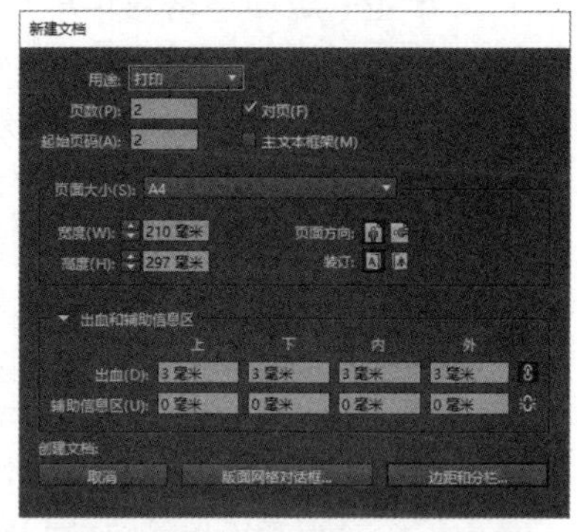

图1-46　“新建文档”对话框

- 页数：设置新文档的页数。根据要编排文件的类型而设定，可以大概设定一个数值，在以后的编辑中可以增加或删除。
- 对页：勾选“对页”复选框，可以使双页面跨页中的左右页面彼此相对，如图 1-47 所示。如果未勾选，新建文档中的每个页面都是彼此独立的，如图 1-48 所示。

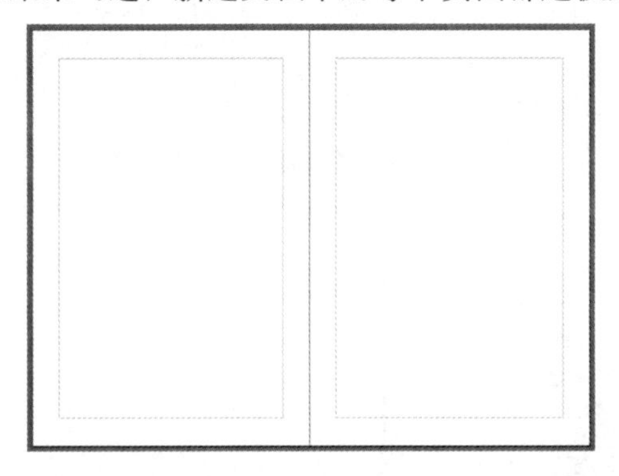

图1-47　勾选“对页”复选框效果

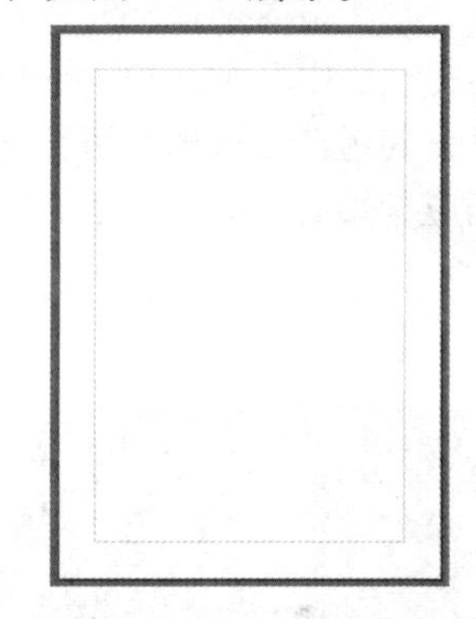

图1-48　未勾选“对页”复选框效果

- 主页文本框架：选择此选项，将创建一个与边距参考线内的区域大小相同的文本框架，并与指定的栏设置相匹配。此主页文本框架将被添加到主页 A 中。该选项可用于排版书籍。
- 页面大小：用于选择页面的尺寸，如 A3、A4、A5、B2、B3、信封等。也可以通过在下面的“宽度”和“高度”文本框中输入数值设定页面尺寸。其中“宽度”和“高度”的取值范围为 0.353 ~ 5 486.4 mm。
- 页面方向：用于设置新建文档的页面方向。页面方向有（纵向）和（横向）两种，默认设置为（纵向）。
- 装订方向：用于设置新建文档的装订方向。有（从左到右）和（从右到左）两种，默认设置为（从左到右）。
- 出血：用于设置对齐对象扩展到文档裁切线外的部分。出血区域在文档中由一条红线表示，出血线默认为 3 mm。
- 辅助信息区：用于显示打印机说明、签字区域文档的其他相关信息。

提示

超出出血或辅助信息区以外的对象不可打印。

在“新建文档”对话框的“创建文档”区域有“取消”“版面网格对话框”“边距和分栏”3个按钮。

① 单击“取消”按钮，可以取消新建文档的操作。

② 单击“版面网格对话框”按钮，弹出图1–49所示的“新建版面网格”对话框。该对话框用于设置文档中显示的网格效果，主要参数的含义如下。

- 方向：用于设置网格的排列方向，有水平和垂直两个选项供选择。
- 字体：用于设置新文档的字体样式。
- 大小：用于设置网格正文文字的字号，并由字体的字号确定网格单元格的大小。
- 垂直：用于设置网格正文文字的垂直与水平缩放比例，网格的大小将根据比例而变化。
- 字间距：用于设置网格正文文本字符之间的距离。
- 行间距：用于设置网格文字行与行之间的距离。
- 字数：用于设置每行的字符数，字符数不能超出页面尺寸，取值范围为1～21。
- 行数：用于设置网格的行数，行数不能超出页面尺寸，取值范围为1～37。
- 栏数：用于设置页面中的分栏数值，取值范围为1～20。
- 栏间距：用于设置栏与栏之间的距离，其取值范围为0～175.233 mm
- 起点：用于设置网格的起点位置。有上/内、上/外、下/内、下/外、垂直居中、水平居中和完全居中7个选项供选择。
- 预览：勾选该复选框，可在文档中预览效果。

设置相应参数后，单击“确定”按钮，即可新建一个有网格的版面，如图1–50所示。

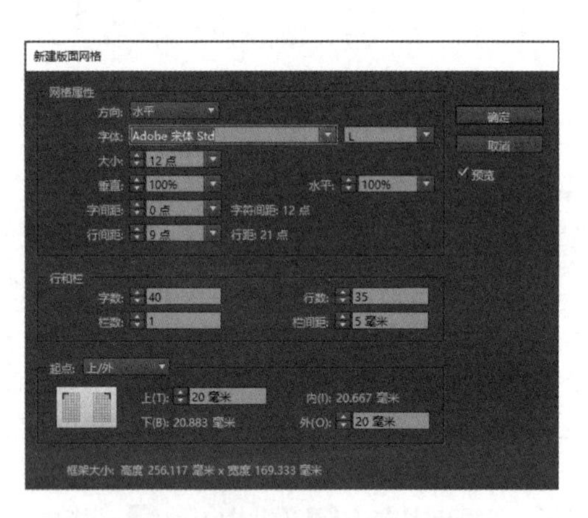

图1–49 “新建版面网格”对话框

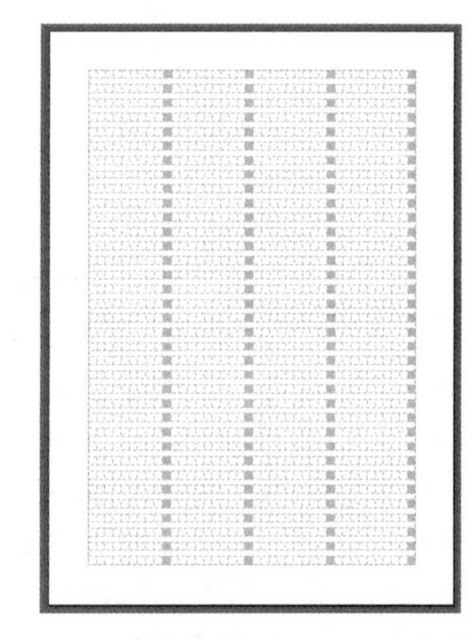

图1–50 新建版面网格效果

③ 单击“边距和分栏”按钮，弹出图1–51所示的“新建边距和分栏”对话框。该对话框用于设置文档的固定边距和栏数，主要参数含义如下。

- 边距：边距是版心距离页面边缘的距离。该选项组用来设置上、下、内和外边距的数值，其取值范围为0～11 559.469 mm。
- 栏：用于设置页面栏数、栏间距和排版方向。其中栏数取值范围为1～216；栏间距的取值范围为0～508 mm；排版方向包括水平和垂直两种方向。
- 启用版面调整：勾选该复选框，系统将自动调整版面。
- 预览：勾选该复选框，系统将自动在文档中显示效果。

设置相应参数后，单击“确定”按钮，可以新建一个固定栏数和栏宽的版面，如图 1–52 所示。

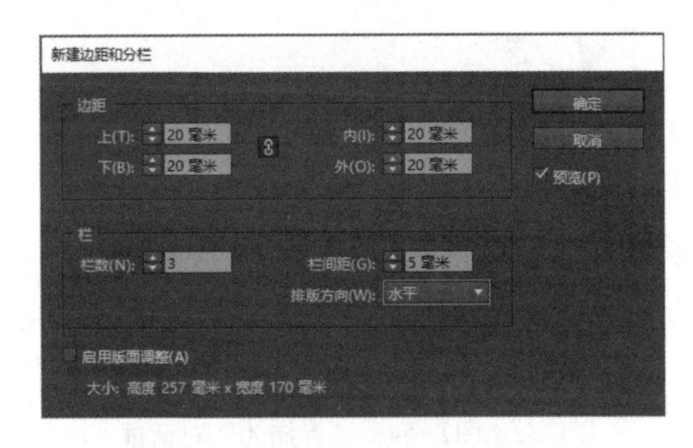

图1–51 “新建边距和分栏”对话框

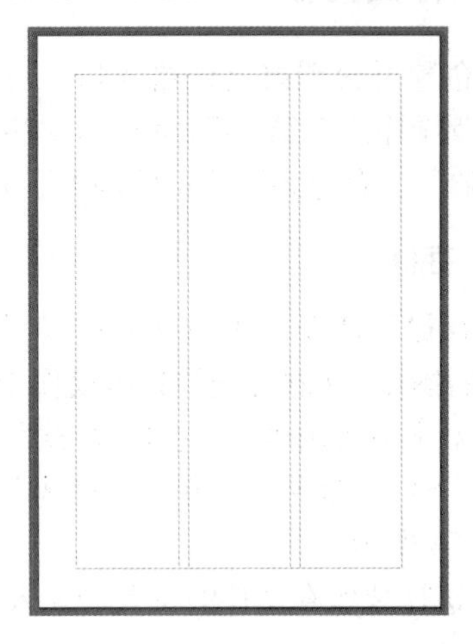

图1–52 带有边距和分栏的版面效果

1.3.2 打开文档

打开文档的具体操作步骤如下。

① 执行菜单栏中的“文件|打开”（快捷键〈Ctrl+O〉）命令，弹出图 1–53 所示的“打开文件”对话框。

② 在左侧选择要打开文件所在的磁盘或文件夹名称，在右侧选择要打开的文件。

③ 对话框底部的打开方式有正常、原稿与副本 3 种打开方式供选择。

- 正常：选中该单选按钮，表示可以打开原始文档或模板的副本。
- 原稿：选中该单选按钮，表示可以打开原始文档或模板。
- 副本：选中该单选按钮，表示以副本（一个新文件）的方式打开文档或模板，此时对副本文件进行更改后，原始文档或模板不受影响。

④ 单击“打开”按钮，即可打开相应的文件。

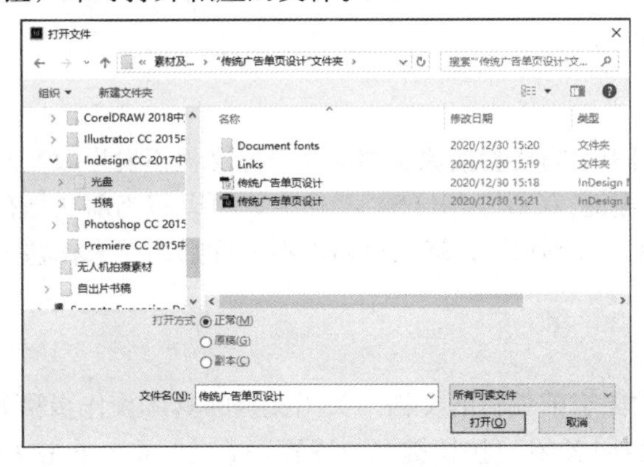

图1–53 “打开文件”对话框

提示

单击“确定”后，如果弹出一个警告对话框，那是因为配置文件或方案不匹配、缺失字体、文档中包含缺失的或已修改文件的链接。此时可进行重新设置来解决该问题。

1.3.3 存储文档

在创建并设置好文件格式后，可以将其保存在计算机中，方便以后打开该文件继续进行编辑或修改操作。存储 InDesign CC 2017 的文档有“存储”“存储为”“存储副本”3 种方式。

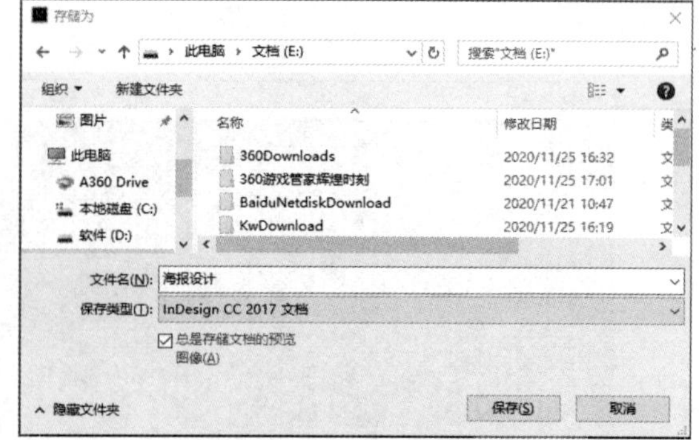

图1-54 “存储为”对话框

1．存储

“存储”命令用于新建文档或需要替换原文档时的操作。存储文档的具体操作步骤如下。

① 执行菜单中的“文件 | 存储”（快捷键〈Ctrl+S〉）命令，打开“存储为”对话框，如图 1-54 所示。

② 选择要保存文件的位置和输入文件名。

提示

在“文件名”文本框中输入文件名时可以使用中文、英文和数字，但是不能输入“? ”“ | ”“ : ”等标点符号。

③ 在“保存类型”下拉列表中选择文档保存的格式，其中有“InDesign CC 2017 文档”“InDesign CC 2017 模板”“InDesign CS4 或更高版本（IDML）”3 种选项供选择。

④ 设置完毕后，单击“保存”按钮，即可将文档进行保存。

2．存储为

“存储为”命令用于新建文档或不需要替换原文档时的操作。使用“存储为”命令存储文档的具体操作步骤如下。

① 执行菜单中的“文件 | 存储为”（快捷键〈Ctrl+Shift+S〉）命令，打开图 1-54 所示的“存储为”对话框。

② 在“存储为”对话框中设置要保存文件的位置、文件名和保存类型后，单击“保存”按钮，即可将当前文档另进行保存。

3．存储副本

“存储副本”命令用于不需要替换原文档，且对原文档不发生改变时的操作。执行菜单中的“文件 | 存储副本”（快捷键〈Ctrl+Alt+S〉）命令，可以将当前文档存储为一个副本。例如，原来文档名称为“未标题 -1.indd”，默认存储副本名称则为“未标题 -1 副本 .indd”。

1.3.4 关闭文档

“关闭”命令是指关闭当前编辑的文档。关闭文档的具体操作步骤如下。

① 执行菜单中的“文件 | 关闭”（快捷键〈Ctrl+W〉）命令，或者单击文档窗口标题栏中的■（关闭）按钮，如图 1-55 所示。

② 如果文件已经存储，文档将直接关闭；如果文档未存储，会弹出图 1-56 所示的提示对话框，此时可以选择保存或不保存文件。

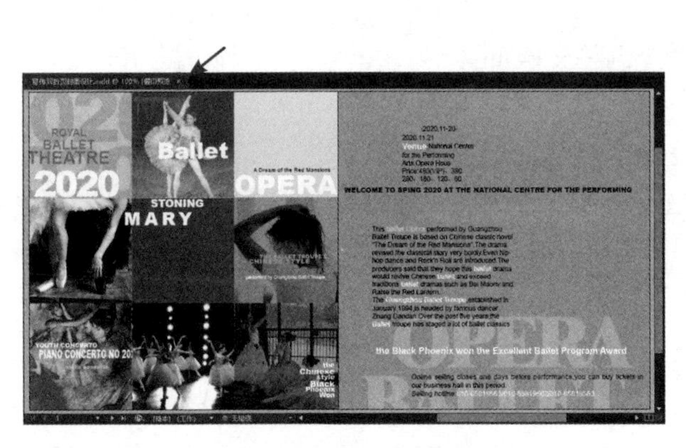

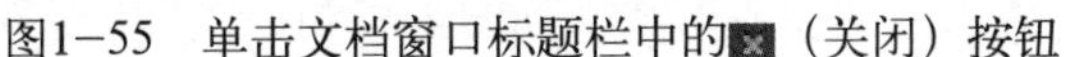
图1−55　单击文档窗口标题栏中的 （关闭）按钮　　　　图1−56　提示对话框

1.3.5　恢复、还原文档

用户在编辑文档的过程中，经常会遇到因为计算机故障或误操作造成文档在没有保存的情况下意外退出。这时可以使用 InDesign 提供的自动恢复文档的功能，恢复未保存的文档。另外，用户还可以使用 InDesign 内置的一些功能来恢复或重做文档。

1. 自动恢复文档

当计算机故障或误操作而造成文档意外退出时，重启 InDesign 软件，系统会自动弹出询问对话框，询问用户是否恢复未保存的文档。

2. 还原文档

用户可以执行菜单中的“编辑|还原”（快捷键〈Ctrl+Z〉）命令，将文档还原到最近的修改处。

3. 重做文档

用户可以执行菜单中的“编辑|重做”（快捷键〈Ctrl+Shift+Z〉）命令，重做某项操作。

4. 还原存储位置

用户可以执行菜单中的“文件|恢复”命令，将文档还原到上次存储的位置。

提示

“恢复”命令是将文档关闭再重新打开，以读取最近一次保存的状态。因此使用“恢复”命令后，所有的历史操作都会被清空，所以在使用此命令前要特别注意确认。

1.4　文档视图设置

在 InDesign 中可以同时打开多个文档，而且可以根据需要控制视图的显示质量和显示区域，从而达到提高工作效率的目的。

1.4.1　排列文档窗口

在 InDesign 中同时打开多个文档时，可以使用菜单栏右侧的 （排列文档）按钮调整文档布局，如图 1−57 所示。也可以

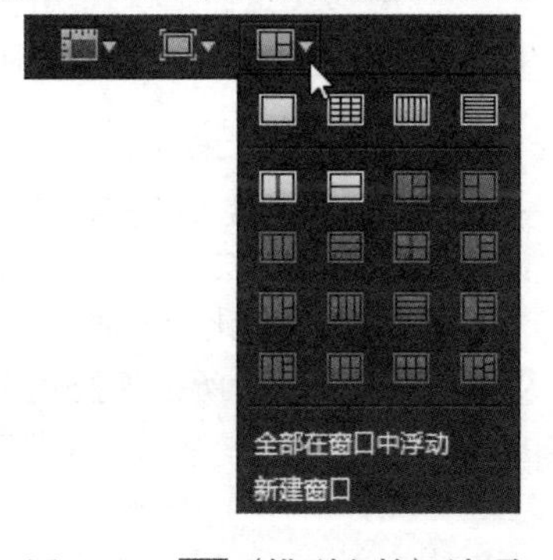

图1−57 （排列文档）选项

执行菜单中的“窗口|排列”中的相关子命令调整文档布局。

1.4.2 文档显示控制

在对文档进行编辑时，用户可以使用 InDesign 中的命令控制视图的显示质量，使用工具箱中的工具控制视图的显示区域。

1. 控制视图的显示质量

InDesign 为用户提供了快速显示、典型显示与高品质显示 3 种显示质量。用户可以执行菜单中的“视图|显示性能|快速显示”/“典型显示”/“高品质显示”命令控制视图的显示质量。

- 快速显示：该显示方式以一个灰框代替置入的图像或形状，如图 1–58 所示，从而节省计算机资源。该显示方式适用于计算机配置低、运行速度慢的情况。
- 典型显示：该显示方式为系统默认的显示方式，是采用低分辨率的方式显示置入的图像或形状，如图 1–59 所示。
- 高品质显示：该显示方式使用高质量视图的方式显示置入的图像或形状，如图 1–60 所示。该显示方式适用于计算机配置比较好，运行速度比较快的情况。

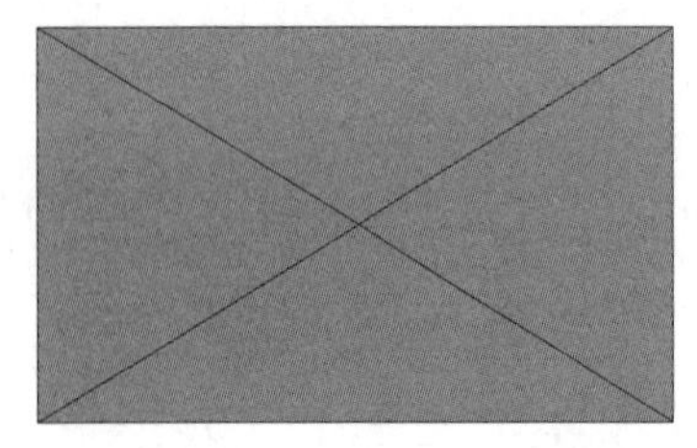

图1–58 “快速显示”效果

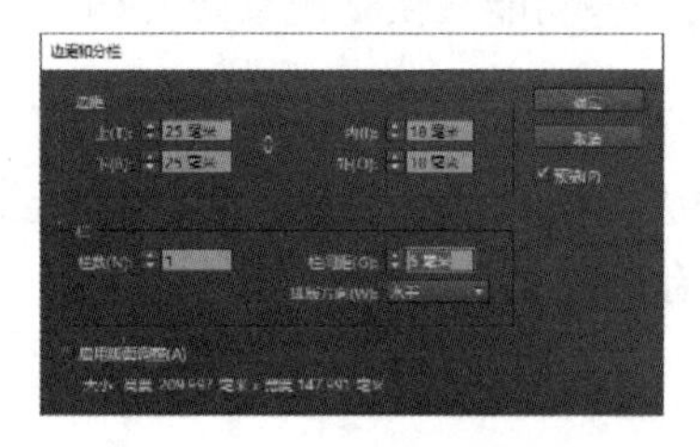

图1–59 “典型显示”效果

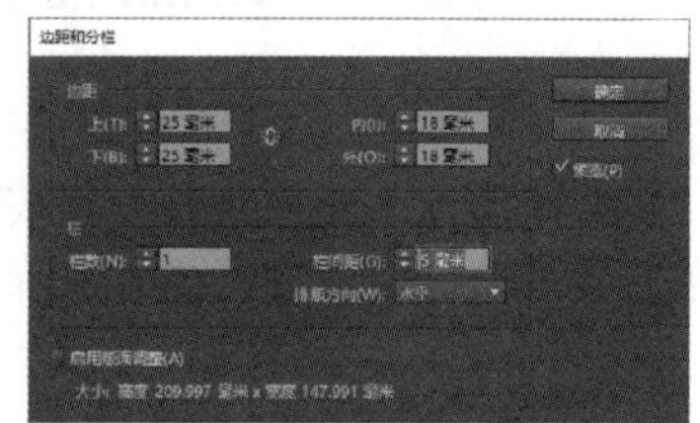

图1–60 “高品质显示”效果

2. 控制视图的显示区域

用户可以使用工具箱中的（缩放显示工具）和（抓手工具）对视图进行缩放和移动操作，还可以使用相关菜单命令控制视图的显示。具体操作步骤如下。

① 放大视图。使用工具箱中的（缩放显示工具），在文档中单击即可放大视图。另外，在文档中按住左键框选指定区域，即可只放大该区域。

② 缩小视图。使用工具箱中的（缩放显示工具），按住〈Alt〉键，在文档中单击即可缩小视图。

③ 调整区域位置。使用工具箱中的（抓手工具），在文档中按住鼠标左键，拖动鼠标即可调整区域位置。

提示

按住键盘上的空格键可以临时切换成（抓手工具）。

④ 调整显示比例。通过菜单栏上方的（缩放级别）按钮，从弹出的图 1–61 所示下拉列表中可以选择相应的显示比例。

⑤ 使页面适合窗口。执行菜单中的“视图|使页面适合窗口”（快捷键〈Ctrl+O〉）命令，可以使页面与窗口适配，并使当前页面打开为最大状态。

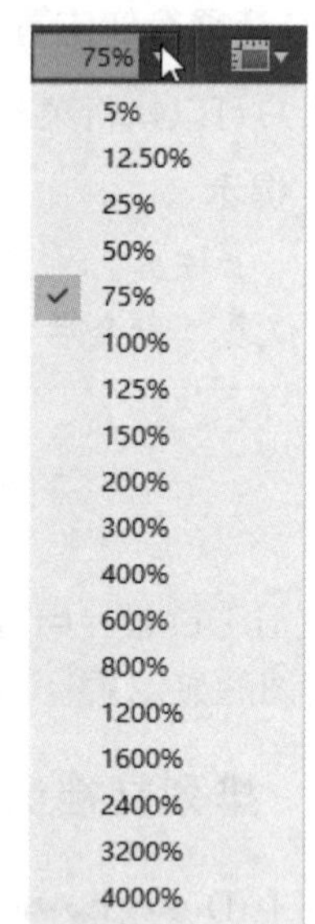

图1–61 选择相应的显示比例

⑥ 使跨页适合窗口。执行菜单中的“视图|使跨页适合窗口”（快捷键〈Ctrl+Alt+O〉）命令，可以使跨页页面和窗口适配，并当前跨页打开为最大状态。

⑦ 显示实际尺寸。通过执行菜单中的“视图|实际尺寸”命令，可以使页面以实际大小（100%）显示在窗口中。

课后练习

一、填空题

1. 常用的分辨率有________、________、________和________种。
2. 存储 InDesign CC 2017 的文档有________、________和________3 种方式。
3. InDesign 为用户提供了________、________和________3 种显示质量。
4. InDesign CC 2017 提供了________、________、________、________和________5 种视图模式可供用户选择。

二、选择题

1. InDesign 系统默认的显示方式为（　　）。
   A. 快速显示　　B. 典型显示　　C. 高品质显示　　D. 预览显示
2. 在 InDesign CC 2017 中按（　　）键，可以显示或隐藏所有面板。
   A. Tab　　B. Ctrl　　C. Shift　　D. Alt

三、问答题

1. 简述位图和矢量图的区别。
2. 简述 InDesign CC 2017 工作界面的构成。

第2章 创建基本图形及相关操作

本章重点

在 InDesign CC 2017 中，基本图形是制作任何复杂图形的最基本元素，主要包括钢笔工具、铅笔工具、矩形工具等对象，使用它们可以绘制最基本的图形形状，还可以通过对锚点的编辑，使之成为符合绘图所需的任意形状。在创建了基本形状之后，还可以对其进行描边、变换等操作，并可通过“路径查找器”面板对多个图形进行重新组合、剪切等操作，从而生成新的复合图形。通过本章的学习，读者应掌握以下内容。

- 掌握绘制基本图形的方法
- 掌握绘制和编辑路径的方法
- 掌握图形描边的方法
- 掌握复制对象的方法
- 掌握变换对象的方法
- 掌握复合路径和路径查找器的使用方法
- 掌握排列、对齐与分布对象的方法
- 掌握颜色的设置方法

2.1 绘制基本图形

在 InDesign CC 2017 中，创建任何一幅作品都需要从绘制最基本的图形开始，例如绘制点、线、矩形、椭圆形、多边形等。它们的绘制方法基本相似，可以通过单击并拖动创建图形，也可以在工具箱中双击相应的工具，通过打开相应的对话框来精确绘制图形。下面具体讲解绘制基本图形的方法。

2.1.1 绘制直线

绘制直线的具体操作步骤如下。

① 选择工具箱中的■（直线工具）。

② 将鼠标放置到绘图区中，然后单击设定直线的起始点，接着拖动到直线的终点释放鼠标，即可绘制一条直线，如图 2-1 所示。

提示

1. 默认情况下创建的直线是以黑色描边的。如果要改变直线的颜色，可以双击工具箱下方的按钮或在上方控制面板中双击按钮，在弹出的“拾色器”对话框中进行重新设置。

2. 按下〈Shift〉键可以绘制出0°、90°或45°的直线。

③ 双击工具箱中的（直线工具），弹出图 2–2 所示的“描边”面板，可设置直线的描边属性。关于“描边”面板的使用详见“2.3 图形描边”。

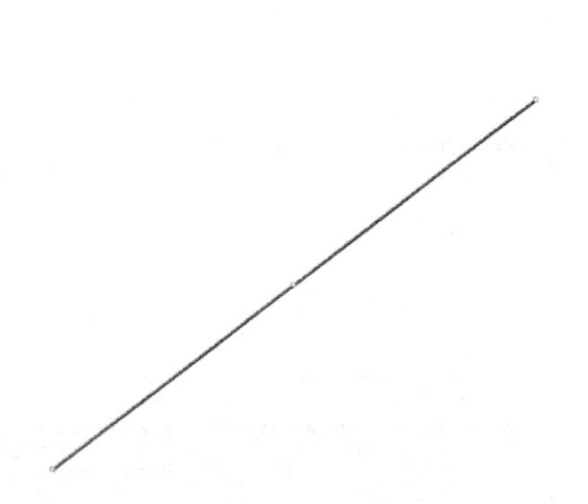

图2–1　绘制直线

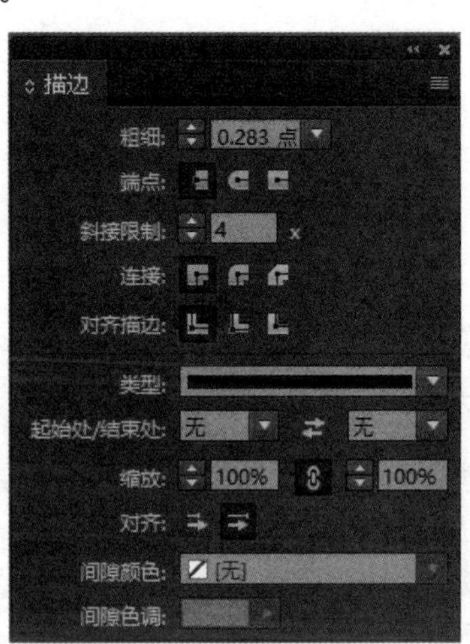

图2–2　“描边”面板

2.1.2　绘制曲线

在 InDesign CC 2017 中绘制曲线的基本工具是（铅笔工具）。（铅笔工具）不但可以创建单一的路径，还可以任意绘制沿着光标经过的路径。如果绘制的路径不够平滑，可以使用（平滑工具）调整所绘制的路径形状，还可以使用（抹除工具）擦除不必要的路径。

（1）使用铅笔工具

使用（铅笔工具）可以像在纸上绘图一样随意地绘制路径形状。绘制曲线的具体操作步骤如下。

① 选择工具箱中的（铅笔工具）在绘图区中按下鼠标确定曲线起始点，然后任意拖动鼠标到曲线终止点，即可创建一条曲线，如图 2–3 所示。

② 双击工具箱中的（铅笔工具），弹出图 2–4 所示的“铅笔工具首选项”对话框，在其中可以设置铅笔的主要参数，其中“保真度”和“平滑度”的数值越大，绘制的路径越圆滑。

图2–3　绘制曲线

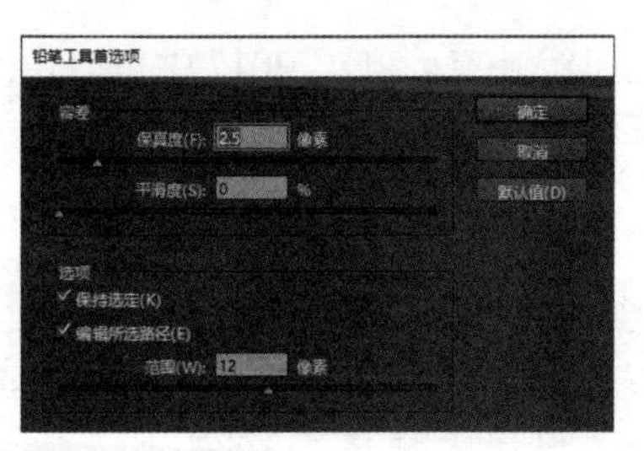

图2–4　“铅笔工具首选项”对话框

（2）使用平滑工具

使用（平滑工具）可以删除现有路径或路径上某一部分中的多余锚点，并且可以尽可能地保留路径的原始形状。平滑后的路径通常具有较少的锚点，从而使路径更易于编辑。使用（平滑工具）的具体操作步骤如下。

① 确认路径处于选中状态。

② 选择工具箱中的（平滑工具），然后拖动鼠标将路径中的局部区域选中，此时会发现其中尖锐的线条变得平滑了。图 2-5 所示为平滑前后的效果比较。

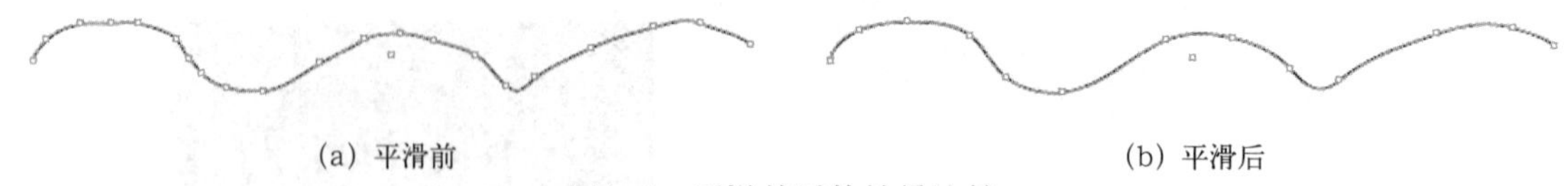

（a）平滑前　　（b）平滑后

图2-5　平滑前后的效果比较

③ 如果对使用（平滑工具）后的效果不太满意，可以双击工具箱中的（平滑工具），在弹出的图 2-6 所示的“平滑工具首选项”对话框中设置参数，然后再次调整路径形状即可。

提示

在使用（铅笔工具）时，按住〈Alt〉键可以临时切换到（平滑工具）。

（3）使用抹除工具

使用（抹除工具）擦除不必要路径的具体操作步骤如下。

① 在绘图区中选中要抹除的路径。

② 选择工具箱中的（抹除工具），拖动鼠标穿过路径的一个区域将会删除所经过的路径。图 2-7 所示为抹除路径前后的效果比较。

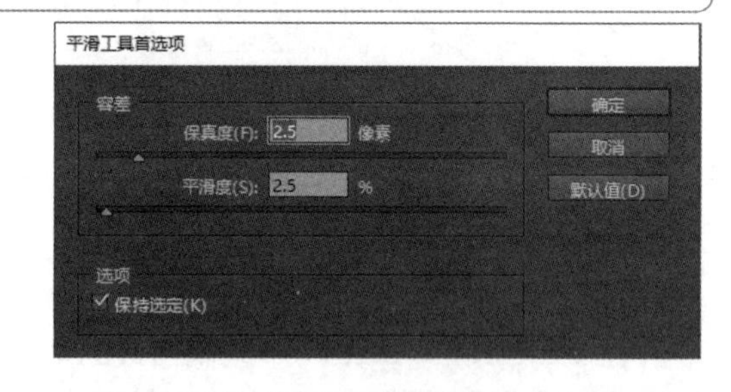

图2-6　“平滑工具首选项”对话框

（a）平滑前　　（b）平滑后

图2-7　抹除路径前后的效果比较

2.1.3　绘制矩形和椭圆

在 InDesign CC 2017 中可以通过工具箱中的（矩形工具）和（椭圆工具）轻松地绘制矩形和椭圆。

1．绘制矩形

绘制矩形的方法有以下两种。

方法 1：选择工具箱中的（矩形工具），然后在绘图区中拖动鼠标到对角线方向即可创建矩形。默认情况下创建的矩形为黑色描边，并处于选中状态，如图 2-8 所示。

方法 2：选择工具箱中的（矩形工具），然后在绘图区中单击，在弹出的“矩形”对话框中设置“宽度”和“高度”参数，如图 2–9 所示，单击“确定”按钮，即可创建精确尺寸的矩形，如图 2–10 所示。

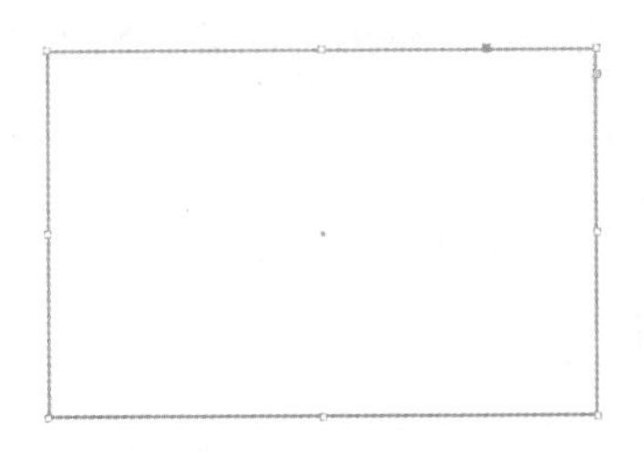

图2–8 创建矩形

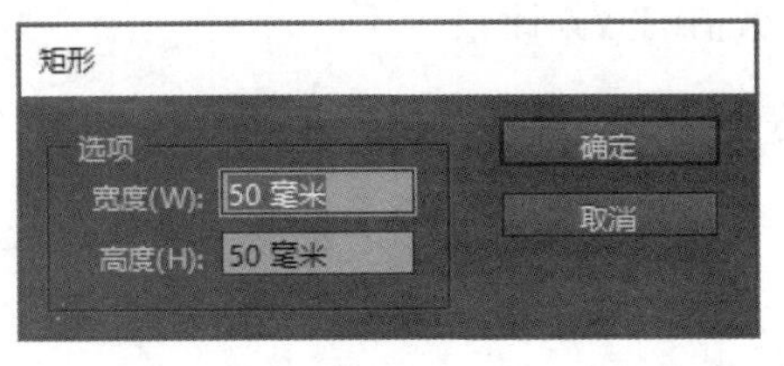

图2–9 “矩形”对话框

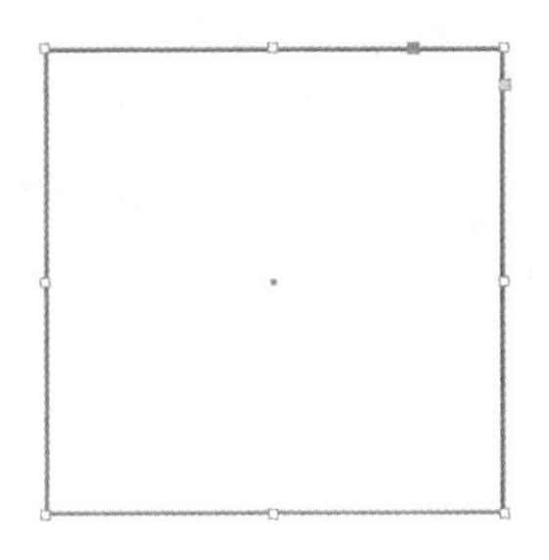

图2–10 创建精确尺寸的矩形

2．绘制椭圆

绘制椭圆的方法与绘制矩形相似，同样可以通过单击并拖动，绘制椭圆形。也可以选择工具箱中的（椭圆工具）在绘图区中单击，然后在弹出的“椭圆”对话框中设置椭圆的“宽度”和“高度”参数，如图 2–11 所示，单击“确定”按钮，即可创建精确尺寸的椭圆，如图 2–12 所示。

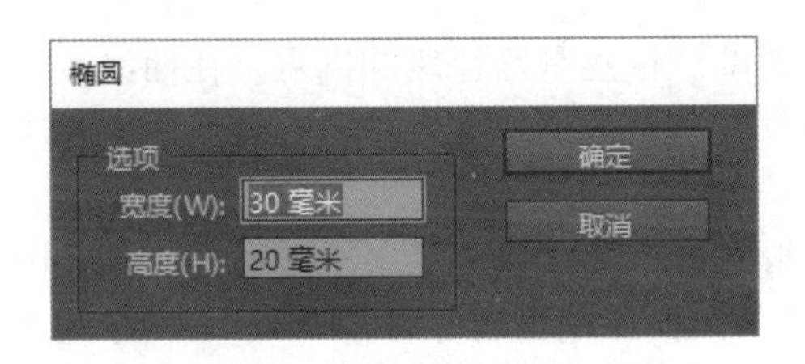

图2–11 “椭圆”对话框

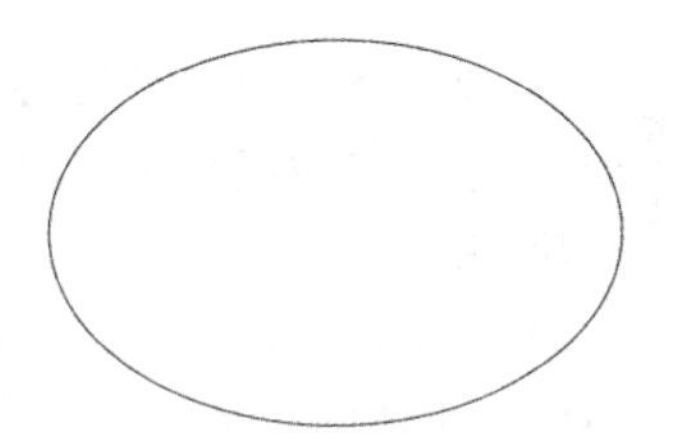

图2–12 创建精确尺寸的椭圆

2.1.4 绘制多边形

绘制多边形的操作方法与绘制矩形相似，可以通过单击并拖动绘制多边形，也可以使用（多边形工具）在绘图区中单击，在弹出的“多边形”对话框中设置多边形的相关参数，如图 2–13 所示，单击“确定”按钮，即可创建精确尺寸的多边形，如图 2–14 所示。

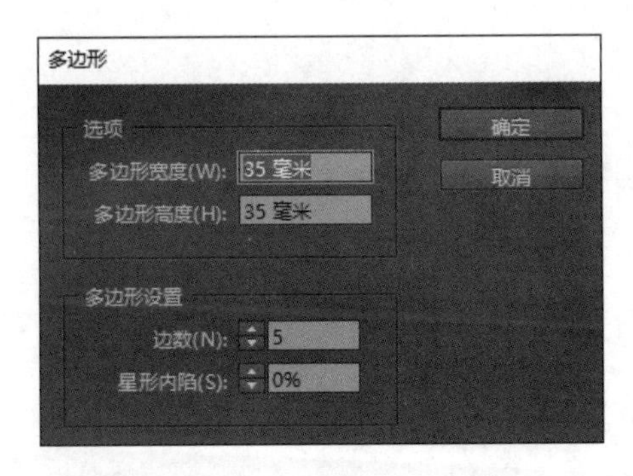

图2–13 “多边形”对话框

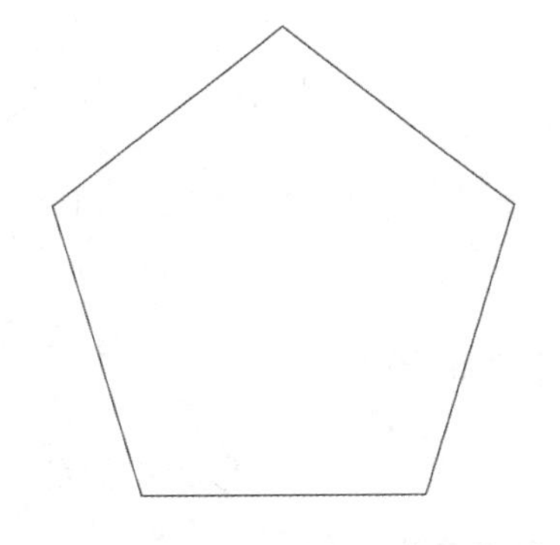

图2–14 创建精确尺寸的多边形

这里需要说明的是，通过“多边形”对话框的相关设置不仅可以绘制多边形，还可以绘制出星形。“多边形”对话框相关参数如下：

● 多边形宽度：用于指定多边形的宽度。

● 多边形高度：用于指定多边形的高度。
● 边数：用于指定多边形的边数值。
● 星形内陷：用于指定星形凸起的长度。凸起的尖部与多边形定界框的外缘相接，此百分比决定每个凸起之间的内陷深度。百分比越高，创建的凸起就越长、越细。图 2-15 所示为不同“星形内陷”数值的效果比较。

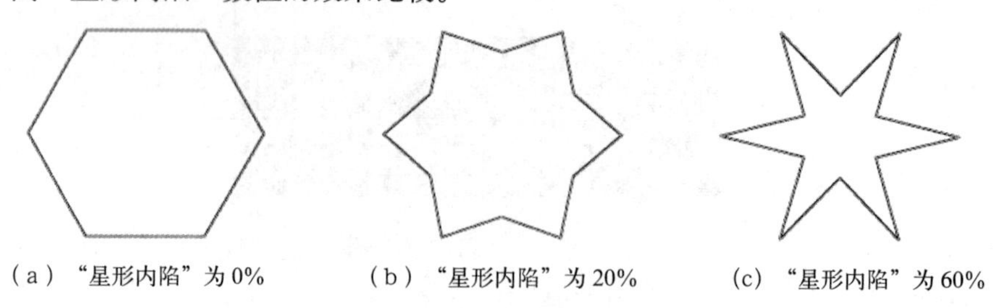

（a）“星形内陷”为 0%　（b）“星形内陷”为 20%　（c）“星形内陷”为 60%

图2-15　不同“星形内陷”数值的效果比较

2.2　绘制和编辑路径

路径是由一个或者多个直线段或曲线段组成的。锚点是路径段的端点。在曲线段上，每个选中的锚点会显示一条或两条方向线，方向线以方向点结束。方向线和方向点的位置决定了曲线段的大小和形状。

锚点分为两种类型：即平滑点和角点。平滑点有一条曲线路径平滑地通过它们，因此路径连接为连续曲线。而在角点处，路径在那些特定的点明显地更改方向。图 2-16 所示为不同锚点类型的效果比较。

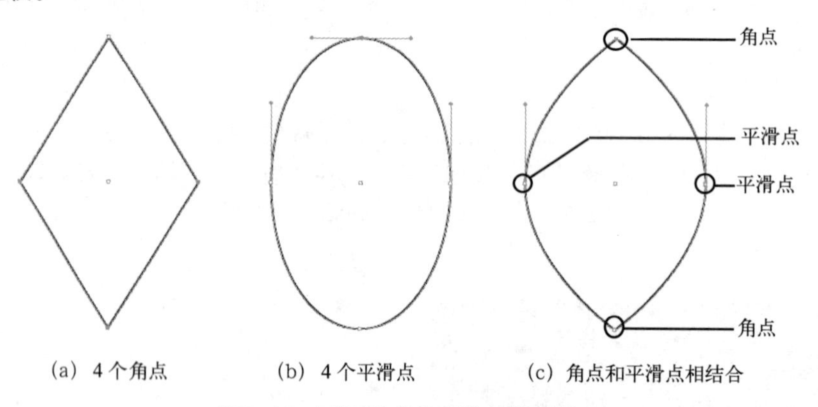

（a）4 个角点　（b）4 个平滑点　（c）角点和平滑点相结合

图2-16　不同锚点类型的效果比较

2.2.1　绘制路径

使用（钢笔工具）可以绘制任意的开放路径和闭合路径。

1．绘制开放路径

开放路径有两个不同的端点，它们之间有任意数量的锚点。绘制开放路径的具体操作步骤如下。

① 选择工具箱中的（钢笔工具）。

② 将鼠标移动到绘图区中，单击创建直线的起始点，然后再次单击即可绘制一条直线路径。

图 2−17 所示为单击多次鼠标后得到的路径效果。

2．绘制闭合路径

闭合路径是连续的路径，没有端点。绘制闭合路径的具体操作步骤如下。

① 在创建开放路径后，将鼠标放置到路径的起始点，此时光标变为形状，如图 2−18 所示。

② 单击起始点即可创建一个闭合路径，如图 2−19 所示。

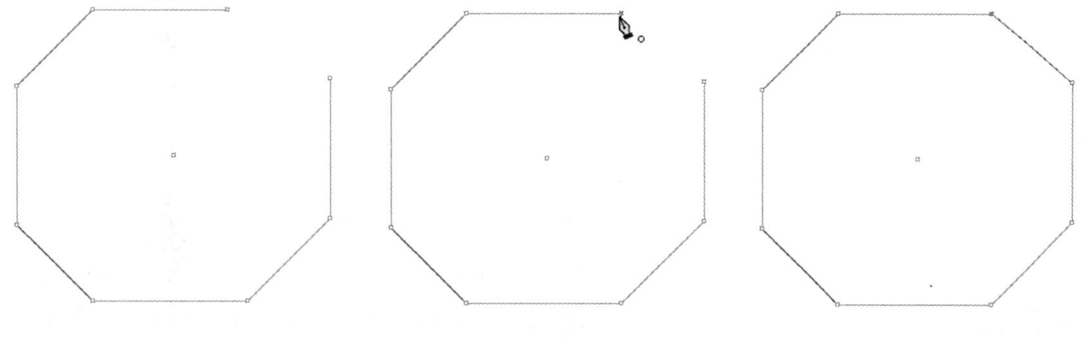

图2−17　绘制开放路径　　图2−18　光标变为形状　　图2−19　创建的闭合路径

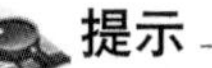

提示

利用工具箱中的（直接选择工具）同时选择起始点和结束点，然后在“路径查找器”面板中单击（连接路径）按钮，也可以封闭路径。

使用（钢笔工具）单击确定起始点后，单击并拖动鼠标可以绘制曲线，如图2-20所示。

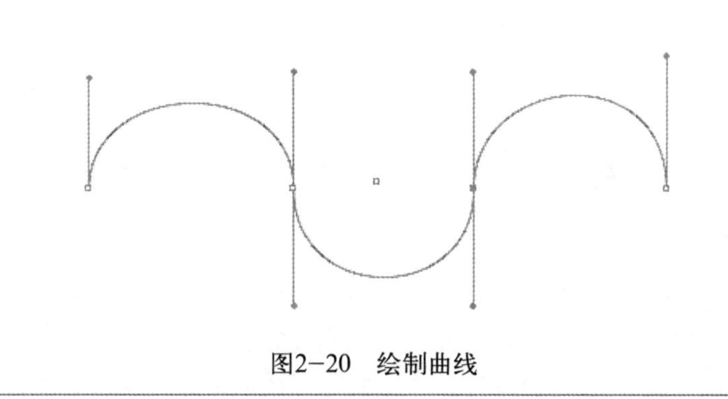

图2−20　绘制曲线

2.2.2　编辑路径

在 InDesign 中创建了基础路径后还可以对路径进行进一步的编辑，如添加锚点、删除锚点、转换锚点类型等，下面就来具体讲解编辑路径的方法。

1．选择路径

使用工具箱中的（选择工具）可以选中整个路径；使用工具箱中的（直接选择工具）可以选中路径上的一个或多个锚点。

2．添加和删除锚点

添加和删除锚点的具体操作步骤如下。

① 添加锚点。方法：选择工具箱中的（钢笔工具），将光标移动到路径上，此时光标变为（添加锚点工具），如图 2-21 所示。然后单击即可添加锚点，如图 2-22 所示。

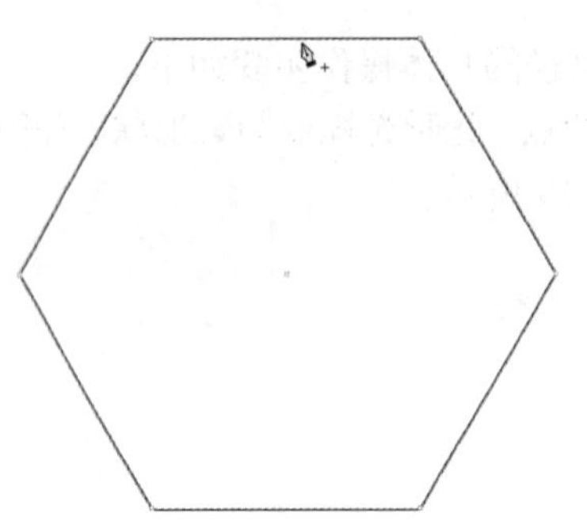

图2-21　光标变为（添加锚点工具）

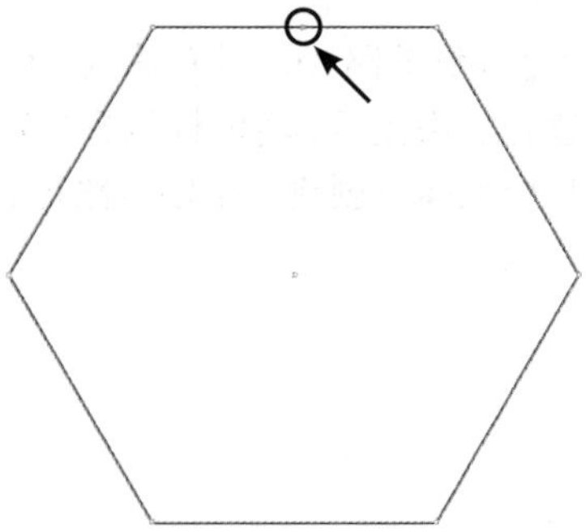

图2-22　添加锚点后的效果

② 删除锚点。方法：选择工具箱中的（钢笔工具），将光标移动到路径上要删除的锚点处，此时光标变为（删除锚点工具），如图 2-23 所示。然后单击该锚点即可将其删除，如图 2-24 所示。

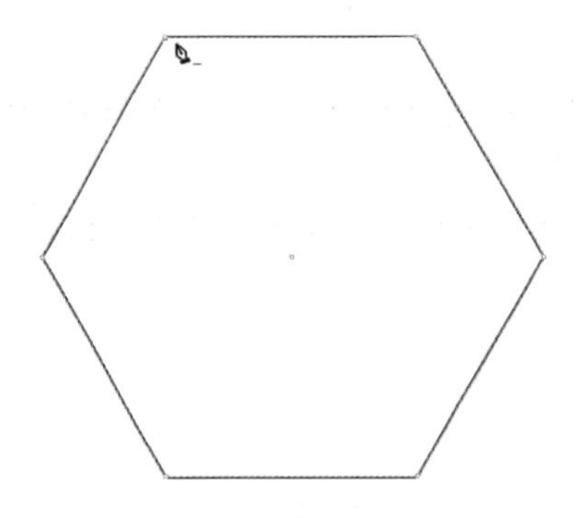

图2-23　光标变为（删除锚点工具）

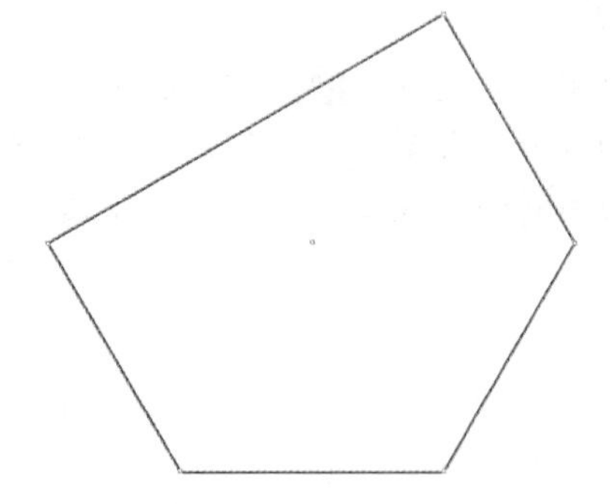

图2-24　删除锚点后的效果

3. 转换锚点类型

路径可以包含两种锚点类型：即角点和平滑点。利用工具箱中的（转换方向点工具）可以将锚点在角点和平滑点之间进行切换。转换锚点类型的具体操作步骤如下。

① 选择工具箱中的（转换方向点工具），将鼠标移动到要转换的角点上，如图 2-25 所示。然后单击角点并拖动鼠标，如图 2-26 所示，即可将其转换为平滑点，如图 2-27 所示。

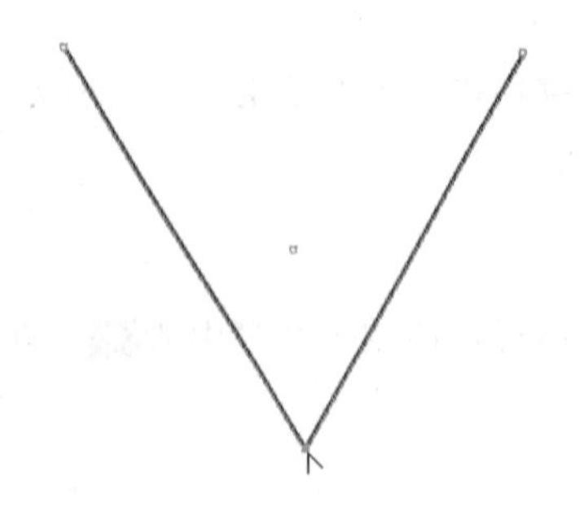

图2-25　将鼠标移动到要转换的角点上

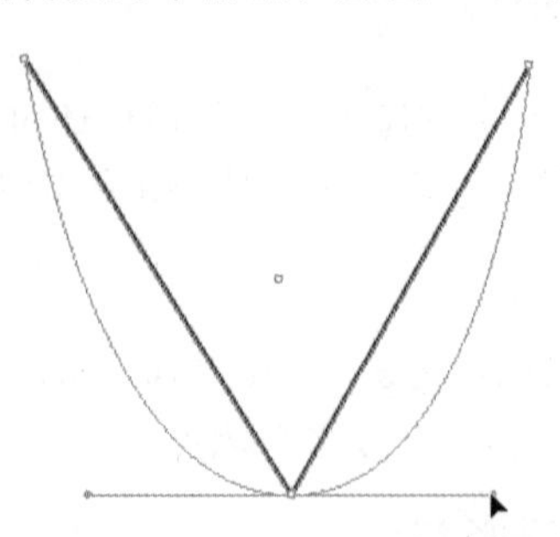

图2-26　单击角点并拖动鼠标

② 单击平滑点，即可将平滑点转换为角点，如图 2–28 所示。

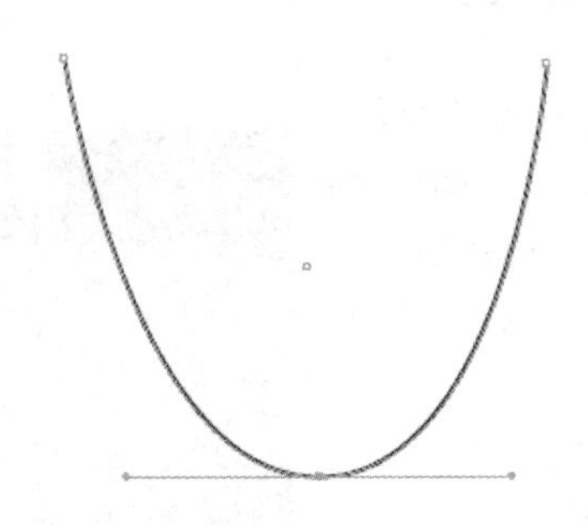

图2–27　转换为平滑点的效果

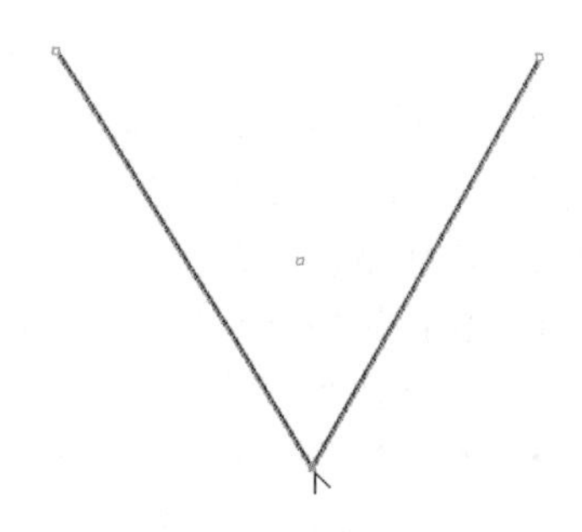

图2–28　将平滑点转换为角点

提示

选择要转换类型的锚点，然后在“路径查找器”面板“转换点”选项组中单击相应的按钮，可以直接改变锚点的类型。

4. 转换路径类型

转换路径类型的具体操作步骤如下。

① 使用工具箱中的▶（直接选择工具）选择闭合路径的某个锚点。

② 执行菜单中的“对象｜路径｜开放路径”命令，即可将闭合路径转换为开放路径。

提示

利用工具箱中的▶（直接选择工具）选择开放路径，然后执行菜单中的“对象｜路径｜闭合路径”命令，即可将开放路径转换为闭合路径。

5. 拆分路径

使用工具箱中的✂（剪刀工具）可以拆分开放路径，具体操作步骤如下。

① 选择工具箱中的✂（剪刀工具）。

② 在封闭路径上需要拆分的位置单击，然后到另外一个位置再次单击，如图 2–29 所示，即可将封闭路径进行拆分。图 2–30 所示为移动拆分后的图形效果。

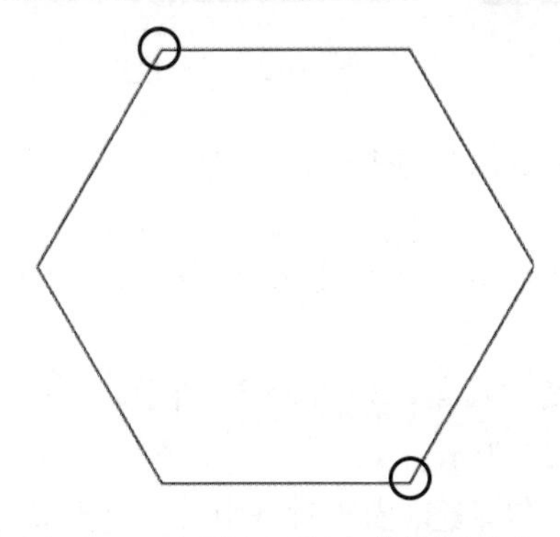

图2–29　分别在要拆分的位置单击

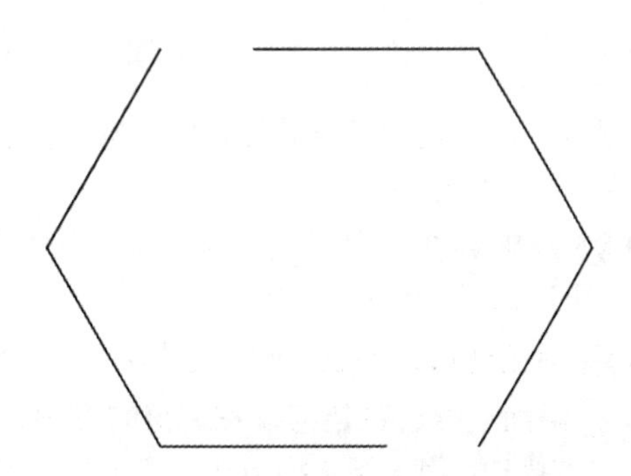

图2–30　移动拆分后的图形效果

2.3 图形描边

在创建了对象后，可以在“描边”面板中设置对象的描边粗细、对齐描边、类型等属性。执行菜单中的“窗口|描边”命令，调出“描边”面板，如图 2-31 所示。“描边”面板各项参数的解释如下。

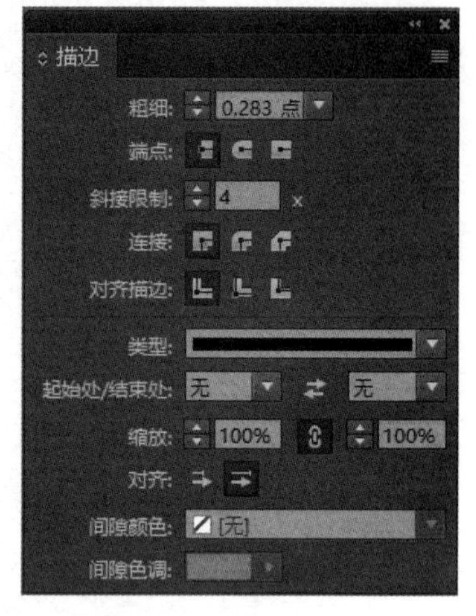

图2-31 “描边”面板

- 粗细：用于指定描边的粗细，范围为 0 ~ 800 点。图 2-32 所示为不同描边粗细的效果比较。
- 斜接限制：用于指定在斜角连接成为斜面连接之前拐点长度与描边宽度的限制。斜接限制不适用于圆角连接。
- 端点：选择一个端点样式以指定开放路径两端的外观。包括（平头端点）、（圆头端点）和（投射末端）3 个选项供选择。

■ 平头端点：创建邻接（终止于）端点的方形端点，如图 2-33 所示。

■ 圆头端点：创建在端点外扩展半个描边宽度的半圆端点，如图 2-34 所示。

(a) 描边 0.5 mm

(b) 描边 1.0 mm

(c) 描边 2.0 mm

图2-32 不同描边粗细的效果比较

■ 投射末端：创建在端点之外扩展半个描边宽度的方形端点，如图 2-35 所示。此选项使描边粗细沿路径周围的所有方向均匀扩展。

图2-33 平头端点

图2-34 圆头端点

图2-35 投射末端

- 连接：用于指定角点处描边的外观。包括（斜接连接）、（圆角连接）和（斜面连接）3 个选项供选择。

■ 斜接连接：创建当斜接的长度位于斜接限制范围内时超出端点扩展的尖角，如图 2-36 所示。

■ 圆角连接：创建在端点之外扩展半个描边宽度的圆角，如图 2-37 所示。

■ 斜面连接：创建与端点邻接的方角，如图 2-38 所示。

- 对齐描边：用于指定描边相对于它的路径的位置。包括（描边对齐中心）、（描边居内）和（描边居外）3 个选项供选择。图 2-39 所示为不同对齐描边效果的比较。
- 类型：在此下拉列表中选择一个描边类型。如果选择“虚线”，则将显示一组新的选项。

图2-36　斜接连接　　图2-37　圆角连接　　图2-38　斜面连接

（a）描边对齐中心　　（b）描边居内　　（c）描边居外

图2-39　不同对齐描边效果的比较

● 起始处／结束处：用于选择起始处和结束处的样式，如图 2-40 所示。

提示

起始处和结束处的样式是一样的，只是方向不同而已。

● 缩放：该项是 InDesign CC 2017 新增的功能，用于分别重新调整箭头起始处和结束处的缩放比例。如果想要关联箭头起始处和结束处缩放，可以单击（链接箭头起始处和结束处缩放）图标，此时该图标变为状态，表示起始处和结束处缩放进行了关联。图 2-41 所示为设置不同“缩放”比例的效果比较。

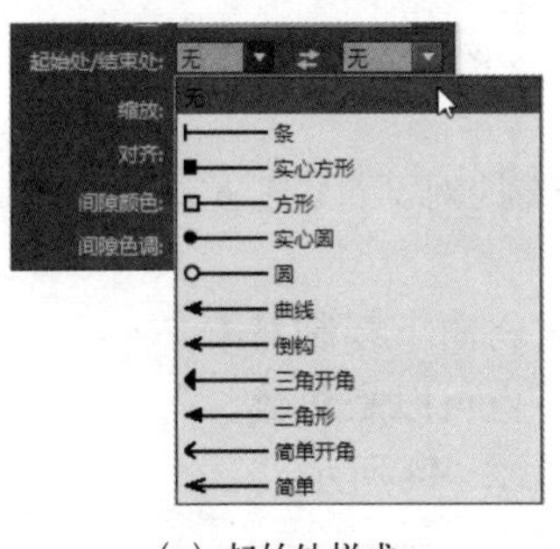

（a）起始处样式

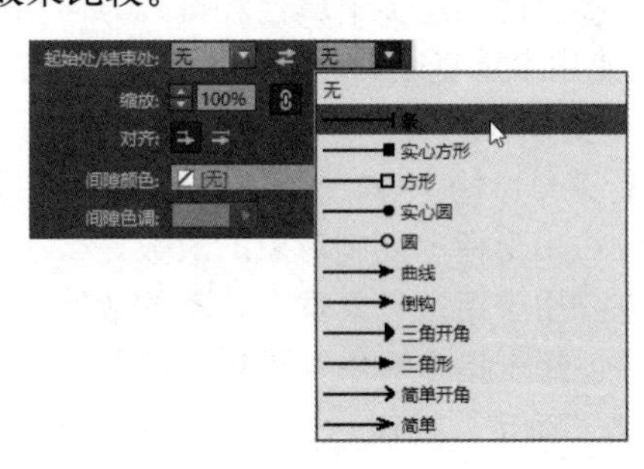

（b）结束处样式

图2-40　“起始处/结束处”的样式

● 对齐：用于设置起始处和结束处的箭头是位于路径终点外还是终点内。有（将箭头提示扩展到路径终点外）和（将箭头提示放置于路径终点处）两个选项供选择。

● 间隙颜色：用于指定在应用了图案描边中的虚线、点线或多条线条之间的间隙中显示的颜色。

● 间隙色调：用于给间隙颜色指定一个色调。该项只有在指定了间隙颜色后才可用。

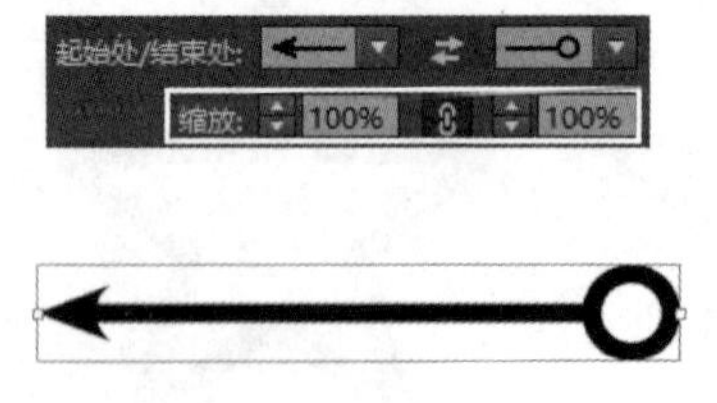

(a)“缩放”为100%

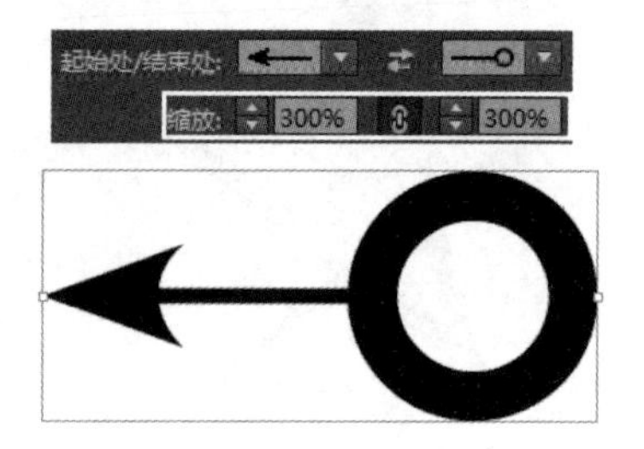

(b)“缩放”为300%

图2-41 设置不同“缩放”比例的效果比较

2.4 复制对象

在 InDesign CC 2017 中复制对象分为直接复制和多重复制两种。

2.4.1 直接复制对象

直接复制对象的具体操作步骤如下：

① 选择要复制的对象，按快捷键〈Ctrl+C〉进行复制。

② 按快捷键〈Ctrl+V〉进行粘贴，即可将对象粘贴到绘图区的中央。

提示

按住〈Alt〉键可直接复制对象；按住〈Alt+Shift〉组合键可沿45°方向的倍数复制对象。

2.4.2 多重复制对象

当需要一次性创建多个属性和排列方向相同的对象时，可以使用多重复制的命令。具体操作步骤如下：

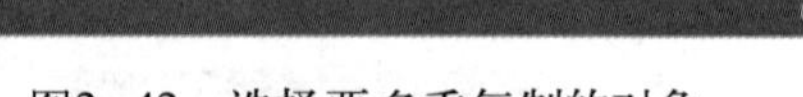

图2-42 选择要多重复制的对象

① 选择要多重复制的对象，如图2-42所示。

② 执行菜单中的“编辑｜多重复制”命令，弹出“多重复制”对话框，设置参数如图2-43所示。

● 计数：用于指定复制对象的次数。

● 垂直：用于指定对象垂直移动的数值，数值为正数时将向下复制对象。

● 水平：用于指定对象水平移动的数值，可以是正数，也可以是负数。

③ 单击“确定”按钮，即可看到多重复制的效果，如图2-44所示。

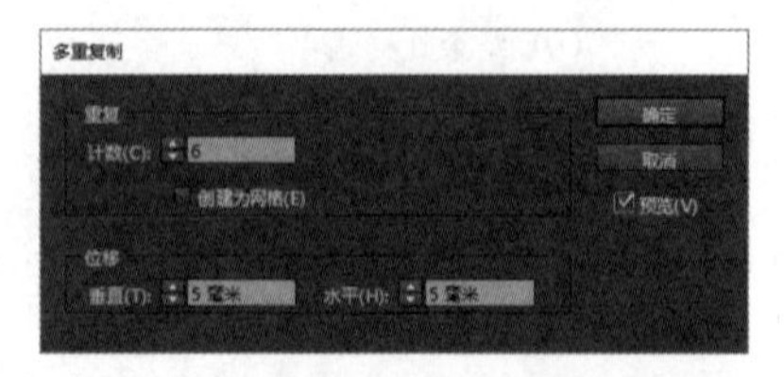

图2-43 设置“多重复制”的参数

图2-44 多重复制的效果

2.5 变换对象

在 InDesign 中，可以对选定的对象进行不同形式的变换，例如改变对象的大小、形状以及位置，还可以改变选定对象的旋转角度和倾斜度等。

在变换对象时，可以采用不同的途径来实现。例如使用旋转工具、缩放工具和切变工具等，对选定的对象进行一些简单的变换操作，也可以执行菜单中的“对象|变换”命令下相应的子命令，它们可以指定变换对象的具体数值，从而达到精确变换对象的目的。

2.5.1 旋转对象

旋转是指对象绕着一个固定的点进行转动，在默认状态下，对象的中心点将作为旋转的轴心，当然也可以指定对象旋转的中心。旋转对象的方法有手动旋转和精确旋转两种。

1. 手动旋转对象

手动旋转对象的具体操作步骤如下。

① 使用工具箱中的（自由变换工具）选中要旋转的对象，如图 2-45 所示。

② 在文档窗口中单击并拖动鼠标即可快速旋转对象，如图 2-46 所示。

提示

在旋转对象时按住〈Shift〉键，可使对象按照固定的角度进行旋转。

2. 精确旋转对象

如果要精确地旋转对象，可以在相应的工具对话框中进行设置。具体操作步骤如下。

① 选中要旋转的对象。

② 双击工具箱中的（旋转工具），弹出图 2-47 所示的“旋转”对话框，设置其旋转角度后，单击“确定”按钮即可。

图2-45　选中要旋转的对象

图2-46　旋转对象后的效果

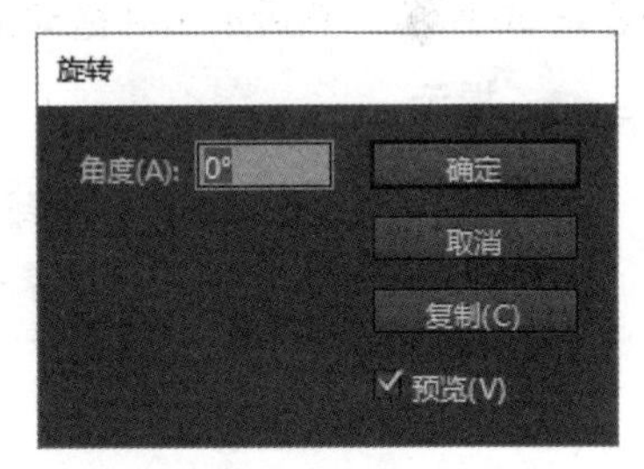

图2-47　“旋转”对话框

2.5.2 缩放对象

缩放是指一个对象沿水平轴、垂直轴或者同时在两个方向上扩大或缩小的过程。它是相对于指定的缩放中心点而言的，默认情况下缩放中心点是对象的中心点。

在 InDesign CC 2017 中有多种缩放对象的方法，可以使用最基本的（选择工具）、（缩放工具）或（自由变换工具）放大或缩小所选的对象，也可以通过“缩放”对话框精确地设置对象的缩放比例，还可以根据需要确定对象缩放的中心点。

1. 使用工具缩放对象

使用▶（选择工具）、▣（缩放工具）或▣（自由变换工具）可以对选定的对象进行直接缩放。下面讲解利用它们直接缩放对象的方法。

（1）使用▶（选择工具）缩放对象

使用▶（选择工具）缩放对象的具体操作步骤如下。

① 使用▶（选择工具）选中要缩放的对象，如图 2-48 所示。

② 拖动图 2-49 所示的变换框的控制柄可缩小或放大对象。

图2-48　选中旋转对象效果

图2-49　拖动控制柄缩放对象

提示

使用▶（选择工具）缩放对象时，按住〈Shift〉键可按比例缩放对象；按住〈Alt〉键可控制对象以中心缩放；按住〈Alt+Shift〉组合键可使对象以中心成比例缩放。

（2）使用▣（缩放工具）缩放对象

使用▣（缩放工具）缩放对象的具体操作步骤如下。

① 选中要缩放的对象。

② 使用工具箱中的▣（缩放工具）在文档窗口中单击，从而确定缩放对象的中心点，如图 2-50 所示。然后单击并拖动鼠标，即可缩放对象，如图 2-51 所示。

提示

使用▣（缩放工具）缩放对象时，在水平方向拖动鼠标，可使对象水平缩放；在垂直方向拖动鼠标，可使对象垂直缩放。

图2-50　确定中心点

图2-51　缩放对象后的效果

（3）使用（自由变换工具）缩放对象

使用（自由变换工具）缩放对象的方法与（选择工具）相同，此处不再详细介绍。

2．使用“缩放”对话框缩放对象

使用该对话框可以精确缩放对象，可以精确控制对象的宽度、高度变化，还可以使对象按比例缩放。使用“缩放”对话框缩放对象的具体操作步骤如下。

① 选中要进行缩放的对象。

② 执行菜单中的“对象 | 变换 | 缩放”命令，或者双击工具箱中的（缩放工具），弹出图 2-52 所示的“缩放”对话框。该对话框中各项参数的解释如下。

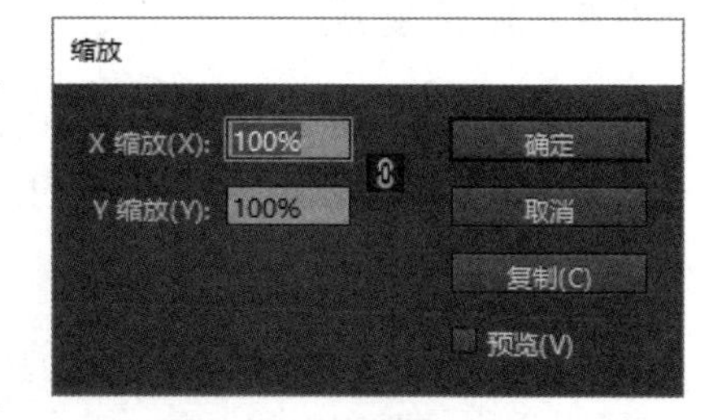

图2-52　“缩放”对话框

- X 缩放：用于指定对象沿水平方向的缩放比例。
- Y 缩放：用于指定对象沿垂直方向的缩放比例。
- ：激活该按钮，可以成比例缩放对象；取消激活该按钮，可以单独设置“X 缩放”和“Y 缩放”。

③ 设置完毕后，单击“确定”按钮，即可看到缩放对象的效果。

2.5.3　切变对象

使用“切变”命令会使对象沿着其水平轴或垂直轴倾斜，还可以旋转对象的两个轴。在 InDesign 中切变对象有使用（切变工具）进行直接切变和精确设置切变效果两种方法。

1．使用（切变工具）进行直接切变

使用（切变工具）可以快捷地实现对象的倾斜效果。使用（切变工具）对对象进行直接切变的具体操作步骤如下。

① 选择要进行切变的对象，如图 2-53 所示。

② 利用（切变工具）在文档窗口中单击并拖动到适当位置，即可创建出所需的切变效果。图 2-54 所示为水平拖动鼠标后的水平切变效果。

图2-53　选择要切变的对象

图2-54　水平切变后的效果

2．精确设置切变效果

精确设置切变效果的具体操作步骤如下。

① 选择要切变的对象。

② 执行菜单中的“对象 | 变换 | 切变”命令，或在工具箱中双击（切变工具）图标，弹出图 2-55 所示的“切变”对话框。该对话框中各项参数的解释如下。

- 切变角度：用于指定切变的角度。其取值范围为 $-360^\circ \sim 360^\circ$。

- 轴：用于指定切变对象时使用的轴。有“水平”和“垂直”两个选项供选择。
- 预览：选择“预览”复选框可以在应用前预览斜切后对象的效果。
- 复制：可以使图像在切变的过程中创建图形副本。

③ 设置完毕后，单击“确定”按钮，即可看到切变对象的效果。

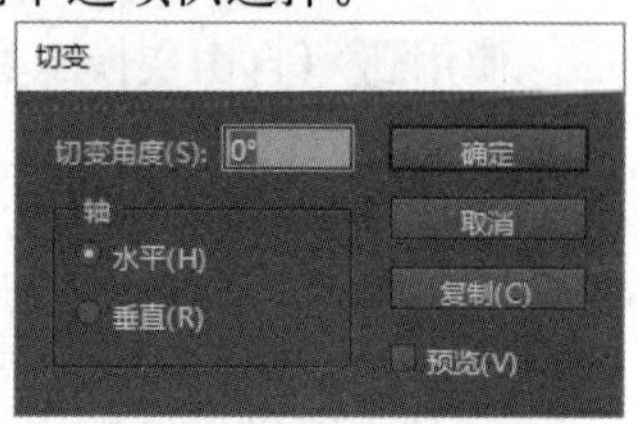

图2-55 “切变”对话框

2.5.4 自由变换

除了工具箱中的工具和菜单中的命令之外，还可以使用“变换”面板和“控制”面板对对象进行变换。

1. “变换”面板

利用“变换”面板变换对象的具体操作步骤如下。

① 选中需要变换的对象。

② 执行菜单中的“窗口|变换”命令，调出“变换”面板，如图2-56所示。该面板的各项参数解释如下。

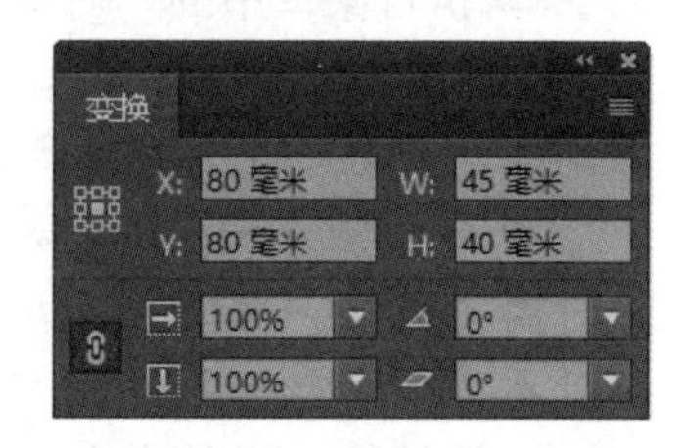

图2-56 “变换”面板

- 图标：用于指定变换轴心点的位置。9个控制点中，黑色的控制点为当前轴心点的位置。
- X文本框：用于改变被选对象在水平方向上的位置。
- Y文本框：用于改变被选对象在垂直方向上的位置。
- W文本框：用于控制被选对象边界范围的宽度。
- H文本框：用于控制被选对象边界范围的高度。
- （X缩放百分比）：用于设置被选对象在X方向上的缩放比例。
- （Y缩放百分比）：用于设置被选对象在Y方向上的缩放比例。
- （旋转角度）：用于设置被选对象的旋转角度。
- （切变角度）：用于设置被选对象的切变角度。

③ 设置完毕后，即可看到对象的变换效果。

2. “控制”面板

选中要变换的对象后，“控制”面板中会显示出用于变换对象的选项，如图2-57所示。此时在“W”和“H”文本框中直接输入数值即可看到变换效果。

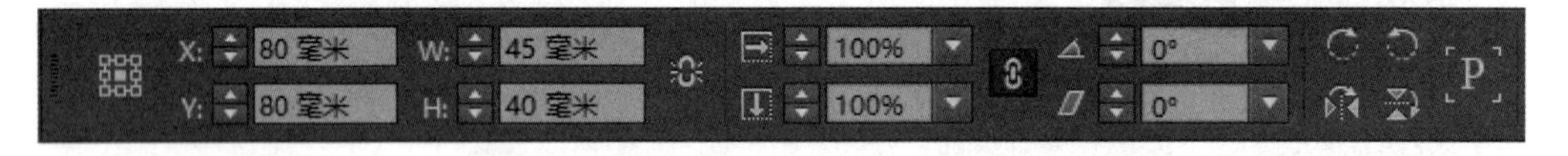

图2-57 “控制”面板

2.6 复合路径和路径查找器

复合路径和复合形状是两个比较容易混淆的术语，但二者是不同的。

复合路径与复合形状的“路径查找器”面板中的排除重叠运算方式相近，都是将多个重叠（相互交叉或相互截断）的路径对象合并为一个新的路径，但是复合路径制作的镂空效果会使用最低层对象的属性（如颜色或描边样式），而且可以释放复合路径，从而恢复原始路径；而使用复合形状的“路径查找器”面板中的排除重叠运算方式，会使用顶层对象的属性（如颜色或描边样式），而且经过运算后无法进行恢复。

下面详细讲解复合路径和复合形状的创建和应用。

2.6.1 复合路径

复合路径比复合形状更基本。创建复合路径的具体操作步骤如下。

① 利用工具箱中的（选择工具）选择所有要包含在复合路径中的路径，如图 2-58 所示。

图2-58 选择所有要包含在复合路径中的路径

提示

直接使用（文字工具）输入的文字不是路径，必须执行菜单中的“文字|创建轮廓”命令，才能将其转换为路径。

② 执行菜单中的“对象 | 路径 | 建立复合路径”命令。此时选定路径的重叠之处，都将显示一个孔，如图 2-59 所示。

图2-59 要包含在复合路径中的路径

提示

如果要释放复合路径，可以选择复合路径，然后执行菜单中的“对象|路径|释放复合路径”命令，此时复合路径会分解为它的组件路径，如图2-60所示。

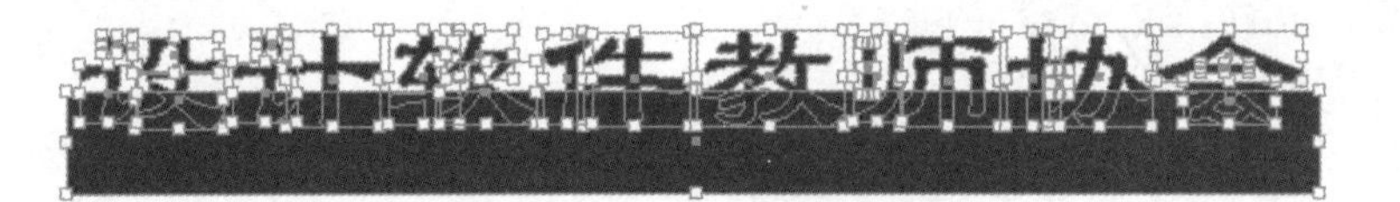

图2-60 释放复合路径的效果

2.6.2 复合形状

创建复合形状的具体操作步骤如下。

① 执行菜单中的“窗口 | 对象和版面 | 路径查找器”命令，调出“路径查找器”面板，如图 2-61 所示。

② 选择要组合到复合形状中的对象，如图 2-62 所示。

③ 在“路径查找器”面板中单击相应的按钮，即可产生相应的复合形状。

- 相加：单击该按钮可以合并所选对象，合并后的图形属性以最上方图形的属性为准，效果如图 2-63 所示。

- 减去：单击该按钮可以从底层的对象减去顶层的对象，效果如图 2-64 所示。
- 交叉：单击该按钮可以保留对象的交叉区域，效果如图 2-65 所示。

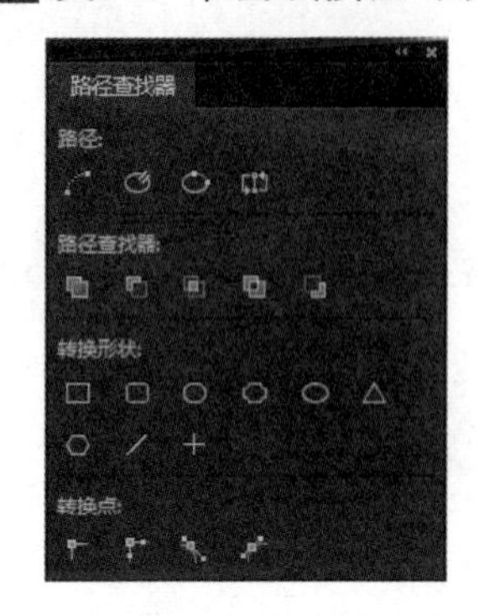

图2-61 “路径查找器”面板

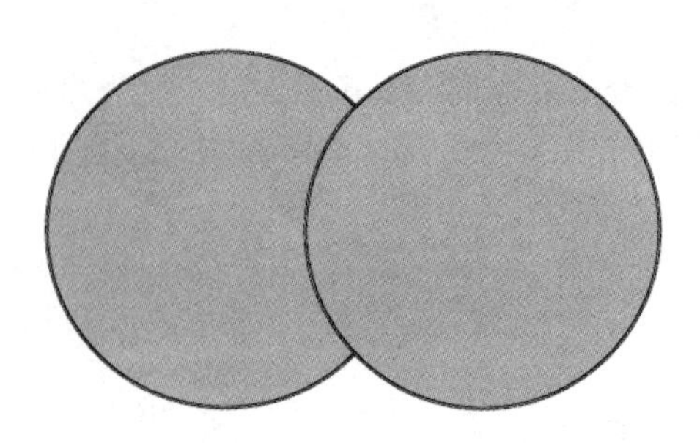

图2-62 选择要组合到复合形状中的对象

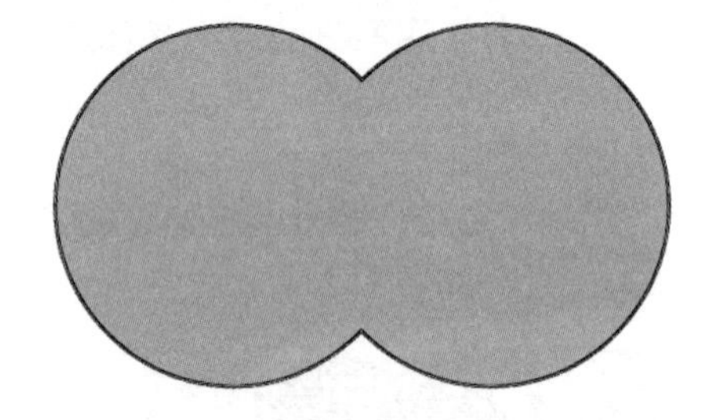

图2-63 相加的效果

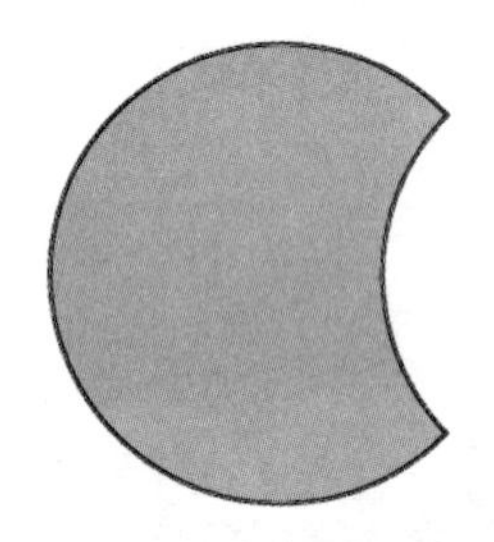

图2-64 减去的效果

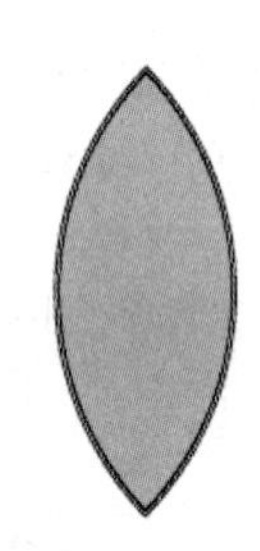

图2-65 交叉的效果

- 排除重叠：单击该按钮可以将所选对象合并成一个对象，但是重叠的部分会被镂空。如果是多个物体重叠，那么偶数次重叠的部分会被镂空，奇数次重叠的部分仍然被保留，效果如图 2-66 所示。
- 减去后方对象：单击该按钮可以从顶层的对象中减去底层的对象，效果如图 2-67 所示。

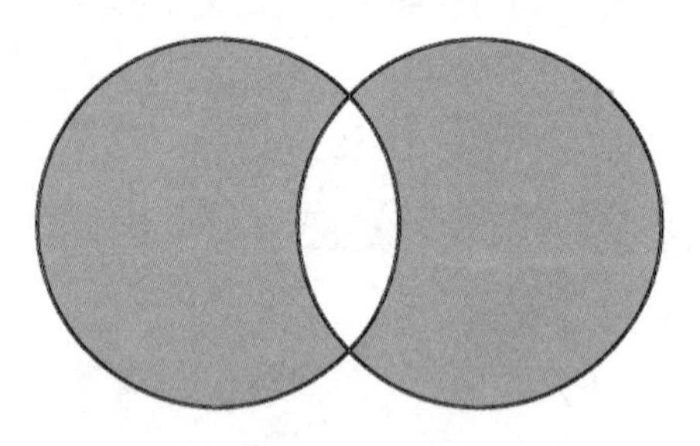

图2-66 排除重叠的效果

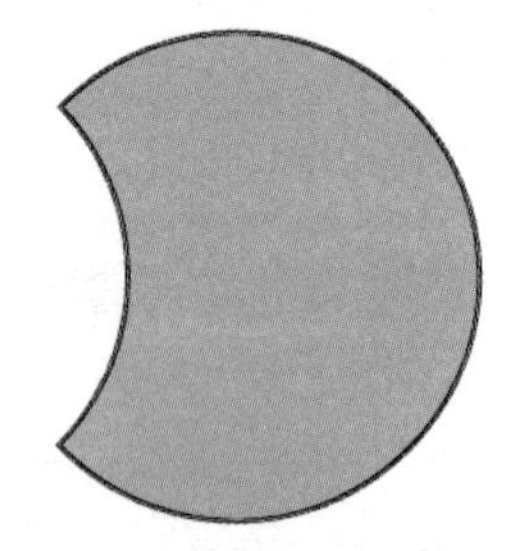

图2-67 减去后方对象的效果

④ 在“路径查找器”面板的“转换形状”选项组中单击相应的按钮，可以将当前复合形状转换为相应的形状。

2.7 排列、对齐与分布对象

如果同时创建了多个图形对象，那么就涉及对象排列次序问题，在绘制或编辑图形时，其次序排列是非常重要的。此外对于创建的多个图形对象，还可以利用“对齐”面板改变对象的对齐和分布方式。下面具体讲解排列、对齐与分布对象的方法。

2.7.1　排列对象顺序

在同一图层中，创建的或导入的对象前后顺序，将按照创建或导入的先后排列，先创建或导入的在底层，后创建或导入的将在前一个的上一层。排列对象的具体操作步骤如下：

① 选择要调整位置的对象（此时选择的是矩形），如图 2–68 所示。

② 执行菜单中的“对象 | 排列”命令，然后选择一种排列方式，如图 2–69 所示。

图2–68　选择要调整位置的对象

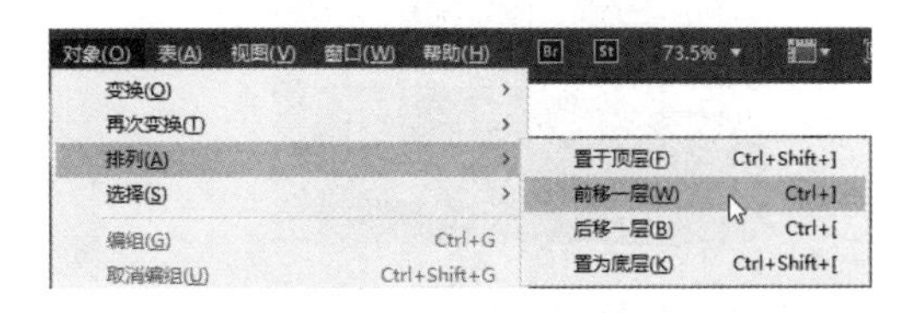

图2–69　选择一种排列方式

- 前移一层：可以使选中对象向前移一层，如图 2–70 所示。
- 置于顶层：可以使选中对象置于当前页面或跨页所有对象的上面，如图 2–71 所示。

图2–70　前移一层的效果

图2–71　置于顶层的效果

- 后移一层：可以使选中对象向后移一层。图 2–72 所示为选择图 2–68 中的星形执行“后移一层”命令的效果。
- 置于底层：使选中对象置于当前页面或跨页所有对象的下面。图 2–73 为选择图 2–68 中的星形后执行“置于底层”命令的效果。

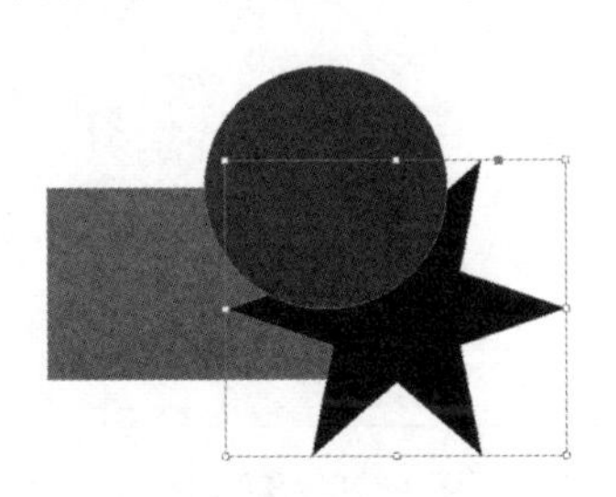

图2–72　后移一层的效果

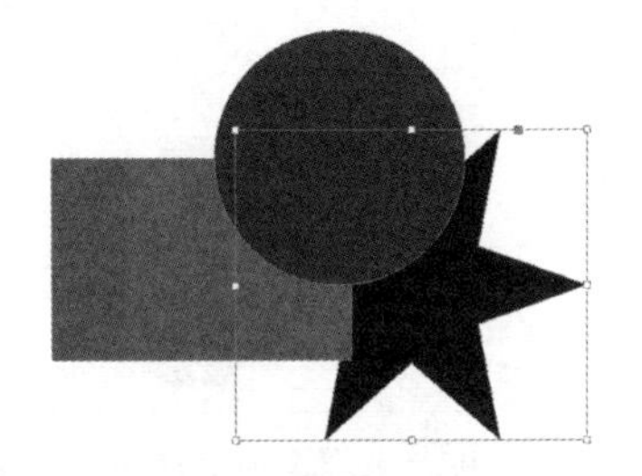

图2–73　置于底层的效果

2.7.2　对齐和分布对象

当要将许多对象以某一种方式对齐或按照一定的规律分布时，可以使用“对齐”面板进行对齐或分布选定对象，如图 2–74 所示。在对齐多个对象之前首先要选择对齐对象的标准，在“对齐”面板中有“对齐选区”“对齐关键对象”“对齐边距”“对齐页面”“对齐跨页”5 种对齐标准供选择，如图 2-75 所示。下面以“对齐选区”作为标准讲解对齐和分布对象的方法。

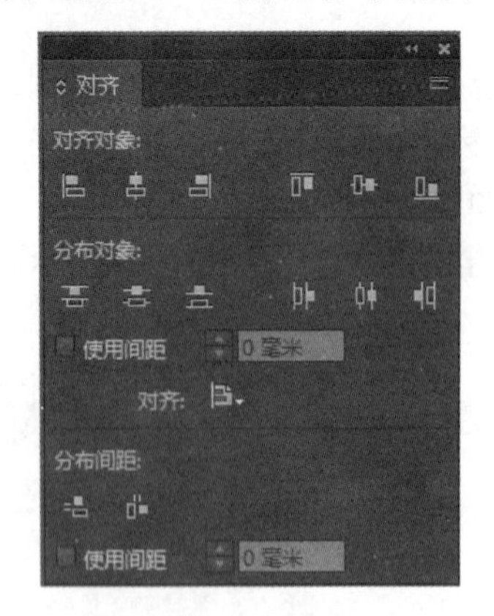

图2-74 “对齐”面板

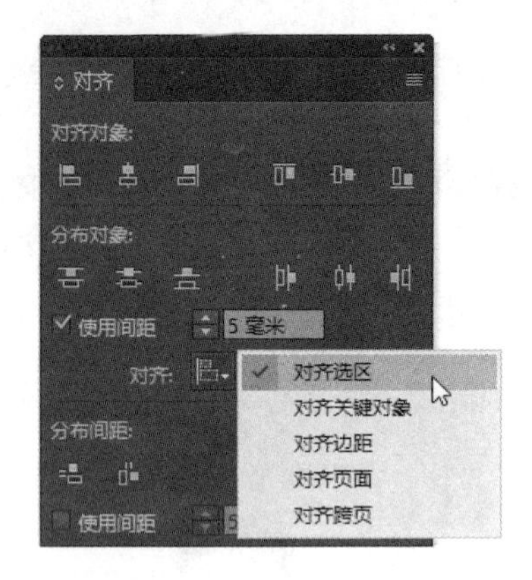

图2-75 “对齐”选项

1．对齐对象

选择要对齐的对象，如图 2-76 所示，然后在“对齐”面板中选择下列对齐方式之一。

- 左对齐：将所有选中对象的左边缘作为参考点进行对齐，如图 2-77 所示。

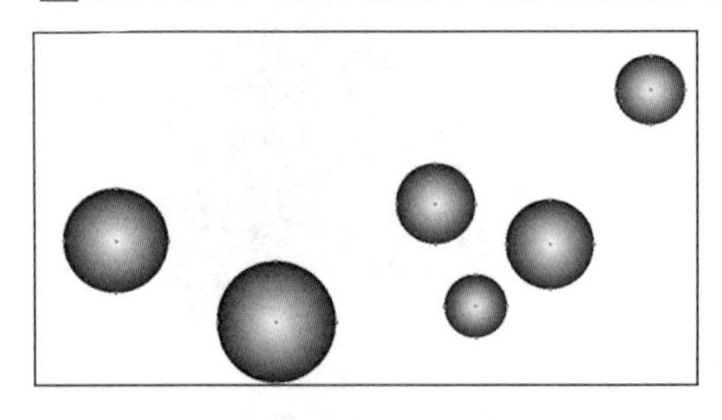

图2-76 选择要对齐的对象

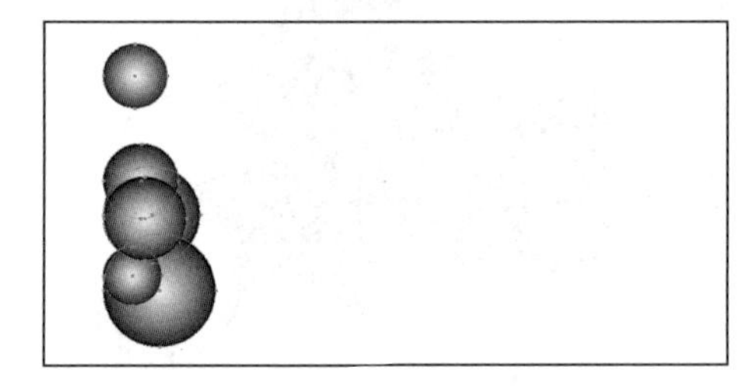

图2-77 左对齐的效果

- 水平居中对齐：将所有选中对象的中心点置于水平轴上，将它们中心对齐，如图 2-78 所示。
- 右对齐：所有选中对象的右边缘作为参考点进行对齐，如图 2-79 所示。

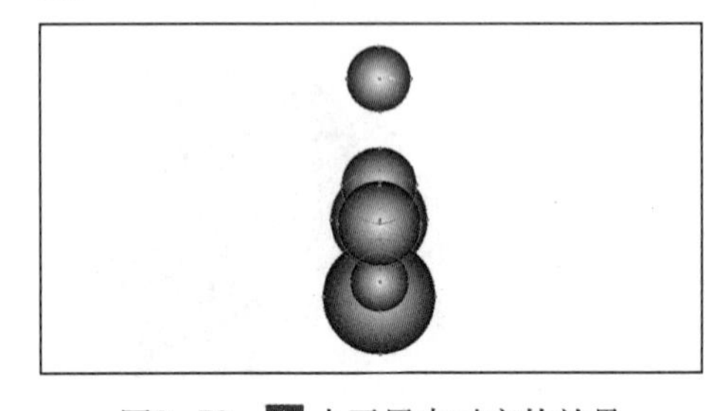

图2-78 水平居中对齐的效果

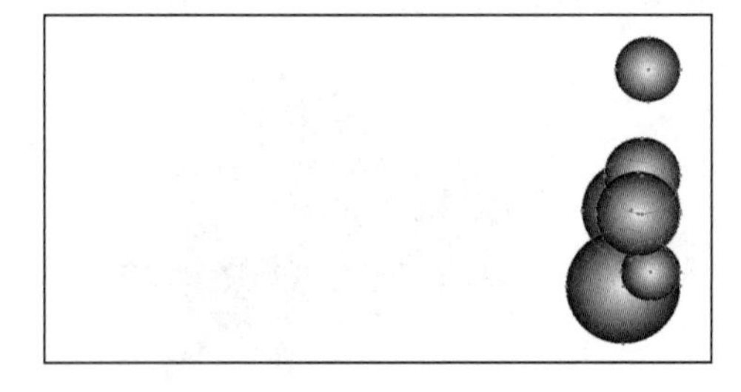

图2-79 右对齐的效果

- 顶对齐：将所有选中对象的上边缘作为参考点进行对齐，如图 2-80 所示。
- 垂直居中对齐：将所有选中对象的中心点置于垂直轴上，将它们中心对齐，如图 2-81 所示。
- 底对齐：将所有选中对象的下边缘作为参考点进行对齐，如图 2-82 所示。

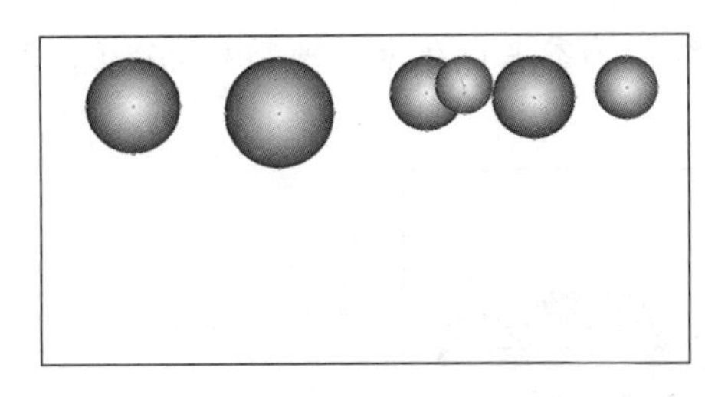

图2-80 顶对齐的效果

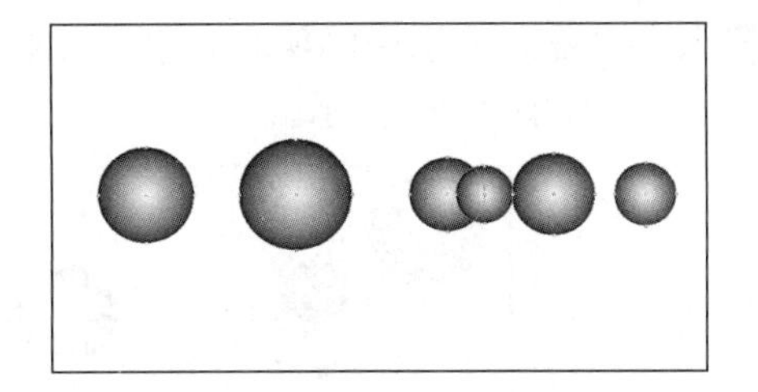

图2-81 垂直居中对齐的效果

2. 分布对象

使用分布命令，可以将多个对象按某一种方式等间距分布。如果在面板中选中“间距”复选框，则可以设置间距值，使对象按照设置的数值分布。如果不选，对象将按顶部与底部或最左与最右的对象之间的距离平均分布。

选择要分布的对象，如图 2-83 所示，然后在“对齐”面板中选择下列分布方式之一。

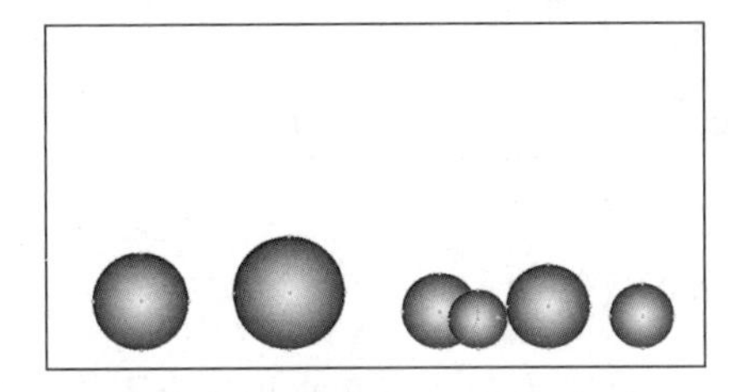

图2-82 底对齐的效果

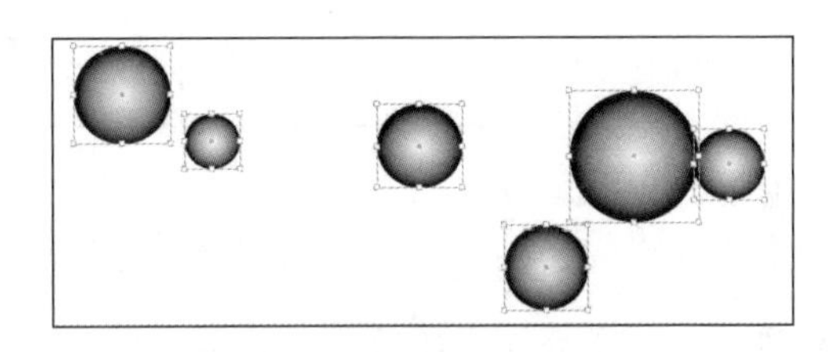

图2-83 选择要分布的对象

- 按顶分布：使选中的所有对象以对象上边缘作为参考点在垂直轴上平均分布，水平位置不变，如图 2-84 所示。

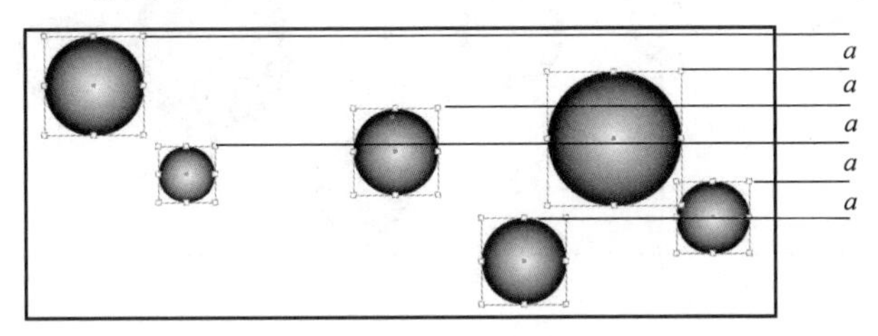

图2-84 按顶分布的效果

- 垂直居中分布：使选中的所有对象以对象中心点作为参考点在垂直轴上平均分布，水平位置不变，如图 2-85 所示。

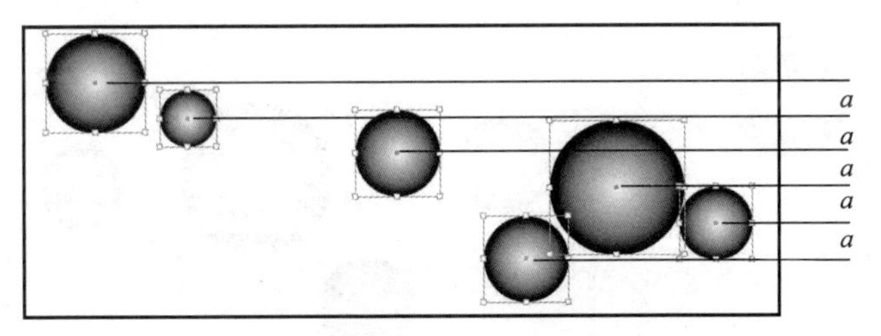

图2-85 水平居中分布的效果

- 按底分布：使选中的所有对象以对象下边缘作为参考点在垂直轴上平均分布，水平位置不变，如图 2-86 所示。

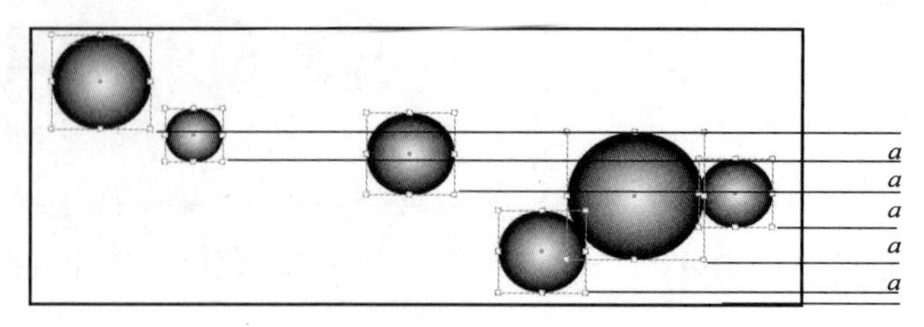

图2-86 按底分布的效果

- 按左分布：使选中的所有对象以对象左边缘作为参考点在水平轴上平均分布，垂直位置不变，如图 2-87 所示。

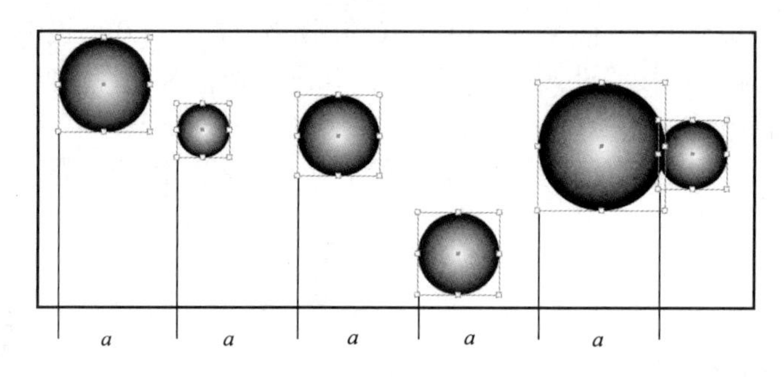

图2-87 按左分布的效果

- 水平居中分布：使选中的所有对象以对象中心点作为参考点在水平轴上平均分布，水平位置不变，如图 2-88 所示。

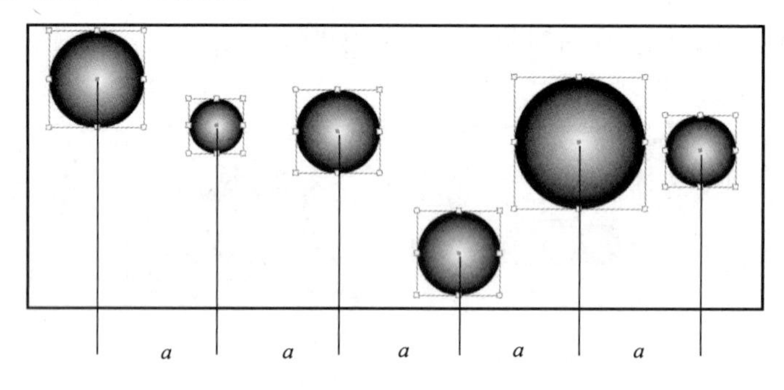

图2-88 水平居中分布的效果

- 按右分布：使选中的所有对象以对象右边缘作为参考点在水平轴上平均分布，垂直位置不变，如图 2-89 所示。

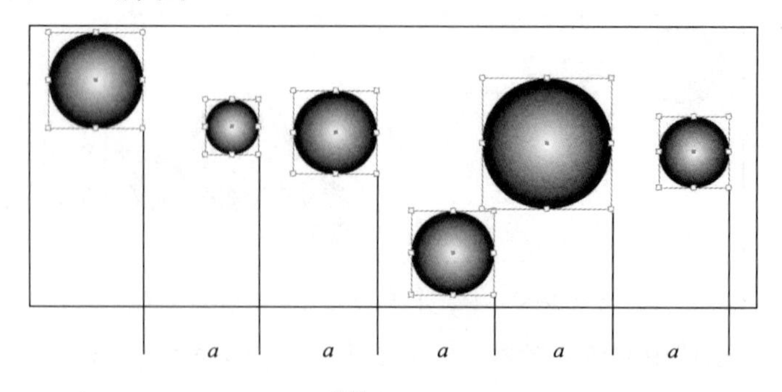

图2-89 按右分布的效果

2.8 颜　色

一个排版物是否能够吸引人，除了内容丰富、版式精美之外，色彩的运用与搭配也是很重要的。为图像添加合适的颜色可以使图像显得更加生动；反之，如果颜色运用不当，则图像就不能完整地表达要传递的信息，作品就没有吸引力。

2.8.1 颜色类型

颜色类型有专色与印刷色两种，这两种颜色类型与商业印刷中使用的两种主要油墨类型相对应。二者存在一定的联系，但也存在很大的差别。

1．专色

专色是一种预先混合的特殊油墨，是 CMYK 四色印刷油墨之外的另一种油墨。当指定的颜色较少而且对颜色的准确性要求较高或印刷过程中要求使用专色油墨（如金、银等特殊色）时，才使用专色。由于创建的每个专色都会在印刷时生成一个额外的专色版，从而会增加印刷成本，所以应该尽量减少使用的专色数量。

2．印刷色

印刷色（CMYK）是使用青色（C）、洋红色（M）、黄色（Y）和黑色（K）4 种标准印刷色油墨的组合进行印刷的。比如要印刷绿色，在 CMYK 四个原色中，没有直接的绿色，要用四色油墨印出绿色的话，就需要 4 种油墨配比生成，在蓝色油墨印完后再印适当比例的黄色，将其压在原先的蓝色油墨上，这样人们看到的就是绿色。当需要的颜色较多从而导致使用单独的专色油墨成本很高或者不可行时需要使用印刷色。

2.8.2 色彩模式

InDesign 中的色彩模式分为 RGB、CMYK 和 Lab 三种。一般在计算机中最习惯使用的是 RGB 色彩模式，因为使用 RGB 色彩模式时，其颜色会特别饱和，使文件及作品特别漂亮，但文件印刷时，并没有办法支持那么多的颜色，所以当文件需要输出时，通常都会将该文件或作品的色彩模式设置成 CMYK。下面具体讲解这三种模式。

1．RGB 模式

RGB 模式是通过 Red（红）、Green（绿）、Blue（蓝）三种颜色为基色进行叠加而模拟出大自然色彩的颜色组合模式，如图 2-90 所示。RGB 模式是通过自身发光来呈现色彩的，其中每一种基色都有 0 ~ 255 的亮度值范围。当不同亮度的基色混合后，便会产生 256×256×256 种（1 670 万种）颜色，这就是人们常说的真彩色。人们日常用的彩色计算机显示器、彩色电视机等的色彩都使用这种模式。RGB 模式的图像文件比 CMYK 模式的图像小很多。可以节省更多的内存和存储空间。

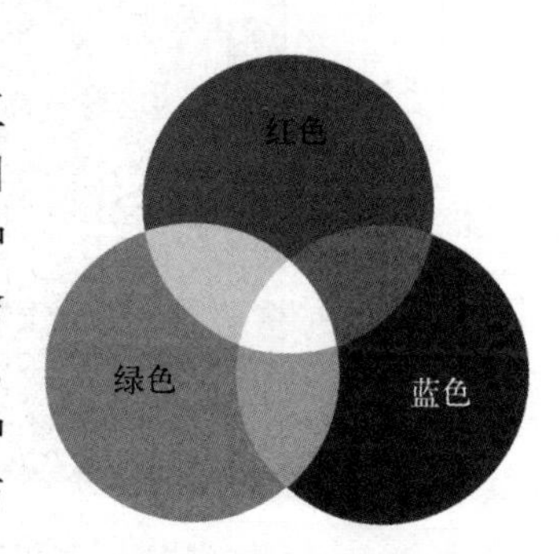

图2-90　RGB模式

2．CMYK 模式

CMYK 模式是一种印刷模式，CMYK 图像由印刷分色的四种颜色组成，这四个字母分别指青（Cyan）、洋红（Magenta）、黄（Yellow）、黑（Black）。CMYK 模式是适于打印机的色彩模式，也是 InDesign CC 2017 文档的默认模式。在 CMYK 模式中，会为每个像素的每种印刷油墨指定一个百分比值。其中为最亮颜色指定的印刷油墨颜色百分比较低，而为较暗的颜色指定的百分比较高。

3. Lab 模式

Lab模式是设备交换色彩信息的颜色模式，大部分与设备无关的颜色管理系统使用Lab模式。Lab 模式是 InDesign CC 2017 在不同颜色模式之间转换的桥梁。L 表示光亮度，值的范围是 0 ~ 100；a 表示从绿色到红色的光谱变化；b 表示从蓝色到黄色的光谱变化，a 和 b 的取值范围都是 +120 ~ −120。Lab 模式是目前色彩模式中色域范围最广泛的模式。计算机将 RGB 模式转换为 CMYK 模式时，在后台的操作实际上是首先将 RGB 模式转换为 Lab 模式，然后再将 Lab 模式转换为 CMYK 模式。

2.8.3 使用“色板”面板

色板类似于样式，在色板中创建的颜色、渐变颜色或色调，可以快速应用于文档。当色板中的颜色更改时，应用该色板颜色的所有对象也将改变，而不用重新对每个对象单独调整。

色板可以包括专色或印刷色、混合油墨(印刷色与一种或多种专色混合)、RGB 或 Lab 颜色、渐变或色调。默认的“色板”面板中会显示 6 种用 CMYK 定义的颜色：青色、洋红色、黄色、红色、绿色和蓝色。

执行菜单中的“窗口 | 颜色 | 色板”命令，调出“色板”面板，如图 2−91 所示。

1. 新建颜色色板

新建颜色色板的具体操作步骤如下。

① 单击“色板”面板右上角的▤按钮，在弹出的快捷菜单中选择“新建颜色色板”命令 [或者不选择任何面板，然后按住〈Alt+Ctrl〉组合键，单击“色板”面板下方的 ▣（新建色板）命令]，弹出“新建颜色色板”对话框，如图 2−92 所示。

- 色板名称：用于设置色板的名称。
- 颜色类型：选择将用于印刷文档颜色的类型。

图2−91 “色板”面板

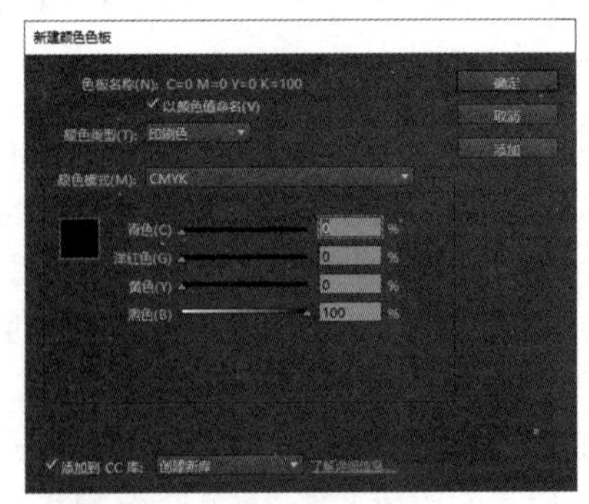

图2−92 “新建颜色色板”对话框

- 颜色模式：对于“颜色模式”，选择要用于定义颜色的模式。（定义颜色后将不能更改模式），然后在其下方通过拖动滑块定义颜色数值。

② 在“新建颜色色板”对话框中设置要新建的颜色相关参数，如图 2−93 所示，单击“确定”

按钮，即可添加色板并可以定义另一个色板，如图 2-94 所示。

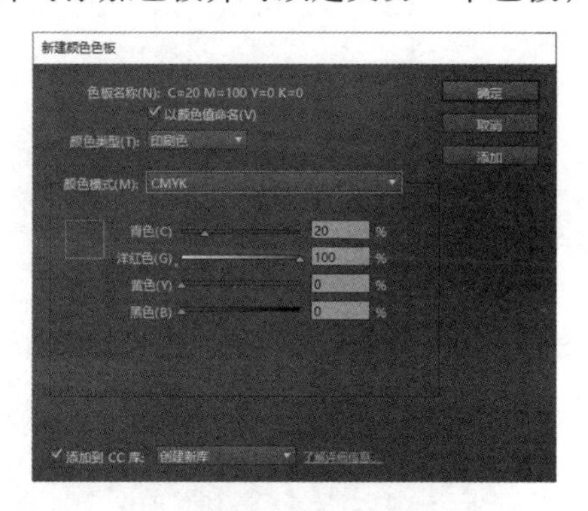

图2-93 颜色参数设置

图2-94　添加颜色后的“色板”面板

2. 复制颜色色板

复制颜色色板有以下几种方法。

- 选择一个色板，然后单击“色板”面板右上角的▤按钮，在弹出的快捷菜单中选择“复制色板”命令。
- 选择一个色板，然后单击面板下方的◪（新建色板）按钮。
- 将一个色板拖动到面板下方的◪（新建色板）按钮上。

3. 删除颜色色板

当要删除一个已经应用于文档中对象的色板、用作色调的色板或用作混合油墨基准的色板时，可以指定一个替换色板，该色板可以是现有色板或为命名色板。但是不能删除文档中置入的图形所用的专色。如果要删除这个色彩，必须先删除图形。删除色板的具体操作步骤如下。

① 选择一个或多个色板，然后执行下列操作之一。

- 单击“色板”面板右上角的▤按钮，在弹出的快捷菜单中选择“删除色板”命令。
- 单击“色板”面板下方的🗑（删除色板）按钮。
- 将所选色板拖动到🗑（删除色板）按钮上，如图 2-95 所示。

② 弹出图 2-96 所示的“删除色板”对话框，执行下列操作之一。

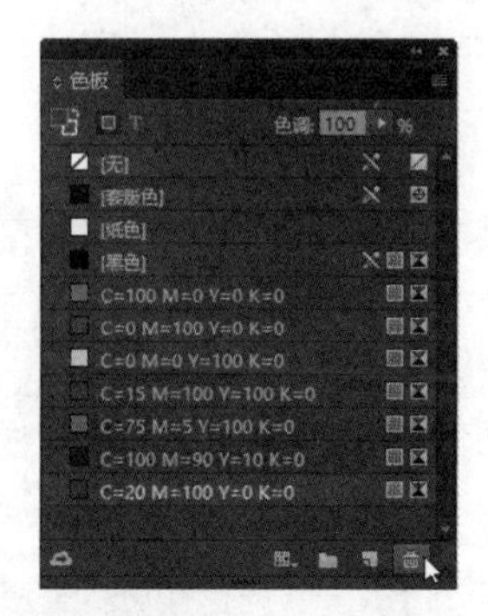

图2-95　将所选色板拖动到🗑（删除色板）按钮上

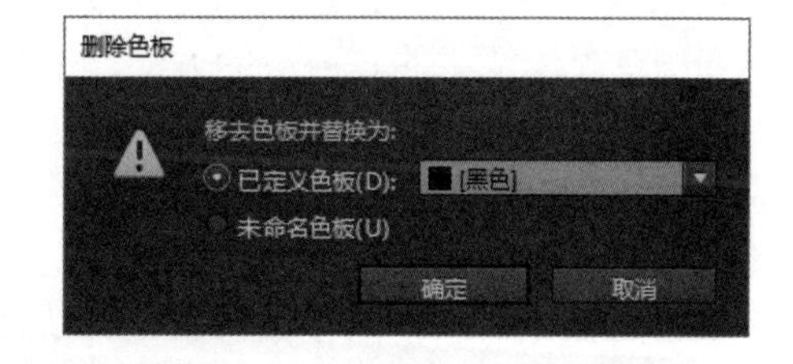

图2-96　“删除色板”对话框

- 选中“已定义色板”单选按钮，则可以在菜单中选择一个色板用于替代使用删除的色板的所有实例。

● 选中“未命名色板”单选按钮，将用一个等效的未命名颜色替换该色板的所有实例。

③ 单击 “确定”按钮，即可删除选中的色板。

4．创建渐变色板

使用“色板”面板可以创建、命名和编辑渐变，同时也可以将创建的渐变应用于不同的对象。创建渐变色板的具体操作步骤如下。

① 单击“色板”面板右上角的▤按钮，在弹出的快捷菜单中选择“新建渐变色板”命令，弹出“新建渐变色板”对话框，如图 2–97 所示。

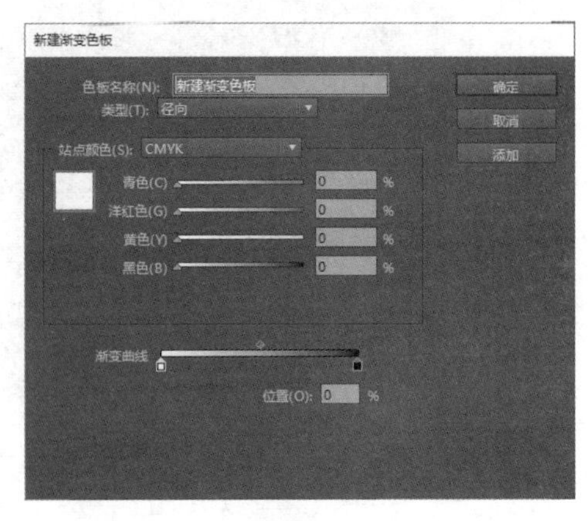

图2–97 “新建渐变色板”对话框

● 色板名称：输入渐变的名称。

● 类型：选择“线性”或“径向”。

② 在颜色条上选择渐变中的第一个点。然后执行下列操作之一。

● 选择 CMYK、RGB、Lab 其中一种颜色模式，然后输入颜色值或拖动滑块，为渐变混合一个新的未命名颜色。

● 选择“色板”，则可以在列表中选择一种颜色。

提示

默认情况下，将渐变的颜色设置为白色。要使其透明，可以采用“纸色”。

③ 调整渐变颜色的位置，可以执行下列操作之一。

● 拖动位于条下的中止点。

● 选择条下的一个中止点，然后输入“位置”值以设置该颜色的位置。该位置表示前一种颜色和后一种颜色之间的距离百分比。

④ 要调整两种渐变颜色之间的中点（颜色各为 50% 的点），可以执行下列操作之一：

● 拖动条上的菱形图标。

● 选择条上的菱形图标，然后输入一个“位置”值，以设置该颜色的位置。该位置表示前一种颜色和后一种颜色之间的距离百分比。

⑤ 单击“确定”或“添加”按钮。该渐变将存储在与其同名的“色板”面板中。

5．色调色板

色调是某种颜色经过加网而变得较浅的版本。色调是给专色带来不同颜色深浅变化的较经济的方法，不必支付额外专色油墨的费用。色调也是创建较浅原色的快速方法，尽管它并未减少四色印刷的成本。与普通颜色一样，最好在“色板”面板中命名和存储色调，以便在文档中轻松编辑该色调的所有实例。

在“色板”面板中选择色板后，“颜色”面板将自动切换到色调显示，以便立即创建色调。色调范围为 0% ~ 100%，数字越小，色调越浅。创建色调面板的方法有以下两种：

图2–98 拖动“色调”滑块

● 使用“色板”面板创建色调色板。方法：在“色板”面板中选择一个颜色色板，然后单击“色调”旁边的箭头，拖动“色调”滑块，如图 2–98 所示。接着单击色板下方的 （新建色板）按钮即可。

- 使用“颜色”面板创建色调色板。方法：在“色板”面板中，选择一个色板，如图 2–99 所示，然后在“颜色”面板中拖动“色调”滑块，或在“百分比”文本框中输入色调值，接着单击“颜色”面板右上角的 按钮，在弹出的快捷菜单中选择“添加到色板”命令，如图 2–100 所示，即可将其添加到色板中，如图 2–101 所示。

图2–99　选择色板

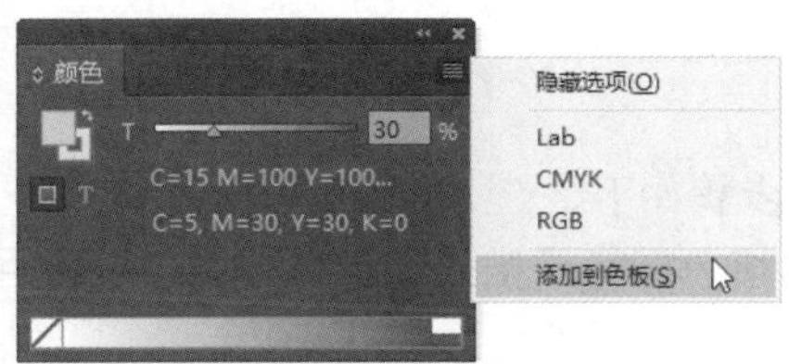

图2–100　选择“添加到色板”命令

图2–101　添加颜色后的“色板”面板

2.8.4　应用颜色

InDesign CC 2017 提供了大量用来应用颜色的工具，包括“工具箱”、“颜色”面板、“色板”面板和吸管工具。

1．使用填色工具应用颜色

填色工具位于工具箱的下方，可以设置对象的填充色和描边颜色，还可以应用默认的填充和描边颜色。使用填色工具应用颜色的具体操作步骤如下。

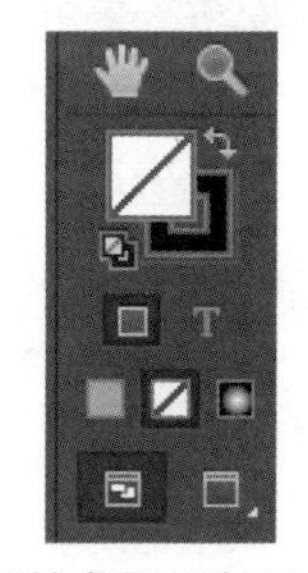

图2–102　使“填色”图标显示在前

① 如果要对路径进行填色，可以在工具箱下方单击 （填色）图标，使填色图标显示在前，如图 2–102 所示。然后双击填色图标，在打开的图 2–103 所示的“拾色器”对话框中设置颜色，然后单击“确定”按钮即可。

② 如果要对路径进行描边，可以单击 （描边）图标，使描边图标显示在前，如图 2–104 所示，然后使用与填色相同的方法选取颜色。

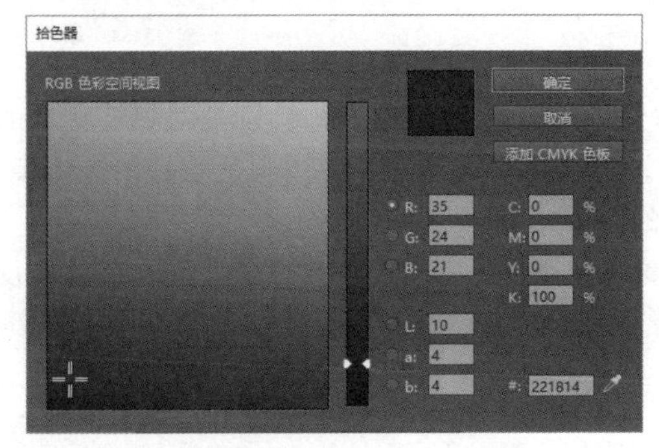

图2–103　“拾色器”对话框

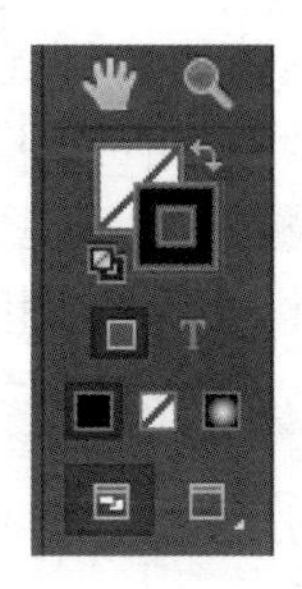

图2–104　使“描边”图标显示在前

③ 单击工具箱下方的■（默认填色和描边）图标，可以使用默认颜色填色与描边。

④ 指定要填色与描边之后，单击实色、渐变，可以应用前一次使用的颜色、渐变色填色或描边，选择“无”将取消填色或描边。

2. 使用“颜色”面板应用颜色

使用“颜色”面板应用颜色的具体操作步骤如下。

① 在“颜色”面板左上方单击填色图标或描边图标。

② 在面板菜单中选择所需的色彩模式，如图 2–105 所示。

③ 拖动颜色滑块或输入数值设置颜色，或者在颜色条上选择，将鼠标靠近颜色条时，鼠标变为吸管形状，在颜色条上单击即可选择该颜色，如图 2–106 所示。

3. 使用色板应用颜色

使用色板应用颜色的具体操作步骤如下。

① 在“色板”面板左上方单击填色图标或描边图标，如图 2–107 所示。

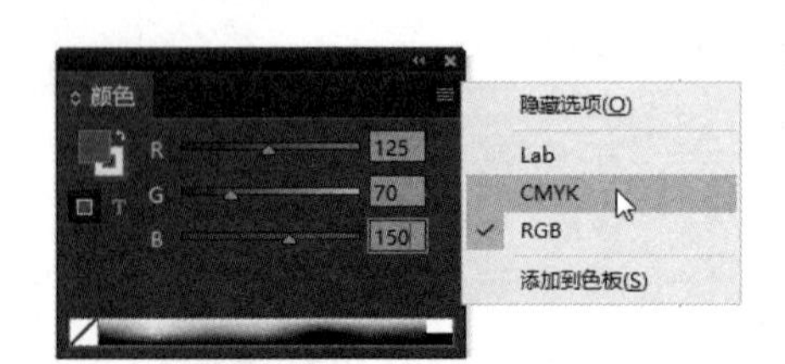

图2–105 “颜色”面板

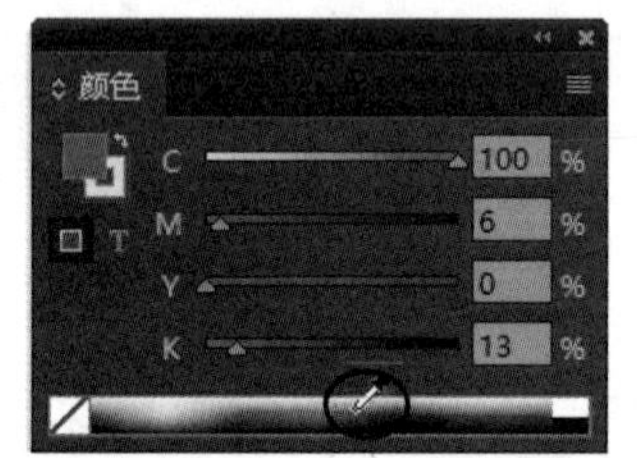

图2–106 颜色条上选择颜色

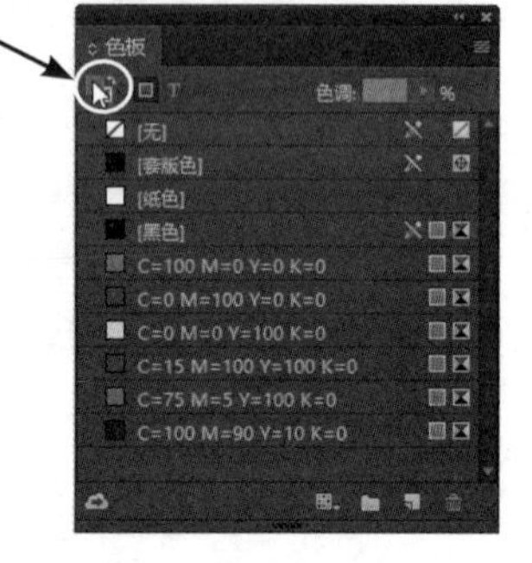

图2–107 “色板”面板

② 在色板中选择需要的颜色。

提示

如果面板上没有需要的颜色，可以在面板菜单中选择新建颜色色板、新建渐变色板或混合油墨色板，然后自定义颜色。

③ 如果需要与色板上某一颜色相近的色板，可以选中此色板双击或在菜单中选择“色板选项”命令，然后根据需要更改。

4. 利用吸管工具应用颜色

利用工具箱中的■（吸管工具），可以方便地进行填充与描边，特别是对属性相近的元素，不但可以提效率，还可以提高准确度和一致性。利用■（吸管工具）应用颜色的具体操作步骤如下。

① 选中■（吸管工具），在要复制属性的对象上单击。

② 当光标变为↖形状时，在目标对象上单击，即可使复制对象的边框、填充颜色及其宽度变为与目标对象一致。

2.8.5 应用渐变

渐变是两种或多种颜色之间或同一颜色的两个色调之间的逐渐混合。使用的输出设备会影响渐变的分色方式。 渐变可以包括纸色、印刷色、专色或使用任何颜色模式的混合油墨颜色。

1．使用“渐变”面板添加渐变

“渐变”面板如图 2–108 所示，使用“渐变”色板可以创建色彩丰富的渐变颜色，可以设置渐变的类型、位置、角度。使用“渐变”面板添加渐变的具体操作步骤如下。

① 选择要添加渐变的一个或多个对象。

② 单击“色板”面板或工具箱中的“填色”或“描边”图标，以确定应用渐变的是对象内部或是边框。

③ 双击工具箱中的■（渐变色板工具）图标 ，打开“渐变”面板。

④ 在“渐变”面板的“类型”右侧下拉列表中有“线性”或“径向”两个选项供选择。图 2–109 所示为选择不同类型的效果比较。

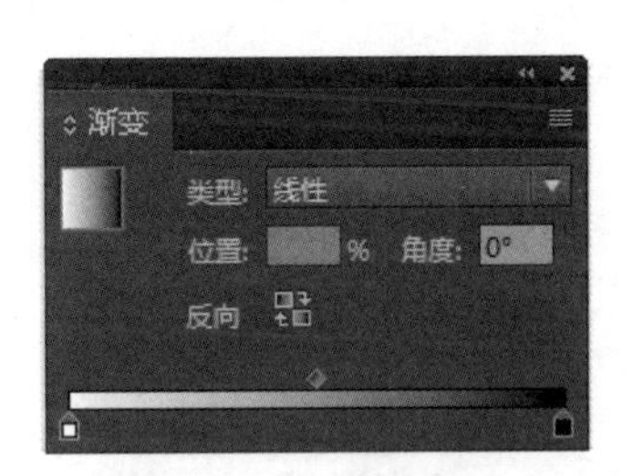

图2–108　渐变面板

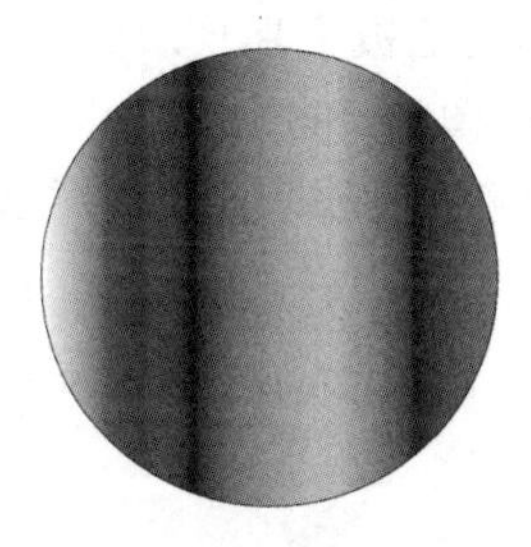

(a) 径向效果

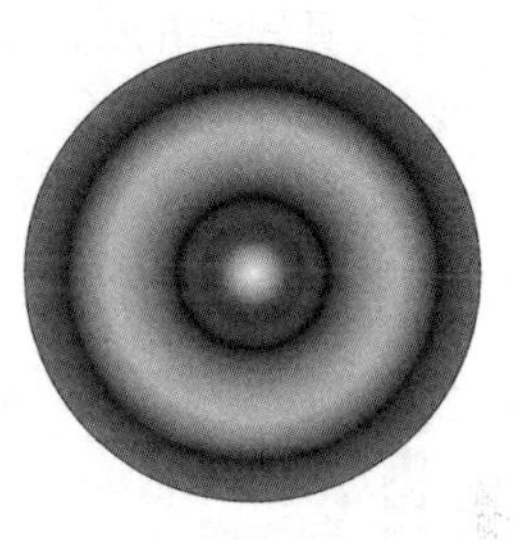

(b) 线性效果

图2–109　选择不同类型的效果比较

⑤ 要定义渐变的起始颜色，可以单击渐变条下最左侧的油漆桶，然后执行下列操作之一。

- 从“色板”面板中拖动色板并将其置于油漆桶上。
- 按住〈Alt〉键单击“色板”面板中的一个颜色色板。
- 在“颜色”面板中，拖动滑块创建一种颜色，或在颜色条上单击选择一种颜色。

⑥ 要定义渐变的结束颜色，单击渐变条下最右侧的油漆桶。然后设置一种颜色。

⑦ 如果要设置多种颜色的渐变，可以在渐变条下方单击，将增加一个油漆桶。

⑧ 然后拖动菱形滑块或在“位置”中输入数值，调整颜色之间中点的位置。

⑨ 在“角度”文本框中输入要调整的渐变角度。图 2–110 所示为设置不同“角度”的效果比较。

(a) “角度”为 0° 　(b) “角度”为 45° 　(c) “角度”为 100°

图2–110　不同“角度”的效果比较

⑩ 如果要反转渐变颜色的顺序，可以单击■（反向渐变）按钮。图 2–111 所示为单击■（反向渐变）按钮前后的效果比较。

2．使用渐变色板工具调整渐变

使用渐变为对象填色之后，可以通过使用■（渐变色板工具）为填色“重新上色”来修改渐变。使用该工具可以更改渐变的方向、渐变的起始点和结束点，还可以跨多个对象应用渐变。使用■（渐变色板工具）调整渐变的具体操作步骤如下。

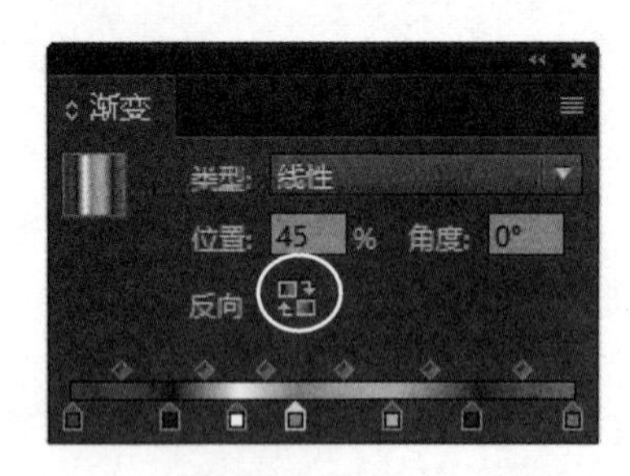

(a) 单击 (反向渐变) 按钮前

(b) 单击 (反向渐变) 按钮后

图2-111　单击 (反向渐变) 按钮前后的效果比较

① 在“色板”面板或工具箱中根据原始渐变的应用位置选择“填色”框或“描边”框。

② 选择工具箱中的 (渐变色板工具)，并将其置于要定义渐变起始点的位置，然后沿着要应用渐变的方向拖过对象，如图 2-111 所示。

③ 在要定义渐变结束点的位置释放鼠标，即可看到效果，如图 2-112 所示。

(a) 调整前

(b) 调整后

图2-112　调整渐变的效果

2.9　实例讲解——传统广告单页设计

要点

本例将制作一个名为“传统广告单页设计”的海报，如图 2-113 所示。本例中海报的画面层次比较清晰，版面结构呈典型的放射状，以红、绿、天蓝、深蓝、白五色为主色调，很有异国气息。通过本例的学习，读者应掌握绘制路径、“使内容适合框架”命令、添加“渐变羽化”效果、添加文字以及调整“不透明度”等知识的综合应用。

图2-113　传统广告单页设计

操作步骤：

1. 创建文档

① 执行菜单中的“文件 | 新建 | 文档”命令，在弹出的对话框中设置如图 2-114 所示的参数值，将“出血”设为 3 mm。然后单击“边距和分栏”按钮，在弹出的对话框中设置如图 2-115 所示的参数值，单击“确定”按钮，设置完成的版面状态如图 2-116 所示。

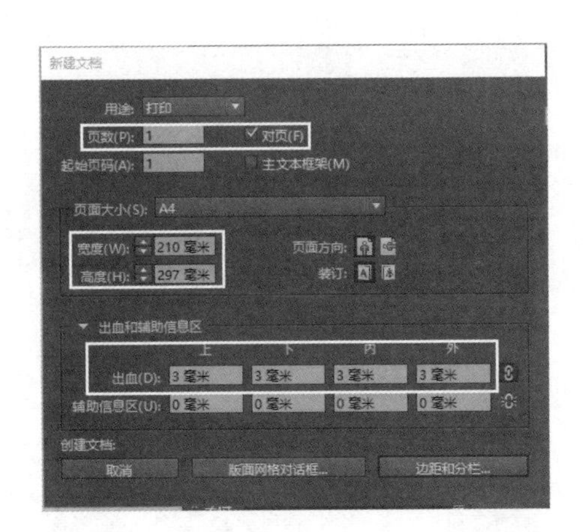

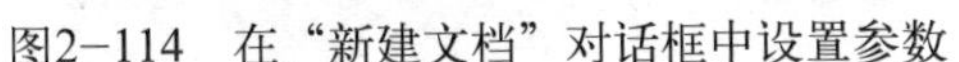

图2-114　在“新建文档”对话框中设置参数

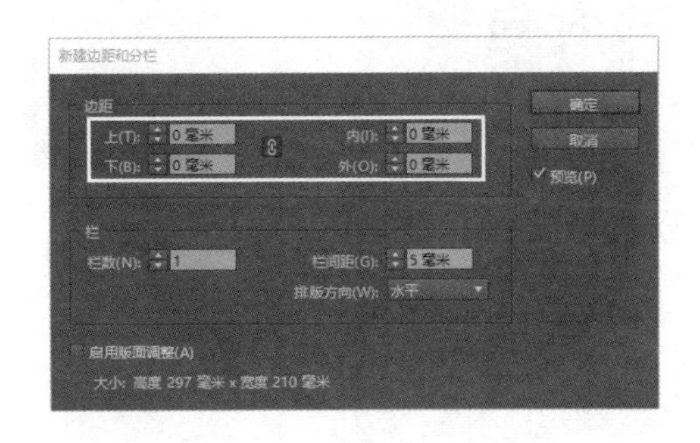

图2-115　设置边距和分栏

② 这是一个四边无边距且无分栏的单页，下面单击工具栏下方的 （正常视图模式）按钮，使编辑区内显示出参考线、网格及框架状态。

③ 这张广告单页的背景是一张处理成黑白色调的楼群图片，下面先将图片置入。方法：执行菜单中的“文件｜置入”命令，在弹出的对话框中选择资源中的“素材及结果\2.9 传统广告单页设计\‘传统广告单页设计’文件夹\Links\楼房图片 .jpg”图片，如图 2-117 所示，然后单击“打开”按钮，将“楼房图片 .jpg”置入文档，效果如图 2-118 所示。接着选择工具箱中的 （选择工具）将框架右下角向右下方拖动，从而将“楼房图片”的框架变换大小，使之与版面的出血框架一样大，如图 2-119 所示。最后执行菜单中的“对象｜适合｜使内容适合框架”命令（或单击工作界面上方控制面板中的 按钮），使图片自动拉伸至与框架大小一致，效果如图 2-120 所示。

图2-116　版面效果

图2-117　在弹出的“置入”对话框中选择文件

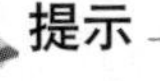

提示

像海报、封面等出版物要将其版面内容扩大到与出血框架一致，从而防止打印或者裁剪时留出白边。

图2-118　将“楼房图片.jpg”置入文档

图2-119　改变图片框架大小

图2-120　使图片与框架大小一致

2．绘制放射形色块并使其与底图发生融合

① 绘制绿色色块。方法：选择工具箱中的（钢笔工具），在画面的左上角绘制一个不规则四边形框架，如图 2–121 所示。然后将其填色设置为绿色 [参考色值为：CMYK（75，5，100，0）]，描边设置为（无色），效果如图 2–122 所示。同理，绘制其余块面，并填充上不同颜色，效果如图 2–123 所示。

图2–121　绘制不规则四边形框架

图2–122　将其填充为深绿色

CMYK（75，5，100，0）

CMYK（100，0，0，0）

CMYK（100，90，10，0）

图2–123　绘制完成画面中其余色块

② 接下来绘制红色块面。方法：选择工具箱中的 （钢笔工具），在画面中部先绘制主红色块面的框架，将其填色设置为大红色 [参考色值为：CMYK（25，100，100，0）]，效果如图 2–124 所示，同理绘制其余两个小块红色块面，效果如图 2–125 所示。

③ 最后绘制白色块面。在此要特别注意，由于在后面的步骤中关联着渐变羽化效果的运用，因此在绘制白色块面时，一定要注意不能与红色块面或者其他颜色块面有任何细微的重叠，必须使用 （缩放显示工具）将画面放大，耐心地根据边界线绘制框架，最后效果如图 2–126 所示。

图2–124　绘制主要的红色块面

图2–125　将其余红色小块面绘制完成

图2–126　白色块面效果图

④ 由于将色块都填充了颜色，因此背景图被全部覆盖住了，下面需要将色块与背景图结合起来，使版面不要显得过于死板，并且使其显得更有层次感。这里就要着重用到“渐变羽化”效果。方法：首先使用 （选择工具）选中面积最大的红色块面，然后执行菜单中的“对象 | 效果 | 渐变羽化”命令 [或在“效果”面板中单击右下方的 （向选定的对象添加对象效果）按钮，从弹出的快捷菜单中选择“渐变羽化”命令]，在弹出的对话框中设置参数如图 2–127 所示；在右侧“渐变色标”选项组中将中间色标的“不透明度”设为 55%，“位置”设为 72%；将右侧色标的“不透明度”设为 65%，“位置”设为 100%，完成后单击“确定”按钮。此时红色块面由左上到右下出现了渐隐效果，背景图部分显示了出来，效果如图 2–128 所示。

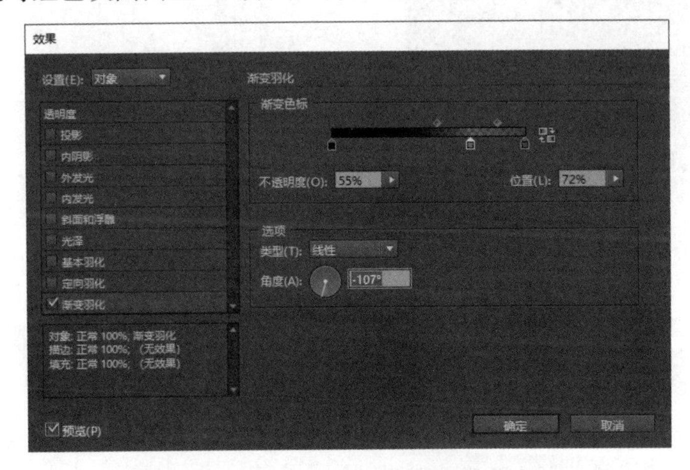

图2–127　在“效果”对话框中设置参数1

图2–128　红色块面渐隐效果

⑤ 同理，利用 (选择工具) 选择位于版面右下角的深蓝色块面，执行菜单中的“对象 | 效果 | 渐变羽化”命令，在弹出的对话框中设置参数如图 2–129 所示，选择右侧的色标，将其“不透明度”设为 28%，“位置”设为 100%，“类型”设为“线性”，“角度”设为 −90°，单击“确定”按钮，此时蓝色块面出现了由上至下的渐隐效果，效果如图 2–130 所示。

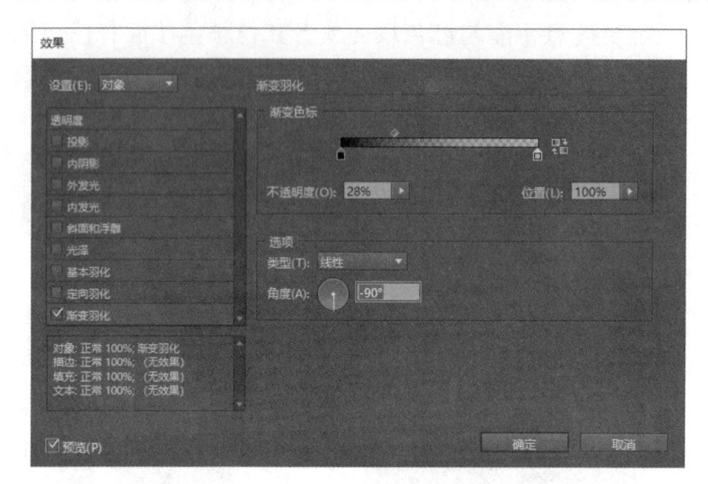

图2–129 在“效果”对话框中设置参数2

图2–130 深蓝色块面渐隐效果

⑥ 同理，再选中版面左侧中部三角形红色块面（很窄的色条），在“渐变羽化”对话框中设置参数如图 2–131 所示，将右侧色标的“不透明度”设为 50%，“位置”设为 100%，“类型”设为“线性”，“角度”设为 −160°，单击“确定”按钮，可见三角红色块面出现了右上至左下的渐隐效果，如图 2–132 所示。

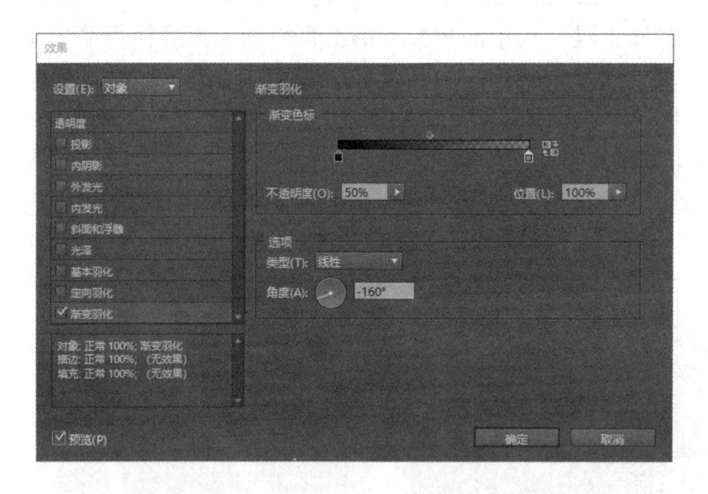

图2–131 在“效果”对话框中设置参数3

图2–132 红色三角块面渐隐效果

⑦ 同理，请读者参照图 2–133 中的参数处理版面右侧中部三角形红色块面，效果如图 2–134 所示。然后参照图 2–135 中的参数处理版面左侧中部三角形天蓝色块面，效果如图 2–136 所示。

⑧ 利用 (选择工具)，配合〈Shift〉键同时选中所有白色块面，然后在“效果”面板中将“不透明度”设置为 90%，如图 2–137 所示，此时画面效果如图 2–138 所示。这时画面中白色的块面呈现出半透明状，整个画面充满了通透感，层次清晰。

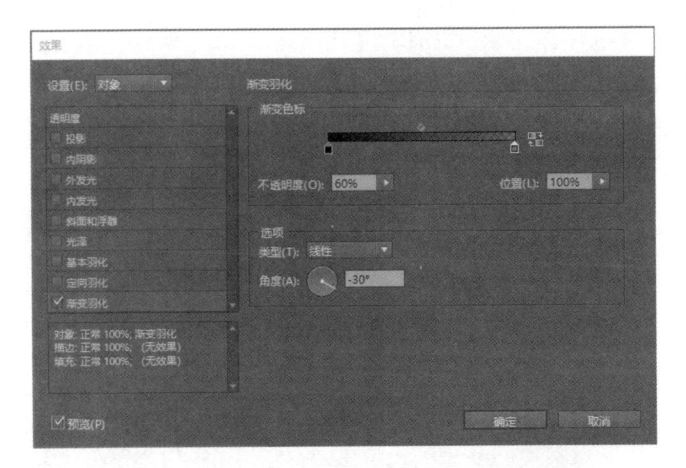

图2-133　在“效果”对话框中设置参数4

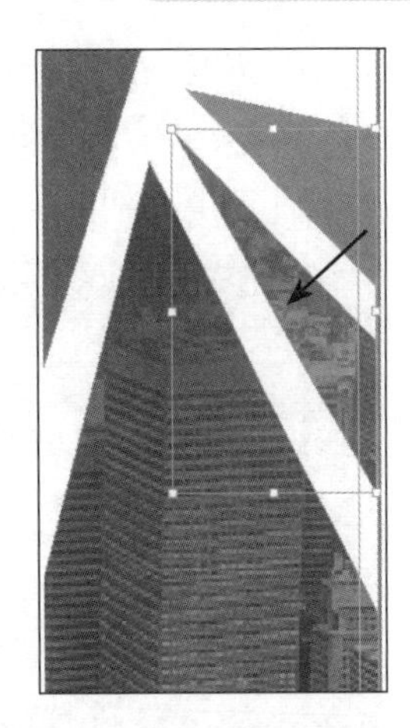

图2-134　红色三角块面渐隐效果

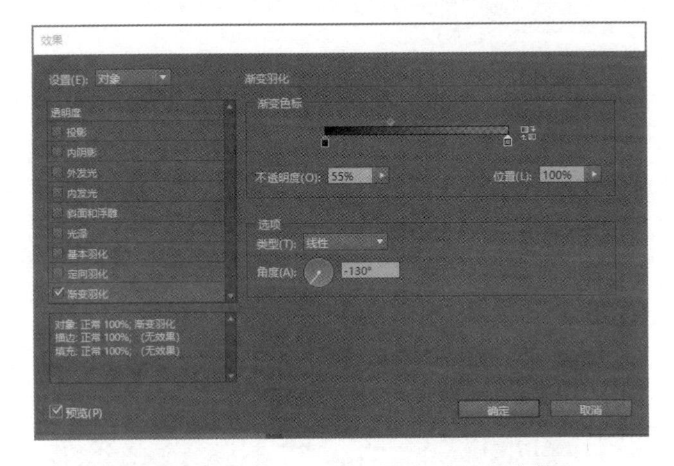

图2-135　在“效果”对话框中设置参数5

图2-136　天蓝色三角块面渐隐效果

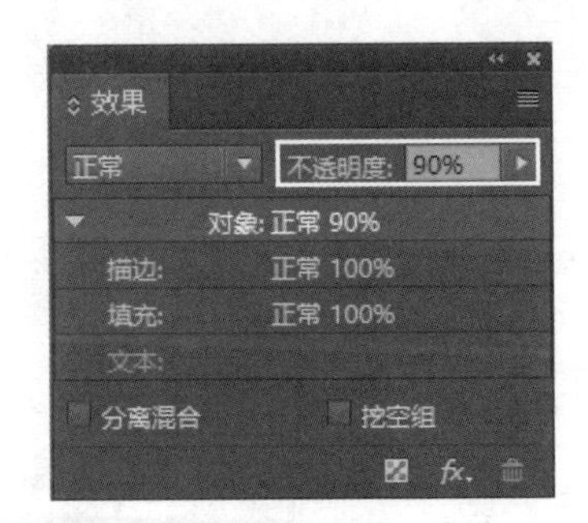

图2-137　将“不透明度”设置为90%

图2-138　画面整体效果

3. 制作标题文字

① 选择工具箱中的T（文字工具），在画面中部创建一个矩形文本框，按快捷键〈Ctrl+T〉

打开“字符”面板，设置参数如图 2-139 所示，将“字体”设置为 Poplbr Std，“字号”设置为150点，“水平缩放”设为80%，其他为默认值，最后在文本框中输入黑色[参考色值为 CMYK(0，0，0，100)]文字，如图 2-140 所示。

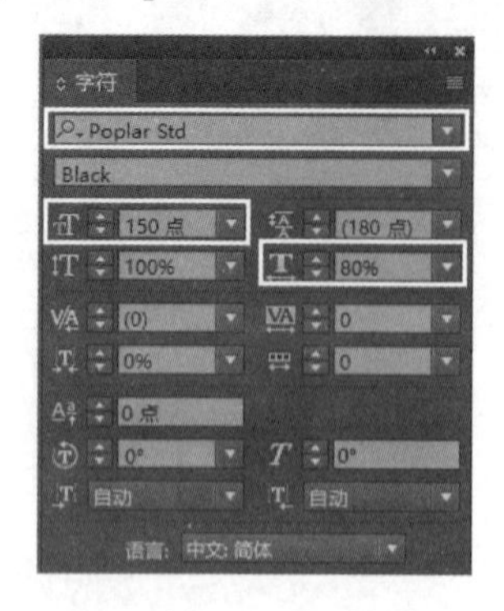

图2-139　在“字符”面板设置字符参数

图2-140　在文本框中输入标题文字

② 由于背景是放射性的版式，标题文字必须与之相呼应，下面将它制作成倾斜效果，并与背景中主红色块面的倾斜方向一致。方法：执行菜单中的“对象 | 变换 | 旋转”命令，在弹出的“旋转”对话框中设置如图 2-141 所示的参数值，将“角度”设置为 17°，单击“确定”按钮，从而使标题文字形成了向左上至右下的倾斜放置效果，与背景相呼应，效果如图 2-142 所示。

提示

在“变换”面板中将（旋转角度）设置为17°，也可以将文字进行旋转。

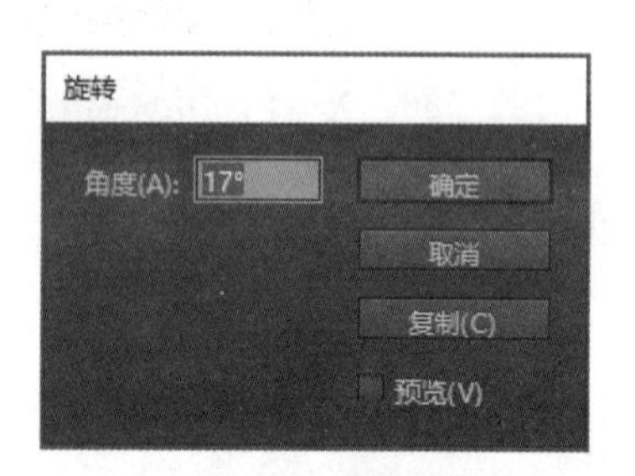

图2-141　设置旋转参数

图2-142　标题文字倾斜效果

③ 虽然调整了倾斜度与背景画面形成了呼应，但是发现标题文字字符之间的间距并不规律，尤其是字母“E、a、T”之间的距离过大。另外，为了使标题文字看起来具有交错的视觉感，必须给每个字符设置基线偏移。方法：先将字母“B”和字母“E”的字号稍做调整，将字母“B”的字号调大一些，字母“E”的字号调小一点，然后利用（文字工具）选中字母“a”，如图 2-143 所示。在打开的“字符”面板中将（基线偏移）设为：-10 点，效果如图 2-144 所示。再用同样的方法，将其余并排的字母也形成上下交错偏移，整体效果如

图2-143　选中字母“a”

图 2-145 所示。

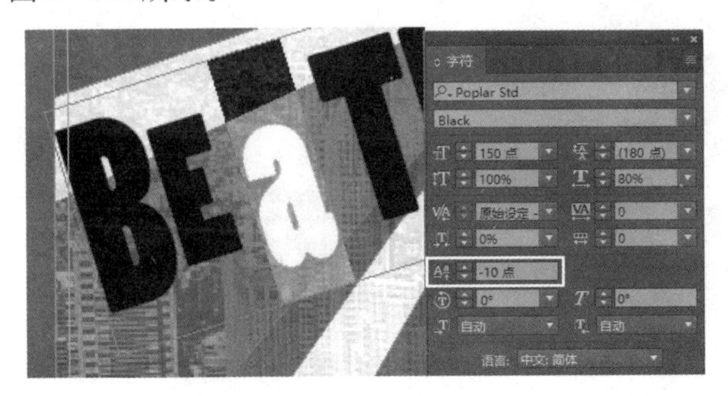

图2-144　使其基线偏移后效果

图2-145　其余字母基线偏移后效果

④ 将字母“a”和字母“T”之间的距离缩小。方法：利用T（文字工具）选中字母“a”和字母“T”，如图 2-146 所示。在“字符”面板中将VA（字符间距）这一项设为 -50，效果如图 2-147 所示。然后使用同样的方法将“T”和“L”之间的间距缩小，效果如图 2-148 所示。此时，标题文字的整体效果如图 2-149 所示。

图2-146　选中字母“a”和字母“T”

图2-147　缩小间距

图2-148　字母“L”和字母“e”间距缩小后效果

图2-149　设置后的标题文字整体效果

⑤ 目前看起来标题文字的大小相对整个版面过小，而且字型的个性化色彩还不够，下面需要对标题文字进一步细化调整。方法：首先利用（直接选择工具）选中标题文字，然后执行菜单中的“文字｜创建轮廓”命令，此时标题文字会被图形化并且边缘出现了许多调节控制点，效果如图 2-150 所示。然后选择（选择工具），按住〈Shift〉键向外拖动文本块四个角上的控制手柄，如图 2-151 所示，进行等大缩放，使其大小与海报的宽度基本一致，效果如图 2-152 所示。

图2-150　将文字轮廓化

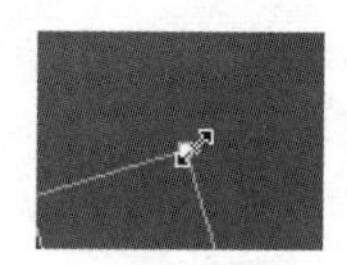
图2-151　拖动控制手柄使其等大缩放

⑥ 现在看来文字的间距与大小基本合适了，但是字母与字母之间有重叠，比如“T”和“L”之间。而且有些字母的空隙太小，比如字母“B”、“a”和“e”中的镂空太小，字型带给人一种压抑感。下面将其空隙扩大一些，首先从字母“B”开始。方法：利用（直接选择工具）选中字母“B”上部空隙中的调节控制点，如图 2-153 所示；然后移动其调节控制点，使其往外移动，还可以结合（转换方向点工具）调整镂空部分的形状，参见图 2-154、图 2-155 和图 2-156 绘制。调整完成后，字母“B”上部镂空部分扩大了一圈，如图 2-157 所示，画面整体效果如图 2-158 所示。

图2-152　等大缩放后效果

图2-153　用直接选择工具调整控制点1

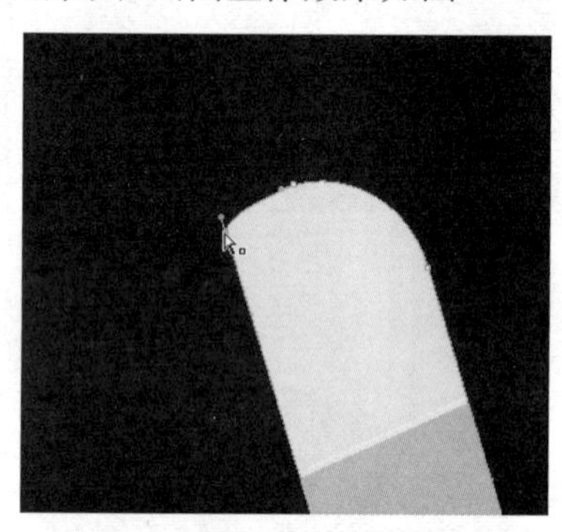
图2-154　用直接选择工具调整控制点2

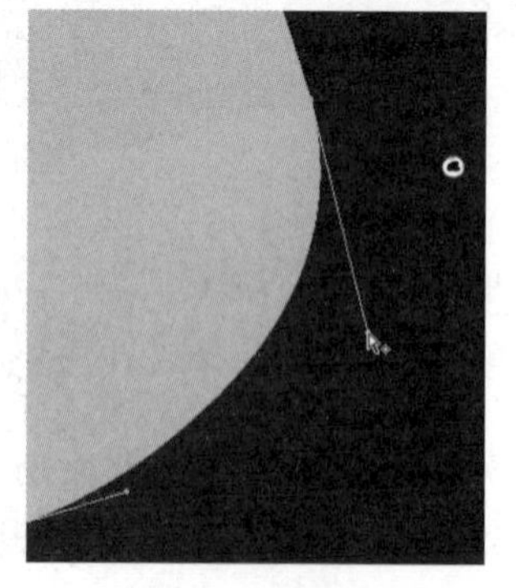
图2-155　用转换点工具调节镂空部分形状1

图2-156　用转换点工具调节镂空部分形状2

图2-157　调整后镂空部分效果

图2-158　标题文字镂空部分调整后效果

⑦ 在文字后面增添一个感叹号，效果如图 2-159 所示。

⑧ 至此，标题文字的字型处理完毕，但是纯黑色的文字与背景并没有很好地融为一体，而且显得过于深沉。下面将文字与背景白色块面重叠的部分颜色变为红色，使之与背景发生有趣的关联。方法：利用（钢笔工具）将字母“B”与白色块面重叠部分的形状轮廓绘制出来，然后将其填充为与背景红色块面相同的红色，效果如图 2-160 所示，接着使用同样的方法将其余重叠部分绘制出来，并填充相同的红色，效果如图 2-161 所示。

图2-159　在文字后面增添一个感叹号

图2-160　重叠区域绘制完成效果

图2-161　所有文字重叠区域绘制完成效果

4. 制作海报辅助信息

① 编辑第一条辅助信息，在“字符”面板中设置参数如图 2-162 所示，然后在编辑区空白处输入黑色文字信息，如图 2-163 所示。为了使文字与海报放射状版式相结合，下面将其进行适当的旋转。方法：执行菜单中的“对象 | 变换 | 旋转”命令，在弹出的“旋转”对话框中设置“角度”为 17°，如图 2-164 所示，单击“确定”按钮。接着将其放置在画面中文字标题的左上方，效果如图 2-165 所示。

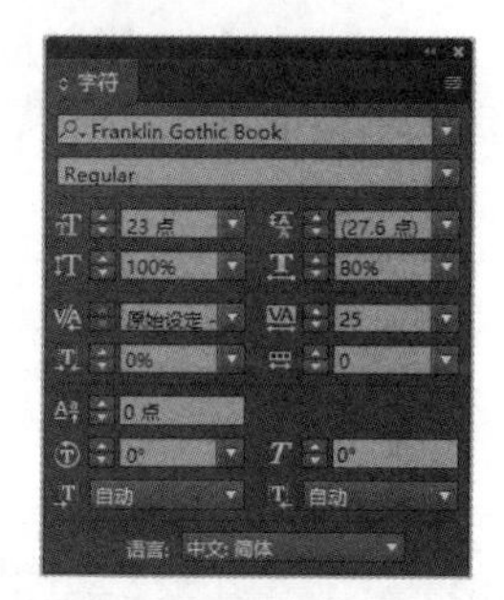

图2-162　设置辅助信息文字参数

② 编辑第二条辅助信息，同样先在“字符”面板中设置参数，如图 2-166 所示，然后在编辑区输入文字信息，并将最后两个字符的颜色设置为红色 [参考色值为 CMYK（25，100，100，0）]，如图 2-167 所示。接着执行菜单中的“对象 | 变换 | 旋转”

命令，在弹出的“旋转”对话框中将旋转“角度”设置为 7°，单击“确定”按钮，再将其移到第一条辅助信息上方，效果如图 2-168 所示。

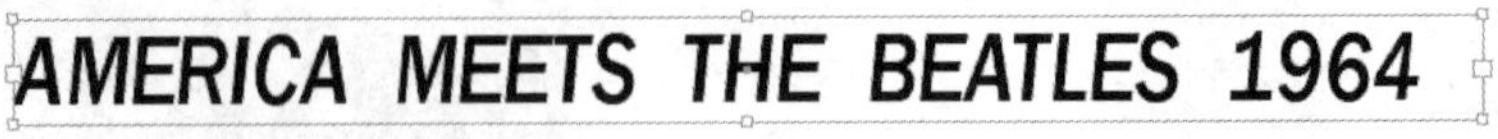

AMERICA MEETS THE BEATLES 1964

图2-163 在编辑区空白处输入文字信息

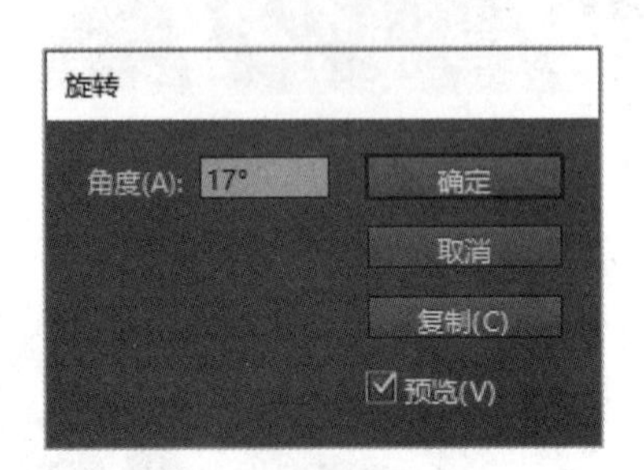

旋转
角度(A): 17°
确定
取消
复制(C)
预览(V)

图2-164 “旋转”对话框

AMERICA MEETS THE BEATLES 1964
BeatleMania!

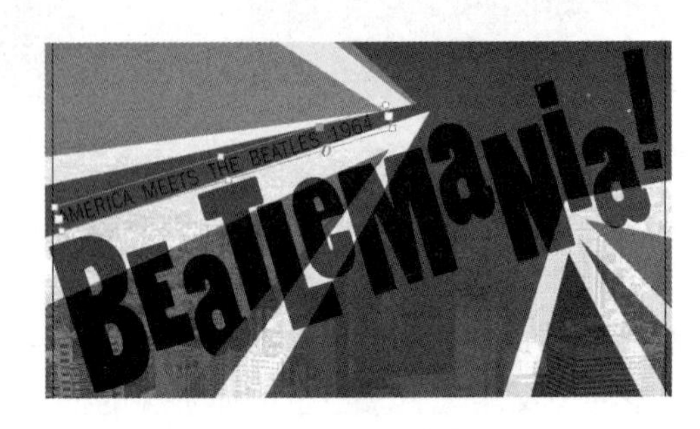

图2-165 将辅助信息文字放置在标题文字左上方

字符
Franklin Gothic Book
Regular
16点
(19.2点)
100%
80%
0
25
0%
0
0点
0°
-12°
自动
自动
语言: 中文: 简体

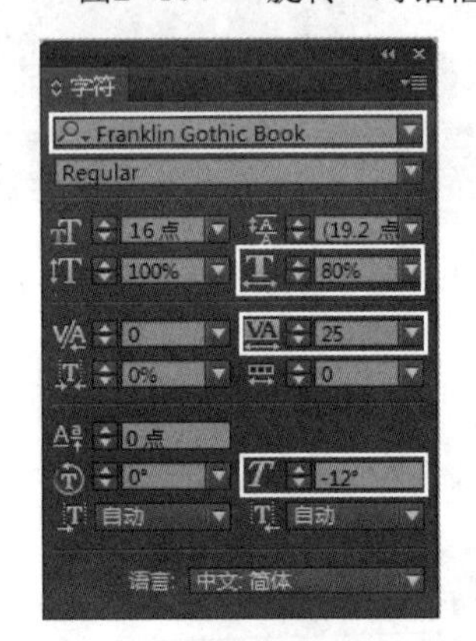

图2-166 在“字符”面板中设置文字参数

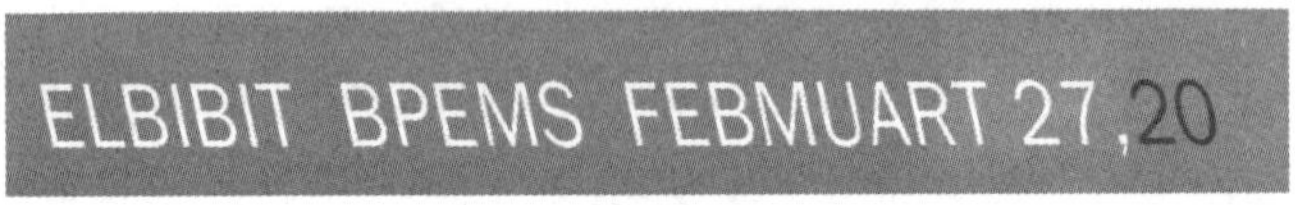

ELBIBIT BPEMS FEBMUART 27,20

图2-167 键入文字信息

ELBIBIT BPEMS FEBMUART 27,20
MEETS THE BEATLES 1964

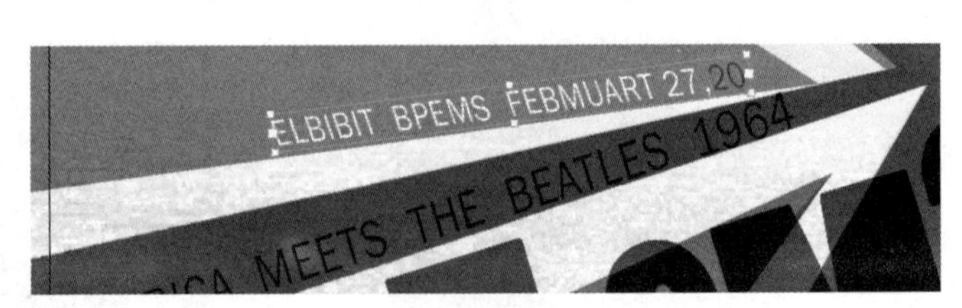

图2-168 将其放置在第一条辅助信息文字的上方

③ 在整个画面的左上方添加第三条辅助信息，所用字体与之前的一致，读者可参照图 2-169 自行制作。然后执行菜单中的“文件 | 置入”命令，在弹出的图 2-170 所示的对话框中选择资源中的“素材及结果\2.9 传统广告单页设计\‘传统广告单页设计’文件夹\Links\logo.psd”，单击“打开”按钮。接着将其放置在画面的右下方，如图 2-171 所示。最后在标志的旁边添加一段辅助信息，读者可参照图 2-172 自行添加（所用字体：Arial Black，Brial）。

PLAINS WELL BEFORE....

图2-169 第三条辅助信息效果

置入
logo
文件名(N): logo
打开(O)
取消

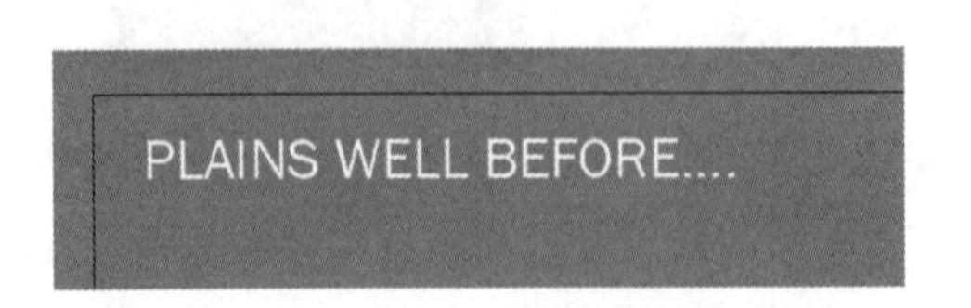

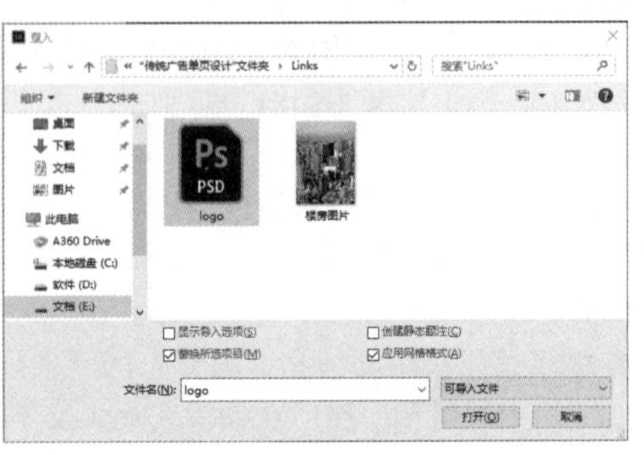

图2-170 在“置入”对话框中选择“logo.psd”文件

④ 至此，传统单页广告的版面编辑全部完成，此时辅助信息的添加使画面更具有层次感，左上与右下的文字信息相互辉映，使画面平衡感良好，背景图透过红、绿、天蓝、深蓝、白 5 色色块若隐若现，更加凸显画面的层次与艺术效果。放射状结构的版面，加上独特的颜色搭配，透出一种很浓郁的欧美风情。最终效果如图 2–173 所示。

图2–171　将标志置入文档

图2–172　标志及辅助信息效果图

图2–173　画面完成效果

⑤ 执行菜单中的“文件|存储”命令，将文件进行存储。然后执行菜单中的“文件|打包”命令，将所有相关文件进行打包。

课后练习

一、填空题

1. 锚点分为________和________两种类型。

2. 使用 (选择工具) 缩放对象时，按住________键可按比例缩放对象；按住________键可控制对象以中心缩放；按住________键可使对象以中心成比例缩放。

二、选择题

1. 在描边面板中可以设置下列（　　）属性。

A. 粗细　　B. 斜接限制　　C. 端点　　D. 对齐描边

2. 在“路径查找器”面板中单击（　　）按钮，可以将图 2–174 中的两个重叠圆形转换为图 2–175 中所示的效果。

A. 交叉.　　B. 排除重叠.　　C. 减去后方对象　　D. 相加

三、问答题

1. 简述应用渐变的方法。

2. 简述排列、对齐与分布对象的方法。

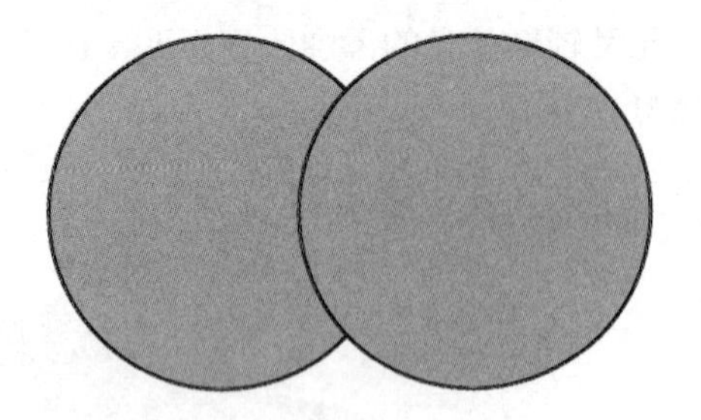

图2-174　原始图形

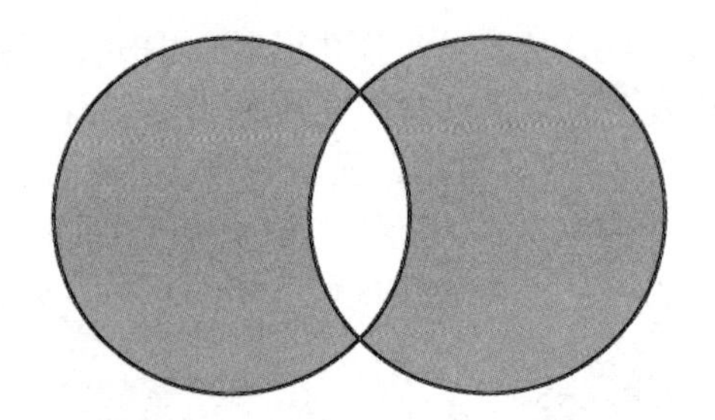

图2-175　转换后的效果

四、上机题

制作图 2-176 所示的企业宣传册封面效果。

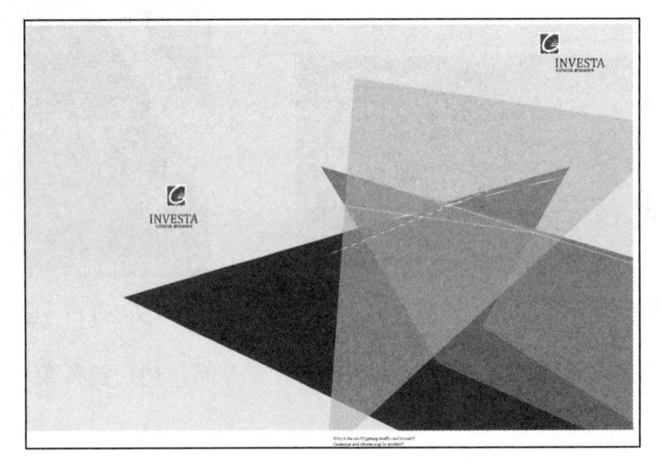

图2-176　企业宣传册封面效果

第3章

图像、图层和对象效果

本章重点

在利用InDesign CC 2017排版过程中，编辑图像是必不可少的。通过编辑图像框架、链接图像、裁剪图像等操作，可以使图像和文本结合在一起。此外对于图像对象还可以为其添加“投影”“内阴影”“斜面和浮雕”等效果。

在InDesign CC 2017中，对于简单内容可以在一个图层中进行编辑，如改变位置、调整前后顺序等。而对于创建的复杂内容，为了便于查找和管理，可以设置多个图层，以创建和编辑文档中的特定区域或各种内容，而不会影响其他区域或其他种类的内容。通过本章的学习，读者应掌握以下内容。

- 掌握置入、编辑、链接和裁剪图像的方法
- 掌握图层的相关知识
- 掌握对象效果的相关知识

3.1 置入与编辑图像

置入命令是将图形导入InDesign中的主要方法，因为它可以在分辨率、文件格式、多页面PDF和颜色方面提供最高级别的支持。置入图形文件时，可以使用哪些选项取决于该图形的类型。例如导入PSD文件、分层的PDF和INDD文件时，可以控制图层的可视性；也可以将在Illustrator中完成的作品以AI格式独立导入，而且可以将图形以分层形式导入，然后对各图层中的图像进行调整。

3.1.1 置入图像

在InDesign中可以置入PSD、PDF、AI和EPS等多种类型的图像。

1. 置入PSD图像

执行菜单中的“文件|置入”命令，弹出“置入”对话框，选择资源中的“素材及结果\反光标志.psd”图像文件，并勾选左下方的“显示导入选项”复选框，如图3-1所示。接着单击“打开”按钮，

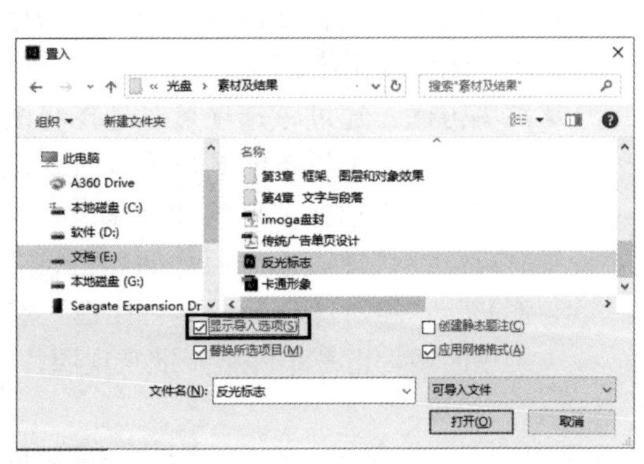

图3-1 勾选“显示导入选项”复选框

弹出“图形导入选项”对话框。

该对话框包括“图像”“颜色”“图层”3个选项卡，如图3-2所示。利用这些选项卡用户不仅能够在文档中使用颜色管理工具将颜色管理选项应用于各个导入的图像，而且可以使用在Photoshop中创建图像存储的剪切路径或Alpha通道。这样，用户就可以直接选择图像并修改其路径，而不必更改图形框架。

提示

如果不勾选左下方的“显示导入选项”复选框，则会直接导入图像。

(1) 图像

“图像”选项卡如图3-2所示，其参数解释如下。

- 应用Photoshop剪切路径：如果此选项不可用，则表示图像在存储时并未包含剪切路径，或文件格式不支持剪切路径。
- Alpha通道：选择一个Alpha通道，即可将图像中存储的Alpha通道区域导入Photoshop中。InDesign会使用Alpha通道在图像上创建透明蒙版。此选项仅对包含Alpha通道的图像起作用。

(2) 颜色

“颜色”选项卡如图3-3所示。通过该选项卡中的内容，用户不仅可以将图像的颜色正确转换为输出设备的色域，而且能够设置渲染方法。该选项卡中的参数解释如下。

图3-2 “图像”选项卡

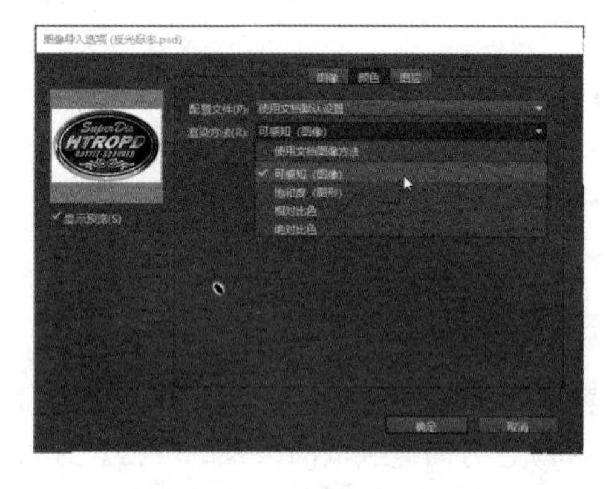

图3-3 “颜色”选项卡

- 配置文件：如果选择“使用文档默认设置”选项，则保持原有配置文件不变。如果选择其余选项，则将创建与选择选项的色域相匹配的颜色源配置文件。
- 渲染方法：通过该选项可以选择将图形的颜色范围调整为输出设备的颜色范围时要使用的方法。一般情况下选择“可感知（图像）”选项，因为它可以精确地表示出照片的颜色。“饱和度（图形）”“相对比色”“绝对比色”选项更适合于纯色区域，但是不能很好地重现照片。

(3) 图层

“图层”选项卡如图3-4所示。通过该选项卡，用户不仅可以控制图层的可视性，而且通过图层复合可以

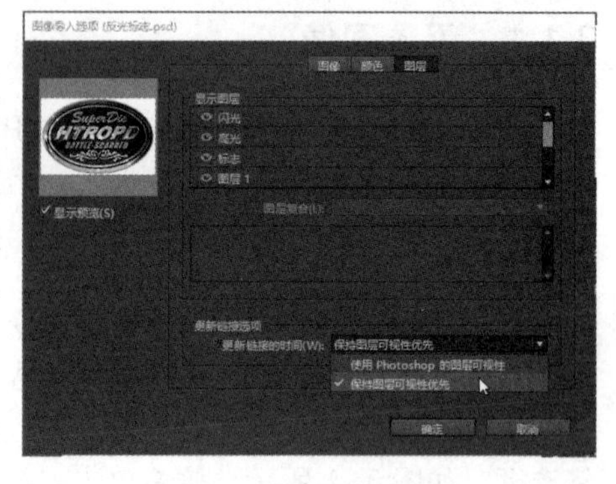

图3-4 “图层”选项卡

在 InDesign 中查看不同的图像效果，确定图像的最终状态。该选项卡中的参数解释如下。

- 显示图层：通过该选项可以确定图层是显示还是隐藏状态。如果要隐藏图层或图层组，只要单击图层或图层组旁边的眼睛图标即可。
- 图层复合：如果图像包含图层复合，通过该选项可以查看不同的图层复合以及最后的稳定状态。
- 更新链接的时间：该下拉列表包括“使用 Photoshop 的图层可视性”和“保持图层可视性优先”两个选项。如果选择“使用 Photoshop 的图层可视性”选项，则在更新链接时，可使图层可视性设置与所链接文件的可视性设置相匹配；如果选择“保持图层可视性优先”选项，则可使图层可视性设置保持在 InDesign 文档所指定的状态。

2. 置入 PDF 文件

置入 PDF 文件时，InDesign 会保留其版面、图像和排版规则。与置入其他图像一样，不能在 InDesign 中编辑置入的 PDF 页面，但可以控制分层的 PDF 中图层的可视性，还可以置入多个 PDF 页面。

执行菜单中的“文件 | 置入”命令，弹出“置入”对话框，选择资源中的“素材及结果 \ 儿童基金会三折页设计 .pdf”图像文件，并勾选左下方的“显示导入选项”复选框，如图 3-5 所示，单击“打开”按钮，弹出“置入 PDF”对话框，如图 3-6 所示。下面主要讲解“常规”选项卡中的“页面”“裁切到”“透明背景”3 项参数。

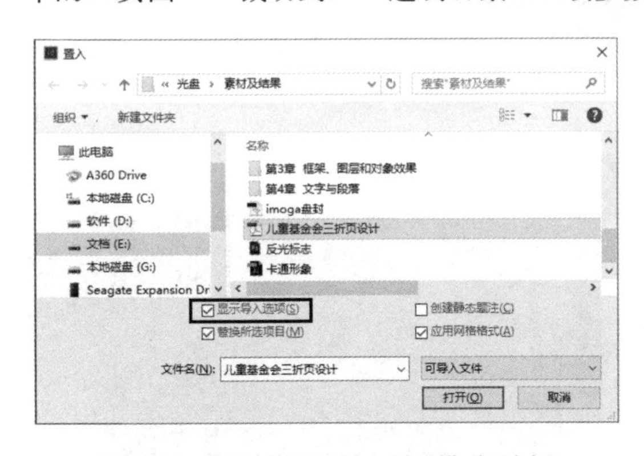

图3-5　勾选“显示导入选项”复选框

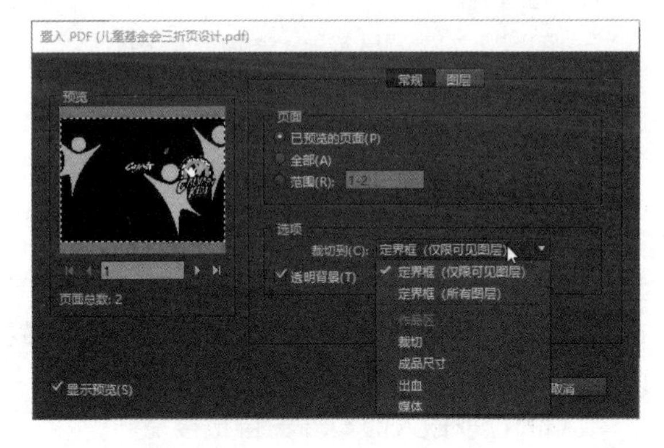

图3-6　“置入PDF”对话框

（1）页面

通过该选项组中的选项，用户可以指定要置入的PDF页面的范围，即预览时是显示当前页面、所有页面或是一定范围的页面。

（2）裁切到

该下拉列表中包括“定界框（仅限可见图层）”“定界框（所有图层）”“作品区”“裁切”“成品尺寸”“出血”“媒体”7 个选项，通过这些选项用户可以指定 PDF 页面中要置入的范围。

（3）透明背景

勾选“透明背景”复选框，将在 InDesign 版面中去除白色背景，只显示 PDF 页面中的文本或图形；反之，将置入带有白色不透明背景的 PDF 页面。

3. 置入 AI 格式图形

如何导入 Illustrator 图形取决于导入后需要对图形进行多大程度的编辑。用户可以将

Illustrator 图形以固有格式（.ai）导入 InDesign，但是无法编辑插图中的路径、对象或文本；也可以将 Illustrator 图形存储为分层的 PDF 导入，从而方便用户控制图层的可视性；此外还可以通过在 Illustrator 中创建图形后进行复制，然后在 InDesign CC 2017 的文档中通过粘贴的方法置入 AI 格式图形。

执行菜单中的“文件 | 置入”命令，弹出“置入”对话框，选择资源中的“素材及结果 \ 卡通形象 .ai”图像文件，并勾选左下方的“显示导入选项”复选框，如图 3-7 所示，单击“打开”按钮。此时如果导入分层的 AI 格式图形，则对话框中的“常规”选项卡与置入 PDF 格式的对话框相同，如图 3-8 所示。接着在图 3-9 所示的“图层”选项卡中选择要导入的图层，单击“确定”按钮，即可导入图形。

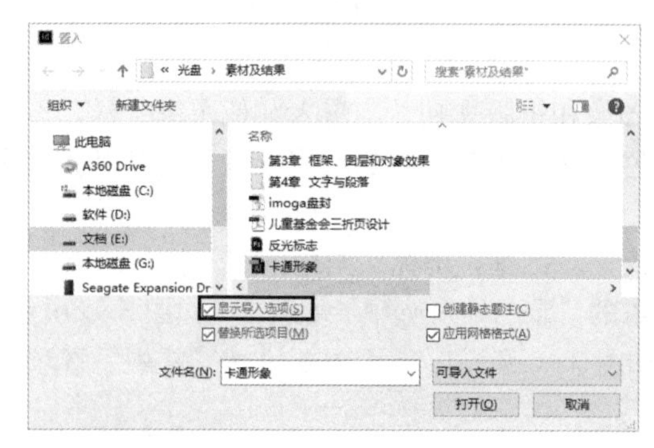

图3-7　勾选“显示导入选项”复选框

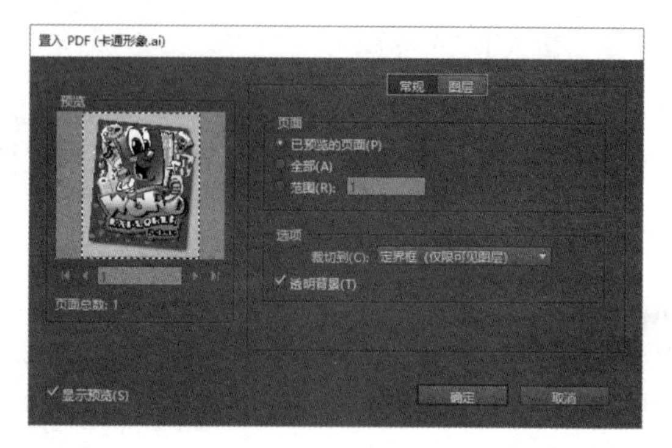

图3-8　“常规”选项卡

4．置入 EPS 格式

执行菜单中的“文件 | 置入”命令，弹出“置入”对话框，选择资源中的“素材及结果 \imoga 盘封 .eps”图像文件，并勾选左下方的“显示导入选项”复选框，如图 3-10 所示，单击“打开”按钮，此时会弹出图 3-11 所示的对话框。

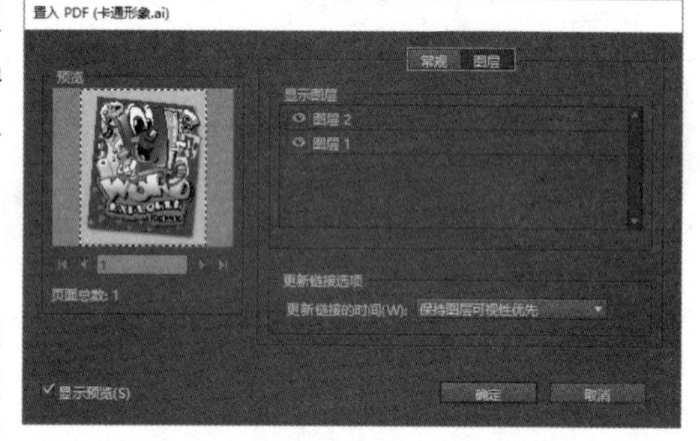

图3-9　“图层”选项卡

（1）读取嵌入的 OPI 图像链接

此选项表示 InDesign 将从包含（或嵌入）在图形内的图像 OPI 注释中读取链接。如果用户正在使用基于代理的工作流程，并计划让服务提供商使用他们的 OPI 执行图像替换，则要取消勾选该复选框。取消勾选后，InDesign 将保留 OPI 链接，但不读取它们。当打印或导出后，代理及链接将会传递到输出文件中。

提示

如果所导入的EPS文件中包含的OPI注释不是基于代理的工作流程的组成部分，则需要勾选该复选框。例如，如果所导入的EPS文件包含忽略的TIFF或位图图像的OPI注释，则需要选中此复选框，以便InDesign在用户输出文件时访问TIFF信息。

（2）应用 Photoshop 剪切路径

选中该复选框，可以应用 Photoshop EPS 文件中的剪切路径。在置入 EPS 文件时，并非所有在Photoshop中创建的路径都会显示，而是只显示一个剪切路径，因此应该确保在存储为EPS文件之前，将需要的路径转换为剪切路径（要保留可编辑的剪切路径，则将文件另存为PSD格式）。

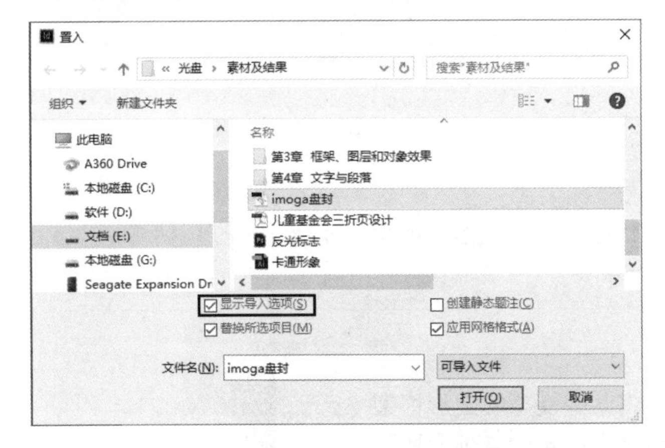

图3-10　勾选“显示导入选项”复选框

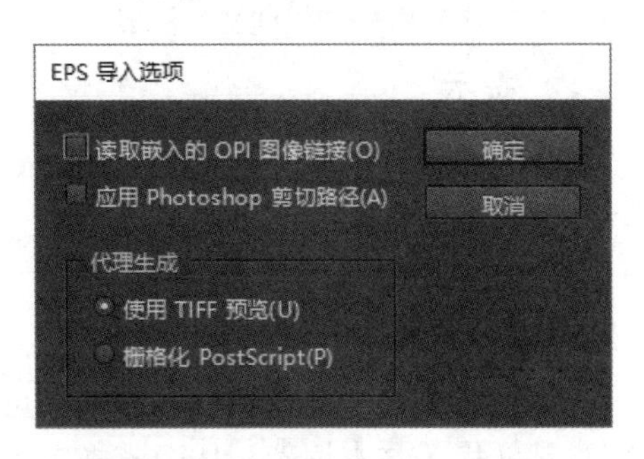

图3-11　“EPS导入选项”对话框

（3）代理生成

该选项组用于将文件绘制到屏幕时，创建图像的低分辨率位图代理。用户可以设置用于控制代理的生成方式。

- 使用TIFF预览：某些EPS图像包含嵌入预览，选择该选项后，将生成现有预览的代理图像。如果不存在预览，则会通过将EPS栅格化成位图来生成代理。
- 栅格化PostScript：选择此选项将忽略嵌入预览。此选项通常速度较慢，但可以提供最高品质的结果。

3.1.2　图像与框架

框架是一个容器，可以包含文本、图形或填色，也可以为空。框架独立于其包含的内容，因此其边缘可能遮住部分图像内容，或者内容没有填满框架。没有内容的框架可用作文本、图像或填色的占位符。作为容器和占位符时，框架是文档版面的基本构造块。

1. 框架类型

在InDesign CC 2017中，框架分为图形框架和文本框架两种类型。

（1）图形框架

图形框架可以充当框架与背景，可以对图形进行裁切或应用蒙版。图形框架作为占位符时将显示为十字条，如图3-12所示。

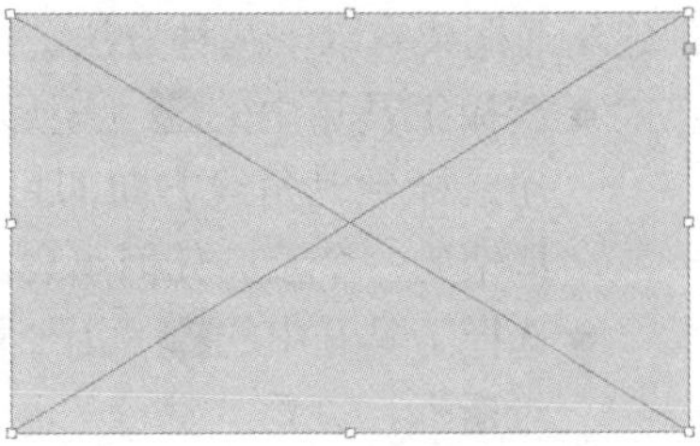

图3-12　图形框架作为占位符

（2）文本框架

在InDesign CC 2017中，所有文本都放置在称为文本框架的容器中。文本框架分为纯文本框架和框架网格两种。纯文本框架是不显示任何网格的普通文本框架，它可以确定文本要占用的区域以及在版面中的排列方式，可以通过各文本框架左上角和右下角中的文本端口来识别纯文本框架，如图3-13所示。框架网格是中文排版特有的文本框架类型，其中字符的全角字框和间距都显示为网格，以一套基本网格来确定字符大小和附加的框架内间距，如图 3-14 所示。

创建几何框架的方法与创建几何图形的方法相似。两者不同之处在于，图形框架中央有十字条，表示图形框架可作为占位符使用。

图3-13 纯文本框架

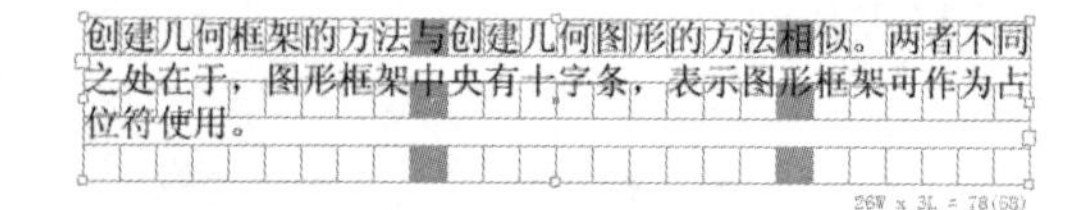

图3-14 框架网格

提示

如果要隐藏框架边缘，可以单击工具箱底部的■（预览）按钮，如图3-15所示。或者执行菜单中的“视图|隐藏框架边缘”命令。

2. 转换框架类型

通过框架类型之间的相互转换，可以将某些复杂的图形框架轻松地转换为文本框架，从而省去了编辑文本框架的麻烦，还可以将文本框架或图形框架转换为空框架，在文本或图片没有导入版面之前，作为版面占位符使用。

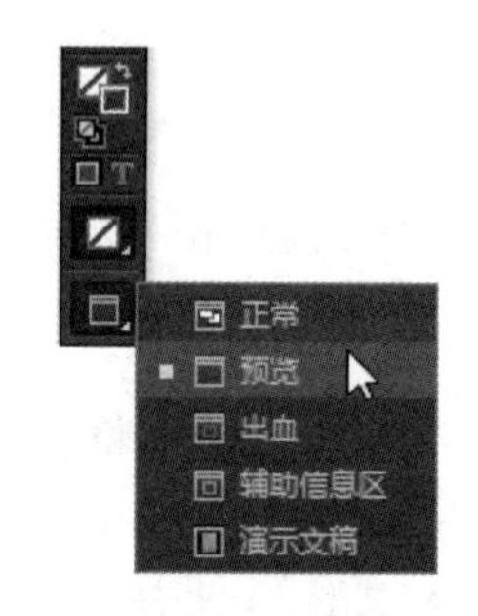

图3-15 选择■（预览）按钮

（1）将路径或文本框架转换为图形框架

将路径或文本框架转换为图形框架的具体操作步骤为：选择一个路径或一个空文本框架，然后执行菜单中的“对象|内容|图形”命令即可。

（2）将路径或图形框架转换为文本框架

将路径或图形框架转换为文本框架的具体操作步骤为：选择一个路径或一个空图形框架，然后执行菜单中的“对象|内容|文本”命令即可。

（3）将文本框架或图形框架转换为路径

将文本框架或图形框架转换为路径的具体操作步骤为：选择一个空框架，然后执行菜单中的“对象|内容|未指定”命令即可。

3. 创建几何框架

创建几何框架的方法与创建几何图形的方法相似。两者的不同之处在于，图形框架中央有十字条，表示图形框架可作为占位符使用。

InDesign CC 2017 中包括■（矩形框架工具）、■（椭圆框架工具）和■（多边形框架工具）3 种框架工具，如图 3-16 所示。它们的创建方法基本相同，下面以创建矩形框架为例，来讲解创建几何框架的方法。创建矩形框架有以下两种方法。

图3-16 框架工具组

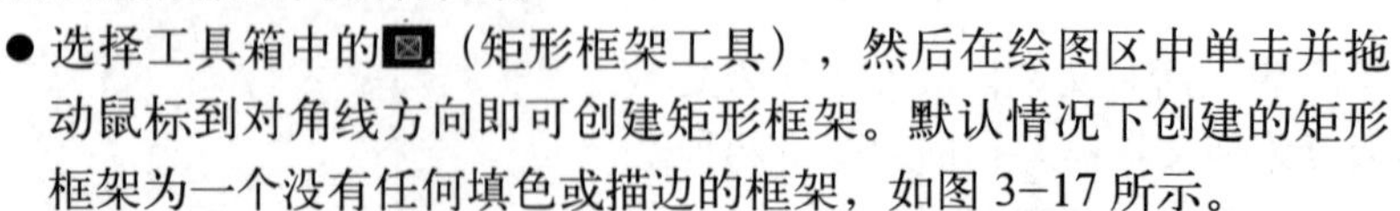

- 选择工具箱中的■（矩形框架工具），然后在绘图区中单击并拖动鼠标到对角线方向即可创建矩形框架。默认情况下创建的矩形框架为一个没有任何填色或描边的框架，如图 3-17 所示。
- 选择工具箱中的■（矩形框架工具），然后在绘图区中单击，弹出图 3-18 所示的“矩形”对话框，设置“宽度”和“高度”数值，接着单击“确定”按钮，即可创建精确尺寸的矩形框架。

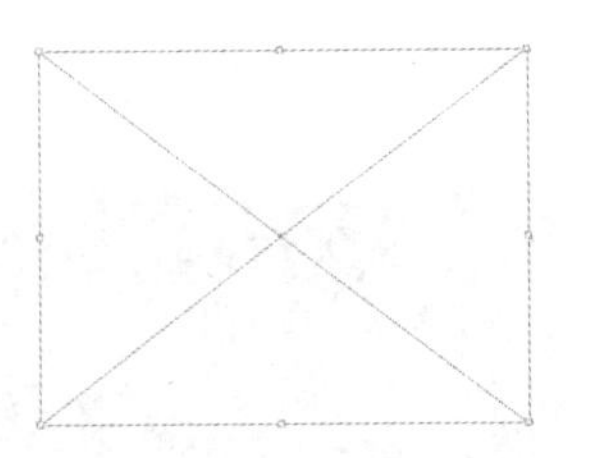

图3-17 创建的矩形框架

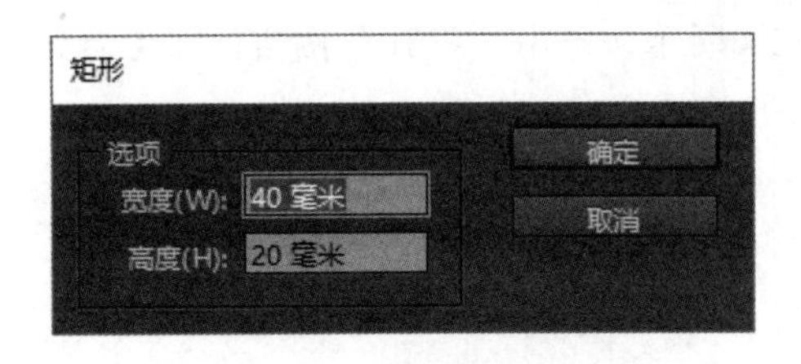

图3-18 “矩形”对话框

3.1.3 编辑框架内容

在 InDesign 中可以对选定的框架进行不同形式的编辑，比如删除框架内容、移动图形框架及其内容、设置框架适合选项、创建边框和背景以及裁剪对象或对其应用蒙版等。在编辑框架内容时需要使用工具箱中的▶（选择工具）和▶（直接选择工具）完成。

1. 删除框架内容

置入的图片一定会带有框架，如果只需要使用置入图形的框架，那么就要将其原来的框架内容删除，而在进行删除之前，必须先将对象选中。

选择对象的不同也就决定了选择工具的不同，使用▶（选择工具）可以选中图形框架本身，而使用▶（直接选择工具）则可以选择框架内容。利用▶（直接选择工具）单击要删除的框架内容后，按〈Delete〉键即可将框架内容删除。

2. 替换框架内容

替换框架内容可以起到更新版面的作用，即将原有的内容删除或剪切，替换为最新的内容。替换框架内容的方法有两种，即使用“置入”命令或“链接”面板。

（1）使用“置入”命令替换框架内容

使用“置入”命令替换框架内容的具体操作步骤如下。

① 利用▶（直接选择工具）选择要替换的图片，如图 3-19 所示。

② 执行菜单中的“文件 | 置入”命令，弹出“置入”对话框，选择要替换的图片，如图 3-20 所示，单击“确定”按钮，即可将框架内容替换，如图 3-21 所示。

图3-19 选择要替换的图片

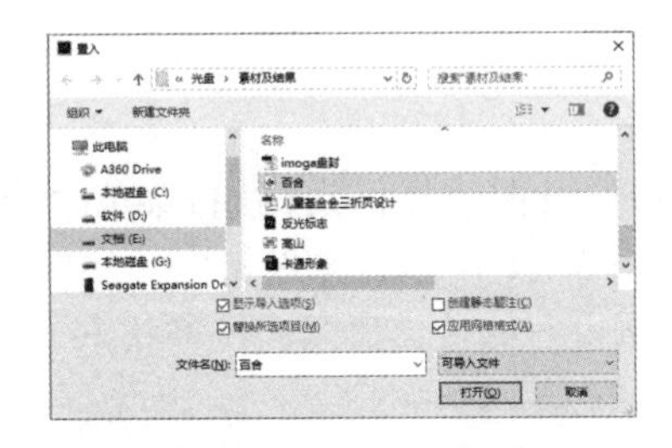

图3-20 选择要替换的图片

图3-21 替换框架内容后的效果

（2）使用“链接”面板替换框架内容

使用“链接”面板替换框架内容的具体操作步骤如下。

① 执行菜单中的“窗口 | 链接”命令，调出“链接”面板。

② 利用▶（直接选择工具）选择要替换的图片，如图 3-22 所示，然后单击“链接”面板下方的🔗（重新链接）按钮，如图 3-23 所示。在弹出的“重新链接”对话框中选择要替换的图

片，如图 3-24 所示，单击“打开”按钮，即可看到重新链接图片后的效果，如图 3-25 所示。

图3-22　选择要替换的图片

图3-23　单击（重新链接）按钮

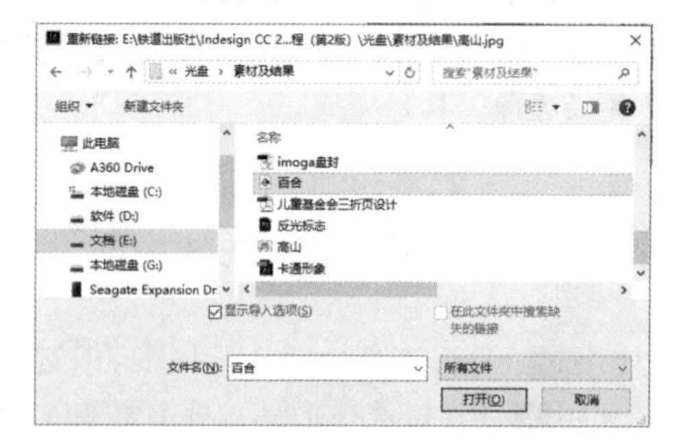

图3-24　选择要重新链接的图片

图3-25　重新链接图片后的效果

3．移动框架或其内容

要为置入的图像创建蒙版效果时，就需要移动框架或其内容，以适应不同的排版要求。使用（直接选择工具）可以只移动框架内容，而使用（选择工具）既可以移动框架，也可以移动框架内容。

3.1.4　调整框架或框架内容

在 InDesign CC 2017 中，框架与框架中的内容是独立存在的，可以通过调整框架或其内容，从而达到适应不同设计需求的目的。

1．使内容适合框架

当框架内容和框架比例相符时，此时选择框架，执行菜单中的“对象|适合|使内容适合框架”命令，即可将内容适合框架，如图 3-26 所示；当框架内容和框架具有不同的比例时，执行该命令后，内容将自动按当前框架比例进行缩放，显示为拉伸状态，如图 3-27 所示。

图3-26　框架内容和框架比例相符时的“使内容适合框架”效果

图3-27 框架内容和框架比例不相符时的“使内容适合框架”效果

2．使框架适合内容

“使框架适合内容”命令与“使内容适合框架”命令相反，执行菜单中的“对象|适合|使框架适合内容”命令，可以自动调整所选框架的大小，以适合内容，如图 3-28 所示。

(a) “使框架适合内容”命令前效果

(b) “使框架适合内容”命令后效果

图3-28 “使框架适合内容”的效果

3．内容居中

执行菜单中的“对象|适合|内容居中”命令，可以将内容放置在框架的中心，框架及其内容的比例会被保留，内容和框架的大小不会改变，如图 3-29 所示。

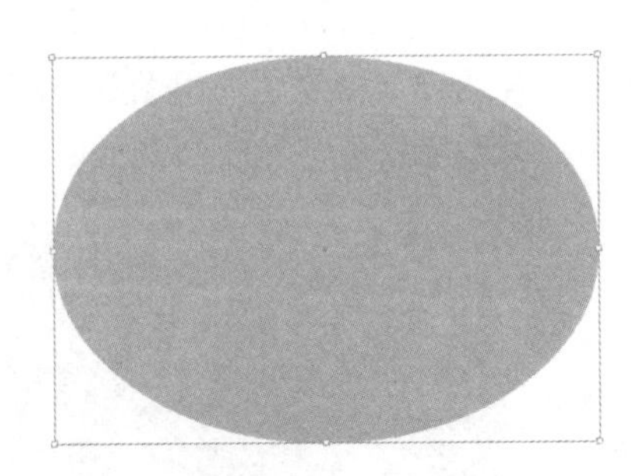

图3-29 “内容居中”的效果

4．按比例适合内容

执行菜单中的“对象|适合|按比例适合内容”命令可以调整内容大小以适合框架，同时保持内容的比例、框架的尺寸不会更改。如果内容和框架的比例不同，将会导致一些空白区，如图 3-30 所示。

图3-30　“按比例适合内容”的效果

5. 按比例填充框架

执行菜单中的“对象|适合|按比例填充框架”命令，可以调整内容以填充整个框架，同时保持内容的比例，框架的尺寸不会更改。如果内容和框架的比例不同，则框架的外框将会被部分裁剪，如图 3-31 所示。

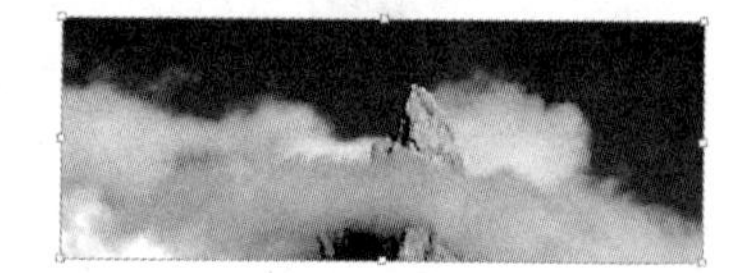

图3-31　“按比例填充框架”的效果

6. 设置框架适合选项

通过设置框架适合选项，可以设置框架的默认适合方式，以便在将内容置入到框架中时按照同样的设置适合框架。

选择图形框架，执行菜单中的“对象|适合|框架适合选项”命令，弹出图 3-32 所示的“框架适合选项”对话框。该对话框中各项参数的解释如下。

- 自动调整：勾选该复选框，系统将会自动调整框架与内容的显示比例。
- 适合：该选项用于设置框架与内容的适合方式。在右侧下拉列表框中有“无”“内容适合框架”“按比例填充框架”“按比例填充内容”4 个选项可供选择。
- 对齐方式：在参考点按钮的各点上单击，可指定一个用于裁剪和适合操作的参考点。例如，如果选择右上角作为参考点，并选择“内容适合框架”选项，则图像将会从左侧或底边进行裁剪。

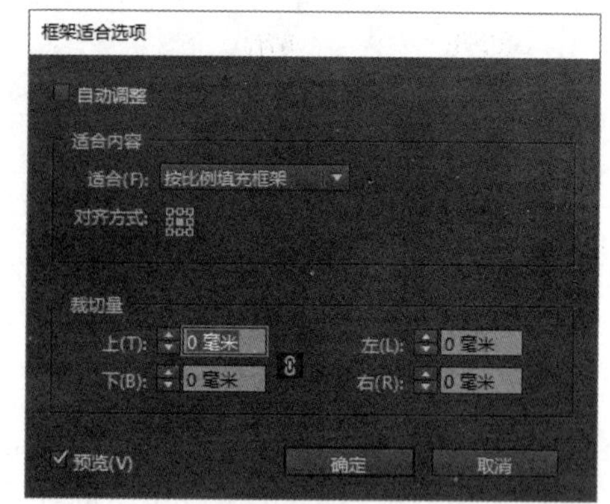

图3-32　“框架适合选项”对话框

● 裁切量：用于指定图像外框相对于框架的位置。使用正值可裁剪图像，例如，可以排除环绕置入图像的边框；使用负值可在图像的外框和框架之间添加间距，例如，可以在图像和框架之间出现空白区。

3.2　图像链接

在 InDesign CC 2017 中，所有以"置入"方式导入的图像都是以链接形式存在的，用户可以通过"链接"面板编辑与管理图像。

3.2.1　"链接"面板

管理与编辑链接文件的操作都可以在"链接"面板中完成，执行菜单中的"窗口 | 链接"（快捷键〈Ctrl+Shift+D〉）命令，弹出"链接"面板，如图 3-33 所示。该面板中各工具按钮的解释如下。

图3-33　"链接"面板

● （从 CC 库重新链接）：单击该按钮，将从 CC 库重新链接。
● （重新链接）：该按钮可以替换已有的链接。在选中某个链接图像的基础上，单击该按钮，弹出"重新链接"对话框，选择要替换的图片后，单击"打开"按钮，即可替换图片。
● （转到链接）：在选中某个链接图像的基础上，单击该按钮，可以切换到该链接所在页面，显示该图像。
● 更新：当链接图像文件被修改过，就会在文件名右侧显示一个叹号图标，此时单击该按钮即可更新链接图像。
● 编辑原稿：单击该按钮，可以快速转换到编辑图片软件编辑原文件。

3.2.2　链接图像和嵌入图像

在默认情况下，外部图像置入到 InDesign 中会保持链接关系，也就是当前的文档与链接图像是相互独立的，可以分别对它们进行编辑处理。但缺点是链接的图像文件要一直存在，如果移动了图像位置或者删除了图像，则在文档中会提示链接错误，从而导致无法正确输出和打印。此时相对保险的方法就是将链接的图像嵌入到当前文档中，虽然这样会导致增加文档的大小，但由于图像已经嵌入，因此无须担心链接错误的问题。

1．嵌入图像

嵌入图像有以下两种方法。

方法 1：在"链接"面板中选中要嵌入的图像后右击，在弹出的快捷菜单中选择"嵌入链接"命令，此时嵌入的链接图片文件名后面会显示 （嵌入）图标，如图 3-34 所示。

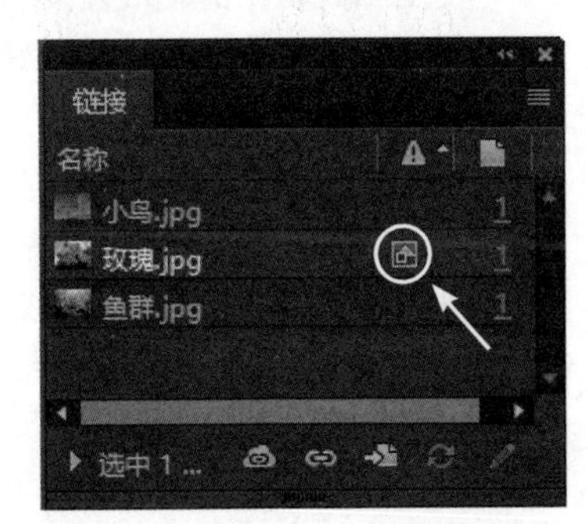

图3-34　链接图片文件名后面会显示 （嵌入）图标

方法 2：在"链接"面板选中要嵌入的图像，然后单击"链接"面板右上角的 按钮，在弹出的快捷菜单中选择"嵌入链接"命令。

2．取消嵌入

如果要取消链接图像的嵌入，有以下两种方法。

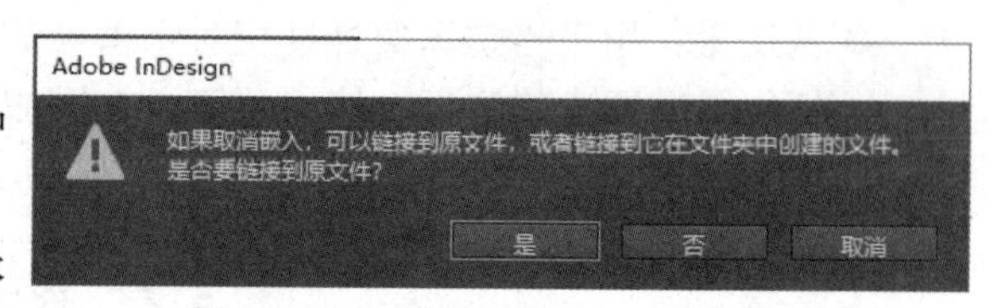

图3-35　取消嵌入提示对话框

方法 1：在“链接”面板中选中要取消嵌入的图像后右击，在弹出的快捷菜单中选择“取消嵌入链接”命令，此时会弹出图 3-35 所示的对话框，单击“是”按钮，可以取消链接图像的嵌入并链接到原文件；单击“否”按钮，将打开“选择文件夹”对话框，此时可以选择一个将当前嵌入的图像作为链接文件的原文件存放到文件夹中。

方法 2：在“链接”面板选中要取消嵌入的图像，然后单击“链接”面板右上角的按钮，在弹出的快捷菜单中选择“取消嵌入链接”命令。

3.3　裁剪图像

在排版过程中裁剪图像是常用的操作，InDesign 提供了使用工具进行裁剪、使用路径进行裁剪等功能，从而提高了工作效率。

3.3.1　使用现有路径进行裁剪

在 InDesign 中，可以直接将图像置入到某个路径中进行裁剪。置入图像后，无论是路径还是图像都会被系统转换为框架，并利用该框架限制置入图像的显示范围。在实际操作时，也可以利用这一特性，先绘制一些图形作为占位，确定版面后，再向其中置入图像，详见本书“7.7.1 宣传双折页封面设计”中的左侧折页设计，如图 3-36 所示。

图3-36　使用现有路径进行裁剪

3.3.2　使用直接选择工具进行裁剪

在 InDesign 中，使用工具箱中的（直接选择工具）可以执行以下两种裁剪操作。

（1）编辑内容

使用工具箱中的（直接选择工具）单击选中框架中的图像内容，然后调整其大小、位置等属性，即可在现有框架内显示不同的图像内容。图 3-37 所示为调整框架中图像位置的前后效果比较。

（2）编辑框架

在 InDesign 中，框架本身就是路径，因此可以通过（直接选择工具）选中框架，然后通过编辑框架的路径或者锚点来改变框架的形态，从而实现裁剪效果。图 3-38 所示所示为利用（直接选择工具）调整五边形框架锚点前后的效果比较。

提示

还可以配合工具箱中的（钢笔工具）在路径上添加锚点，然后调整其位置和形状来实现更多的编辑。图3-39所示为利用（钢笔工具）在五边形框架上添加并调整锚点前后的效果比较。

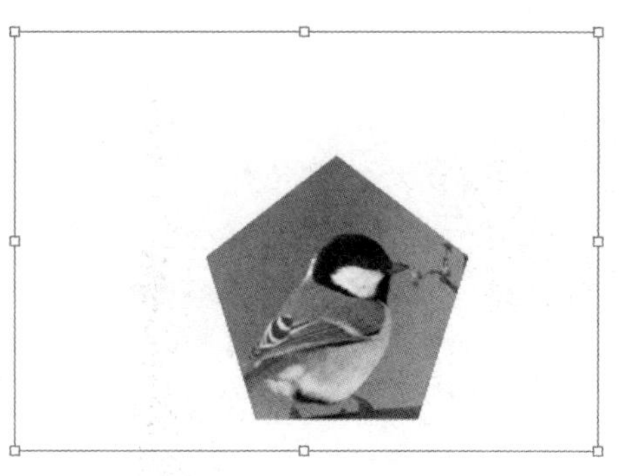

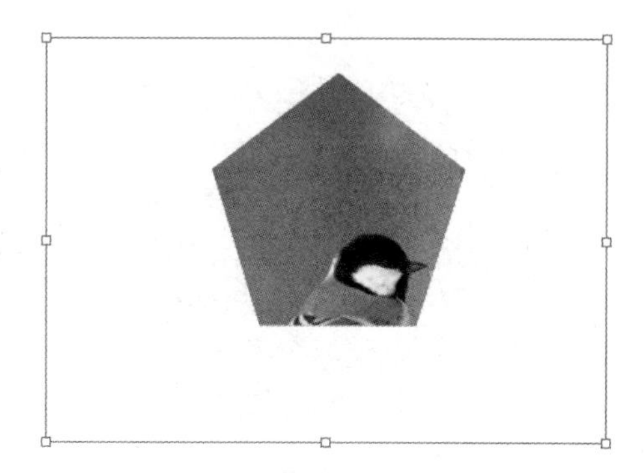

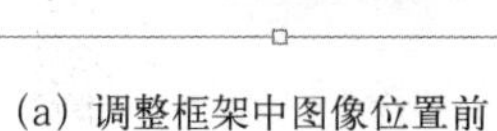

（a）调整框架中图像位置前　　（b）调整框架中图像位置后

图3-37　利用 （直接选择工具）调整图像位置前后的效果比较

（a）调整五边形框架锚点前　　（b）调整五边形框架锚点后

图3-38　利用 （直接选择工具）调整五边形框架锚点前后的效果比较

（a）添加锚点前　　（b）添加并调整锚点后

图3-39　利用 （直接选择工具）在五边形框架上添加并调整锚点前后的效果比较

3.3.3 使用选择工具进行裁剪

使用工具箱中的 （选择工具）来编辑内容或框架，也可以完成裁剪操作。将 （选择工具）移动到对象上面，此时会显示出中心圆环。然后在中心圆环外单击，即可选中该对象的框架，此时图像周围会出现相应的控制柄，如图 3-40 所示。此时拖动控制柄即可对图像进行裁剪，如图 3-41 所示。

如果利用 （选择工具）在中心圆环上单击，即可选中图像内容，如图 3-42 所示。此时按住鼠标左键并拖动圆环，即可调整图像内容的位置，从而实现裁剪操作，如图 3-43 所示。

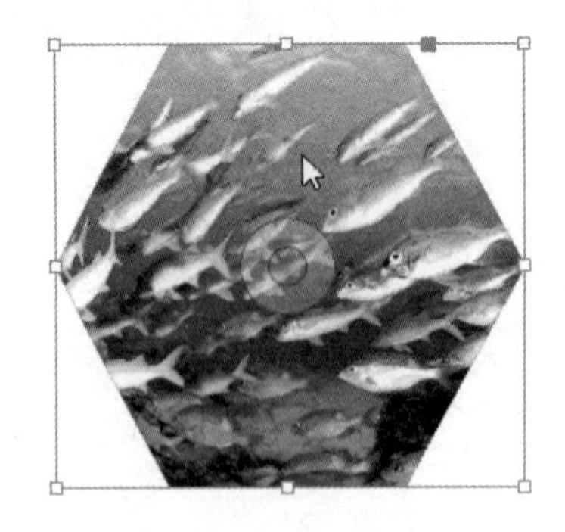

图3-40　图像周围会出现相应的控制柄

图3-41　拖动控制柄对图像进行裁剪

图3-42　选中图像内容

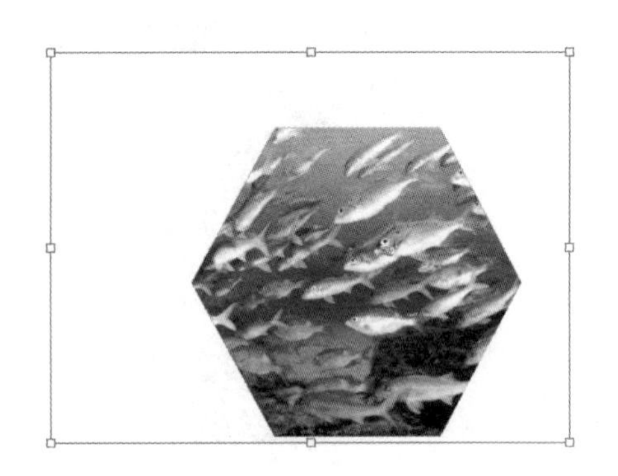

图3-43　调整图像内容的位置

3.3.4　使用“剪切路径”命令

剪切路径功能可以通过检测边缘、使用路径、通道等方式去除图像的背景从而隐藏图像中不需要的部分。执行菜单中的“对象|剪切路径|选项”命令，弹出“剪切路径”对话框，如图3-44所示。该对话框中各项的解释如下。

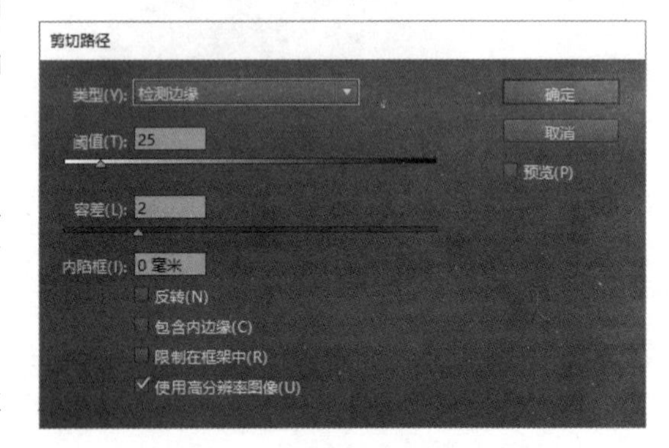

图3-44　“剪切路径”对话框

- 类型：用于选择创建镂空背景图像的方法。在右侧列表框中有“无”“检测边缘”“Alpha通道”“Photoshop路径”“用户修改的路径”5个选项，可供选择。
- 阈值：用于设置有多少高亮的颜色被去除。数值越大，则被去除的颜色从亮到暗依次增多。
- 容差：用于控制得到的去底图像的精确度。数值越小，得到的边框的精确度也越高，边缘越光滑，并去掉凹凸不平的杂点。
- 内陷框：用于控制去底图像内缩的程度。数值越大，得到的图像内缩程度越大。
- 反转：勾选该复选框，则应被去除的部分会被保存，而本应存在的部分会被删除。
- 包含内边缘：勾选该复选框，InDesign在路径内部的镂空边缘处将创建边框并做去底处理。
- 限制在框架中：勾选该复选框，可以使剪切路径停止在图像的可见边缘上，当使用图框裁切图像时，可以产生一个更为简化的路径。

- 使用高分辨率图像：未勾选该复选框，则 InDesign 将以屏幕显示图像的分辨率计算生成的去底图像效果，此时用户将快速得到去底图像效果，但其结果并不精确。而勾选该复选框，则可以得到精确的去底图像及其绕排边框。

3.4 图　　层

运用图层来管理对象，可在文件编排时个别处理文件中的各个对象，而不必担心在编辑某特定对象时影响到其他对象属性。

3.4.1　“图层”面板

“图层”面板可以将构成版面的不同对象和元素放置在独立图层上进行编辑操作。组成图像的各个图层就相当于一个单独的文档，相互堆叠在一起。透过上一个图层的透明区域可以看到下一个图层中的不透明元素或者对象，透过所有图层的透明区域可以看到底层图层，如图 3-45 所示。

图3−45　图层和“图层”面板

在学习使用图层编辑图像之前，先来介绍一下“图层”面板。执行菜单中的“窗口 | 图层”命令，调出“图层”面板，如图 3−46 所示。

“图层”面板中各项的含义如下。

- 切换可视性：单击该按钮，可以隐藏该图层。
- 切换图层锁定：单击该按钮，可以解锁该图层。
- 创建新图层：单击该按钮，可以在图层最上面新建一个图层。
- 删除选定图层：单击该按钮，可以将选定的图层删除。
- 新建图层：使用该命令，可以新建一个图层。与单击“图层”面板下方的（创建新图层）按钮功能相同。

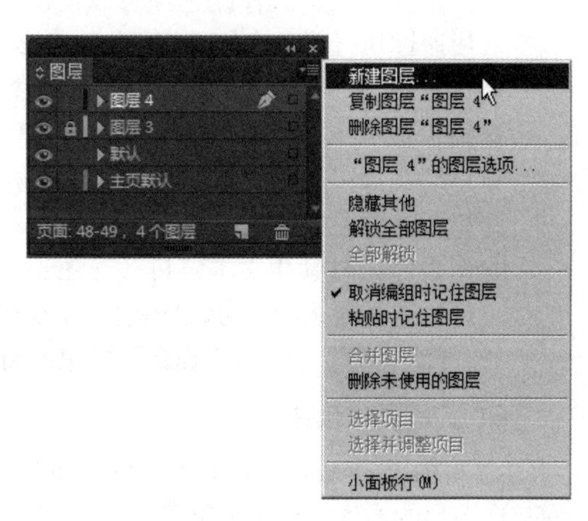

图3−46　“图层”面板

- 复制图层“图层 4”：使用该命令，可以直接复制当前图层。
- “图层 4”的图层选项：执行该命令，弹出“图层选项”对话框，可更改当前图层设置。
- 隐藏其他：使用该命令，可以将当前选择图层以外的其余图层隐藏。
- 解锁全部图层：使用该命令，可以将所有图层进行解锁。
- 粘贴时记住图层：使用该命令，可以保证复制和粘贴的内容处于一个图层。
- 合并图层：使用该命令，可以将多个图层内容合并到一个图层上。
- 删除未使用的图层：使用该命令，可以将空白图层删除。
- 小面板行：使用该命令可以使图层图标缩小显示。

3.4.2 创建图层

每个文档都至少包含一个已命名的图层，当文档内容较丰富或版块较多时，一个图层远远不能满足创作需求，这时创建新的图层就显得尤为重要。通过创建多个图层可以将不同的对象分别放置到不同的图层中，还可以为图层设置不同的属性，方便编辑和管理。

1. 新建图层

新建图层的操作步骤为：单击“图层”面板下方的（创建新图层）按钮或者单击“图层”面板右上角的黑色小三角，在弹出的快捷菜单中选择“新建图层”命令，均可新建图层。

2. 设置图层属性

当创建多个图层后，为了便于选择或管理，可以为图层设置不同的属性。操作步骤如下。

① 在“图层”面板中双击任意图层，弹出图 3-47 所示的“图层选项”对话框。

② 在该对话框中可以设置控制图层的颜色显示、锁定、显示等信息。该对话框中各项参数的解释如下。

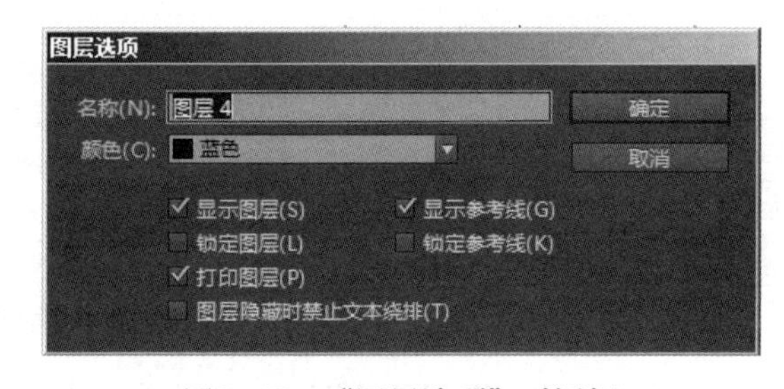

图3-47 “图层选项”对话框

- 名称：用于设定当前图层的名称。
- 颜色：选择图层颜色。
- 显示图层：选择此选项可以使图层可见并可打印。选择此选项与在“图层”面板中使眼睛图标可见的效果相同。
- 显示参考线：选择此选项可以使图层上的参考线可见。如果没有为图层选择此选项，即使通过执行菜单中的“视图|显示参考线”命令，也无法使参考线可见。
- 锁定图层：选择此选项可以防止对图层上的任何对象进行更改。
- 锁定参考线：选择此选项可以防止对图层上的所有标尺参考线进行更改。
- 打印图层：选择此选项可允许图层被打印。当打印或导出为 PDF 文件时，可以决定是否打印隐藏图层和非打印图层。
- 图层隐藏时禁止文本绕排：在图层处于隐藏状态并且该图层包含应用了文本绕排的文本时，选择此选项，可以使其他图层上的文本正常排列。

③ 设置完成后，单击“确定”按钮即可。

3. 在图层中创建对象

在“图层”面板中，背景为蓝色的那个图层表示该图层处于工作状态，该图层称为目标图层，同时在图层的右侧将显示为钢笔图标。选择目标图层，执行菜单中的“文件|置入”命令，弹出“置

入”对话框，选择相应的图片，单击“确定”按钮，即可置入对象。此外，还可以使用绘图工具直接绘制对象。

3.4.3　编辑图层

在“图层”面板中可以实现对象的位置移动、图层间的顺序调整以及合并图层等操作。还可以复制整个图层，以便对相同的内容进行不同的编辑。

1．复制图层

复制图层的操作步骤为：拖动目标图层到“图层”面板下方的（创建新图层）按钮上，如图 3−48 所示，即可复制该层，如图 3−49 所示。

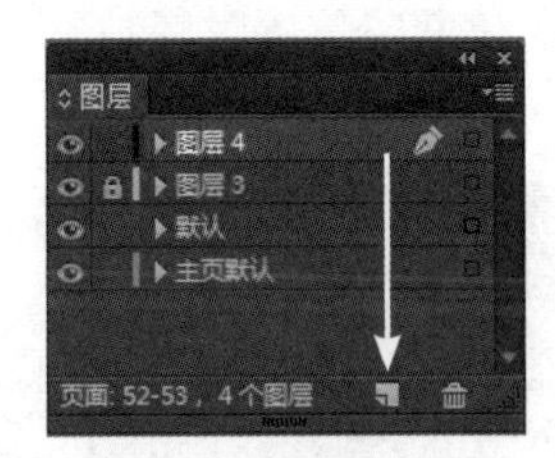

图3−48　将目标图层拖动到（创建新图层）按钮上

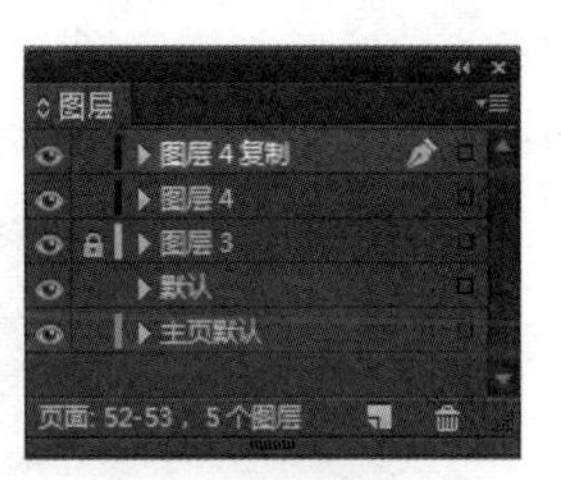

图3−49　复制后的图

提示

“图层”面板中的（切换可视性）图标用于显示或隐藏图层。如果所选图层处于显示状态，则单击图层前的（切换可视性）图标，图层将被隐藏；如果再次单击该图标，则重新显示图层内容。

2．合并图层

合并图层可以减少文档中的图层数量，而不会删除任何对象。合并图层时，来自所有选定图层中的对象将被移动到目标图层。在合并的图层中，只有目标图层会保留在文档中，其他选定图层将被删除。也可以通过合并所有图层来拼合文档。

提示

如果合并同时包含页面对象和主页对象的图层，则主页对象将移动到生成的合并图层的后面。

合并图层的操作步骤如下。

① 在“图层”面板中，按住〈Shift〉键选择要合并的多个图层，如图 3−50 所示。

② 单击“图层”面板右上方的按钮，在弹出的快捷菜单中选择“合并图层”命令。此时选中的图层将合并为一个图层，如图 3−51 所示。

3．改变图层顺序

图层的上下顺序关系着对象的显示效果，在“图层”面板中，上方的图层包含的对象会显示在其他图层对象的上方。可以通过在“图层”面板中重新排列图层来更改图层在文档中的排列顺序。

图3-50 选择要合并的多个图层

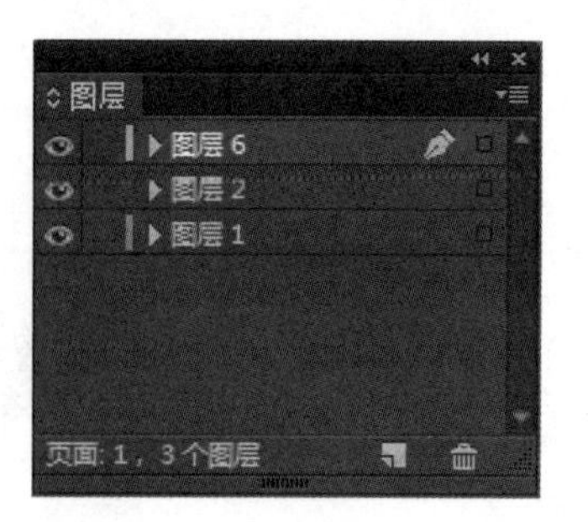

图3-51 合并图层的效果

改变图层顺序的操作步骤为：在“图层”面板中，将选中的图层在列表中向上或向下拖动（此处是向上移动），然后在表示插入标记的黑色横线出现在期望位置时释放鼠标，如图 3-52 所示，即可更改图层顺序，如图 3-53 所示。

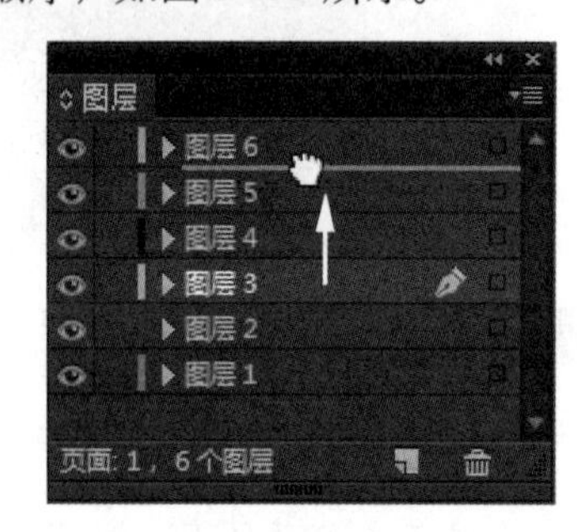

图3-52 将选择的图层向上移动

图3-53 更改图层顺序的效果

3.5 对象效果

使用“效果”面板可以更改 InDesign CC 2017 中的大多数对象或组的外观，设置特殊效果。它们的使用方法与在 Photoshop 中添加图层样式的方法相似，如果对添加的效果不满意，还可以随时修改其参数设置，并可以单独针对对象的描边或填色添加效果。

3.5.1 不透明度效果

默认情况下，当创建对象或描边、应用填色或输入文本时，这些对象显示为实底状态，即不透明度为 100%。此时可以通过多种方式使对象透明化。例如，可以将不透明度从 100% 改变为 0%。降低不透明度后，就可以透过对象、描边、填色或文本看见下方的对象。

使用“效果”面板可以为对象及其描边、填色或文本指定不透明度，并可以决定对象本身及其描边、填色或文本与下方对象的混合方式。执行菜单中的“窗口 | 效果”命令，调出“效果”面板，如图 3-54 所示。

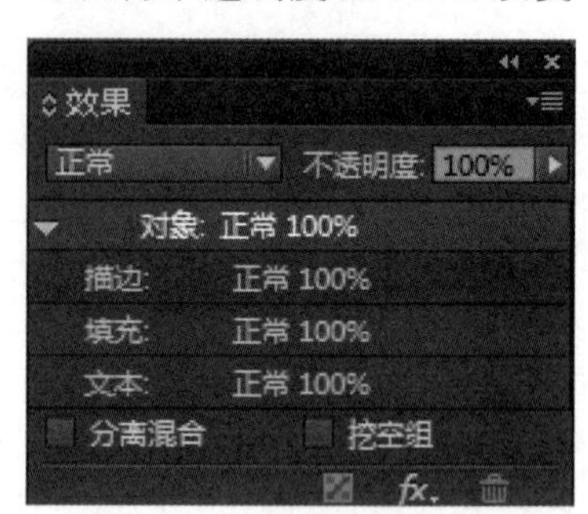

图3-54 “效果”面板

“效果”面板中各项参数的含义如下：

● 混合模式：单击 正常 按钮，可以从弹出的图 3-55 所示的下拉列表指定透明对象中的颜色如何与其下面的对象进行相关作用。

- 不透明度：该文本框用于指定对象、描边、填色或文本的不透明度。
- 对象：选择该选项，透明度将影响整个对象。
- 描边：选择该选项，透明度仅影响对象的描边（包括间隙颜色）。
- 填充：选择该选项，透明度仅影响对象的填色。
- 分离混合：该复选框用于决定是否将混合模式应用于选定的对象组。
- 挖空组：该复选框用于决定是否使组中每个对象的不透明度和混合属性挖空或遮蔽组中的底层对象。
- 清除所有效果并使对象变为不透明：单击该按钮可以清除效果（描边、填色或文本的效果），即将混合模式设置为“正常”，并将整个对象的不透明度设置更改为100%。
- 向选定的目标添加对象效果：单击该按钮，可以在弹出的图3–56所示的快捷菜单中选择相关的对象效果。
- 从选定的目标中删除效果：单击该按钮，可以将选中的相关效果进行删除。

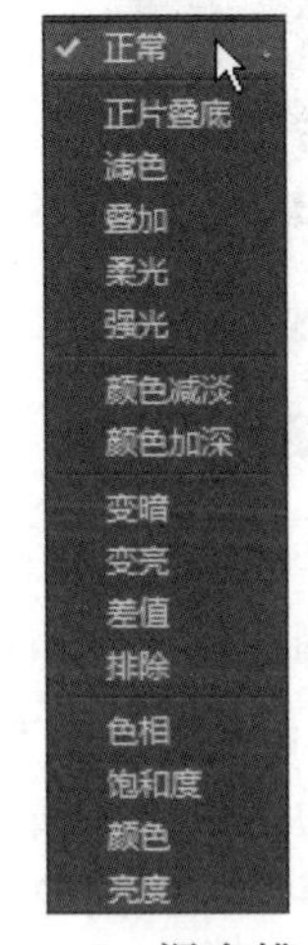

图3–55　混合模式

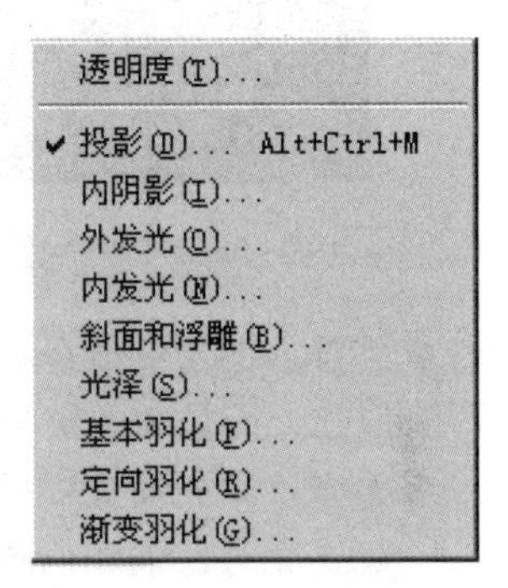

图3–56　可以添加的对象效果

3.5.2　混合模式

混合模式是指在两个对象之间，当前对象颜色（基色）与其下一对象组颜色的相互混合。使用混合模式可以改变堆叠对象颜色混合的方式。InDesign CC 2017提供了16种对象的混合模式。

- 正常：这是系统默认的状态，当图层不透明度为100%时，设置为该模式的图层将完全覆盖下层图像。图3–57所示分别为上层和下层图片对象的效果。

(a) 上层对象

(b) 下层对象

图3–57　上层和下层图片对象的效果

- 正片叠底：将两个颜色的像素相乘，然后再除以255，得到的结果就是最终色的像素值。通常执行正片叠底模式后颜色比原来的两种颜色都深，任何颜色和黑色执行正片叠底模式得到的仍然是黑色，任何颜色和白色执行正片叠底模式后保持原来的颜色不变。简单地说，正片叠底模式就是突出黑色的像素。图3–58所示为正片叠底模式下的效果。

● 滤色：滤色模式的结果和正片叠底正好相反，它是将两个颜色的互补色的像素值相乘，然后再除以 255 得到最终色的像素值。通常执行滤色模式后的颜色都较浅。任何颜色和黑色执行滤色模式，原颜色不受影响；任何颜色和白色执行滤色模式得到的是白色。而与其他颜色执行此模式都会产生漂白的效果。简单地说，滤色模式就是突出白色的像素。图 3-59 所示为滤色模式下的效果。

图3-58 “正片叠底”模式下的效果

图3-59 “滤色”模式下的效果

● 叠加：图像的颜色被叠加到底色上，但保留底色的高光和阴影部分。底色的颜色没有被取代，而是和图像颜色混合体现原图的亮部和暗部。图 3-60 所示为叠加模式下的效果。
● 柔光：柔光模式根据图像的明暗程度来决定最终色是变亮还是变暗。当图像色比 50% 的灰要亮时，则底色图像变亮；如果图像色比 50% 的灰要暗，则底色图像就变暗。如果图像色是纯黑色或者纯白色，最终色将稍稍变暗或者变亮，如果底色是纯白色或者纯黑色，则没有任何效果。图 3-61 所示为柔光模式下的效果。

图3-60 “叠加”模式下的效果

图3-61 “柔光”模式下的效果

● 强光：强光模式是根据图像色来决定执行叠加模式还是滤色模式。当图像色比 50% 的灰要亮时，则底色变亮，就像执行滤色模式一样，如果图像色比 50% 的灰要暗，则就像执行叠加模式一样，当图像色是纯白或者纯黑时得到的是纯白或者纯黑色。图 3-62 所示为强光模式下的效果。
● 颜色减淡：使用颜色减淡模式时，首先查看每个通道的颜色信息，通过降低对比度，使底色的颜色变亮来反映绘图色，图像色和黑色混合没有变化。图 3-63 所示为颜色减淡模式下的效果。
● 颜色加深：颜色加深模式查看每个通道的颜色信息，通过增加对比度使底色的颜色变暗来反映绘图色，和白色混合没有变化。图 3-64 所示为颜色加深模式下的效果。
● 变暗：变暗模式进行颜色混合时，会比较绘制的颜色与底色之间的亮度，较亮的像素被较暗的像素取代，而较暗的像素不变。图 3–65 所示为变暗模式下的效果。

图3–62　“强光”模式下的效果

图3–63　“颜色减淡”模式下的效果

图3–64　“线性加深”模式下的效果

图3–65　“变暗”模式下的效果

- 变亮：变亮模式正好与变暗模式相反，它是选择底色或绘制颜色中较亮的像素作为结果颜色，较暗的像素被较亮的像素取代，而较亮的像素不变。图 3–66 所示为变亮模式下的效果。
- 差值：差值模式通过查看每个通道中的颜色信息，比较图像色和底色，用较亮的像素点的像素值减去较暗的像素点的像素值，差值作为最终色的像素值。与白色混合将使底色反相，与黑色混合则不产生变化。图 3–67 所示为差值模式下的效果。

图3–66　“变亮”模式下的效果

图3–67　“差值”模式下的效果

- 排除：与差值模式类似，但是比差值模式生成的颜色对比度小，因而颜色较柔和。与白色混合将使底色反相，与黑色混合则不产生变化。图 3–68 所示为排除模式下的效果。
- 色相：采用底色的亮度、饱和度以及图像色的色相来创建最终色。图 3–69 所示为色相模式下的效果。

图3-68　“排除”模式下的效果

图3-69　“色相”模式下的效果

- 饱和度：采用底色的亮度、色相以及图像色的饱和度来创建最终色。如果绘图色的饱和度为 0，原图就没有变化。图 3-70 所示为饱和度模式下的效果。
- 颜色：采用底色的亮度以及图像色的色相、饱和度来创建最终色。它可以保护原图的灰阶层次，对于图像的色彩微调，给单色和彩色图像着色都非常有用。图 3-71 所示为颜色模式下的效果。

图3-70　“饱和度”模式下的效果

图3-71　“颜色”模式下的效果

- 亮度：与颜色模式正好相反，亮度模式采用底色的色相和饱和度，以及绘图色的亮度来创建最终色。图 3-72 所示为亮度模式下的效果。

图3-72　“亮度”模式下的图层分布和画面显示

3.5.3　创建特殊效果

利用“效果”面板可以为选定的对象添加“投影”“内阴影”“外发光”“内发光”“斜面和浮雕”“光泽”“基本羽化”“定向羽化”“渐变羽化”9 种特殊效果。下面以“投影”“外发光”“斜面和浮雕”“基本羽化”4 种效果为例来讲解创建特殊效果的方法。

1. 投影

对图片添加阴影效果，可以使对象产生阴影，富有立体感。创建“投影”效果的操作步骤如下。

① 执行菜单中的“文件 | 打开”命令，打开资源中的“素材及结果 \ 投影 .indd”文件，然后选择要添加阴影效果的对象，如图 3-73 所示。

② 单击“效果”面板下方的fx（向选定的目标添加对象效果）按钮，在弹出的“效果”对话框中设置“投影”选项（或执行菜单中的“对象|效果|投影”命令），如图 3-74 所示。

图3-73　选择要添加阴影的对象

图3-74　设置“投影”选项

- 模式：在下拉列表中选择一个选项，设置阴影与下方对象的混合模式。列表框右侧的色块用于设置阴影的颜色。
- 不透明度：输入数值或拖动滑块，设置阴影的不透明度。
- 位置：设置对象阴影的位置。可以指定阴影与对象的距离，然后指定一个角度。
- 选项：设置阴影的大小、扩展、杂色等选项。其中“大小”参数用于设置模糊区域的外边界的大小（从阴影边缘算起），图 3-75 所示为不同“大小”数值的效果比较；“扩展”参数用于将阴影覆盖区向外扩展，并会减小模糊半径，图 3-76 所示为不同“扩展”数值的效果比较；“杂色”参数用于在阴影中添加杂色（不自然感），使投影显示为颗粒效果，图 3-77 所示为不同“杂色”数值的效果比较；勾选“对象挖空阴影”选项，可使对象显示在它所投射投影的前面；勾选“阴影接受其他效果”选项，可以在投影中包含效果。

（a）“大小”为 1 毫米

（b）“大小”为 4 毫米

图3-75　不同“大小”数值的效果比较

③ 设置完毕后，单击“确定”按钮。

2. 外发光

使用外发光效果可以使对象产生外边缘发光的效果。创建“外发光”效果的操作步骤如下。

① 执行菜单中的“文件|打开”命令，打开资源中的“素材及结果\外发光.indd”文件，然后选择要添加外发光效果的对象，如图 3-78 所示。

(a) “大小”为 4 毫米，“扩展”值为 30%

(b) “大小”为 4 毫米，“扩展”值为 60%

图3-76　不同“扩展”数值的效果比较

(a) “大小”为 10%

(b) “大小”为 50%

图3-77　不同“杂色”数值的效果比较

② 单击“效果”面板下方的fx.（向选定的目标添加对象效果）按钮，在弹出的“效果”对话框中设置“外发光”选项（或执行菜单中的“对象 | 效果 | 外发光”命令），如图 3-79 所示。

图3-78　选择要添加外发光效果的对象

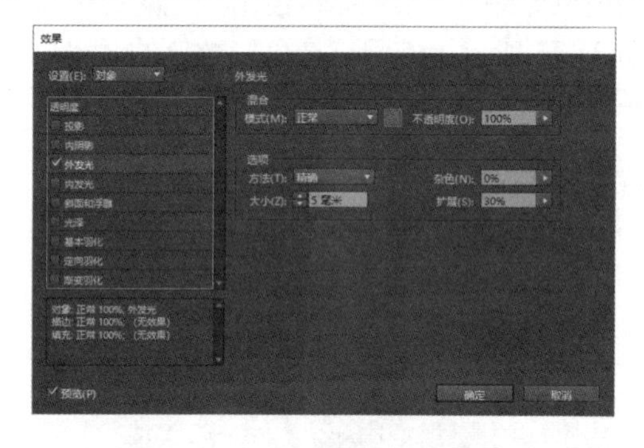

图3-79　设置“外发光”选项

● 模式：在下拉列表中选择一个选项，指定外发光与下方对象的混合模式。单击列表框右侧的色块可以设置外发光的颜色。图 3-80 所示为设置不同外发光颜色的效果比较。

● 不透明度：设置外发光的不透明度。

● 选项：设置外发光的方法、杂色和扩展选项。

③ 设置完毕后，单击“确定”按钮。

3. 斜面和浮雕

使用斜面和浮雕效果可以制作具有立体感的图像。创建“斜面和浮雕”效果的操作步骤如下。

① 执行菜单中的“文件 | 打开”命令，打开资源中的“素材及结果 \ 斜面和浮雕 .indd”文

件，然后选择要添加斜面和浮雕效果的对象，如图 3–81 所示。

(a)　外发光颜色为蓝色　　　　(b)　外发光颜色为洋红色

图3–80　不同外发光颜色的效果比较

② 单击“效果”面板下方的 （向选定的目标添加对象效果）按钮，在弹出的“效果”对话框中设置“斜面和浮雕”选项（或执行菜单中的“对象 | 效果 | 斜面和浮雕”命令），如图 3–82 所示。

图3–81　选择要添加斜面和浮雕的对象

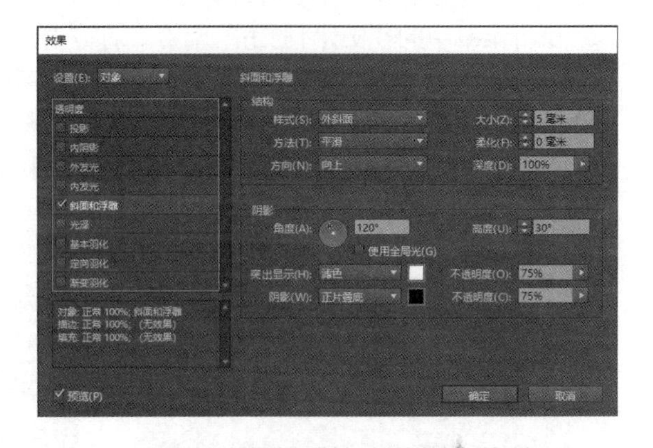

图3–82　设置“斜面和浮雕”选项

● 样式：有外斜面、内斜面、浮雕和枕状浮雕 4 种样式供选择。图 3–83 所示为不同样式的效果比较。

(a) 外斜面

(b) 内斜面

(c) 浮雕

(d) 枕状浮雕

图3–83　不同样式的效果比较

● 方法：有平滑、雕刻清晰、雕刻柔和 3 种雕刻方法供选择。
● 方向：设置浮雕效果光源的方向，有“向上”和“向下”两种效果供选择。图 3–84 所示为不同方向的效果比较。

● 大小：设置阴影面积的大小。
● 柔化：拖动滑块，可调节阴影的边缘过渡距离。
● 深度：拖动滑块，设置阴影颜色的深度。
● 角度和高度：设置光源角度和高度。
● 突出显示：设置突出显示部分的颜色、与下面对象的混合模式以及不透明度。

（a）“向上”方向

（b）“向下”方向

图3-84　不同方向的效果比较

● 阴影：设置阴影部分的颜色与下面对象的混合模式以及不透明度。

③ 设置完毕后，单击“确定”按钮。

4. 基本羽化

使用基本羽化可以产生渐隐的羽化效果。创建“基本羽化”效果的操作步骤如下。

① 执行菜单中的“文件|打开”命令，打开资源中的“素材及结果\基本羽化.indd”文件，然后选择要添加基本羽化效果的对象，如图3-85所示。

② 单击“效果”面板下方的 fx.（向选定的目标添加对象效果）按钮，在弹出的“效果”对话框中设置“基本羽化”选项（或执行菜单中的“对象|效果|基本羽化”命令），如图3-86所示。

图3-85　选择要添加基本羽化的对象

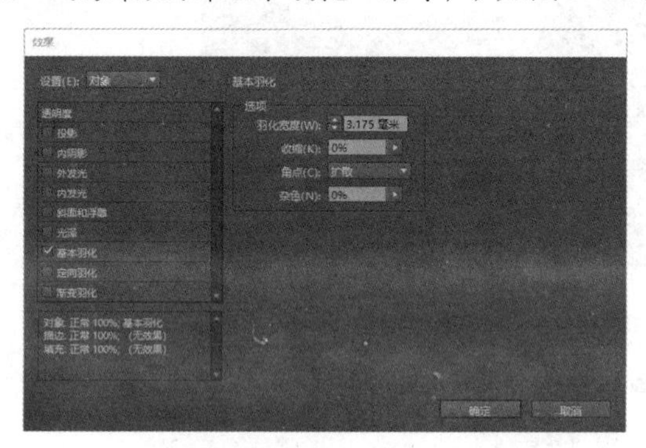

图3-86　设置“基本羽化”选项

● 羽化宽度：设置对象从不透明渐隐为透明需要经过的距离。图3-87所示为不同羽化宽度的效果比较。

（a）“羽化宽度”为5毫米

（b）“羽化宽度”为20毫米

图3-87　不同“羽化宽度”的效果比较

- 收缩：将发光柔化为不透明和透明的程度。设置的值越大不透明度越高，设置的值越小透明度越高。
- 角点：有锐化、圆角和扩散 3 个选项供选择。选择“锐化”，可以精确地沿着形状外边缘（包括尖角）渐变，效果如图 3–88 所示；选择“圆角”，可以将边角按羽化半径修成圆角，效果如图 3–89 所示；选择“扩散”，可以使对象边缘从不透明渐隐为透明，效果如图 3–90 所示。
- 杂色：在羽化效果中添加杂色。

③ 设置完毕后，单击“确定”按钮。

图3–88　锐化效果

图3–89　圆角效果

图3–90　扩散效果

3.6　实例讲解——海报设计

要点

本例将制作一幅图 3–91 所示的海报。海报中宁静的水面呈现出深暗的背景色调，而漂浮在黑暗之中的睡莲、莲叶以及闪烁的星光构成了梦幻般的情境。通过本例的学习，读者应掌握图层、渐变填充、置入图像、垂直翻转图像、利用多边形工具绘制星形、编组、添加文字、向选定的对象添加多种效果以及调整“不透明度”等知识的综合应用。

图3–91　海报设计

操作步骤：

1. 创建文档

① 执行菜单中的“文件 | 新建 | 文档”命令，在弹出的对话框中设置如图 3–92 所示的参数值，将 “出血”设置为 3 毫米。然后单击“边距和分栏”按钮，在弹出的对话框中设置如图 3–93 所示的参数值，单击“确定”按钮，设置完成的版面状态如图 3–94 所示。

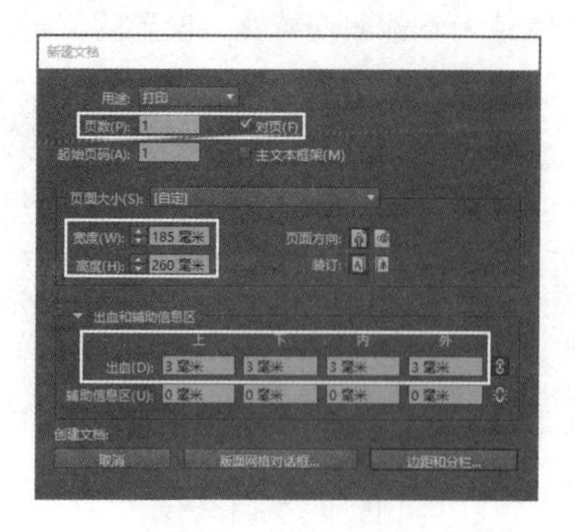

图3-92　在“新建文档”对话框中设置参数

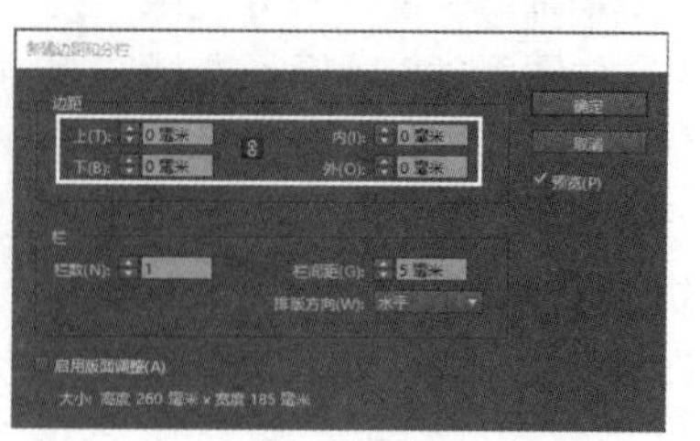

图3-93　设置边距和分栏

图3-94　版面效果

② 这是一个四边无边距且无分栏的单页，下面单击工具栏下方的（正常视图模式）按钮，使编辑区内显示出参考线、网格及框架状态。

2. 制作渐变色背景

① 创建作为背景的矩形。方法：选择工具箱中的（矩形工具），然后在工作区中单击，接着在弹出的“矩形”对话框中设置参数，如图 3-95 所示，单击“确定”按钮，即可创建出矩形。

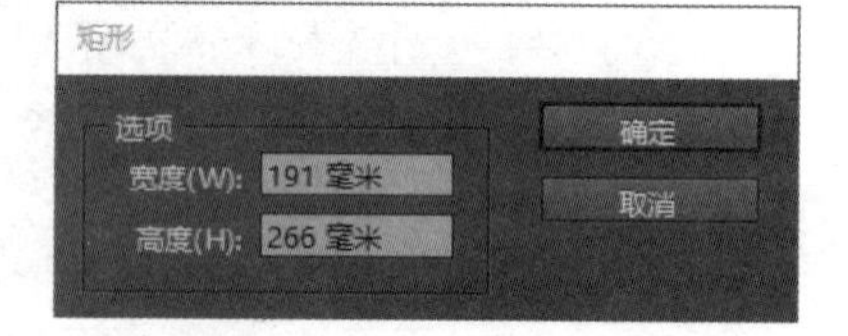

图3-95　设置“矩形”参数

提示

之所以将作为背景的矩形大小设置为191 mm × 266 mm，而不是版心大小185 mm × 260 mm，是因为考虑海报上下左右各要预留出3 mm出血。

② 在控制面板中将矩形参考点设置为（左上角），矩形左上角的坐标设置为（−3，−3），使创建的矩形与文档出血位置完全重合，此时如图 3-96 所示。

③ 对矩形进行渐变填充。方法：执行菜单中的“窗口 | 颜色 | 渐变”命令，调出“渐变”面板。然后利用工具箱中的（选择工具）选择创建的矩形，再在“渐变”面板中将填色“类型”设置为“线性”，左侧色标“位置”设置为 40%，“颜色”设置为黑色 [参考色值为：CMYK(0，0，0，100)]，“角度”设置为 90。；右侧色标“位置”设置为 100%，“颜色”设置为暗绿色 [参考色值为：CMYK（40，0，20，60）]，如图 3-97 所示。接着将描边设置为（无色），效果如图 3-98 所示。

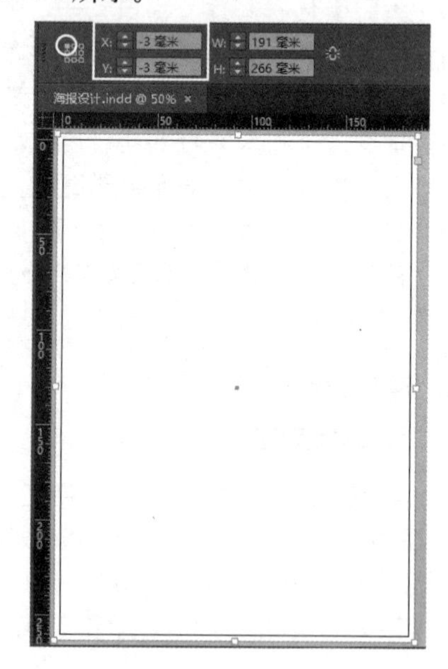

图3-96　矩形左上角的坐标为（−3，−3）

3. 添加海报中的荷花和荷叶

① 为了便于后面操作，下面重命名并锁定背景图层。方法：在“图层”面板中双击“图层 1”，如图 3-99 所示。然后在弹出的“图层选项”对话框中将“图层 1”重命名为“背景”，如图 3-100 所示，单击“确定”按钮。接着将该图层进行锁定，如图 3-101 所示。

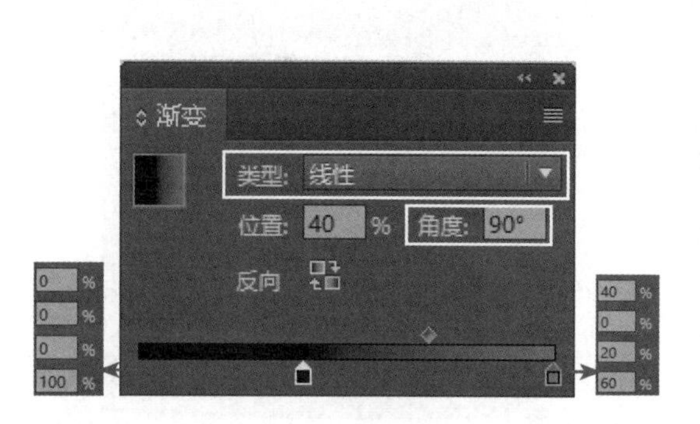

图3-97　设置渐变色

图3-98　对矩形渐变填充后的效果

图3-99　双击“图层1”

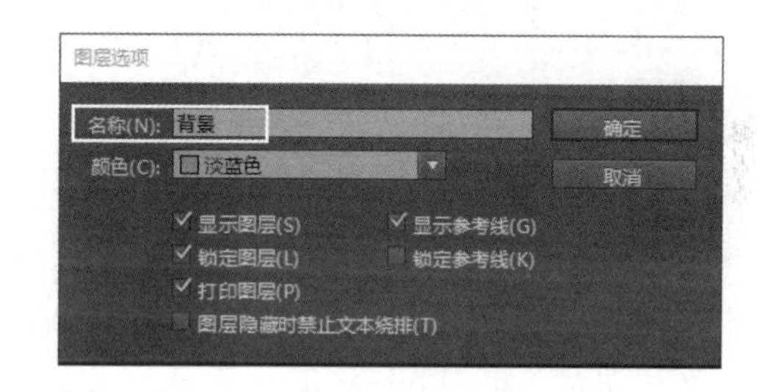

图3-100　重命名图层

② 在“图层”面板下方单击（创建新图层）按钮，新建“图案”图层，如图 3-102 所示。

③ 置入荷花图案。方法：执行菜单中的“文件 | 置入”（快捷键〈Ctrl+D〉）命令，然后在弹出的“置入”对话框中选择资源中的“素材及结果 \3.6　海报设计 \‘海报设计’文件夹 \Links\hh.psd”图片文件，如图 3-103 所示，单击“打开”按钮。接着在文档窗口中单击，将其放置在适当位置，如图 3-104 所示。

图3-101　锁定背景图层

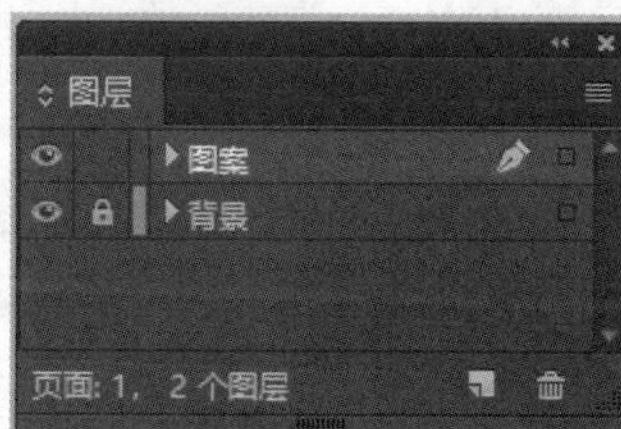

图3-102　新建“图案”图层

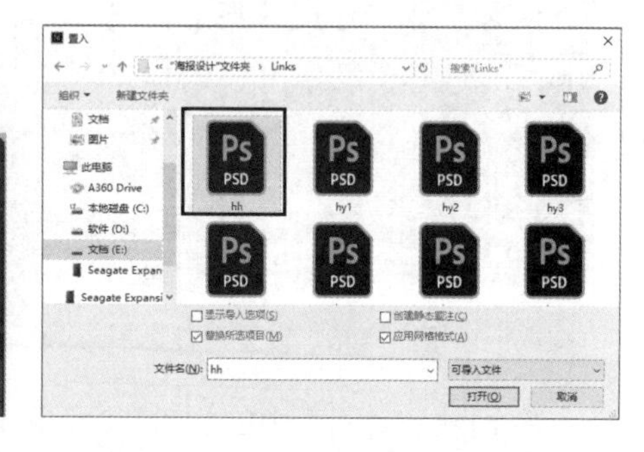

图3-103　选择“hh.psd”文件

④ 同理，置入作为荷叶的资源中的“素材及结果 \3.6　海报设计 \‘海报设计’文件夹 \Links\hy1.psd ~ hy7.psd”图片文件，并将其放置到适当位置，如图 3-105 所示。

图3-104　置入并调整荷花图片位置

图3-105　置入并调整荷叶图片位置

提示

如果要调整置入荷叶的前后位置关系。可以通过执行菜单中的“对象|排列”命令进行调整。

⑤ 为了增加画面立体感，下面对荷花图案添加投影效果。方法：选择画面中的荷花图案（hh.psd），然后执行菜单中的“对象｜效果｜投影”命令［或在“效果”面板中单击右下方的fx（向选定的对象添加对象效果）按钮，在弹出的快捷菜单中选择“投影”命令］，在弹出的对话框中设置参数，如图3-106所示，单击“确定”按钮，效果如图3-107所示。

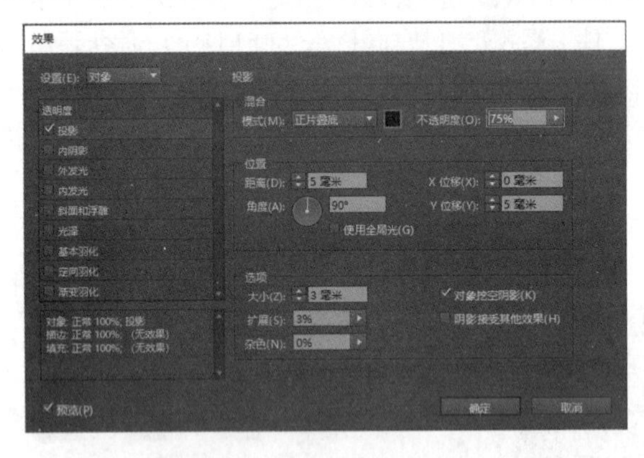

图3-106　设置“投影”参数

图3-107　添加荷花投影的效果

⑥ 同理，对画面中的hy02.psd和hy06.psd荷叶图案添加投影效果，如图3-108所示。此时画面整体效果如图3-109所示。

4．添加海报中的艺术线条

① 为了便于后面操作，下面锁定“图案”图层，然后新建“线条”图层，此时图层分布如图3-110所示。

（a）对 hy02.psd 添加投影

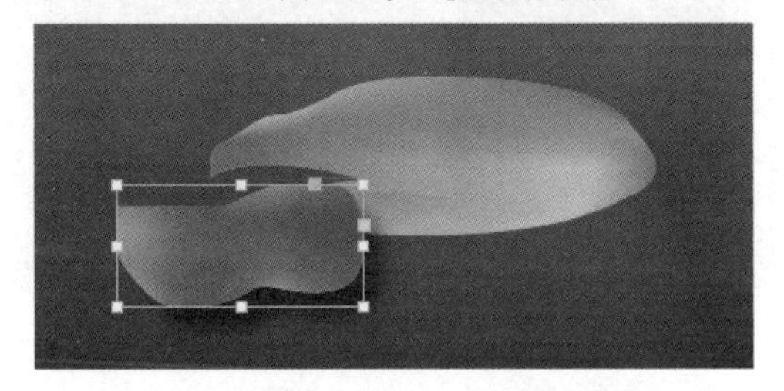

（b）对 hy06.psd 添加投影

图3-108　添加荷叶投影效果

图3-109　画面整体效果

② 置入线条图案。方法：执行菜单中的“文件 | 置入”（快捷键〈Ctrl+D〉）命令，置入资源中的“素材及结果 \3.6 海报设计 \‘海报设计’文件夹 \Links\line1.psd”图片文件，然后将其放置在画面适当位置，如图 3-111 所示。

③ 同理，置入资源中的“素材及结果 \3.6 海报设计 \‘海报设计’文件夹 \Links\line2.psd 和 line3.psd”图片文件，并将其放置在画面适当位置，如图 3-112 所示。

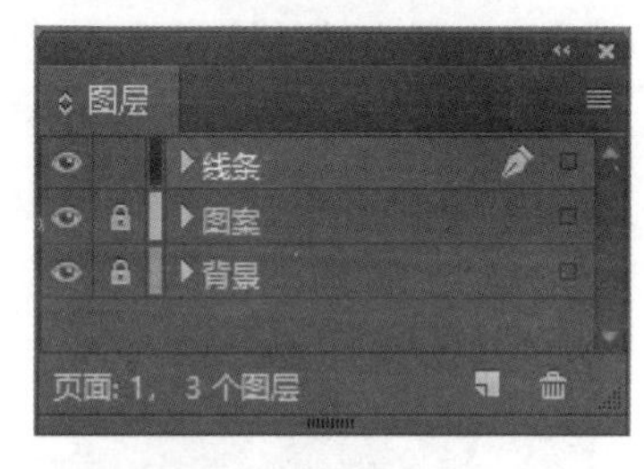

图3-110　新建“线条”图层

图3-111　将“line1.psd”图片放置到适当位置

图3-112　将“line2.psd”和“line3.psd”图片放置到适当位置

5．添加海报中的星星和荷花倒影

① 为了便于后面操作，下面锁定“线条”图层，然后新建“星星”图层，此时图层分布如

图 3-113 所示。

② 绘制星星图形。方法：选择工具箱中的[多边形工具图标]（多边形工具），然后在文档窗口中单击，接着在弹出的“多边形”对话框中设置参数，如图 3-114 所示，单击“确定”按钮，效果如图 3-115 所示。

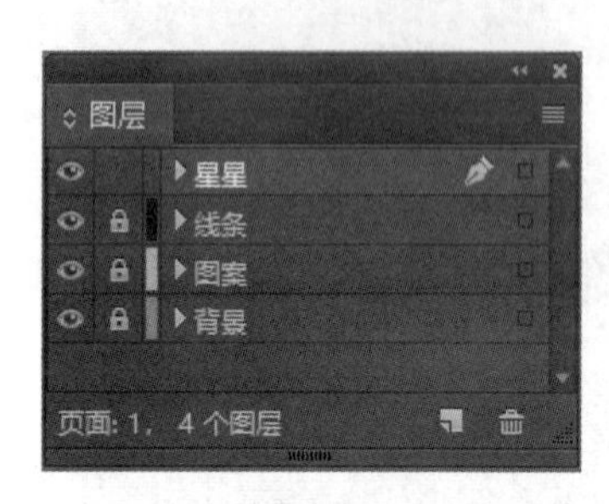

图3-113　新建“星星”图层

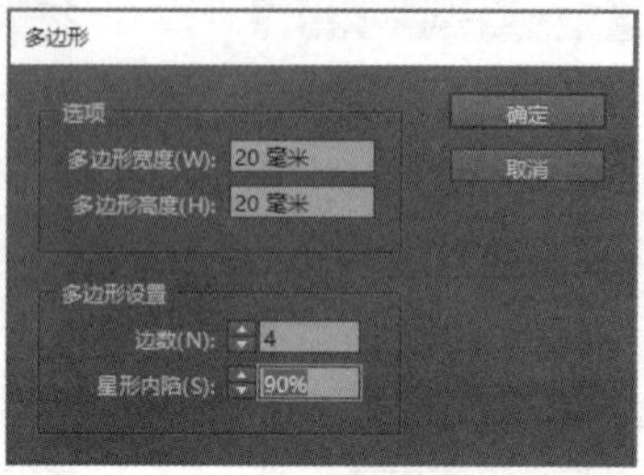

图3-114　多边形参数设置

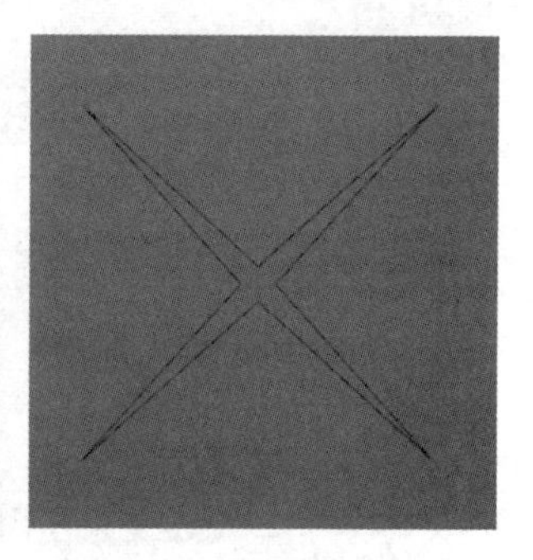

图3-115　绘制的星星效果

③ 将绘制的星星图形填色设置为白色，描边设置为无色，效果如图 3-116 所示。

④ 将星星图形旋转 45°。方法：选择绘制的星星图形，然后在“变换”面板中将其[旋转角度图标]（旋转角度）设置为 45°，如图 3-117 所示，效果如图 3-118 所示。

图3-116　将星星图形填色设为白色的效果

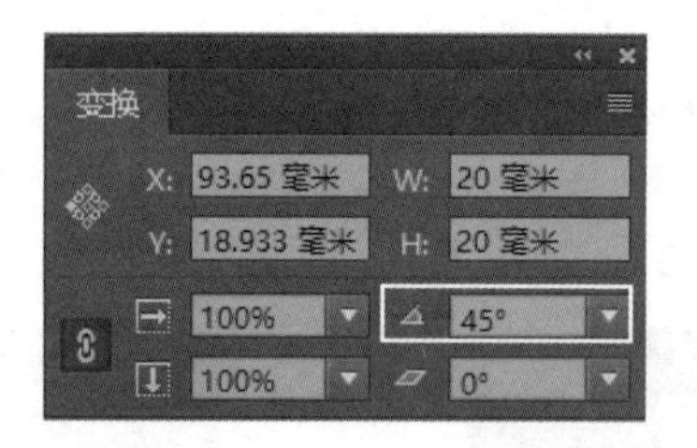

图3-117　将[旋转角度图标]（旋转角度）设置为45°

图3-118　旋转后的星星效果

⑤ 为了使星星形成夜空中朦胧的效果，下面对其添加渐变羽化效果。方法：利用工具箱中的[选择工具图标]（选择工具）选择绘制的星星图形，然后执行菜单中的“对象 | 效果 | 基本羽化”命令[或在“效果”面板中单击右下方的[fx图标]（向选定的对象添加对象效果）按钮，在弹出的快捷菜单中选择“基本羽化”命令]，在弹出的对话框中设置参数，如图 3-119 所示，单击“确定”按钮，效果如图 3-120 所示。

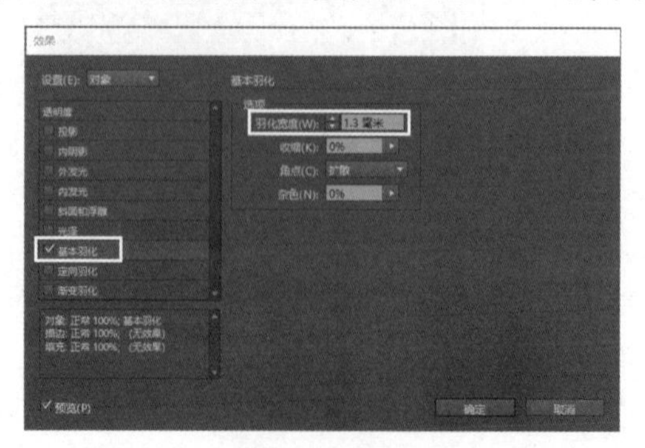

图3-119　设置“基本羽化”参数

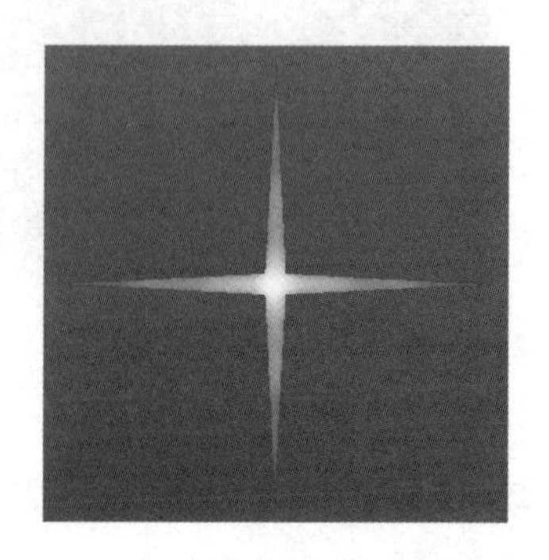

图3-120　添加“基本羽化”的效果

⑥ 绘制星星外围的光晕图形。方法：选择工具箱中的（椭圆工具），然后在文档窗口区中单击，接着在弹出的“椭圆”对话框中设置参数如图 3–121 所示，单击“确定”按钮。最后将绘制好的光晕图形填色设置为白色，描边设置为无色，效果如图 3–122 所示。

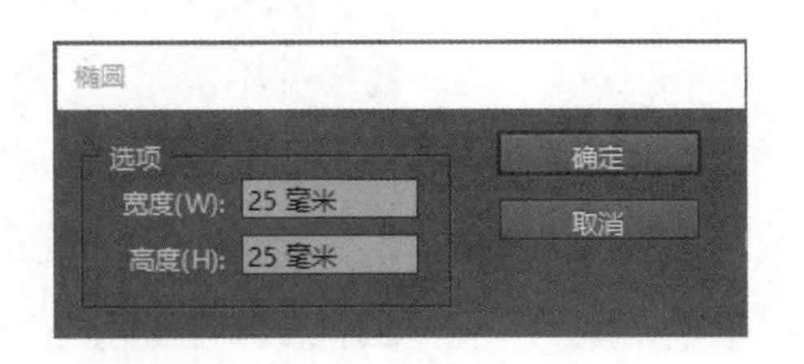

图3–121　设置“椭圆”参数

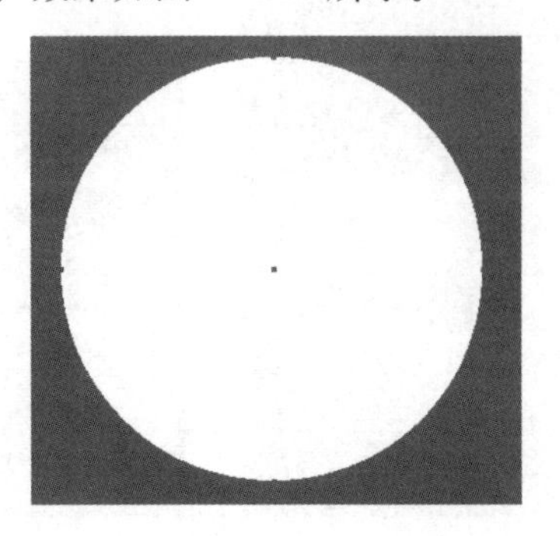

图3–122　绘制并填色后的圆形

⑦ 制作星星外围的光晕效果。方法：利用工具箱中的（选择工具）选择绘制的光晕图形，然后执行菜单中的“对象｜效果｜渐变羽化”命令[或在“效果”面板中单击右下方的（向选定的对象添加对象效果）按钮，在弹出的快捷菜单中选择“渐变羽化”命令]，在弹出的对话框中设置参数如图 3–123 所示，单击“确定”按钮，效果如图 3–124 所示。

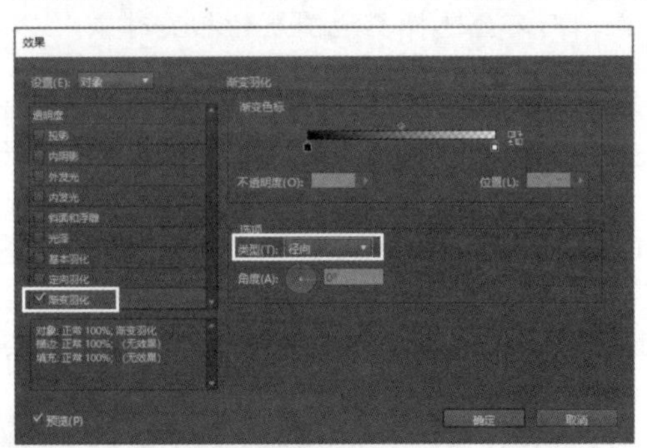

图3–123　设置“渐变羽化”参数

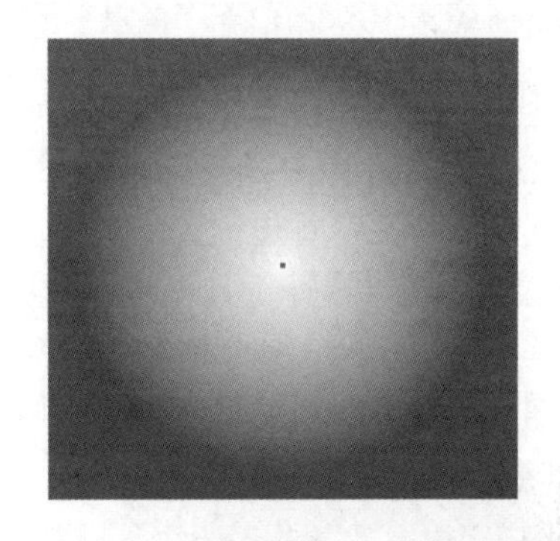

图3–124　添加“渐变羽化”的效果

⑧ 将星星图形和光晕图形进行组合。方法：利用工具箱中的（选择工具），配合〈Shift〉键同时选中星星图形和光晕图形，然后在控制面板中单击（水平居中对齐）和（垂直居中对齐）按钮，将它们中心对齐。接着执行菜单中的“对象｜编组”命令，将它们组合成一个整体，效果如图 3–125 所示。

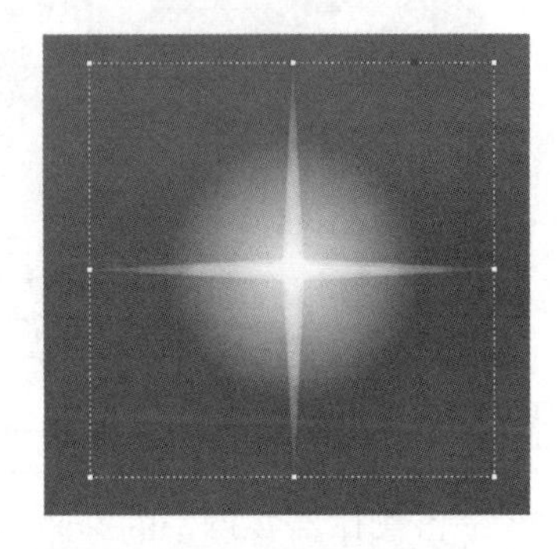

图3–125　对齐并组合星星图形和光晕图形的效果

⑨ 制作漫天繁星效果。方法：利用工具箱中的（选择工具）选择编组后的星星和光晕图形，然后配合〈Alt〉键，进行不断复制，并配合〈Shift〉键对复制后的图形进行等比例缩放。接着将复制后的星星和光晕图形放置到合适位置，使之形成满天繁星效果，如图 3–126 所示。

⑩ 此时满天繁星效果过于明亮，下面按快捷键〈Ctrl+A〉，选择“星星”图层中的所有组合，然后在“效果”面板中将“不透明度”设置为 80%，如图 3–127 所示，从而使满天繁星更好地与背景融合在一起，效果如图 3–128 所示。

图3-126 满天繁星效果

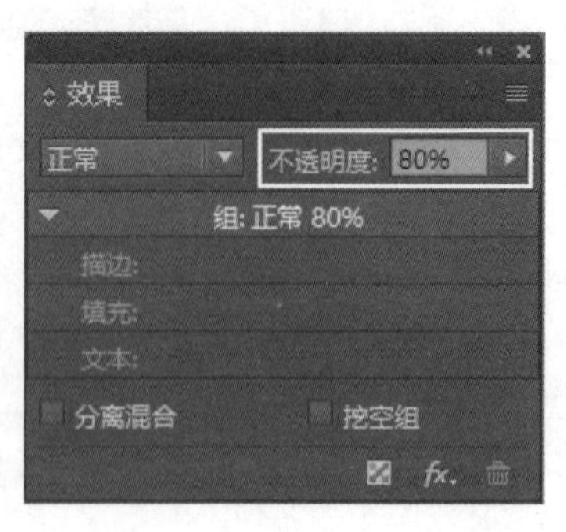

图3-127 将“星星”图层中的所有组合的“不透明度”设置为80%

图3-128 将“星星”图层中的所有组合的“不透明度”设置为80%的效果

提示

由于前面已经将“星星”图层以外的其余图层进行了锁定，所以此时按快捷键〈Ctrl+A〉，只会选择“星星”图层的对象，而不会选择其他图层的相关对象。

⑪ 利用工具箱中的（缩放显示工具）局部放大画面中的荷花部分，会发现荷花由于缺少倒影，在画面中显得十分突兀不自然，如图 3-129 所示。下面就通过添加荷花的倒影效果来解决这个问题。方法：首先锁定“星星”图层，然后解锁“图案”图层，如图 3-130 所示。接着利用工具箱中的（选择工具）选择荷花图案，执行菜单中的“编辑 | 复制”命令，进行复制，再执行菜单中的“编辑 | 原位粘贴”命令，进行原位粘贴。最后在控制面板中将参考点定位为，再单击（垂直翻转）按钮，将原位粘贴的荷花图案垂直翻转形成倒影效果，如图 3-131 所示。

图3-129 局部放大画面中的荷花部分

图3-130 解锁“图案”图层

图3-131 垂直翻转形成倒影效果

⑫ 制作荷花倒影的渐隐效果。方法：利用工具箱中的（选择工具）选择荷花倒影图案，然后执行菜单中的“对象 | 效果 | 渐变羽化”命令［或在“效果”面板中单击右下方的（向选定的对象添加对象效果）按钮，在弹出的快捷菜单中选择“渐变羽化”命令］，在弹出的对话框中设置参数如图 3-132 所示，单击“确定”按钮，效果如图 3-133 所示。接着在“效果”面板中将混合模式设置为“正片叠底”，如图 3-134 所示，效果如图 3-135 所示。此时整体画面效果如图 3-136 所示。

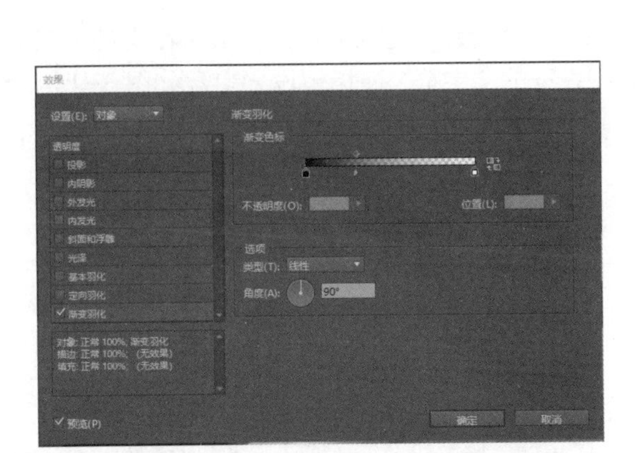

图3-132　设置“渐变羽化”参数

图3-133　添加“渐变羽化”的效果

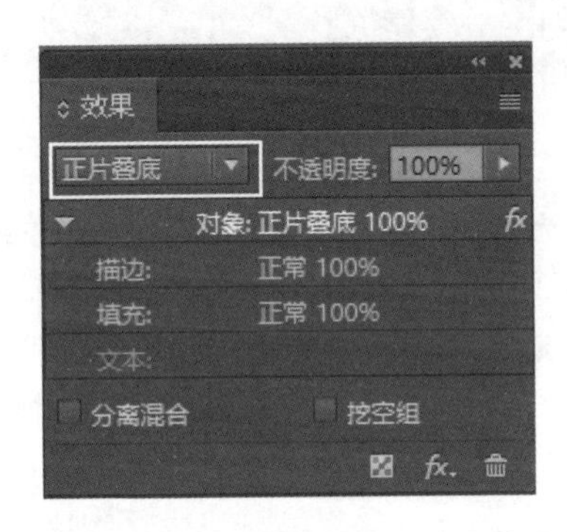

图3-134　将混合模式设置为“正片叠底”

图3-135　将混合模式设置为“正片叠底”的效果

6. 添加海报中的文字

① 为了便于后面操作，下面重新锁定“图案”图层，然后在最上方新建“文字”图层，此时图层分布如图 3-137 所示。

图3-136　整体画面效果

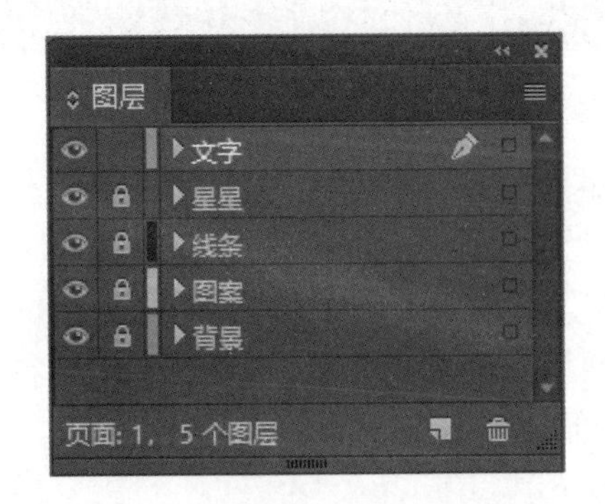

图3-137　新建“文字”图层

② 编辑第一条文字信息。方法：选择工具箱中的 （文字工具），然后在文档中部创建一个矩形文本框，接着按快捷键〈Ctrl+T〉，在打开的“字符”面板中设置参数如图 3–138 所示，最后在文档窗口中输入白色文字信息，并中心对齐，如图 3–139 所示。

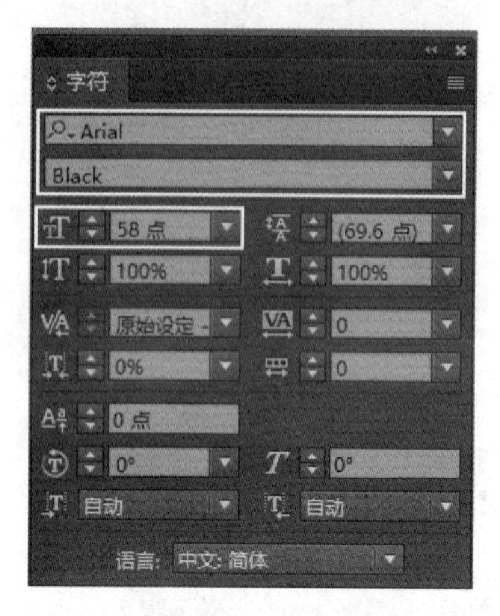

图3–138　在“字符”面板中设置参数1

图3–139　输入文字1

③ 为了增加文字的朦胧感，下面对文字添加外发光效果。方法：利用工具箱中的 （选择工具）选择输入的文字“Water Nymph”，然后执行菜单中的“对象 | 效果 | 外发光”命令[或在“效果”面板中单击右下方的 （向选定的对象添加对象效果）按钮，在弹出的快捷菜单中选择“外发光”命令]，在弹出的对话框中设置参数如图 3–140 所示，单击“确定”按钮，效果如图 3–141 所示。

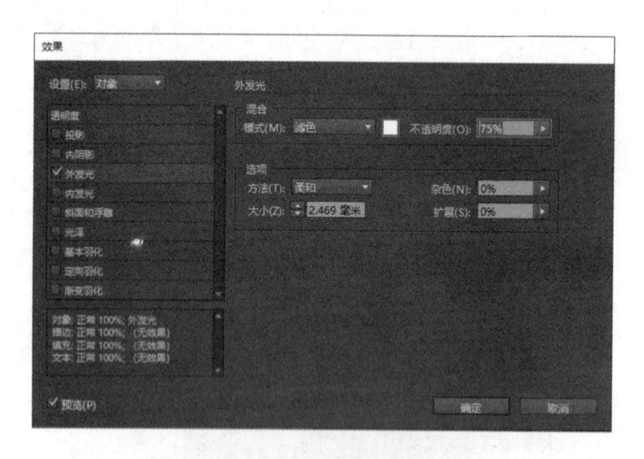

图3–140　设置“外发光”参数

图3–141　添加“外发光”的效果1

④ 编辑第二条文字信息。方法：在“字符”面板中设置参数如图 3–142 所示，然后在第一条文字下方输入白色文字信息，并中心对齐，如图 3–143 所示。接着对其添加外发光效果，如图 3–144 所示。

⑤ 编辑第三条文字信息。方法：在“字符”面板中设置参数如图 3–145 所示，然后在第二条文字下方输入白色文字信息，并中心对齐，如图 3–146 所示。接着对其添加外发光效果，如图 3–147 所示。

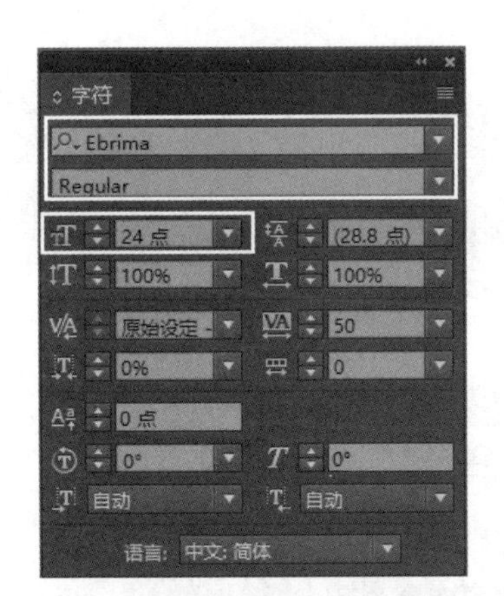

图3-142　在“字符”面板中设置参数2

图3-143　输入文字2

图3-144　添加“外发光”的效果2

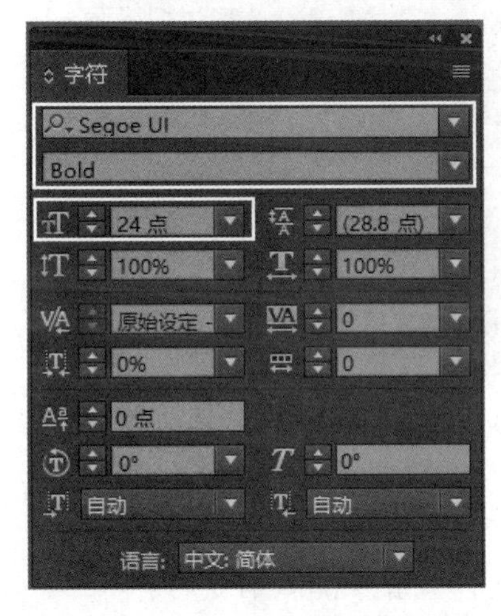

图3-145　在“字符”面板中设置参数3

图3-146　输入文字3

图3-147　添加“外发光”的效果3

⑥ 编辑第四条文字信息。方法：在“字符”面板中设置参数如图 3-148 所示，然后在第一条文字上方输入白色文字信息，并中心对齐，如图 3-149 所示。接着对其添加投影效果，如图 3-150 所示，此时整体画面效果如图 3-151 所示。

⑦ 同理，输入其余文字信息，最终效果如图 3-152 所示。

⑧ 执行菜单中的“文件|存储”命令，将文件进行存储。然后执行菜单中的“文件|打包”命令，将所有相关文件进行打包。接着执行菜单中的“文件|导出”命令，将文件导出为“海报设计 .jpg”文件进行打印。

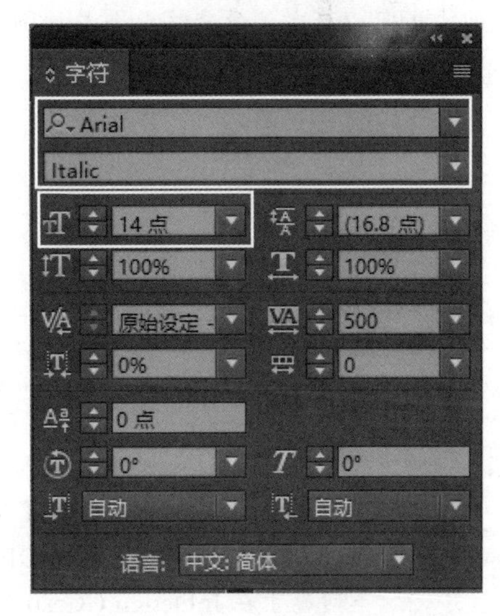

图3-148　在“字符”面板中设置参数4

图3-149　输入文字4

图3-150　添加“投影”的效果

图3-151　画面整体效果

图3-152　最终效果

提示

本例中对文字和图片添加了对象效果，如果将文件输出为.pdf文件进行打印，则打印出的文字和图片周围会出现白色边框的错误。此时可以将文件输出为.jpg文件进行打印，就可以有效避免文字和图片周围会出现白色边框的错误。

课后练习

一、填空题

1. InDesign CC 2017 中包括________、________和________3 种框架工具。

2. 使用________工具可以只移动框架；使用________工具可以只移动框架内容；而使用________工具既可以移动框架，也可以移动框架内容。

二、选择题

1. 下列属于在 InDesign 中能置入的图像类型有（　　）。

A. PSD　　B. PDF　　C. EPS　　D. AI

2. 下列属于在 InDesign CC 2017 中框架和内容的适合选项有（　　）。

A. 使内容适合框架　　B. 使框架适合内容

C. 内容居中　　　　　　　　　　D. 按比例适合内容

3. 使用“效果”面板可以为对象设置（　　）不透明度。

A. 描边　　　　B. 填充　　　　C. 文本　　　　D. 图像

三、问答题

1. 简述创建特殊效果中“投影”效果的方法。
2. 简述创建和编辑图层的方法。

四、上机题

制作图 3-153 所示的电子杂志版面效果。

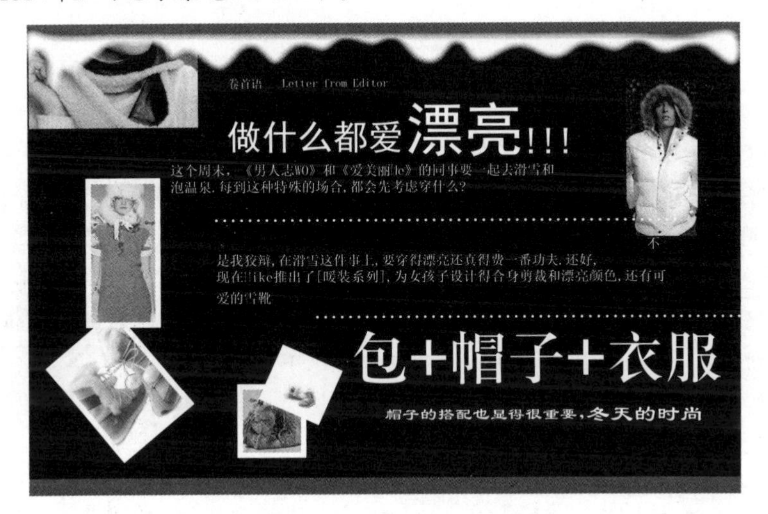

图3-153　电子杂志版面效果

第4章 文字与段落

本章重点

在InDesign CC 2017中，用户可以在页面中创建纯文本、框架文本、路径文字以及段落文字。用户可以通过“字符”面板设置短行文本的格式，并为此类文本应用效果，如阶梯效果、重力效果等；也可以使用“段落”面板对整段、整篇、整章，甚至整本书的文字作品设置其段落对齐方式、段前/后间距等。在对文本初步设置完成后，用户不仅可以设置文本的排版方向、调整路径文字的起始与结束位置，还可以设置文字的颜色、复制文本属性、对文本内容进行编辑与检查等操作，使文章内容更加精确。通过本章的学习，读者应掌握以下内容。

- 掌握创建文本的方法
- 掌握设置文本格式的方法
- 掌握编辑文本的方法
- 掌握插入字形和特殊字符的方法
- 掌握设置制表符的方法
- 掌握设置脚注的方法
- 掌握文本的编辑和检查方法

4.1 创建文本

在InDesign CC 2017中，用户使用文本工具可以在页面中创建纯文本框架、沿路径排版的文字以及创建网格框架文本，也可以将其他应用程序创建的文本文件置入当前文件中。

4.1.1 使用文本工具

使用文本工具不仅可以创建直排或者横排的段落文本，也可以创建沿着任何形状的开放或者封闭路径的边缘排列的文本。InDesign CC 2017的文本工具包括T（文字工具）、IT（直排文字工具）、（路径文字工具）和（垂直路径文字工具）4种。使用时，单击工具箱中的T（文字工具）不放，然后从弹出的工具组中选择相应的工具，如图4-1所示。

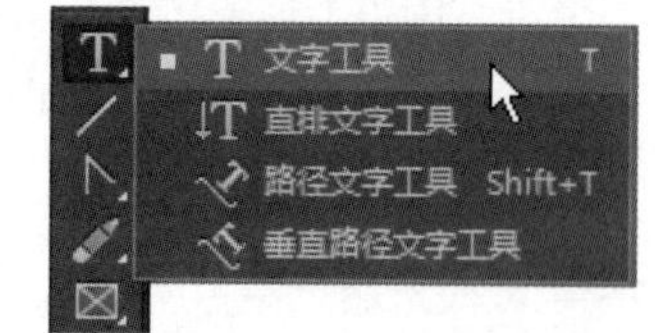

图4-1 选择相应的文字工具

1. 文字工具

使用T（文字工具）可以为横排文本创建纯文本框架。单击该工具，当鼠标指针变为形状时，拖动鼠标指针绘制出文本框架，然后在虚拟矩形框内输入文本即可，效果如图 4–2 所示。在创建了文本框架后，可以使用工具箱中的▶（选择工具）对其进行移动、调整大小和更改。

InDesign CC 2017

图4–2　使用T工具输入文本

2．直排文字工具

使用IT（直排文字工具）可以为直排文本创建纯文本框架。该工具的使用方法与T（文字工具）一样，当鼠标指针变为⊟形状时，拖动鼠标指针绘制出文本框架，然后在虚拟矩形框内输入文本即可，如图 4–3 所示。

3．路径文字工具

如果需要将文字绕路径排版，需要首先绘制一个路径，然后选择工具箱中的 （路径文字工具），将其放置在路径上，当鼠标指针显示为 形状时，单击鼠标直到鼠标指针旁边出现一个小加号 ，即可输入文字，如图 4–4 所示。

4．垂直路径文字工具

选择工具箱中的 （垂直路径文字工具），将其放置在路径上，当鼠标指针显示为 形状时，单击鼠标直到鼠标指针旁边出现一个小加号 ，即可输入文字，如图 4–5 所示。

InDesign CC 2017

图4–3　使用IT工具输入文本

设计软件教师协会

图4–4　使用 工具输入文本

设计软件教师协会

图4–5　使用 工具输入文本

4.1.2　使用网格工具

框架网格通常用于中、日、韩文排版，其中字符的全角字框与间距都显示为网格。创建框架网格的工具包括 （水平网格工具）和 （垂直网格工具）两种。

1．水平网格工具

使用 （水平网格工具）可以创建水平框架网格。选择该工具，然后在绘图区拖动确定所创建网格的高度和宽度，接着在其中输入文本即可，如图 4–6 所示。

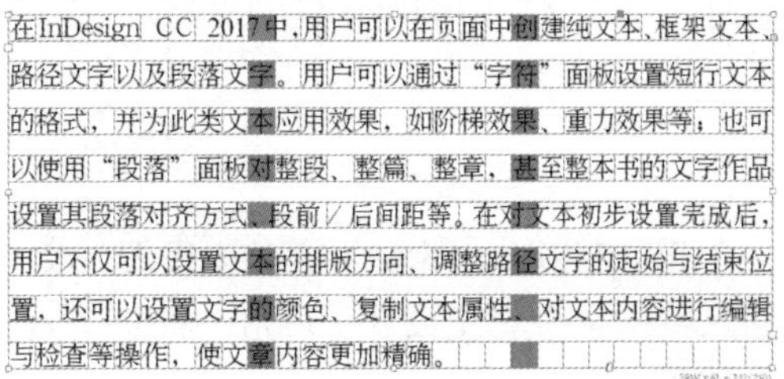

在InDesign CC 2017中，用户可以在页面中创建纯文本、框架文本、路径文字以及段落文字。用户可以通过“字符”面板设置短行文本的格式，并为此类文本应用效果，如阶梯效果、重力效果等；也可以使用“段落”面板对整段、整篇、整章，甚至整本书的文字作品设置其段落对齐方式、段前/后间距等。在对文本初步设置完成后，用户不仅可以设置文本的排版方向、调整路径文字的起始与结束位置，还可以设置文字的颜色、复制文本属性、对文本内容进行编辑与检查等操作，使文章内容更加精确。

图4–6　创建水平框架网格

2. 垂直网格工具

使用▦（垂直网格工具）可以创建垂直框架网格。选择该工具，然后在绘图区拖动确定所创建网格的高度和宽度，接着在其中输入文本即可，如图 4-7 所示。

4.1.3 置入文本

在出版物中，用户除了可以使用文本工具来创建文本外，还可以通过置入文本的方式来创建文本，并可以指定相应选项来确定置入文本格式的方式。

1. 置入新文本

要为置入的文本创建新框架，应该确保在页面中未出现任何插入点且未选择任何文本或框架。然后执行菜单中的“文件|置入”命令，在弹出的对话框中选择文本文件，如图 4-8 所示，接着单击“打开”按钮，再在页面中绘制文本框即可。

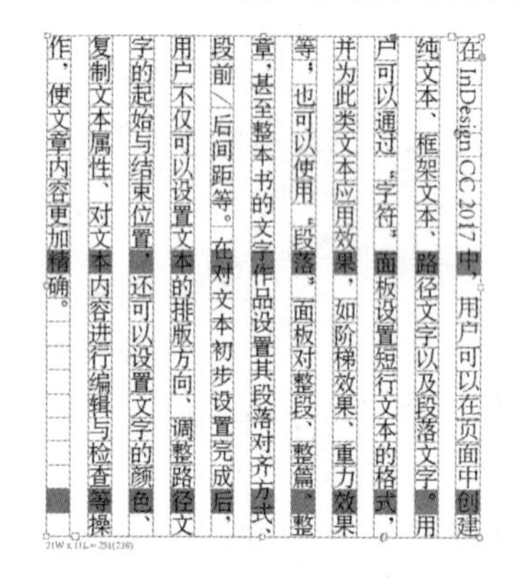

图4-7 创建垂直框架网格

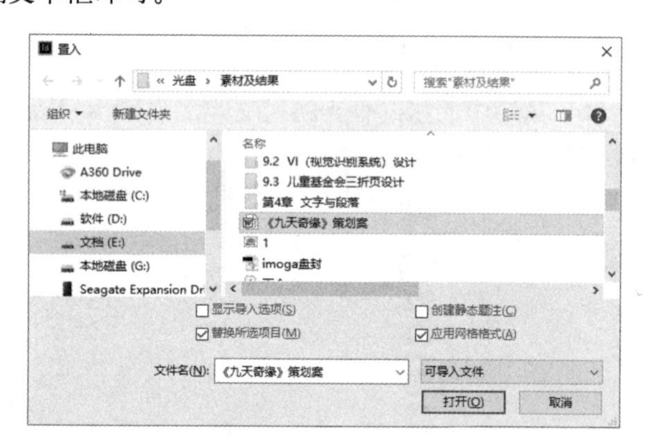

图4-8 选择要置入的文本文件

提示

如果用户在选择导入的文本后，并未指定现有框架来放置文本，那么指针将变为载入的文本图标，准备在单击或拖动的任意位置排列文本。

2. 为现有的文件置入文本

当用户需要将文本添加到框架时，可以使用T（文字工具）选择文本或置入插入点，然后执行菜单中的“文件|置入”命令，在弹出的对话框中选择要置入的文件，单击“打开”按钮即可。

如果置入文本之前选择了插入点，则置入文件会接着原来文本继续排列；如果在置入新文本时，在原文件中创建了新的框架，则段落会在新的框架中排列。

4.2 设置文本格式

用户可以在创建文本之前先设置好文字属性，也可以通过“字符”面板、文字工具选项栏、插入特殊字符功能或者“段落”面板等对文本格式进行编排，从而获得所需效果，来满足排版的需要。

4.2.1　设置文字属性

对于文字的设置，可以使用文字工具选项栏进行调整，如图 4–9 所示。也可以执行菜单中的“窗口 | 字符”命令，打开图 4–10 所示的“字符”面板，通过该面板设置文字的类型、字号、修饰、字符间距等属性，从而使版面文字更加整洁、漂亮。

图4–9　文字工具选项栏

1. 设置字体

要为选择的文本应用字体或字形，可以在字体下拉列表中进行设置。图 4–11 所示为选择不同字体的效果比较。

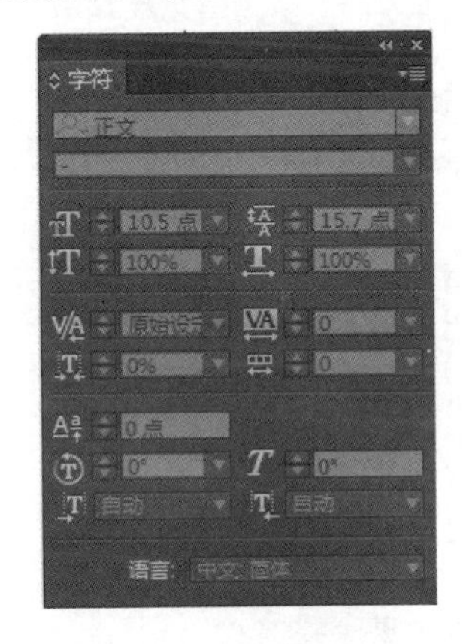

图4–10　“字符”面板

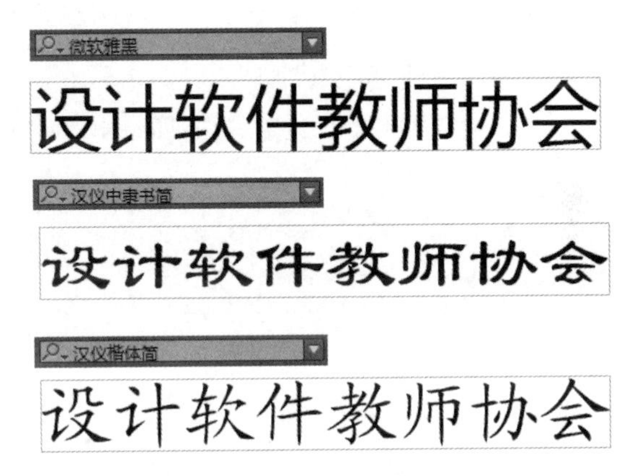

图4–11　选择不同字体的效果比较

2. 设置字体大小

在报刊或杂志中，标题与正文的文字大小并不一样，一般情况下，标题的文字稍微大些。因此，在输入编辑文字时，需要对文字的大小进行调整。设置字号大小的操作步骤为：在“字符”面板的 （字体大小）下拉列表中选择适当的大小或输入数值即可。图 4–12 所示为设置了不同字号大小的效果比较。

Adobe　　　　Adobe

(a) 字号为 30 点　　(b) 字号为 48 点

图4–12　设置了不同 （字号大小）数值的效果比较

3. 设置行距、字偶间距和字符间距

（行距）用于控制文字行之间的距离，默认情况下为行距会跟随字号的改变而改变，如果设置了固定的数值则行距不会改变，图 4–13 所示为设置了不同行距的效果比较。 （字偶间距）用于增加或减少特定字符之间间距，图 4–14 所示为设置了不同字偶间距调整的效果比较。而 （字符间距）用于加宽或紧缩文本块，图 4–15 所示为设置了不同字符间距调整的效果比较。

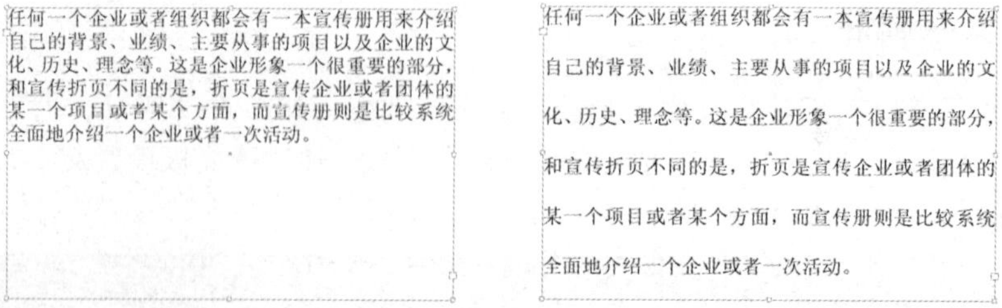

任何一个企业或者组织都会有一本宣传册用来介绍自己的背景、业绩、主要从事的项目以及企业的文化、历史、理念等。这是企业形象一个很重要的部分，和宣传折页不同的是，折页是宣传企业或者团体的某一个项目或者某个方面，而宣传册则是比较系统全面地介绍一个企业或者一次活动。

（a）“行距”为14点

任何一个企业或者组织都会有一本宣传册用来介绍
自己的背景、业绩、主要从事的项目以及企业的文
化、历史、理念等。这是企业形象一个很重要的部分，
和宣传折页不同的是，折页是宣传企业或者团体的
某一个项目或者某个方面，而宣传册则是比较系统
全面地介绍一个企业或者一次活动。

（b）“行距”为30点

图4-13　设置了不同（行距）数值的效果比较

任何一个企业或者组织都会有一本宣传册用来介绍自己的背景、业绩、主要从事的项目以及企业的文化、历史、理念等。这是企业形象一个很重要的部分，和宣传折页不同的是，折页是宣传企业或者团体的某一个项目或者某个方面，而宣传册则是比较系统全面地介绍一个企业或者一次活动。

（a）“字偶间距”为“视觉”

任何一个企业或者组织都会有一本宣传册用来介绍自己的背景、业绩、主要从事的项目以及企业的文化、历史、理念等。这是企业形象一个很重要的部分，和宣传折页不同的是，折页是宣传企业或者团体的某一个项目或者某个方面，而宣传册则是比较系统全面地介绍一个企业或者一次活动。

（b）“字偶间距”为“原始设定”

图4-14　设置了不同（字偶间距）数值的效果比较

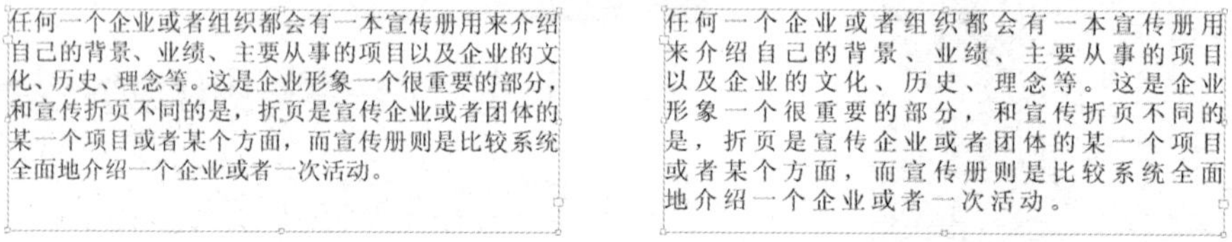

任何一个企业或者组织都会有一本宣传册用来介绍自己的背景、业绩、主要从事的项目以及企业的文化、历史、理念等。这是企业形象一个很重要的部分，和宣传折页不同的是，折页是宣传企业或者团体的某一个项目或者某个方面，而宣传册则是比较系统全面地介绍一个企业或者一次活动。

（a）“字符间距”为0

任 何 一 个 企 业 或 者 组 织 都 会 有 一 本 宣 传 册 用 来 介 绍 自 己 的 背 景 、 业 绩 、 主 要 从 事 的 项 目 以 及 企 业 的 文 化 、 历 史 、 理 念 等 。 这 是 企 业 形 象 一 个 很 重 要 的 部 分 ， 和 宣 传 折 页 不 同 的 是 ， 折 页 是 宣 传 企 业 或 者 团 体 的 某 一 个 项 目 或 者 某 个 方 面 ， 而 宣 传 册 则 是 比 较 系 统 全 面 地 介 绍 一 个 企 业 或 者 一 次 活 动 。

（b）“字符间距”为200

图4-15　设置了不同（字符间距）数值的效果比较

4．字符的缩放、旋转与倾斜

通过（水平缩放）与（垂直缩放）选项，可以根据字符的原始宽度和高度指定文字的宽高比，其中，无缩放字符的比例值为100%。

设置（字符旋转）选项可以调整直排文本中的半角字符（如罗马字文本或数字）的方向，数值为正值时表示文字向右旋转，数值为负值时表示文字向左旋转。图4-16所示为设置不同字符旋转数值的效果比较。

设置（倾斜）选项可控制文本的倾斜方向，数值为正值时表示文字向右倾斜，数值为负值时表示文字向左倾斜。图4-17所示为设置不同（倾斜）数值的效果比较。

InDesign　InDesign

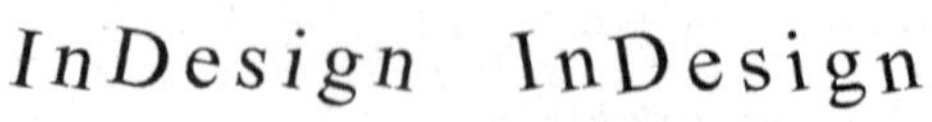

（a）“字符旋转”为10　（b）“字符旋转”为-10

图4-16　设置不同（字符旋转）数值的效果比较

InDesign　InDesign

（a）“倾斜”为25　（b）“倾斜”为-25

图4-17　设置不同（倾斜）数值的效果比较

5．调整字符比例间距与字符前/后挤压间距

对字符应用（比例间距）会使字符周围的空间按比例压缩，但字符的垂直和水平缩放将保持不变。图4-18所示为设置不同（比例间距）数值的效果比较。

版面设计　版面设计

（a）“比例间距”为 0%　　（b）“比例间距”为 100%

图4-18　设置(比例间距)数值的效果比较

通过在（字符前挤压间距）或（字符后挤压间距）选项中设置字符的间距量，可以覆盖某些字符的标点挤压，得到整齐的版面。图 4-19 所示为设置不同（字符前挤压间距）数值的效果比较。

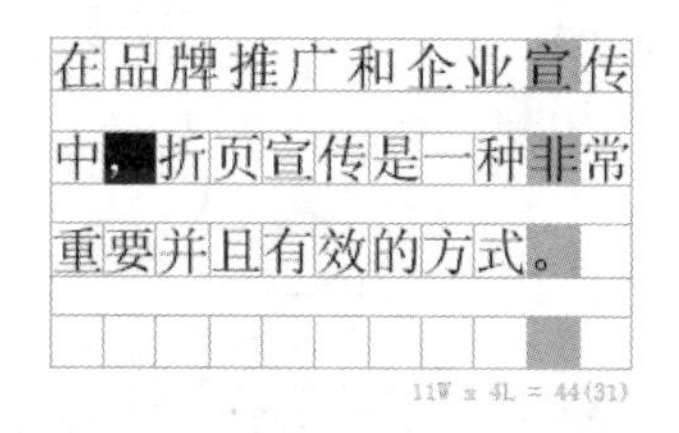

（a）“字符前挤压间距”为“无空格”

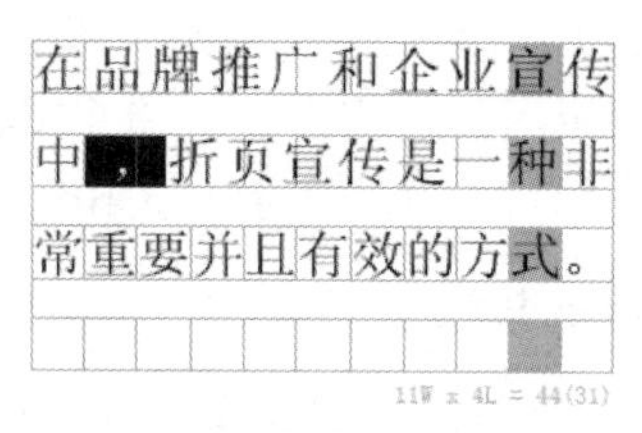

（b）“字符前挤压间距”为“1/2 全角空格”

图4-19　设置了不同（字符前挤压间距）数值的效果比较

6．设置网格指定格数

用户可以通过设置（网格指定格数），对指定网格字符进行文本调整。例如，如果选择了 5 个输入的字符，并且将指定格数设置为 7，则这 5 个字符将匀称地分布在包含 7 个字符空间的网格中。

7．应用基线漂移

使用（基线漂移）可以相对于文本的基线上下移动选定字符，该选项在手动设置分数或调整随文图形的位置时特别有用。在数值设置时，正值将使该字符的基线移动到这一行中其余字符基线的上方，负值将使其移动到这一行中其余字符基线的下方。图 4-20 所示为设置了不同基线漂移数值的效果比较。

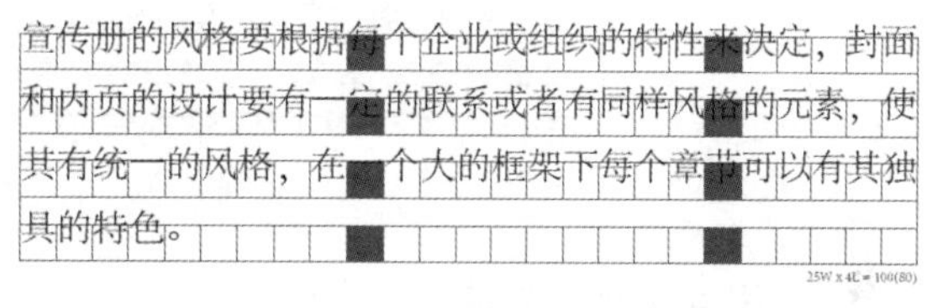

（a）“基线偏移”为 5 点

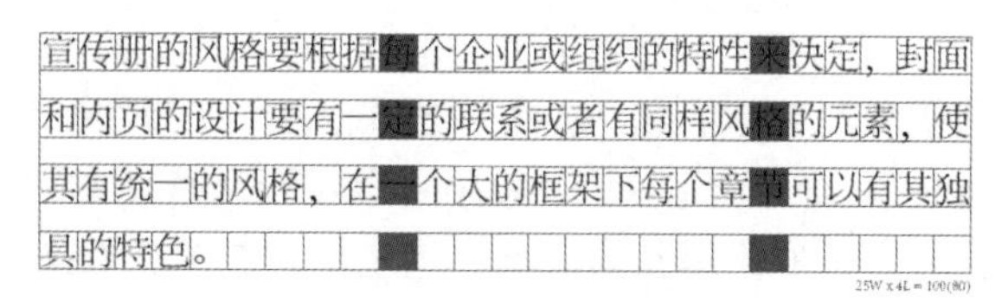

（b）“基线偏移”为 0 点

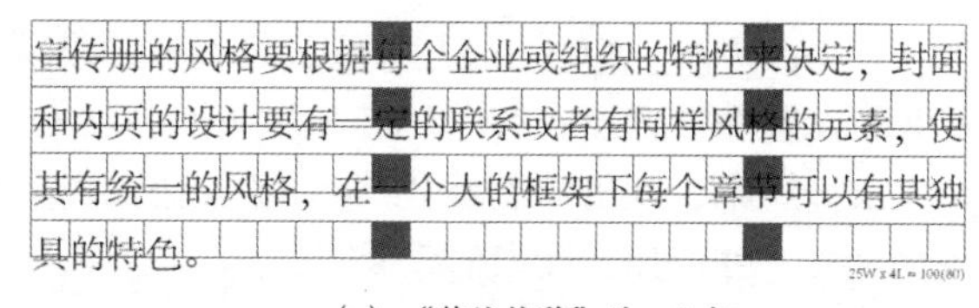

（c）“基线偏移”为 -5 点

图4-20　设置了不同（基线漂移）数值的效果比较

8．更改文本外观

在排版文本时，激活文字工具选项栏中的（全部大写字母）或（小型大写字母）按钮，可以将英文字母改为全部大写或者小型大写。图 4-21 所示为分别激活（全部大写字母）和（小型大写字母）按钮的效果比较。

CAN MONEY BUY HAPPINESS? VARIOUS PEOPLE HAVE VARIOUS ANSWERS. SOME PEOPLE THINK THAT MONEY IS THE SOURCE OF HAPPINESS. WITH MONEY, ONE CAN BUY WHATEVER HE ENJOYS. WITH MONEY, ONE CAN DO WHATEVER HE LIKES. SO, IN THEIR MINDS, MONEY CAN BRING COMFORT, SECURITY, AND SO ON. MONEY, AS THEY THINK, IS THE SOURCE OF HAPPINESS.

（a）激活“全部大写字母”按钮

CAN MONEY BUY HAPPINESS? VARIOUS PEOPLE HAVE VARIOUS ANSWERS. SOME PEOPLE THINK THAT MONEY IS THE SOURCE OF HAPPINESS. WITH MONEY, ONE CAN BUY WHATEVER HE ENJOYS. WITH MONEY, ONE CAN DO WHATEVER HE LIKES. SO, IN THEIR MINDS, MONEY CAN BRING COMFORT, SECURITY, AND SO ON. MONEY, AS THEY THINK, IS THE SOURCE OF HAPPINESS.

（b）激活“小型大写字母”按钮

图4-21　分别激活（全部大写字母）和（小型大写字母）按钮的效果比较

9．上标与下标

选择（上标）或（下标）后，预定义的基线偏移值和文字大小就会应用于选定文本。图 4-22 所示为利用（上标）和（下标）输入的数学公式和化学式效果。

$$5^2+6^2=61$$

$$c+o_2=co_2$$

图4-22　利用（上标）和（下标）输入的数学公式和化学式效果

10．下画线与删除线

在修改文字时，有些需要引起重视，此时可以通过（下画线）在其下方添加一条横线，如图 4-23 所示。而对于需要删除的文字，则可以通过（删除线）在其中间添加横线，如图 4-24 所示。

To meet new challenges in he 21st century, we university students should lose no time to acquire as much knowledge as possible so that we will become qualified successors of the socialist cause.

图4-23　添加下画线的效果

~~To meet new challenges in he 21st century, we university students should lose no time to acquire as much knowledge as possible so that we will become qualified successors of the socialist cause.~~

图4-24　添加删除线的效果

4.2.2　设置段落文本

段落是末端带有回车符的文字。执行菜单中的“文本｜段落”命令，或者执行菜单中的“窗口｜文字和表｜段落”命令，调出“段落”面板，如图 4-25 所示。在该面板中可以设置段落文本的对齐方式、缩进方式、段前／后间距以及为段落文字应用首字下沉效果等。

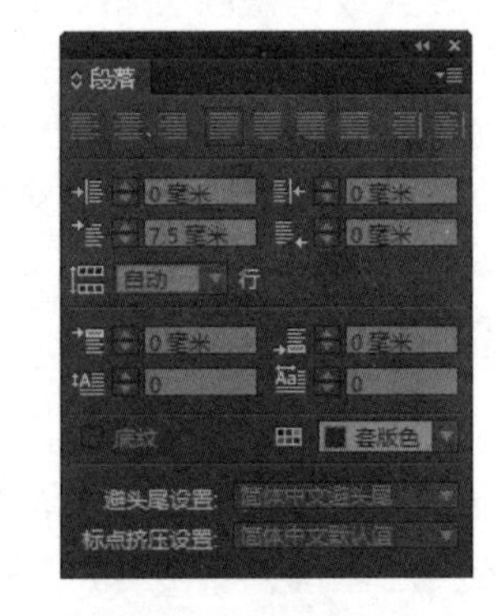

图4-25　“段落”面板

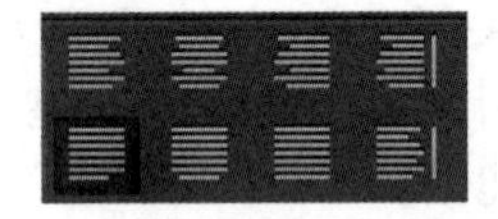

图4-26　段落对齐方式

1．段落对齐

在 Indesign　CC　2017 中可以使用多种段落对齐方式，使得文本段落的设置非常方便。有左对齐、居中对齐、右对齐、双齐末行居左、双齐末行居中、双齐末行居右、全部强制双齐、朝向书脊对齐和背向书脊对齐 9 种，如图 4-26 所示。

- 左对齐：左对齐是将段落中每行文字与文本框的左边对齐，如图 4-27 所示。
- 居中对齐：居中对齐是将段落中每行文字与页面中间对齐，如图 4-28 所示。

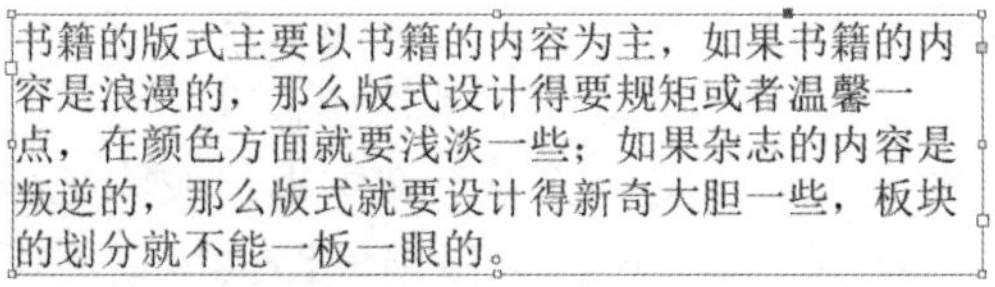

书籍的版式主要以书籍的内容为主，如果书籍的内容是浪漫的，那么版式设计得要规矩或者温馨一点，在颜色方面就要浅淡一些；如果杂志的内容是叛逆的，那么版式就要设计得新奇大胆一些，板块的划分就不能一板一眼的。

图4-27　“左对齐”效果

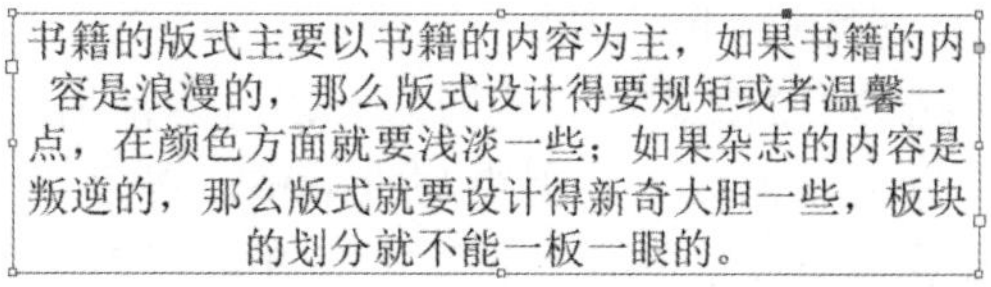

书籍的版式主要以书籍的内容为主，如果书籍的内容是浪漫的，那么版式设计得要规矩或者温馨一点，在颜色方面就要浅淡一些；如果杂志的内容是叛逆的，那么版式就要设计得新奇大胆一些，板块的划分就不能一板一眼的。

图4-28　“居中对齐”效果

- 右对齐：右对齐是将段落中每行文字与文本框右边对齐，如图4-29所示。
- 双齐末行居左：双齐末行居左是将段落中最后一行文本左对齐，而文本的其他行的左右两边分别对齐文本框的左右边界，如图4-30所示。

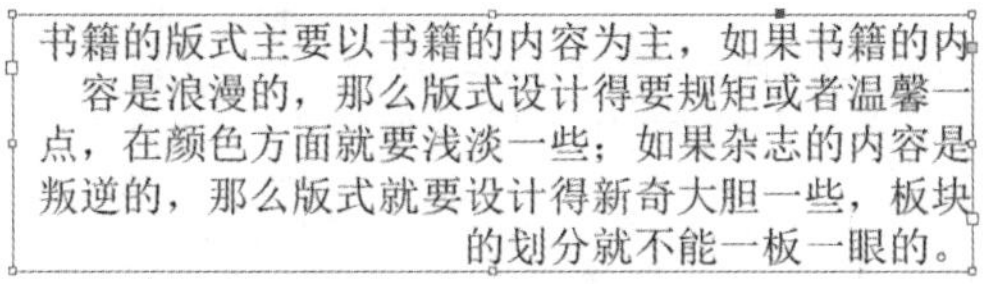

书籍的版式主要以书籍的内容为主，如果书籍的内容是浪漫的，那么版式设计得要规矩或者温馨一点，在颜色方面就要浅淡一些；如果杂志的内容是叛逆的，那么版式就要设计得新奇大胆一些，板块的划分就不能一板一眼的。

图4-29　“右对齐”效果

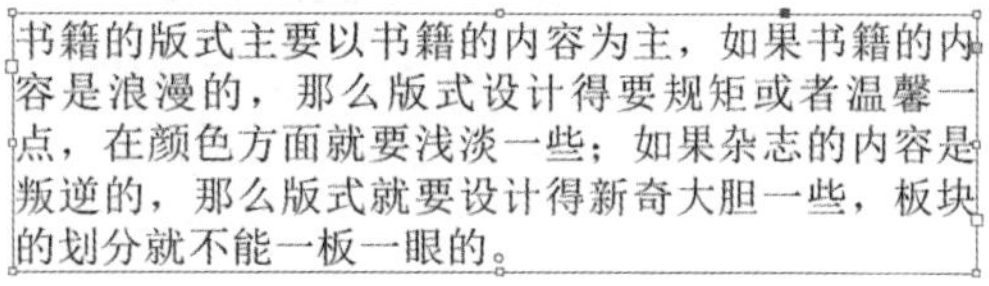

书籍的版式主要以书籍的内容为主，如果书籍的内容是浪漫的，那么版式设计得要规矩或者温馨一点，在颜色方面就要浅淡一些；如果杂志的内容是叛逆的，那么版式就要设计得新奇大胆一些，板块的划分就不能一板一眼的。

图4-30　“双齐末行居左”效果

- 双齐末行居中：双齐末行居中是将段落中最后一行文本居中对齐，而文本的其他行的左右两边分别对齐文本框的左右边界，如图4-31所示。
- 双齐末行居右：双齐末行居右是将段落中最后一行文本右对齐，而文本的其他行的左右两边分别对齐文本框的左右边界，如图4-32所示。

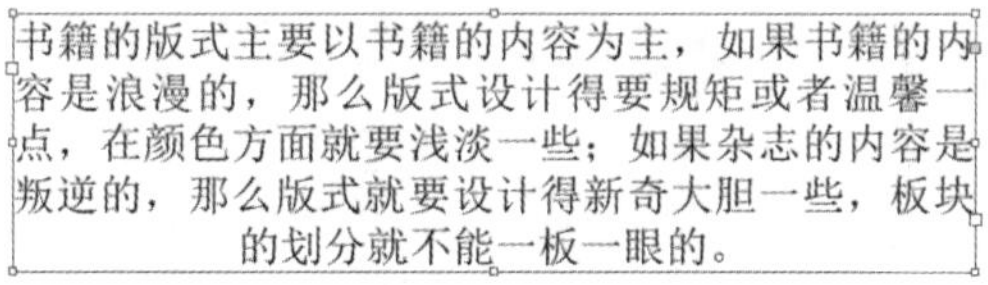

书籍的版式主要以书籍的内容为主，如果书籍的内容是浪漫的，那么版式设计得要规矩或者温馨一点，在颜色方面就要浅淡一些；如果杂志的内容是叛逆的，那么版式就要设计得新奇大胆一些，板块的划分就不能一板一眼的。

图4-31　“双齐末行居中”效果

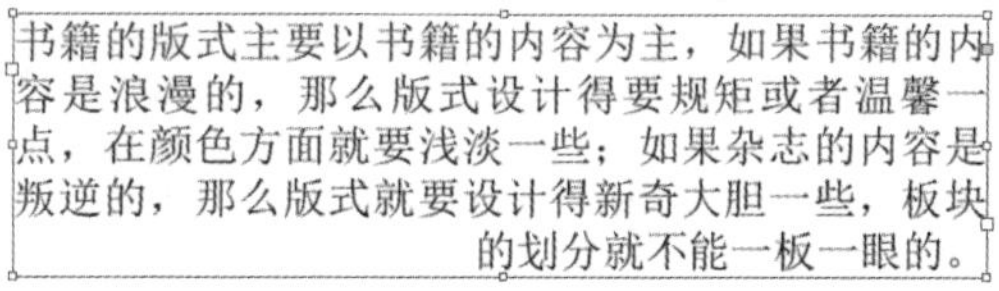

书籍的版式主要以书籍的内容为主，如果书籍的内容是浪漫的，那么版式设计得要规矩或者温馨一点，在颜色方面就要浅淡一些；如果杂志的内容是叛逆的，那么版式就要设计得新奇大胆一些，板块的划分就不能一板一眼的。

图4-32　“双齐末行居右”效果

- 全部强制双齐：强制双齐是将段落中的所有文本行左右两端分别对齐文本框的左右边界，如图4-33所示。
- 朝向书脊对齐：左手页（偶数页）的文本行将向右对齐，右手页（奇数页）的文本行将向左对齐。
- 背向书脊对齐：左手页（偶数页）的文本行将向左对齐，右手页（奇数页）的文本行将向右对齐。

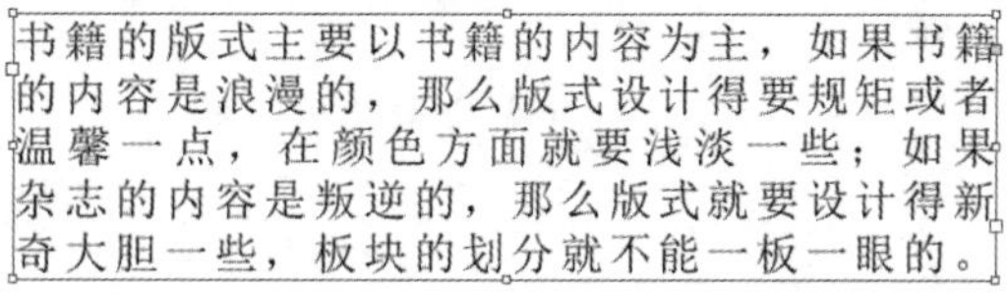

书籍的版式主要以书籍的内容为主，如果书籍的内容是浪漫的，那么版式设计得要规矩或者温馨一点，在颜色方面就要浅淡一些；如果杂志的内容是叛逆的，那么版式就要设计得新奇大胆一些，板块的划分就不能一板一眼的。

图4-33　“全部强制双齐”效果

2．缩进和间距

缩进命令会将文本从框架的右边缘和左边缘做少许移动。缩进方式有（左缩进）、（右缩进）、（首行左缩进）和（末行右缩进）4种。

通常，应使用首行左缩进（而非空格或制表符）来缩进段落的第1行。首行左缩进是相对于左边距缩进定位的。图4-34所示为设置（首行左缩进）数值为9 mm的效果。

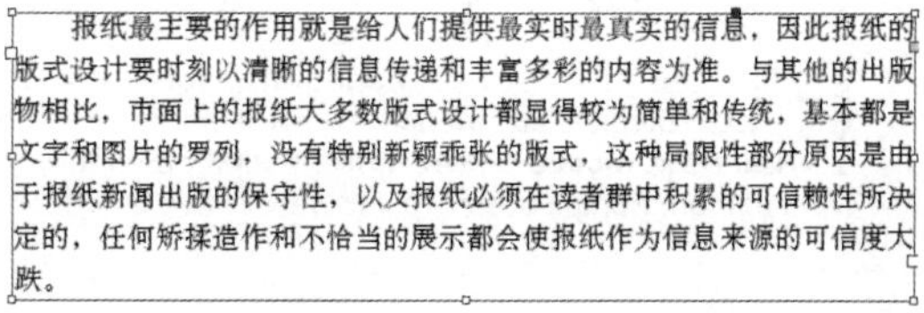

报纸最主要的作用就是给人们提供最实时最真实的信息，因此报纸的版式设计要时刻以清晰的信息传递和丰富多彩的内容为准。与其他的出版物相比，市面上的报纸大多数版式设计都显得较为简单和传统，基本都是文字和图片的罗列，没有特别新颖乖张的版式，这种局限性部分原因是由于报纸新闻出版的保守性，以及报纸必须在读者群中积累的可信赖性所决定的，任何矫揉造作和不恰当的展示都会使报纸作为信息来源的可信度大跌。

图4-34　设置（首行左缩进）数值为9 mm的效果

一般情况下，段落与段落间会以默认的间距区隔，不过若觉得这样的版面太挤，或是有其他特殊的版面需求时，也可以在段落的前后，设定该段落与前、后段落间的距离。

要为段落设置段前距与段后距，可以选中一段文本、多段文本、一个文本框，或将光标插入到要编辑段落的任意位置后，在“段落”面板或“控制”面板中，为段前间距或段后间距输入数值。图 4-35 所示为将（段前间距）和（段后间距）均设置为 3 mm 的效果。

The News Report contains a large amount of information C from the international political situation to the latest foot-ball game. And the most important character is its fast pace. Because of this fast pace, news programs can contain much information in a short time.

In my opinion, the News Report is more than a TV program. It is a way of communication.

From this program, people can know and understand world affairs. The world thus becomes smaller and smaller. I especially appreciate this benefit of watching the news.

图4-35 将（段前间距）和（段后间距）均设置为3 mm的效果

3．强制行数

应用（强制行数）可以使段落按指定的行数居中对齐，并且可以使用强制行数突出显示单行段落。图 4-36 所示为设置不同（强制行数）的效果比较。

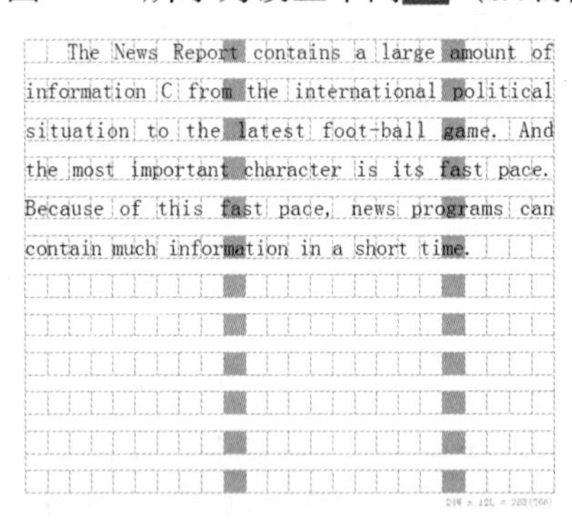

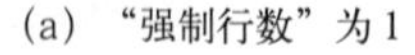
（a）“强制行数”为 1

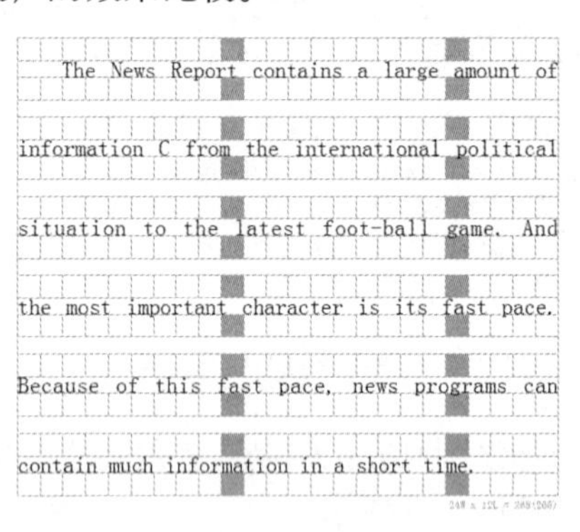

（b）“强制行数”为 2

图4-36 设置不同（强制行数）数值的效果比较

4．设置首字下沉

首字下沉的基线比段落第 1 行的基线低一行或多行。一次可以对一个或多个段落添加首字下沉。添加首字下沉的步骤为：选择要出现首字下沉的段落，然后在“段落”面板中设置（首字下沉行数）和（首字下沉一个或多个字符）参数即可。图 4-37 所示为设置不同（首字下沉行数）和（首字下沉一个或多个字符）参数的效果。

Knowledge is power, especially scientific and technological knowledge. Science and technology are the motive power of the social development. Without them human society could never have developed.

（a）“首字下沉行数”为 3，“首字下沉一个或多个字符”为 1

Knowledge is power, especially scientific and technological knowledge. Science and technology are the motive power of the social development. Without them human society could never have developed.

（b）“首字下沉行数”为 3，“首字下沉一个或多个字符”为 2

图4-37 设置不同（首字下沉行数）和（首字下沉一个或多个字符）数值的效果

提示

如果不需要首字下沉，则可将（首字下沉行数）和（首字下沉一个或多个字符）参数设置为0即可。

5．避头尾设置

避头尾用于指定亚洲文本的换行方式。不能出现在行首或行尾的字符称为避头尾字符。Indesign CC 2017为中、日、韩文分别定义了避头尾设置，包括简体中文避头尾、繁体中文避头尾、日文严格避头尾、日文宽松避头尾与韩文日文避头尾。

应用避头尾，需要在“避头尾设置”下拉列表中选择“简体中文避头尾”选项，如果要修改已有的避头尾选项，可以在“段落”面板的“避头尾设置”下拉列表中选择“设置”命令，如图4–38所示，或者执行菜单中的“文字|避头尾设置”命令，此时会打开图4–39所示的“避头尾规则集”对话框。在该对话框中如果单击“新建”按钮，弹出“新建避头尾规则集”对话框，如图4–40所示，此时可设置需要新建避头尾集的名称并指定为新集基准的当前集，单击“确定”按钮即可。

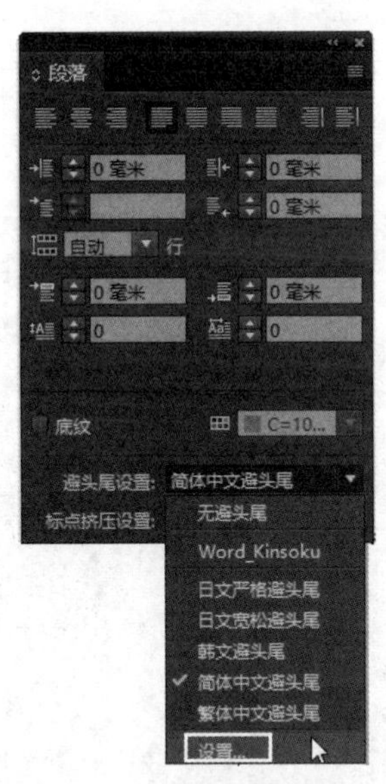

图4–38　选择“设置”命令

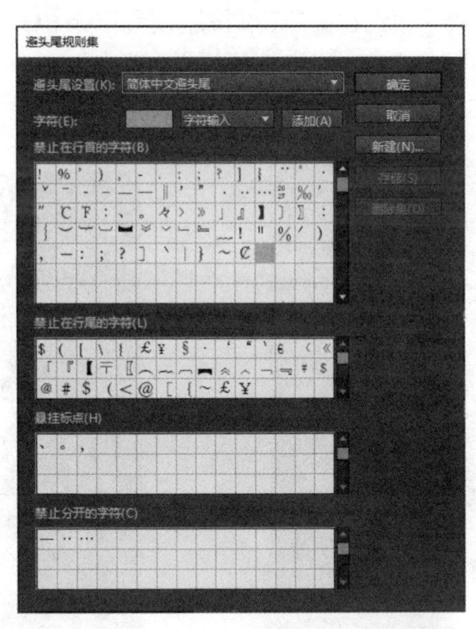

图4–39　“避头尾规则集”对话框

当需要在某一栏中添加字符时，可以在“避头尾规则集”对话框的“禁止在行首的字符”“禁止在行尾的字符”中选择一个空格，然后在“字符”后面输入要添加的字符，单击“添加”按钮，如图4–41所示，即可添加字符，如图4–42所示。如果需要将添加后的字符删除，可以先选择该字符，然后单击“移去”按钮，如图4–43所示，即可将其进行删除。

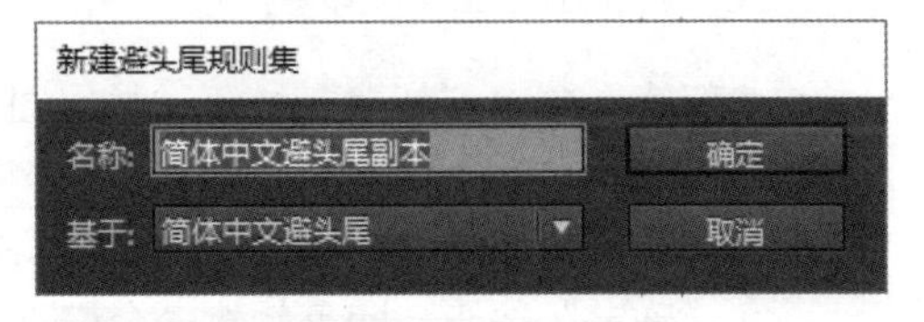

图4–40　“新建避头尾规则集”对话框

6．标点挤压集

在文本排版中，可以通过标点挤压集控制中文和日文字符、罗马字、标点符号、特殊符号、行首和数字的间距，还可以通过该选项指定段落缩进。

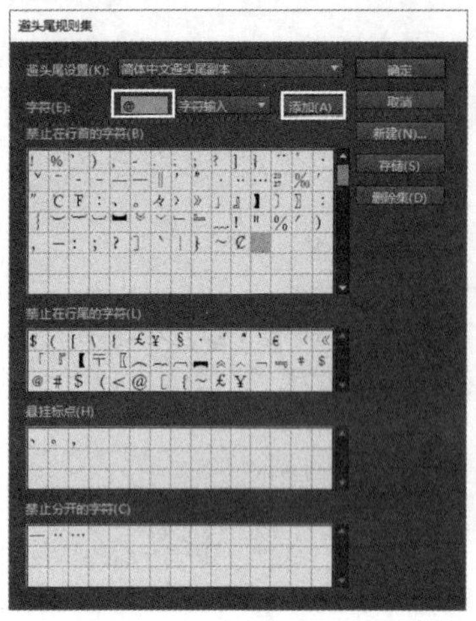
图4-41 输入要添加的字符

图4-42 添加的字符

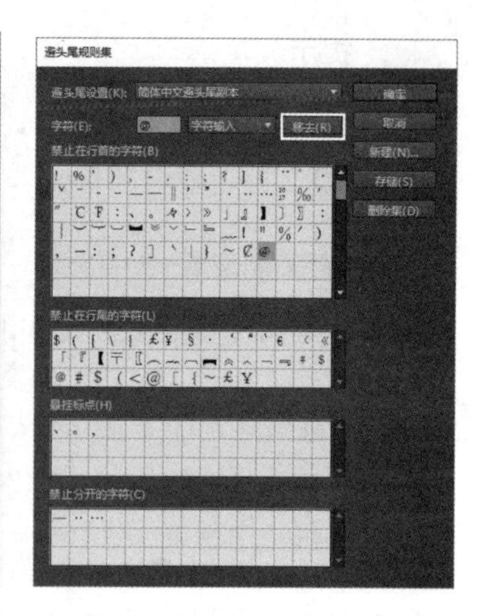
图4-43 选择字符，然后单击“移去”按钮

在“段落”面板的“标点挤压设置”下拉列表中选择“基本”命令，如图4-44所示，或者执行菜单中的“文字|标点挤压设置|基本”命令，弹出图4-45所示的“标点挤压设置”对话框。该对话框的主要参数解释如下。

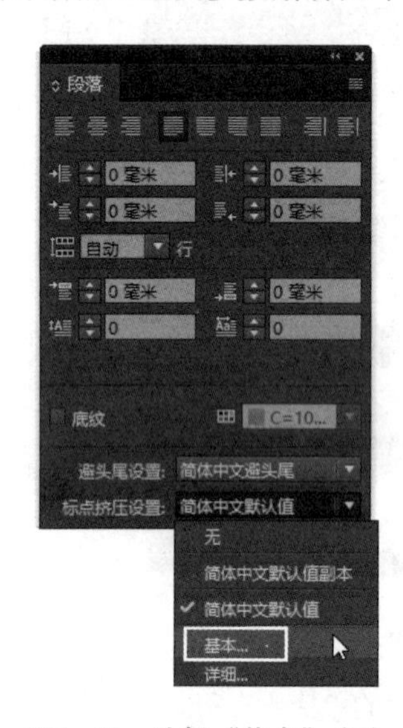
图4-44 选择“基本”命令

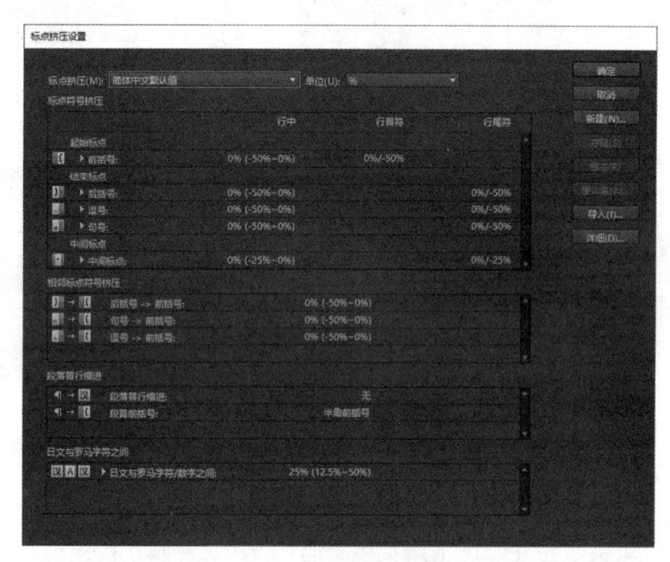
图4-45 “标点挤压设置”对话框

● 新建：单击“新建”按钮，弹出图4-46所示的“新建标点挤压集”对话框，在该对话框中的“名称”文本框中可以输入新建标点挤压集的名称，并从“基于设置”下拉列表中选择一种类型指定为新建的基本设置，单击“确定”按钮，即可新建一个标点挤压集。

● 导入：单击“导入”按钮，可以将其他InDesign文档中的参数导入当前文档。

● 详细：单击“详细”按钮，则会显示更为详细的设置对话框，如图4-47所示。

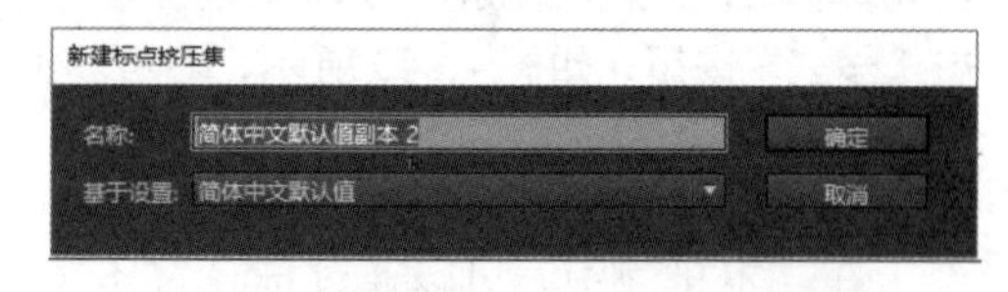

图4-46 “新建标点挤压集”对话框

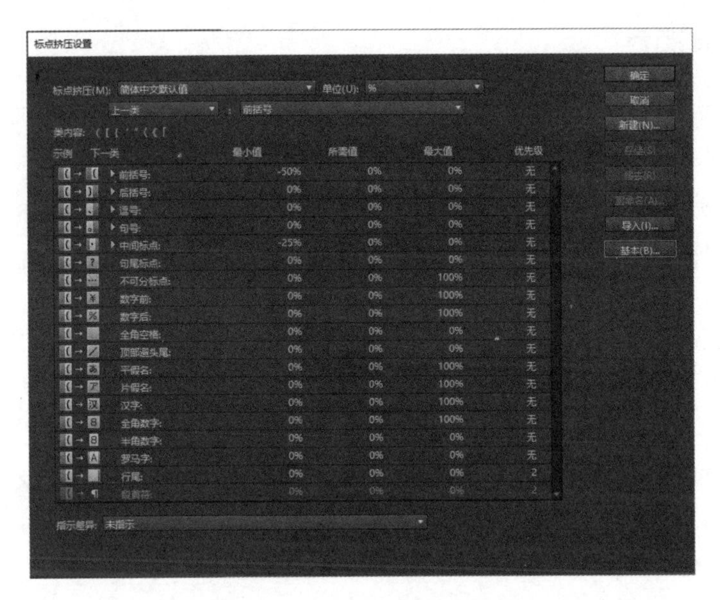

图4-47　单击“详细”按钮显示更为详细的设置对话框

4.3　编 辑 文 本

在版面中如果只要输入单纯的文本，会使文字版面显得特别单调，这时可以通过设置文本的排版方向，调整文字沿路径排列的形状或者对文本进行变换，比如对文字进行旋转、变形切变和设置文字颜色等操作，更改文字的外观，使其形式多变。但在对文本编辑之前，用户需要掌握选择文本的相关操作。

4.3.1　选择文本

通常情况下，选择文本可以用以下两种方法：一是使用文本工具选择文本；另一种是使用菜单命令选择文本。

1．使用文本工具选择段落文本

选择工具箱中的T（文字工具），然后将光标放置在定界框中单击并拖动鼠标到适当位置，接着释放鼠标即可选中文本。图 4-48 所示为使用T（文字工具）选择段落文本的效果。

2．使用菜单命令选择文本

当需要全部选中当前文本时，可以在定界框中单击，当出现显示的光标时，执行菜单中的“编辑｜全选”（快捷键〈Ctrl+A〉）命令，即可全选文本。

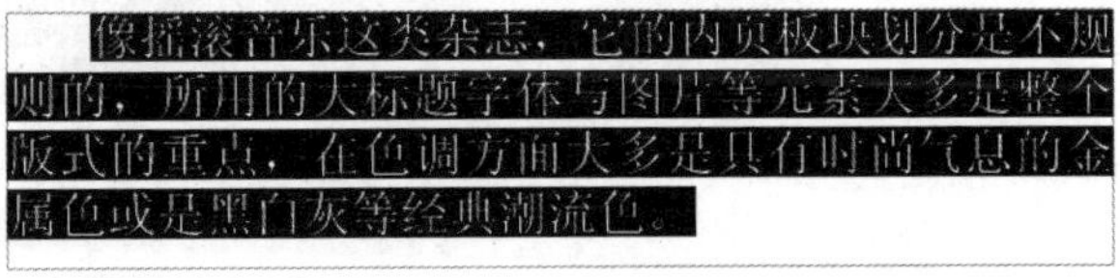

像摇滚音乐这类杂志，它的内页板块划分是不规则的，所用的大标题字体与图片等元素大多是整个版式的重点，在色调方面大多是具有时尚气息的金属色或是黑白灰等经典潮流色。

图4-48　使用T（文字工具）选择段落文本的效果

3．选择部分文本

如果需要选择部分文本，则可以在所要选择文本的前面单击，然后按住〈Shift〉键的同时配合向右方向键，移动光标到要选择的文本后面，即可选择所需部分文本。

4.3.2 设置文本颜色

用户可以利用工具箱、“颜色”、“色板”和“渐变”面板设置选取的文本颜色以及文本的描边色。

1. 设置文本的纯色

设置文本的纯色分为设置部分文本的纯色和设置全部文本的纯色两种情况。

（1）设置部分文本的纯色

如果要设置某一框架内的部分文本的纯色，可利用工具箱中的T（文字工具）选择文本，然后在“颜色”面板中设置颜色，或者将鼠标放在颜色条上吸取需要应用的颜色，即可改变文本的纯色，如图4-49所示。

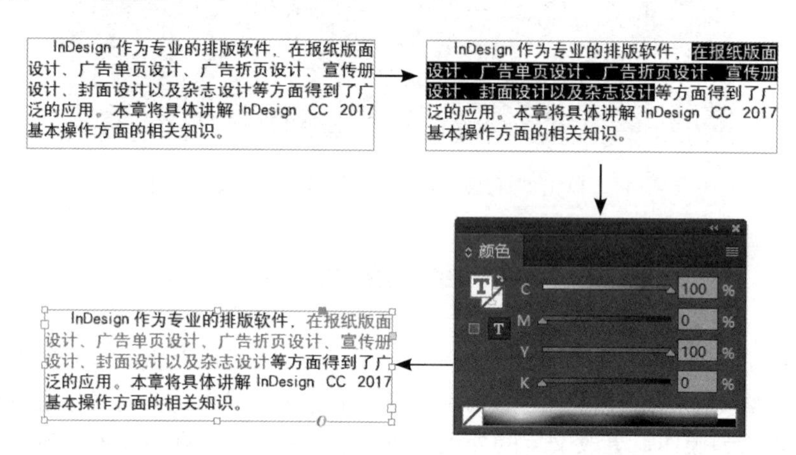

图4-49 设置部分文本的纯色

（2）设置全部文本的纯色

如果要设置某一框架内全部文本的纯色，可以利用工具箱中的（选择工具）选择该框架，然后在工具箱或“颜色”面板或“色板”面板中激活T（格式针对文本）按钮，如图4-50所示，接着即可更改文本的纯色。

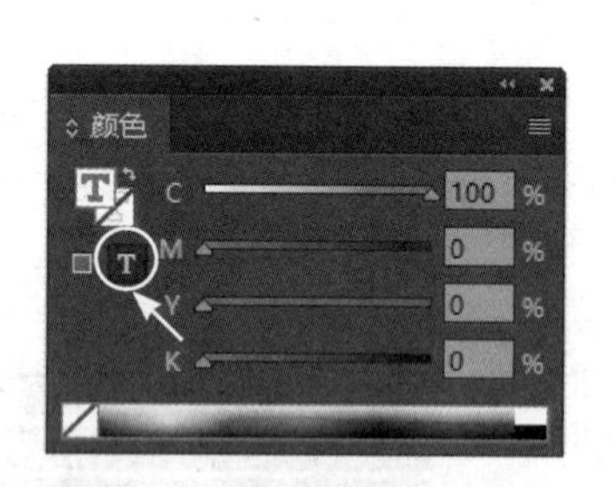

图4-50 激活T（格式针对文本）按钮

2. 设置文本的渐变色

设置文本的渐变色分为设置部分文本的渐变色和设置全部文本的渐变色两种情况。

（1）设置部分文本的渐变色

如果要设置某一框架内的部分文本的渐变色，可利用工具箱中的T（文字工具）选择文本，然后在“渐变”面板中设置渐变色，即可改变文本的渐变色，如图 4-51 所示。

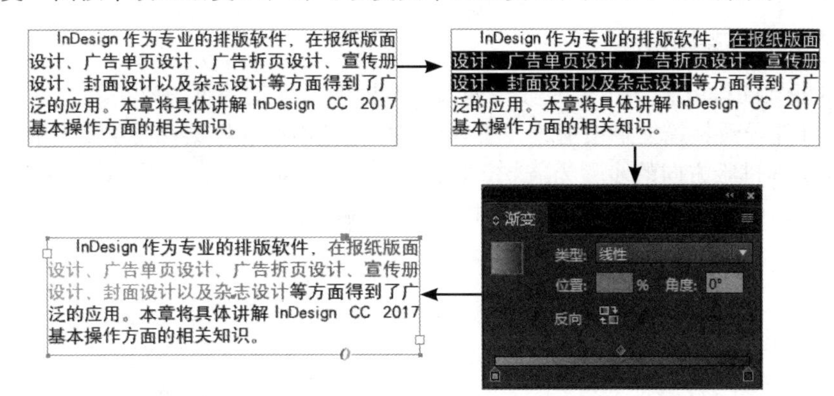

图4-51　设置部分文本的渐变色

（2）设置全部文本的渐变色

如果要设置某一框架内全部文本的渐变色，可以利用工具箱中的（选择工具）选择该框架，然后在工具箱中激活（格式针对文本）按钮，接着选择工具箱中的（渐变工具），再在文本中拖动即可更改全部文本的渐变色，如图 4-52 所示。

提示

选择工具箱中的（渐变羽化工具），然后在工具箱中激活（格式化针对容器）按钮，再在文本中拖动也可以改变全部文本的渐变色。

3．设置文本的描边颜色

使用工具箱中的（文字工具）选择文本，然后在“色板”面板中激活（格式针对文本）按钮，接着切换到（描边）按钮，再选择需要应用的颜色，即可改变文本的描边颜色，如图 4-53 所示。

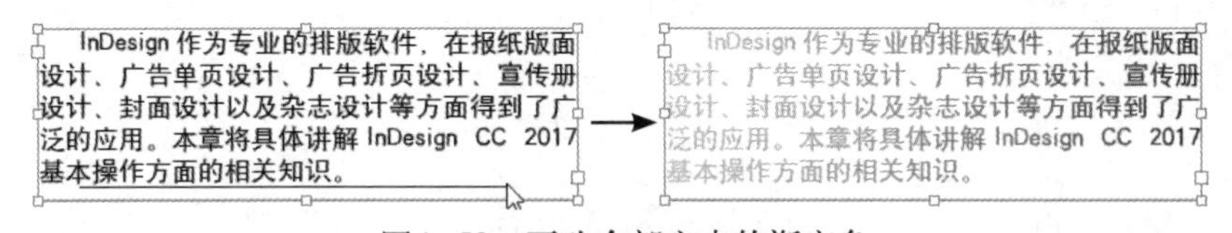

图4-52　更改全部文本的渐变色

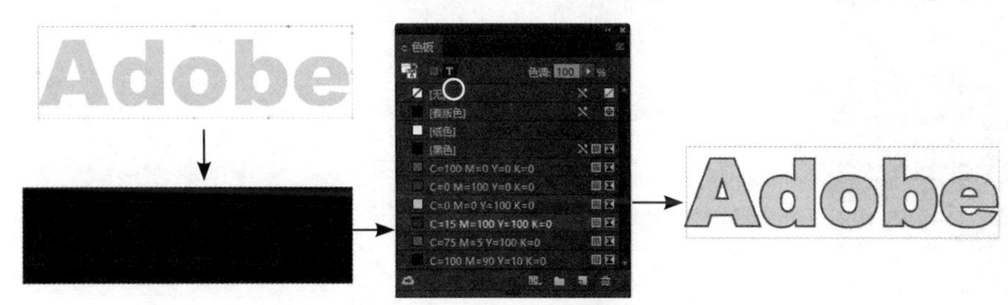

图4-53　改变文本的描边颜色

4.3.3　设置文本排版方向

用户在排版过程中，根据版面需要，经常需要更改整段文本的排版方向或部分文本的排版方向，这是两种不同的情况，下面分别进行讲解。

1. 更改整段文本排版方向

更改文本框架的排版方向不但能够将垂直文本框架或框架网格与水平文本框架或框架网格进行转换，而且能导致整篇文章被更改，所有与选中框架串接的框架都将受到影响。

更改整段文本排版方向的步骤为：选择文本框架，然后执行菜单中的“文字|排版方向|水平”或“垂直”命令。图 4-54 所示为更改文本排版方向的效果。

像摇滚音乐这类杂志，它的内页板块划分是不规则的，所用的大标题字体与图片等元素大多是整个版式的重点，在色调方面大多是具有时尚气息的金属色或是黑白灰等经典潮流色。

（a）水平排版方向的效果

像摇滚音乐这类杂志，它的内页板块划分是不规则的，所用的大标题字体与图片等元素大多是整个版式的重点，在色调方面大多是具有时尚气息的金属色或是黑白灰等经典潮流色。

（b）垂直排版方向的效果

图4-54　更改文本排版方向的效果

提示

执行菜单中的“文字|文章”命令，在弹出的“文章”对话框中也可以设置文本的“水平”和“垂直”选项，如图4-55所示。

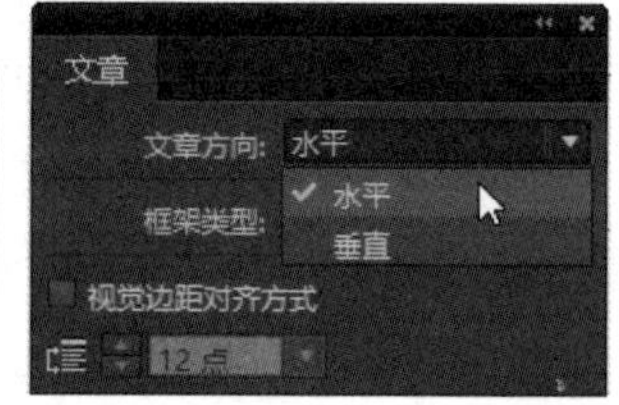

图4-55　“文章”对话框

2. 更改部分文本的排版方向

要更改框架中单个字符的方向，可以右击该文本，在弹出的快捷菜单中选择“直排内横排”命令，如图 4-56 所示，即可使直排文本中的一部分文本采用横排方式。这对于调整直排文本框架中的半角字符（如数字、日期和短的外语单词）非常方便。图 4-57 所示为对部分文本使用“直排内横排”命令前后的效果。

图4-56　选择“直排内横排”命令

继尼泊尔新政府总理普拉昌达18日宣誓就职后，8名部长22日在首都加德满都宣誓就职，尼泊尔首届共和国政府内阁正式宣布成立，从而结束了尼泊尔自今年4月制宪会议选举以来持续数月的政治僵局。但分析人士认为，尼泊尔新政府仍然面临政治、经济等诸多问题的严峻挑战。

（a）使用“直排内横排”命令前

继尼泊尔新政府总理普拉昌达18日宣誓就职后，8名部长22日在首都加德满都宣誓就职，尼泊尔首届共和国政府内阁正式宣布成立，从而结束了尼泊尔自今年4月制宪会议选举以来持续数月的政治僵局。但分析人士认为，尼泊尔新政府仍然面临政治、经济等诸多问题的严峻挑战。

（b）使用“直排内横排”命令后

图4-57　对部分文本使用“直排内横排”命令前后的效果

4.3.4　调整路径文字

在创建路径文字之后，用户不仅可以更改路径文字的开始或结束位置、排列文字、对其应用效果、改变其外观，还可以翻转路径、设置路径的对齐方式，从而调整其整体效果。

1. 调整路径文字的开始或结束位置

使用（选择工具）选择路径文字，然后将指针放置在路径文字的开始标记上，直到指针旁边显示出一个图标，接着拖动鼠标可重新定义路径文字的开始位置；将指针放置在路径文字的结束标记上，直到指针旁边显示出一个图标，然后拖动鼠标可重新定义路径文字的结束位置；将指针放置在路径文字中点标记上，直到指针旁边显示出一个图标，然后横向拖动鼠标可重新定义整体文字在路径上的位置。

提示

在调整过程中，用户可以放大路径，以便更方便地选择标记。

2. 对路径文字应用效果

通过对路径文字应用效果，可以更改其外观。创建路径文字效果的操作步骤为：使用（选择工具）选择路径文字，然后执行菜单中的“文字 | 路径文字 | 选项”命令，在弹出的图 4–58 所示的“效果”下拉列表中进行设置。

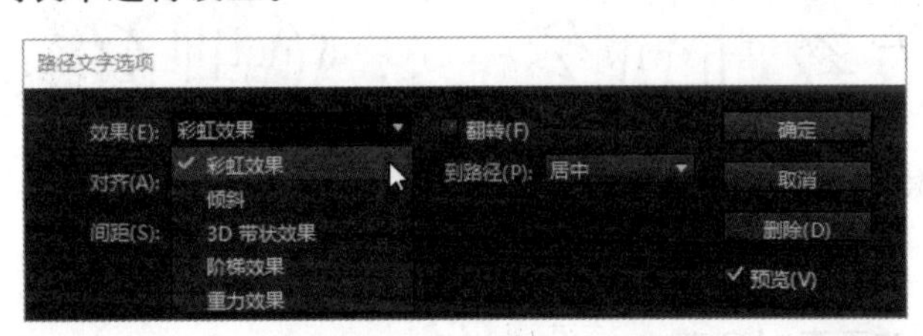

图4–58　“路径文字选项”对话框中的“效果”下拉列表

- 彩虹效果：应用该效果，可以保持各个字符基线的中心与路径的切线平行，如图 4–59 所示。
- 倾斜：应用该效果，可以使字符的垂直边缘始终与路径保持完全竖直，而字符的水平边缘则遵循路径方向，如图 4–60 所示。该效果生成的水平扭曲常用于表现波浪形文字效果或围绕圆柱体的文字效果。

设计软件教师协会

图4–59　彩虹效果

设计软件教师协会

图4–60　倾斜效果

- 3D 带状效果：应用该效果，可以使字符的水平边缘始终保持完全水平，而各个字符的垂直边缘则与路径保持垂直，如图 4–61 所示。
- 阶梯效果：应用该效果，能够在不旋转任何字符的前提下使各个字符基线的左边缘始终位于路径上，如图 4–62 所示。

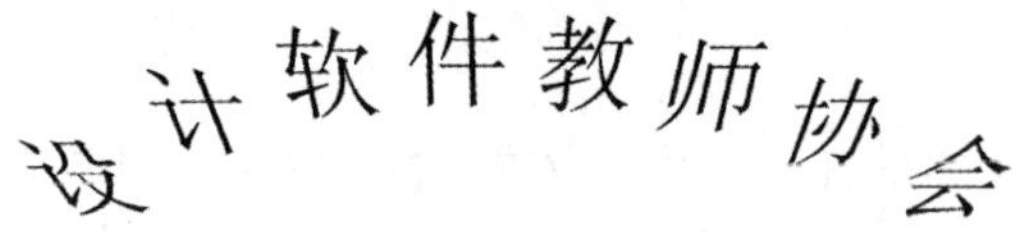

图4-61　3D带状效果 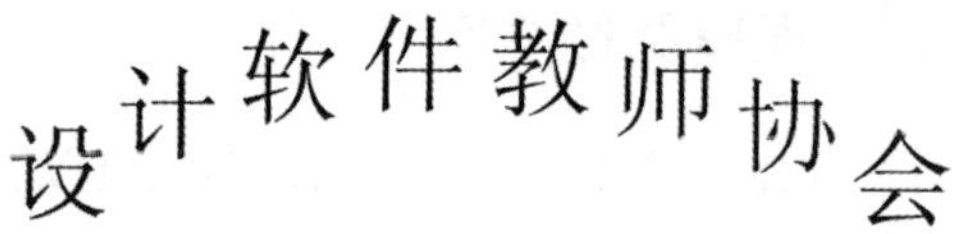　　　　图4-62　阶梯效果

- 重力效果：应用该效果，能够使各个字符基线的中心始终保持位于路径上，而各个字符与路径间保持垂直，如图 4-63 所示。

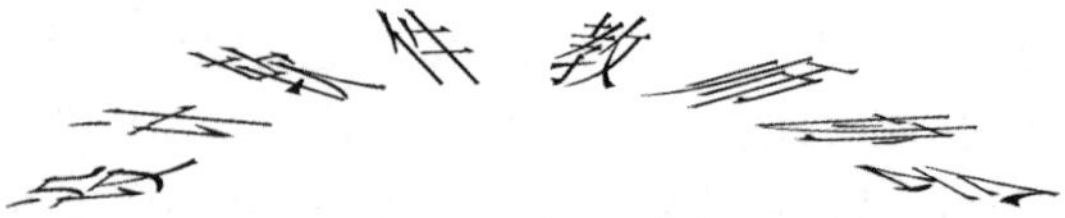

图4-63　重力效果

3. 翻转路径文字

用户可以通过“翻转”复选框对创建的路径文字进行整体翻转。操作步骤为：利用▶（选择工具）或T（文字工具）选择路径文字，然后执行菜单中的“文字 | 路径文字 | 选项”命令，在弹出的“路径文字选项”对话框中，勾选“翻转”复选框即可。图 4-64 所示为翻转路径文字前后的效果比较。

提示

将指针放在文字的中点标记上，直到指针旁边显示出一个▶⊥图标，然后纵向拖动鼠标也可以翻转文字。

（a）翻转路径前　　　　（b）翻转路径后

图4-64　翻转路径文字前后的效果比较

4. 设置路径文字的垂直对齐方式

用户可以通过指定相对于文字的总高度，决定如何将所有字符与路径对齐。具体操作步骤为：利用▶（选择工具）或T（文字工具）选择路径文字，然后执行菜单中的“文字 | 路径文字 | 选项”命令，在弹出的图 4-65 所示的“路径文字选项”对话框的“对齐”下拉列表中有如下 6 种对齐方式。

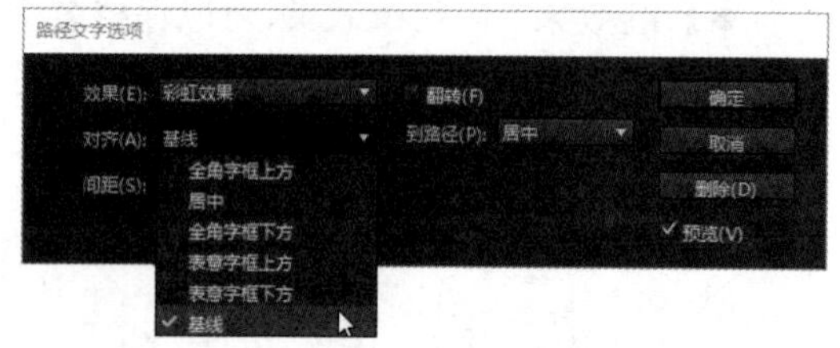

图4-65　“路径文字选项”对话框中的“对齐”下拉列表

- 全角字框上方：选择该选项，可将路径与全角字框的顶部或左侧边缘对齐。
- 居中：选择该选项，可将路径与全角字框的中点对齐。
- 全角字框下方：选择该选项，可将路径与全角字框的底部或右侧边缘对齐。
- 表意字框上方：选择该选项，可将路径与表意字框的顶部或左侧边缘对齐。
- 表意字框下方：选择该选项，可将路径与表意字框的底部或右侧边缘对齐。
- 基线：选择该选项，可将路径与罗马字基线对齐。

4.3.5 文本转换为路径

将选定文本字符转换为一组复合路径，就可以像编辑和处理任何其他路径那样编辑和处理这些复合路径。使用“创建轮廓”命令不仅能够将字符转换为编辑的字体时保留某些文本字符中的透明孔，例如字母“O”，而且还可避免以缺失字体而造成的字体替换现象。

1. 从文字创建轮廓路径

默认情况下，从文字创建轮廓将移去原始文本。操作步骤为：利用（选择工具）或（文字工具）选择一个或多个字符，然后执行菜单中的“文字|创建轮廓”命令，即可得到文本路径。图 4-66 所示为文字创建轮廓前后的效果比较。

提示

文字创建轮廓后就不再是实际的文字，因此也就不能再使用（文字工具）对其进行编辑了。

2. 编辑文本轮廓

将文本转换为路径后可以使用（直接选择工具）拖动各个锚点来改变字体，也可以执行菜单中的“文字|置入”命令，通过将图像粘贴到已转换的轮廓来给图像添加蒙版，还可以将已转换的轮廓用作文本框，以便可以在其中输入或放置文本，如图 4-67 所示。

(a) 创建轮廓前　　(b) 创建轮廓后

图4-66　文字创建轮廓前后的效果比较

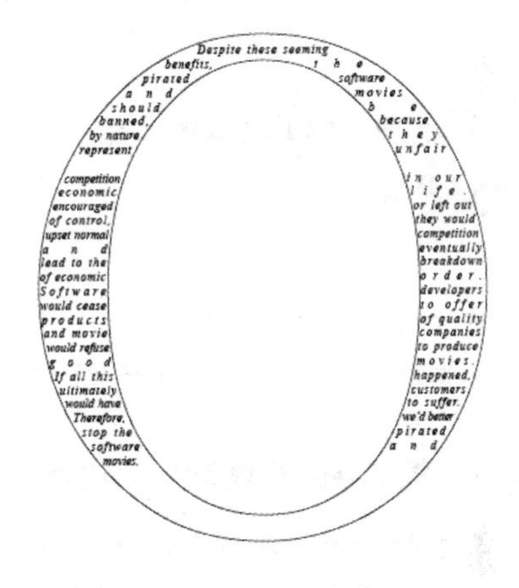

图4-67　在轮廓内放置文本效果

4.3.6 复制文本属性

利用（吸管工具）可以复制字符、段落、填色及描边属性，然后对其他文字应用这些属性。默认情况下，（吸管工具）可以复制所有文字属性。

1. 将文字属性复制到未选中的文本

将文字属性复制到未选中的文本的操作步骤如下。

① 使用（吸管工具）单击格式中包含想要复制属性的文本，如图 4-68 所示。此时吸管指针将反转方向，并显示处于填满状态，表明它已载入所复制的属性。然后将吸管指针放置到文本上时，已载入属性的吸管旁边会出现一个 I 形光标，如图 4-69 所示。

② 使用工具拖过选择要更改的文本，此时选定文本即会具有吸管所载属性，如图 4-70 所示。

Despite these seeming benefits, the pirated software and movies should be banned, because by nature they represent unfair competition in our economic life. encouraged or left out of control, they would upset normal competition and eventually lead to the breakdown of economic order. Software developers would cease to offer products of quality and movie companies would refuse to produce good movies. If all this happened, ultimately customers would have to suffer. Therefore, we'd better stop the pirated software and movies.

图4-68　复制文本属性

But there are still a lot of others who think that money is the root of all evil. Money drives people to steal, to rob, and to break the law. A lot of people became criminals just because they were in search of money. And in the Western countries, there is nothing that can be bought by money. Many people lose their own lives when hunting it.

图4-69　已载入属性的吸管旁边会出现一个 I 形光标

But there are still a lot of others who think that money is the root of all evil. Money drives people to steal, to rob, and to break the law. A lot of people became criminals just because they were in search of money. And in the Western countries, there is nothing that can be bought by money. Many people lose their own lives when hunting it.

图4-70　复制属性后的效果

③ 单击其他工具取消选择“吸管工具”。

提示

要清除“吸管工具”当前所载格式属性，可以在“吸管工具”处于载入状态时，按下〈Alt〉键。“吸管工具”将反转方向，并显示为空，表明它已经准备好选取新属性。单击包含欲复制属性的对象，然后将新属性拖放到另一个对象上。

2．将文字属性复制到选定文本

将文字属性复制到选定文本的操作步骤如下。

① 使用（文字工具）或（路径文字工具）选择要复制属性的目标文本，如图 4-71 所示。

中国十大传统特色小吃
美食排行榜

图4-71　选择要复制属性的目标文本

② 使用（吸管工具）单击要复制其属性的文本，此时（吸管工具）将反转，并显示处于填满状态，如图 4-72 所示，此时选中的文本将应用复制的属性，取消文字选择状态的效果如图 4-73 所示。

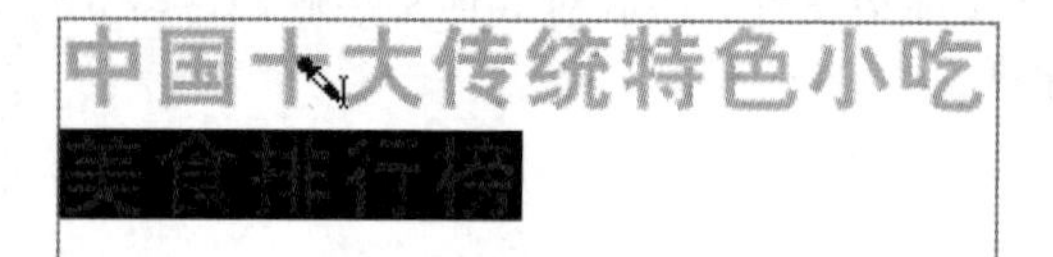

图4-72　属性应用到已经选择的文本的效果

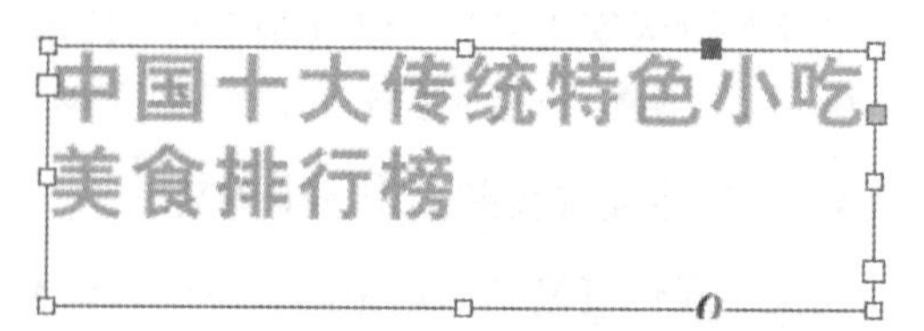

图4-73　属性应用到已经选择的文本的效果

3．更改吸管工具可复制的文本属性

如果要指定吸管工具可以复制那些属性，可以在“吸管选项”对话框中设置。具体操作步骤为：在工具箱中双击（吸管工具），弹出“吸管选项”对话框，如图 4-74 所示。勾选“吸管工具”

可以复制的属性复选框，取消不需要的，接着单击“确定”按钮即可。

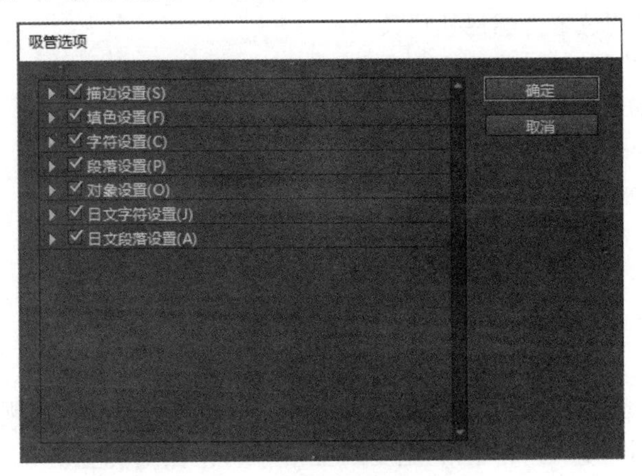

图4−74　“吸管选项”对话框

4.4　字形和特殊字符

在使用 Indesign 排版过程中，经常会用到键盘以外的特殊字符，比如花饰字、装饰字等。通过 Indesign 提供的“字形”面板，可以输入这些特殊字符。另外，在排版时可以根据版面要求插入一些空格字符和分隔符，其中空格字符可防止出现语法错误，而分隔符可起到调整版面的作用，从而使排版内容条理清晰，版面整齐。

4.4.1　插入特殊字符

插入特殊字符的操作需要通过“字形”面板来实现。通过“字形”面板用户可以方便地插入一些比如全角 / 半角破折号、注册商标等特殊字符。

1. 认识“字形”面板

打开“字形”面板有以下两种方法。

- 执行菜单中的“文字 | 字形”命令，打开“字形”面板，如图 4−75 所示。
- 执行菜单中的“窗口 | 文字和表 | 字形”命令，打开“字形”面板。

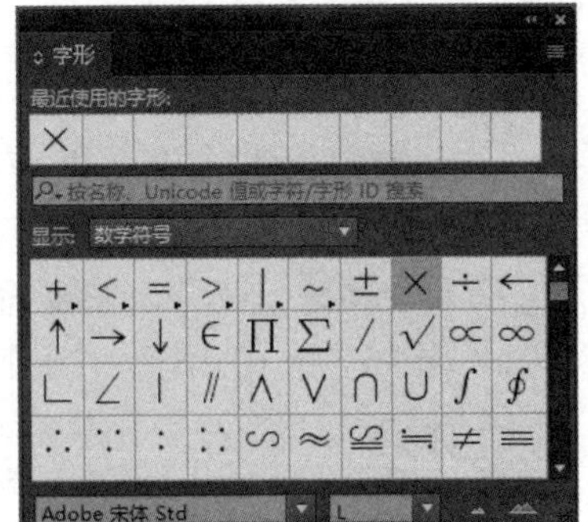

图4−75　“字形”面板

2. 使用“字形”面板

在默认情况下，“字形”面板中显示了当前所选字体的所有字形，用户可以通过在面板底部选择一个不同的字体系列和样式来更改字体。

如果要在文档中插入特定的字符，可以将光标定位在文档中要插入特定字符的位置，然后在“字形”面板中双击要插入的字符，即可插入该字符。

4.4.2　插入空格

空格字符是出现在字符之间的空白区。可将空格字符用于多种不同的用途。

选择T（文字工具），将插入点放置在要插入特定大小的空格的位置。然后执行菜单中的“文字|插入空格”命令，在空格字符菜单（见图4-76）中选择一个选项。

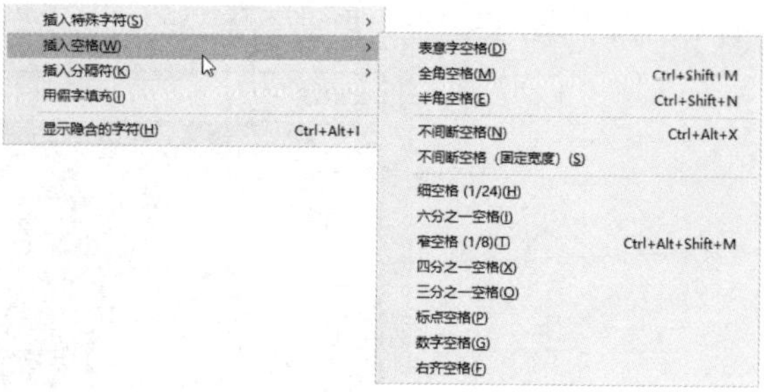

插入空格菜单中的各项命令含义如下。

图4-76 “插入空格”菜单

- 表意字空格：该空格的宽度等于1个全角空格。它与其他全角字符一起时会绕排到下一行。
- 全角空格：宽度等于文字大小。
- 半角空格：宽度为全角空格的一半。

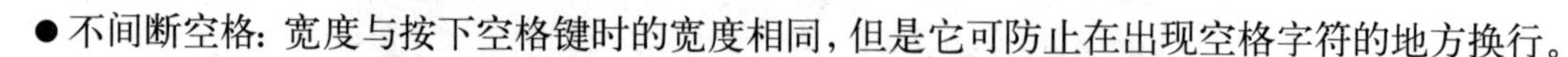

- 不间断空格：宽度与按下空格键时的宽度相同，但是它可防止在出现空格字符的地方换行。
- 不间断空格（固定宽度）：固定宽度的空格可防止在出现空格字符的地方换行，但在对齐的文本中不会扩展或压缩。
- 细空格(1/24)：宽度为全角空格的1/24。
- 六分之一空格：宽度为全角空格的1/6。
- 窄空格(1/8)：宽度为全角空格的1/8。在全角破折号或半角破折号的任一侧，可能需要使用窄空格(1/8)。
- 四分之一空格：宽度为全角空格的1/4。
- 三分之一空格：宽度为全角空格的1/3。
- 标点空格：宽度与感叹号、句号或冒号的宽度相同。
- 数字空格：宽度与字体中数字的宽度相同。使用数字空格有助于对齐财务报表中的数字。
- 右齐空格：将大小可变的空格添加到完全对齐的段落的最后一行。

4.4.3 插入分隔符

在文本中插入特殊分隔符，可控制对栏、框架和页面的分隔。

使用T（文字工具）在要插入分隔的地方单击以定位插入点。然后执行菜单中的“文字|插入分隔符”命令，在要插入的分隔符菜单（见图4-77）中选择一个分隔符。

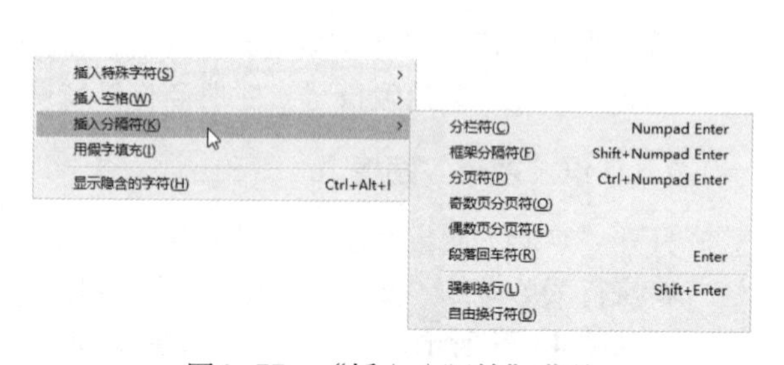

图4-77 “插入分隔符”菜单

提示

也可使用数字键盘上的〈Enter〉键创建分隔符。要移去分隔符，可以执行菜单中的“文字/显示隐含的字符”命令，以便能看见非打印字符，然后选中分隔符并将其删除。

“插入分隔符”菜单中的各项命令的含义如下：

- 分栏符：将文本排列到当前文本框架内的下一栏。如果框架仅包含一栏，则文本转到下一串接的框架。
- 框架分隔符：将文本排列到下一串接的文本框架，而不考虑当前文本框架的栏设置。
- 分页符：将文本排列到下一页面（该页面具有串接到当前文本框架的文本框架）。
- 奇数页分页符：将文本排列到下一奇数页面（该页面具有串接到当前文本框架的文本框

架）。

- 偶数页分页符：将文本排列到下一偶数页面（该页面具有串接到当前文本框架的文本框架）。
- 段落回车符：插入一个段落回车符。
- 强制换行：在插入此字符后，字符后面的文字换到下一行。
- 自由换行符：插入一个自由换行符号。

4.5 制表符

制表符可以将文本定位在文本框中特定的水平位置。默认制表符设置依赖于首选项对话框中“单位和增量”的“水平”标尺单位设置，如图 4–78 所示。

制表符对整个段落起作用。所设置的第 1 个制表符会删除其左侧的所有默认制表符；后续制表符会删除位于所设置制表符之间的所有默认制表符，并且还可以设置左齐、居中、右齐、小数点对齐或特殊字符对齐等定位符。

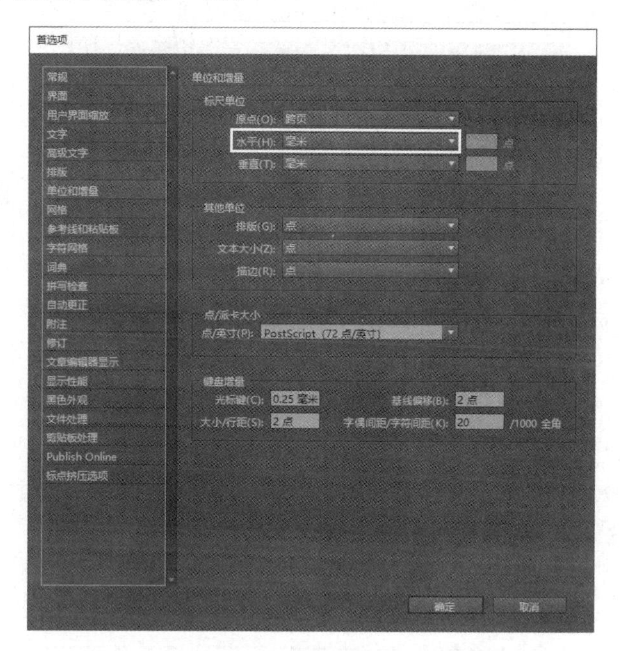

图4–78 “单位增量”的“水平”标尺单位设置

4.5.1 认识制表符

制表符的使用需要通过“制表符”面板起作用。执行菜单中的“文字 | 制表符”命令，调出“制表符”面板，如图 4–79 所示。

如果是在直排文本框架中执行此操作，“制表符”面板将会变为垂直方向，如图 4–80 所示。当制表符面板方向与文本框架方向不一致时，单击按钮，可以将标尺与当前文本框架对齐。

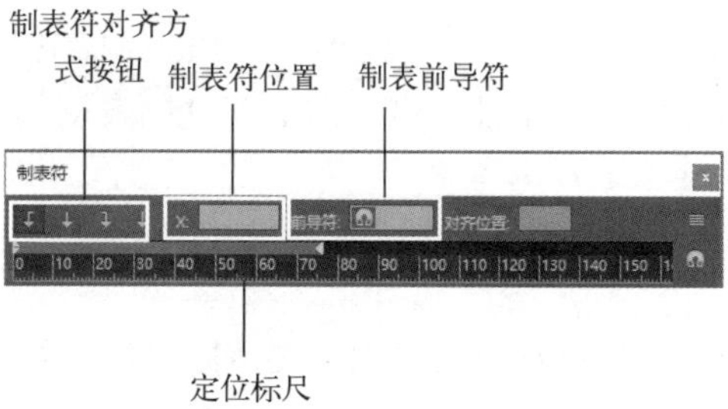

制表符对齐方式按钮　制表符位置　制表前导符

定位标尺

图4–79 “制表符”面板

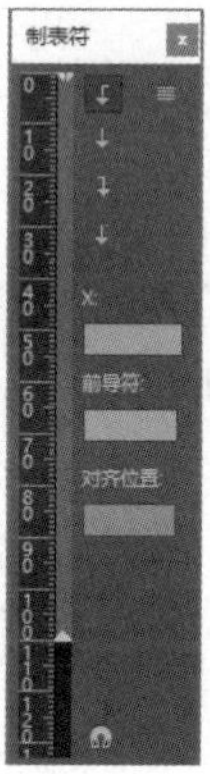

图4–80 “制表符”面板变为垂直方向

4.5.2 设置制表符

使用特殊字符对齐定位符时，可将制表符设置为与任何选定字符（如冒号或美元符号）对齐。设置制表符的具体操作步骤如下。

① 利用（文字工具）创建一个文本框架。

② 执行菜单中的“文字 | 制表符”命令，调出“制表符”面板，如图 4−81 所示。

③ 使用工具箱中的（文字工具）在要添加水平间距的段落中按〈Tab〉键，添加制表符。然后选择添加了制表符的文本，在“制表符”面板中单击某个制表符对齐方式按钮，再向右拖动至所需指定文本与该制表符位置的对齐位置即可，如图 4−82 所示。

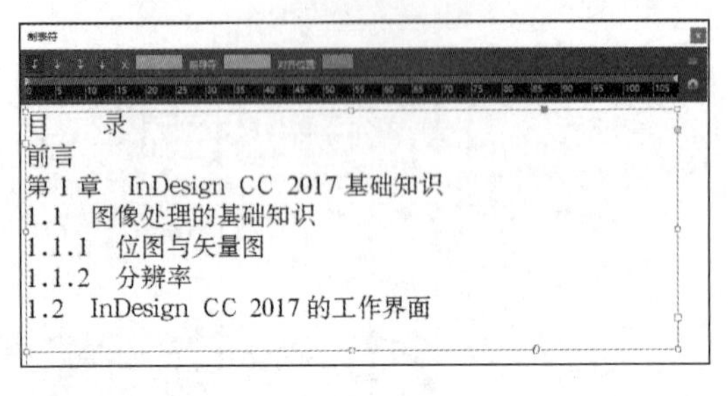

图4−81　调出“制表符”面板

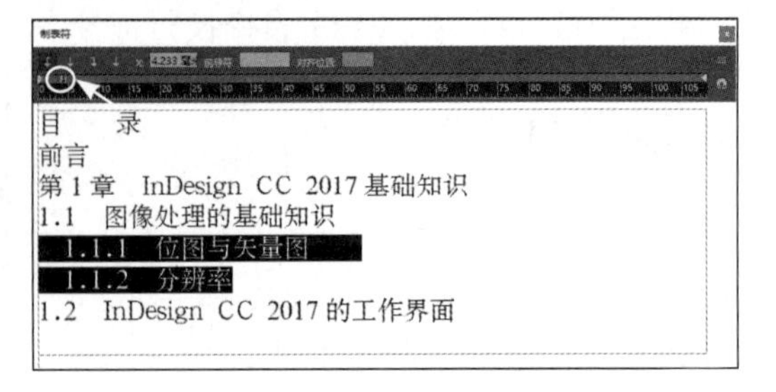

图4−82　拖动制表符的位置

4.5.3　重复制表符

“重复制表符”命令可根据制表符与左缩进，或前一个制表符定位点间的距离创建多个制表符。重复制表符的具体操作步骤如下。

① 在段落中单击确定一个插入点。

② 在“制表符”面板的标尺上选择一个制表位，然后单击右上角的按钮，在弹出的快捷菜单中选择“重复制表符”命令，如图 4−83 所示，重复制表符的效果如图 4−84 所示。

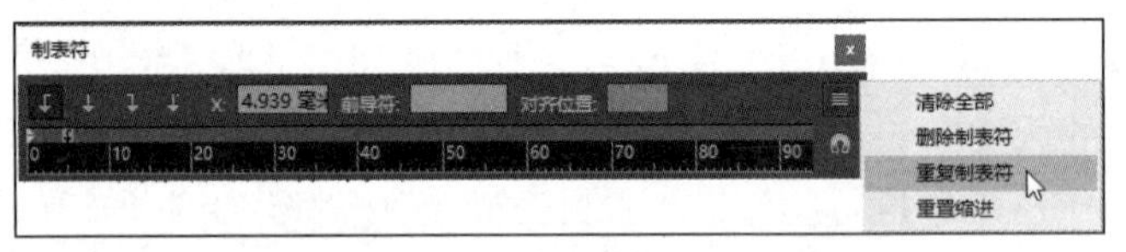

图4−83　选择“重复制表符”命令

4.5.4　移动、删除和编辑制表符位置

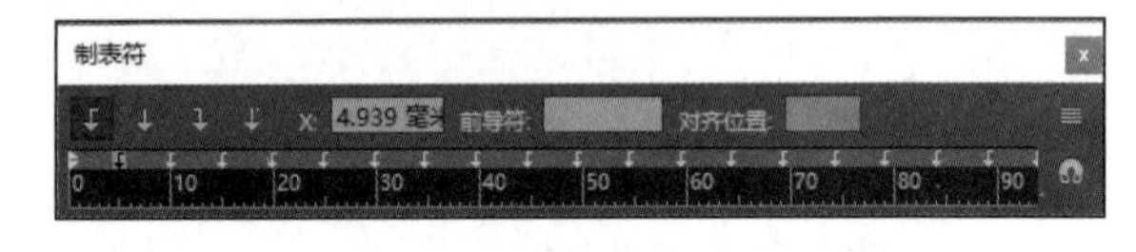

图4−84　“重复制表符”的效果

使用“制表符”面板可以移动、删除和编辑制表符的位置。具体操作步骤如下。

① 利用（文字工具）在段落中单击放置一个插入点。然后在“制表符”面板的标尺上选择一个制表符。

② 移动制表符。方法：在“X:”右侧设置新位置，然后按〈Enter〉键，即可移动制表符的位置。

③ 删除制表符。方法：将制表符拖离定位符标尺（或右击要删除的制表符，在弹出的快捷菜单中选择“删除制表符”命令），即可删除制表符。

④ 编辑制表符。方法：单击某个制表符对齐方式按钮，即可对其进行编辑。

提示

在编辑制表符时，单击制表符标记的同时按住〈Alt〉键，可以在4种对齐方式间进行切换。

4.5.5 添加制表前导符

制表前导符是制表符和后续文本之间的一种重复性字符模式（如一连串的点或虚线）。在添加时，需要在“制表符”面板的标尺上选择一个定位符，然后在“前导符”文本框中输入一种最多含 8 个字符的模式，接着按〈Enter〉键，此时在制表符的宽度范围内将重复显示所输入的字符。图 4–85 所示为在目录中文字和页码之间添加的虚线前导符效果。

制表符

前导符： 对齐位置：

0 10 20 30 40 50 60 70 80 90 100 110 120 130

1.1 图像处理的基础知识................................1
1.2 InDesign CC 2017 的工作界面 2
1.2.1 启动 InDesign CC 2017 3
1.2.2 工作界面组成....................................4
1.2.3 菜单简介...5
1.2.4 控制面板与面板使用..............................5
1.3 文档基本操作....................................6

图4–85 在目录中文字和页码之间添加的虚线前导符效果

4.6 脚 注

脚注用于对文章中难以理解的内容进行解释或补充说明。脚注由显示在文本中的脚注引用编号和显示在页面底部的脚注文本两个相互连接的部分构成，如图 4–86 所示。

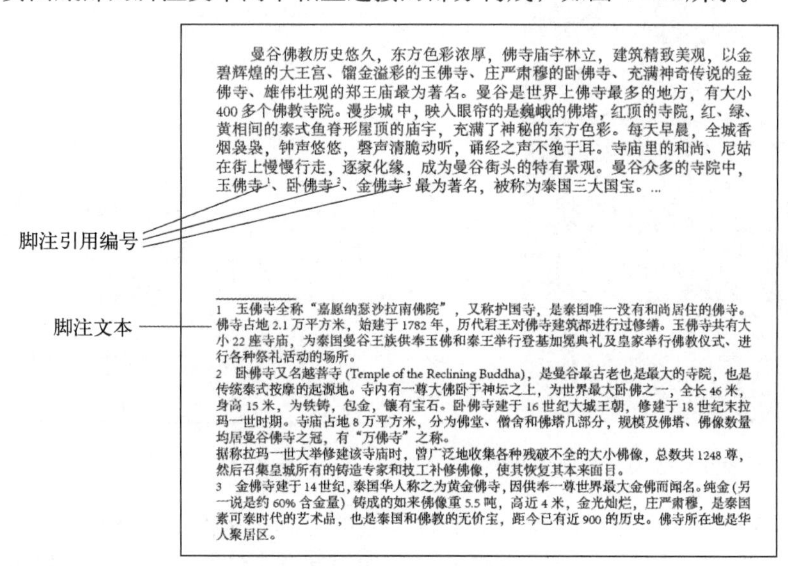

曼谷佛教历史悠久，东方色彩浓厚，佛寺庙宇林立，建筑精致美观，以金碧辉煌的大王宫、镏金溢彩的玉佛寺、庄严肃穆的卧佛寺、充满神奇传说的金佛寺、雄伟壮观的郑王庙最为著名。曼谷是世界上佛寺最多的地方，有大小 400 多个佛教寺院。漫步城中，映入眼帘的是巍峨的佛塔，红顶的寺院，红、绿、黄相间的泰式鱼脊形屋顶的庙宇，充满了神秘的东方色彩。每天早晨，全城香烟袅袅，钟声悠悠，磬声清脆动听，诵经之声不绝于耳。寺庙里的和尚、尼姑在街上慢慢行走，逐家化缘，成为曼谷街头的特有景观。曼谷众多的寺院中，玉佛寺[1]、卧佛寺[2]、金佛寺[3]最为著名，被称为泰国三大国宝。...

1 玉佛寺全称“嘉愿纳瑟沙拉南佛院”，又称护国寺，是泰国唯一没有和尚居住的佛寺。佛寺占地 2.1 万平方米，始建于 1782 年，历代君王对佛寺建筑都进行过修缮。玉佛寺共有大小 22 座寺庙，为泰国曼谷王族供奉玉佛和泰王举行登基加冕典礼及皇家举行佛教仪式、进行各种祭礼活动的场所。

2 卧佛寺又名越菩寺 (Temple of the Reclining Buddha)，是曼谷最古老也是最大的寺院，也是传统泰式按摩的起源地。寺内有一尊大佛卧于神坛之上，为世界最大卧佛之一，全长 46 米，身高 15 米，为铁铸，包金，镶有宝石。卧佛寺建于 16 世纪大城王朝，修建于 18 世纪末拉玛一世时期。寺庙占地 8 万平方米，分为佛堂、僧舍和佛塔几部分，规模及佛塔、佛像数量均居曼谷佛寺之冠，有“万佛寺”之称。

据称拉玛一世大举修建该寺庙时，曾广泛地收集各种残破不全的大小佛像，总数共 1248 尊，然后召集皇城所有的铸造专家和技工补修佛像，使其恢复其本来面目。

3 金佛寺建于 14 世纪，泰国华人称之为黄金佛寺，因供奉一尊世界最大金佛而闻名。纯金(另一说是约 60% 含金量) 铸成的如来佛像重 5.5 吨，高近 4 米，金光灿烂，庄严肃穆，是泰国素可泰时代的艺术品，也是泰国和佛教的无价宝，距今已有近 900 的历史。佛寺所在地是华人聚居区。

图4–86 脚注编号与脚注文本

4.6.1 创建脚注

可以在 InDesign CC 2017 中创建脚注或从 Word 或 RTF 文档中导入脚注。 将脚注添加到文档时，脚注会自动编号，每篇文章中都会重新编号。用户可控制脚注的编号样式、外观和位置，但不能将脚注添加到表或脚注文本。在 InDesign CC 2017 中创建脚注的具体操作步骤如下。

① 利用工具箱中的T（文字工具）在要插入脚注的位置置入插入点。

② 执行菜单中的“文字 | 插入脚注”命令。

③ 输入脚注文本。

提示

输入脚注时，脚注区将扩展而文本框架大小保持不变。脚注区继续向上扩展直至到达脚注引用行。在脚注引用行上，如果可能，脚注会拆分到下一文本框架栏或串接的框架。如果脚注不能拆分且脚注区不能容纳过多的文本，则包含脚注引用的行将移到下一栏，或出现一个溢流图标。在这种情况下，应该调整框架或更改文本格式。

4.6.2 脚注编号与格式设置

执行菜单中的“文字 | 文档脚注选项”命令，弹出“脚注选项”对话框，如图 4–87 所示，然后在“脚注选项”对话框中单击“编号与格式”选项卡，“编号与格式”选项卡中各项参数的含义如下。

- 样式：用于选择脚注的编号样式，例如：一、二、三、四…、Ⅰ、Ⅱ、Ⅲ、Ⅳ…、a、b、c、d…等。图 4–88 所示为选择“一、二、三、四…”编号样式后的脚注效果。

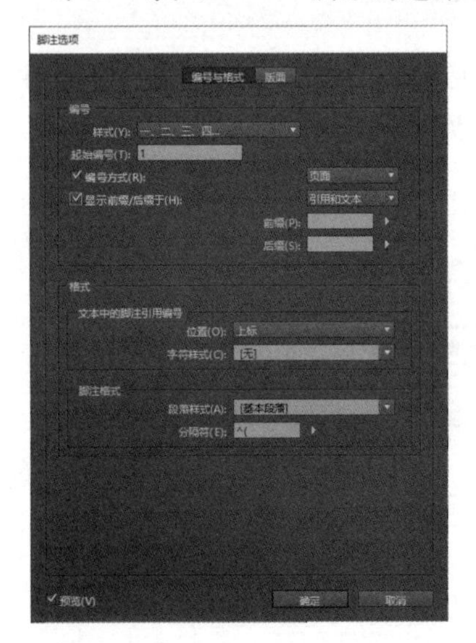

图4–87 “编号与格式”选项卡

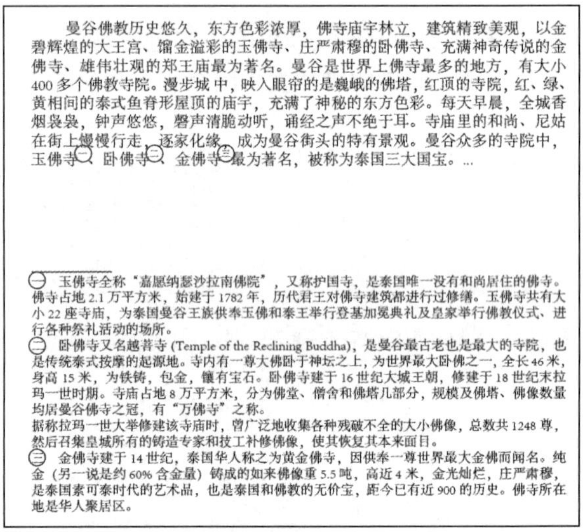

曼谷佛教历史悠久，东方色彩浓厚，佛寺庙宇林立，建筑精致美观，以金碧辉煌的大王宫、镏金溢彩的玉佛寺、庄严肃穆的卧佛寺、充满神奇传说的金佛寺、雄伟壮观的郑王庙最为著名。曼谷是世界上佛寺最多的地方，有大小400多个佛教寺院。漫步城 中，映入眼帘的是巍峨的佛塔，红顶的寺院，红、绿、黄相间的泰式鱼脊形屋顶的庙宇，充满了神秘的东方色彩。每天早晨，全城香烟袅袅，钟声悠悠，磬声清脆动听，诵经之声不绝于耳。寺庙里的和尚、尼姑在街上慢慢行走，逐家化缘，成为曼谷街头的特有景观。曼谷众多的寺院中，玉佛寺㊀、卧佛寺㊁、金佛寺㊂最为著名，被称为泰国三大国宝。...

㊀ 玉佛寺全称“嘉愿纳瑟沙拉南佛院”，又称护国寺，是泰国唯一没有和尚居住的佛寺。佛寺占地2.1万平方米，始建于1782年，历代君王对佛寺建筑都进行过修缮。玉佛寺共有大小22座寺庙，为泰国曼谷王族供奉玉佛和泰王举行登基加冕典礼及皇家举行佛教仪式、进行各种祭礼活动的场所。

㊁ 卧佛寺又名越菩寺 (Temple of the Reclining Buddha)，是曼谷最古老也是最大的寺院，也是传统泰式按摩的起源地。寺内有一尊大佛卧于神坛之上，为世界最大卧佛之一，全长46米，身高15米，为铁铸，包金，镶有宝石。卧佛寺建于16世纪大城王朝，修建于18世纪末拉玛一世时期。寺庙占地8万平方米，分为佛堂、僧舍和佛塔几部分，规模及佛塔、佛像数量均居曼谷佛寺之冠，有“万佛寺”之称。

据称拉玛一世大举修建该寺庙时，曾广泛地收集各种残破不全的大小佛像，总数共1248尊，然后召集皇城所有的铸造专家和技工补修佛像，使其恢复其本来面目。

㊂ 金佛寺建于14世纪，泰国华人称之为黄金佛寺，因供奉一尊世界最大金佛而闻名。纯金（另一说是约60%含金量）铸成的如来佛像重5.5吨，高近4米，金光灿烂，庄严肃穆，是泰国素可泰时代的艺术品，也是泰国和佛教的无价宝，距今已有近900的历史。佛寺所在地是华人聚居区。

图4–88 编号样式

- 起始编号：用于指定文章中第一个脚注所用的号码。文档中每篇文章的第一个脚注都具有相同的“起始编号”。如果书籍的多个文档具有连续页码，则可以使每章的脚注编号都能继续上一章的编号。
- 编号方式：勾选该复选框，可以在文档中对脚注重新编号，并可以在右侧下拉列表框中选择页面、跨页或章节以确定重新编号的位置。
- 显示前缀 / 后缀于：勾选该复选框，可显示脚注文本或者两者中的前缀与后缀。
- 前缀：前缀出现在编号之前。在右侧单击▶按钮，在弹出的下拉列表中可以选择一种或多种前缀字符。
- 后缀：后缀出现在编号之后。在右侧单击▶按钮，在弹出的下拉列表中可以选择一种或多种后缀字符。

- 位置：用于指定脚注的位置。在右侧下拉列表中有上标、下标、拼音、普通字符四种位置供选择。
- 字符样式：用于设置脚注引用编号的字符样式。
- 段落样式：用于为文档中的所有脚注选择一个段落样式来格式化脚注文本。默认情况下，使用［基本段落］样式。
- 分隔符：用于确定脚注编号和脚注文本开头之间的空白。要更改分隔符，可以选择或删除现有分隔符，然后选择新分隔符。

4.6.3　脚注的版面设置

要设置脚注的编号与格式，可以执行菜单中的“文字 | 文档脚注选项”命令，弹出“脚注选项”对话框，单击“版面”选项卡，如图4−89所示。“版面”选项卡中各项参数的含义如下。

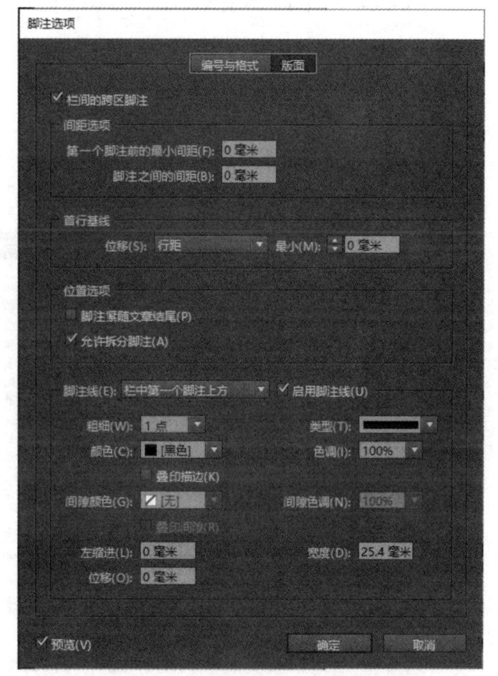

图4−89　单击“版面”选项卡

- 第一个脚注前的最小间距：用于指定文本框架底部与首行脚注之间的最小间距。数值不能为负数。
- 脚注之间的间距：用于指定一个文本框架中某一个脚注的最后一个段落与下一个脚注的距离。数值不能为负数。
- 位移：用于指定脚注分隔符与脚注文本首行之间的距离。在右侧下拉列表框中有字母上缘、大写字母高度、行距、X 高度、全角字框高度、固定六种选项供选择。
- 脚注紧随文章结尾：勾选该复选框，可以使最后一栏的脚注显示在文章的最后一个文本框架中的文本的下面。否则文章的最后一个框架中的任何脚注将显示在栏底部。
- 允许拆分脚注：勾选该复选框，可以在脚注大小超过栏中脚注可用间距大小时，使用跨栏分隔脚注。否则包含脚注引用编号的行将移动到下一栏，或者文本变为溢流文本。
- 脚注线：用于指定显示在脚注文本上方的脚注分隔线的位置和外观，以及在分隔线框架中继续的任何脚注文本上方显示的分隔线。在右侧下拉列表框中有“栏中第一个脚注上方”和“使用连续脚注”两个选项供选择。
- 启用脚注线：勾选该复选框，脚注线将出现在脚注内容的上方。此时可以在“脚注线”选项组中设置脚注线的粗细、颜色、类型、色调、间隙颜色、间隙色调、左缩进、宽度、位移参数。未勾选该复选框，则不显示脚注线。

4.6.4　删除脚注

如果要同时删除脚注引用编号和相应的脚注文本，可以在文本中选择显示的脚注引用编号，然后按〈Delete〉键，即可删除脚注引用编号和相应的脚注文本。如果仅要删除脚注文本，可以只选择相应的脚注文本，然后按〈Delete〉键进行删除，此时脚注引用编号将保留下来。

4.7 文本的编辑和检查

Indesign CC 2017有着强大的文本编辑功能，可以在独立的文本编辑器中快速、直接地编辑，不受版面及实际效果的影响，编辑后的文本自动套用版面格式。该功能大大提高了文本编辑的效率及准确性。

4.7.1 使用文本编辑器

Indesign CC 2017不仅支持用户在版面、页面或文章编辑器中编辑文本，而且在文章编辑器写入和编辑时，允许整篇文章按照指定的字体、大小和间距进行显示。

1. 打开文本编辑器

利用T（文字工具）在文本中插入一个点，或利用（选择工具）选择文本框架，然后执行菜单中的“编辑|在文章编辑器中编辑”命令，会弹出打开的文章，如图4-90所示。

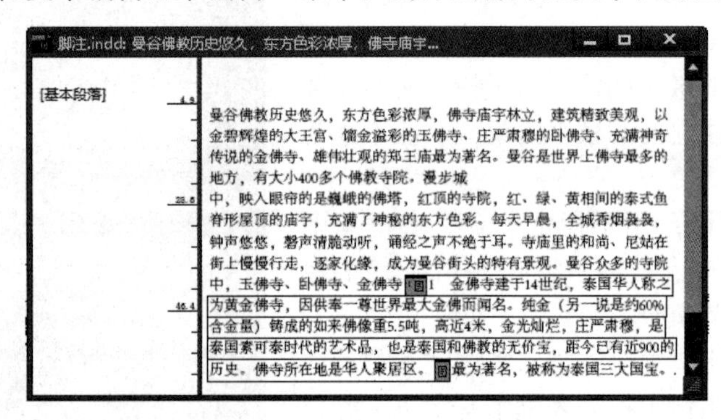

图4-90 文章编辑器

其中，垂直深度标尺指示文本填充框架的程度，直线指示文本溢流的位置。虽然在文本编辑器中不能创建新文章，但在编辑文章时，所做的更改将直接反映在版面窗口中。

2. 显示或隐藏文章编辑器项目

对于文章编辑器的外观，用户可以进行设置，例如可以显示或隐藏样式名称栏和深度标尺，也可扩展或折叠脚注。这些设置会影响所有文章编辑器以及随后打开的窗口，其内容如下。

- 当文章编辑器处于现用状态时，执行菜单中的“视图|文章编辑器|显示样式名称栏”命令或者“隐藏样式名称栏”命令，可以控制样式名称栏的显示和隐藏。也可以拖动竖线来调整样式名称栏的宽度，以便使随后打开的文章编辑器具有相同的栏宽。
- 当文章编辑器处于现用状态时，执行菜单中的“视图|文章编辑器|显示深度标尺”命令或“隐藏深度标尺”命令，可以控制深度标尺的显示或隐藏。
- 当文章编辑器处于现用状态时，执行菜单中的“视图|文章编辑器|展开全部脚注”或“折叠全部脚注”命令，可以控制全部脚注的显示或者隐藏。

3. 返回版面窗口

当用户在文章编辑器中操作完毕后，执行菜单中的“编辑|在版面中编辑”命令，此时将显示版面视图，并且在版面视图中显示的文本选区或插入点位置与上次在文章编辑器中显示的相同。此时文章窗口仍打开但已移到版面窗口的后面，只要关闭文章编辑器即可。

4.7.2　查找与替换

在编辑文章时，字符、单词或者文本使用的字体在一篇文章中可能多次出现或使用，如果出现错误，要查找并更改并不是一件容易的事。而在InDesign CC 2017中，可以使用“查找字体”和“查找／更改”对使用的字符、单词或者文本使用的字体等进行查找并更改。

使用“查找字体”命令，可以搜索并列出整篇文档所使用的字体。然后可用系统中的其他任何可用字体替换搜索到的所有字体（导入的图形中的字体除外）。查找与替换文本的操作步骤如下。

① 选择要搜索的文本，然后执行菜单中的“编辑 | 查找／更改”命令，打开“查找／更改”对话框，如图4-91所示。

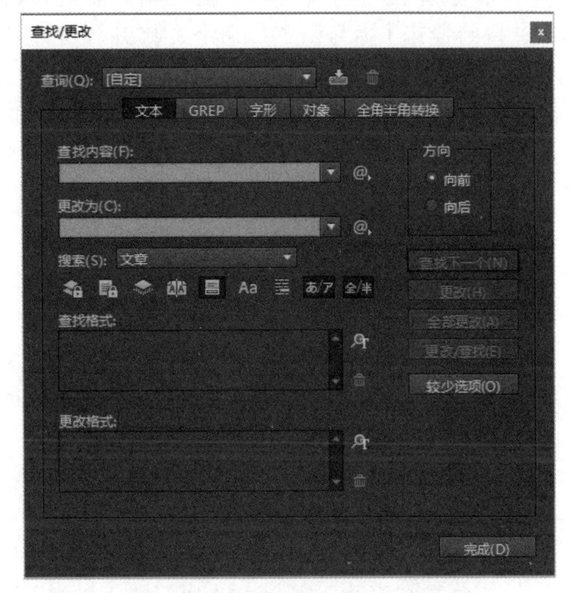

图4-91　“查找/更换”对话框

② 在“查询”下拉列表中选择要查询的项目。如果要自定义查找内容，可以选择“[自定]”选项，然后在下面的选项卡中设置查找和更改的选项。

③ 打开“查找／更改”对话框时，默认显示“文本”选项卡。

- 查找内容：输入或粘贴要查找的文本。如果要查找特殊符号，可以单击文本框后面的“要搜索的特殊字符”按钮，然后在弹出的菜单中选择要查找的特殊字符即可。
- 更改为：输入或粘贴要更改为的文本。同样，可以在特殊字符菜单中选择要更改为的特殊字符。
- 搜索：在下拉列表中选择搜索范围。选择“所有文档”，则会搜索所有打开的文档；选择“文档”，则会搜索整个文档；选择“文章”，则会搜索当前选中框架中的所有文本，包括其串接文本框架中的文本和溢流文本；选择“到文章末尾”，则会从插入点开始搜索；选择“选区”，则会仅搜索选中文本。

④ 根据需要选择对话框下面的图标按钮。其中包括（包括锁定图层和锁定的对象）、（包括锁定文章）、（包括隐藏图层和隐藏的对象）、（包括主页）、（包括脚注）、Aa（区分大小写）、（全字匹配）、あ/ア（区分假名）、全/半（区分全角／半角）9个按钮供选择。

⑤ 单击“查找下一个”按钮以开始搜索要查找内容的第一个实例。

⑥ 单击“更改”按钮，可更改当前查找到的实例；单击“全部更改”按钮，可以一次更改全部内容（单击此按钮时，出现一则消息，显示更改的总数）；单击“查找／更改”按钮，可更改当前实例并搜索下一个。

⑦ 更改完成后，单击“完成”按钮。

4.7.3　拼写检查

InDesign CC 2017与文字处理软件Word一样具有拼写检查的功能。该功能可以对文本的选定范围、文章中的所有文本、文档中的所有文章或所有打开文档中的所有文章进行拼写检查。使用该功能可以突出显示拼写错误或未知的单词、连续输入两次的单词（如“the the”），以及可能具有大小写错误的单词。

拼写检查的具体操作步骤如下：

① 选择要进行拼写检查的文本，然后执行菜单中的“编辑|拼写检查|拼写检查”命令，打开“拼写检查”对话框，如图4-92所示。

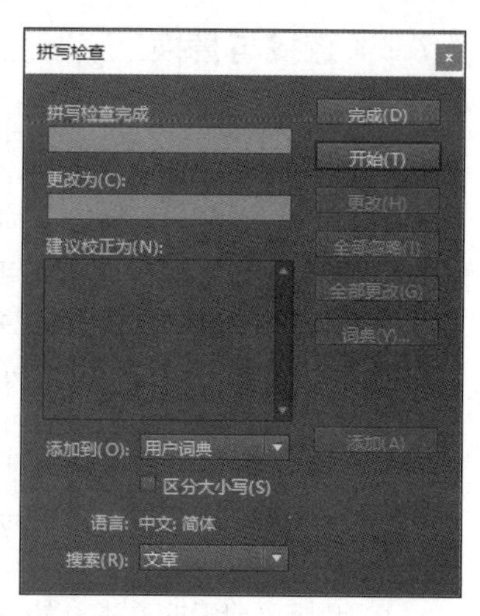

图4-92 “拼写检查”对话框

② 在“搜索”菜单中指定拼写检查的范围。选择“所有文档”可检查所有打开的文档；选择“文档”可检查整个文档；选择“文章”可检查当前选中框架中的所有文本，包括其串接文本框架中的文本和溢流文本；选择“到文章末尾”可从插入点开始检查；选择“选区”仅检查选中文本，该项仅当选中文本时才可使用。

③ 单击“开始”按钮，即可开始拼写检查。

④ 当InDesign CC 2017显示不熟悉的或拼写错误的单词或其他可能的错误时，可以选择下列选项之一：

- 单击“跳过”可继续进行拼写检查而不更改突出显示的单词。单击“全部忽略”可忽略突出显示的单词的所有实例，直到重新启动InDesign CC 2017。
- 从“建议校正为”列表中选择一个单词或在“更改为”文本框中输入正确的单词，然后单击“更改”可仅更改拼写错误的单词的那个实例。也可单击“全部更改”以更改文档中拼写错误的单词的所有实例。
- 要将单词添加到词典，可以从“添加到”菜单选择该词典，然后单击“添加”按钮。
- 单击“词典”可显示“词典”对话框，可在该对话框中指定目标词典和语言，也可指定添加的单词中的连字分断符。

4.8 实例讲解

本节将通过“杂志内广告页设计”和“旅游广告多折页设计”两个实例来讲解文字与段落在实际工作中的具体应用。

4.8.1 杂志内广告页设计

要点

一般的杂志都会有广告页着重介绍某一个产品，加深读者对其产品的印象，因此通常会将产品或产品广告扩大至一整页，然后在接下来的一页中重点介绍此类产品。其制作方法通常比较简单，产品图片或者产品广告都是由厂商提供的完成稿，只需直接置入即可，需要精心编排的是对产品详细介绍页的版面。本例要学习制作的杂志内广告页，如图4-93所示。通过本例学习应掌握文字和段落的使用功能。

图4-93 杂志内广告页设计

操作步骤：

① 执行菜单中的“文件｜新建｜文档”命令，在弹出的对话框中将“页数”设为2页，页面“宽度”设为200毫米，“高度”设为250毫米，“出血”设为3毫米，如图4-94所示。然后单击“边距和分栏”按钮，在弹出的对话框中将“上边距”设为25毫米，“下边距”设为30毫米，“内边距”设为25毫米，“外边距”设为28毫米，如图4-95所示。单击“确定”按钮，设置完成的页面状态如图4-96所示。

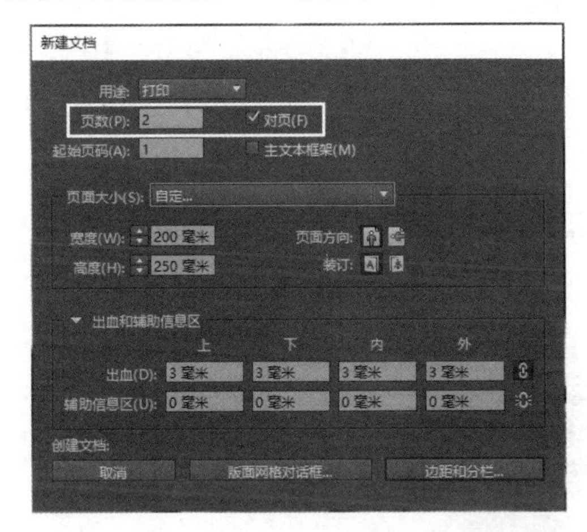

图4-94　在“新建文档”对话框中设置参数

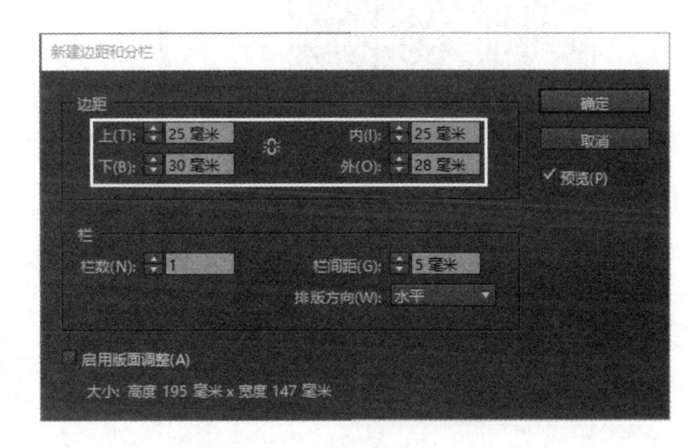

图4-95　设置边距和分栏

② 这是一个双页文档，此时的页面是一上一下随机分布的，下面需要将其调整为跨页文档。方法：选择第2页，然后单击“页面”面板右上角的按钮，在弹出的菜单中将“允许选定的跨页随机排布”名称前的“√”取消，如图4-97所示。接着在“页面”面板中将第1页拖至第2页旁边形成跨页模式即可，如图4-98所示，调整后的版面状态如图4-99所示。最后单击工具栏下方的（正常视图模式）按钮，使编辑区内显示出参考线、网格及框架状态。

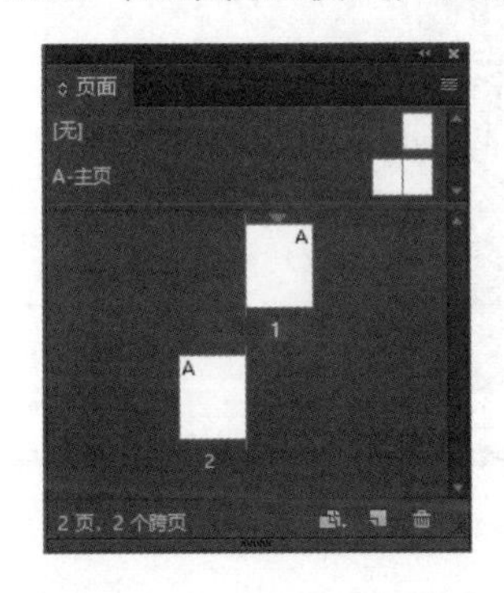

图4-96　“页面”面板状态

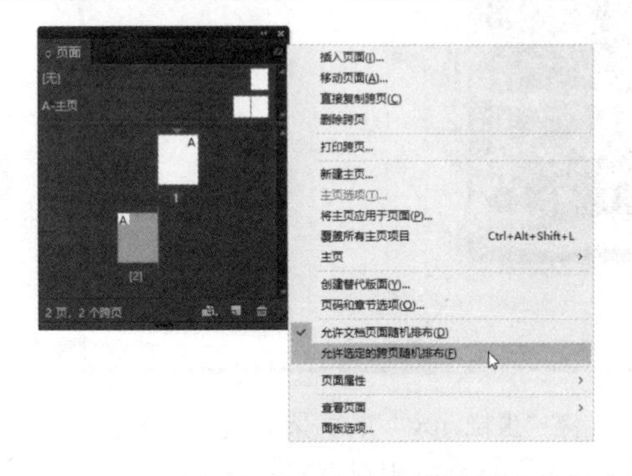

图4-97　取消勾选“允许选定的跨页随机排布”

③ 制作左侧页面中被广告主题（蛋糕图片）填满的效果。方法：执行菜单中的“文件｜置入”命令，在弹出的“置入”对话框中选择资源中的“素材及结果\4.8.1 杂志内广告页设计\‘杂志内广告单页设计’文件夹\Links\蛋糕.jpg”图片，如图4-100所示，单击“打开”按钮，从而将“蛋糕.jpg”图片置入文档，效果如图4-101所示。然后利用（选择工具）将“蛋糕.jpg”的框架变换大小使之与版面的出血框架一致（注意：将版面内容扩大与出血框架一致，是为了防

止打印或者切割时留出白边），如图 4–102 所示。接着执行菜单中的“对象 | 适合 | 使内容适合框架”命令[或在控制面板中单击 （内容适合框架）按钮]，从而将图片自动填充满整个框架，效果如图 4–103 所示。

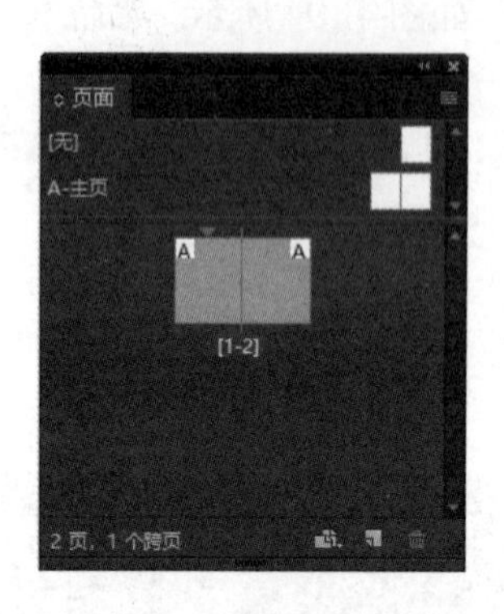

图4–98 页面调整后状态

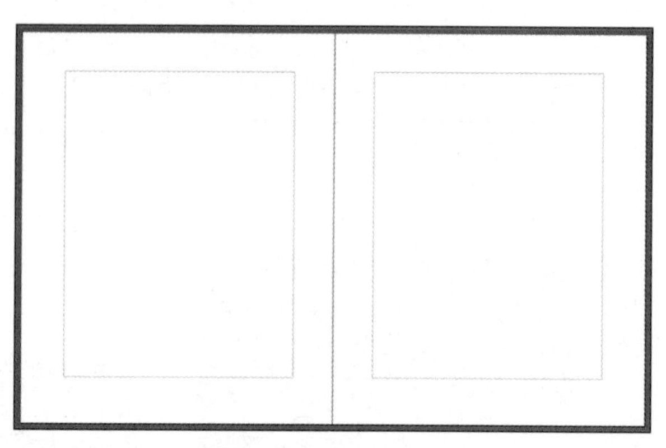

图4–99 对页的版面状态

图4–100 选择“蛋糕.jpg”图片

图4–101 将“蛋糕.jpg”置入文档

图4–102 将“蛋糕.jpg”的框架变换大小使之与版面的出血框架一致

图4–103 图片充满整个框架

④ 左侧页面的编辑就算完成了，现在开始右侧页面的编辑。右侧页面的功能是产品介绍，主要是文字编排。下面首先开始制作总标题。方法：按快捷键〈Ctrl+T〉，在打开的“字符”面板中设置标题参数如图 4–104 所示，将“字体”设置为 Impact，“字号”设为 17 点，其他为默认值，然后在页面边距框的左上方输入文字，如图 4–105 所示。接下来在右页中心部位拉出两条垂直参考线（先按快捷键〈Ctrl+R〉打开标尺，这时窗口的左侧和上侧出现标尺，从垂直

标尺中拉出两条参考线并定位到水平标尺的 275 毫米和 290 毫米处），效果如图 4−106 所示。

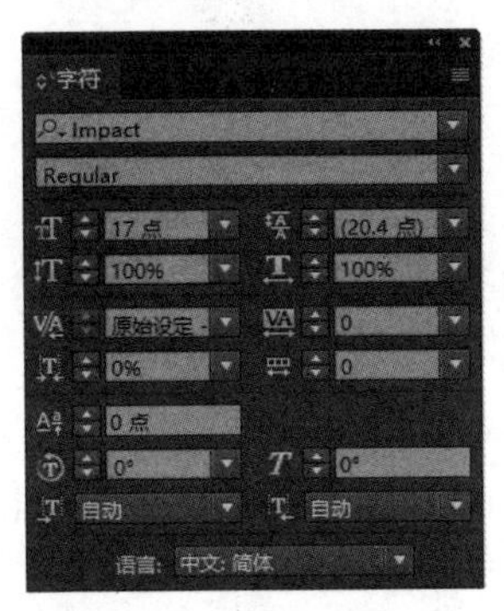

图4−104　设置字符参数

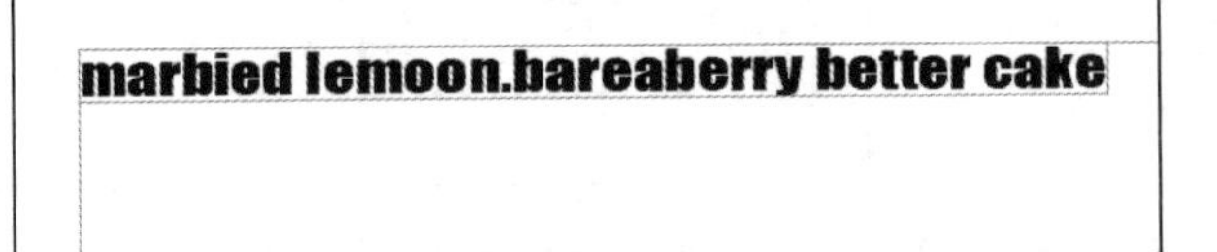

图4−105　在文本框中输入标题文字

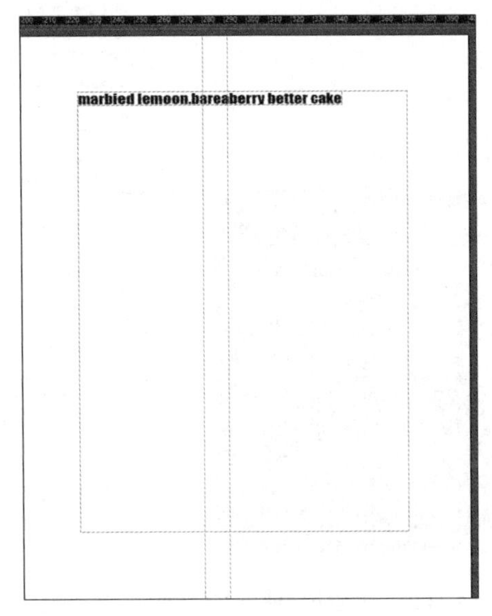

图4−106　标题在页面中的位置及效果

⑤ 现在开始正文部分的编排。首先沿着右侧的参考线与边距框用**T**（文字工具）创建一个矩形文本框，如图 4−107 所示，然后在打开的“字符”面板中设置正文字符参数，如图 4−108 所示，再在文本框内部的上方粘贴首段英文文本，效果如图 4−109 所示。接着打开“字符”面板，设置此文本框其余段落的字符参数，如图 4−110 所示，最后将准备好的英文文本粘贴入文本框，效果如图 4−111 所示。

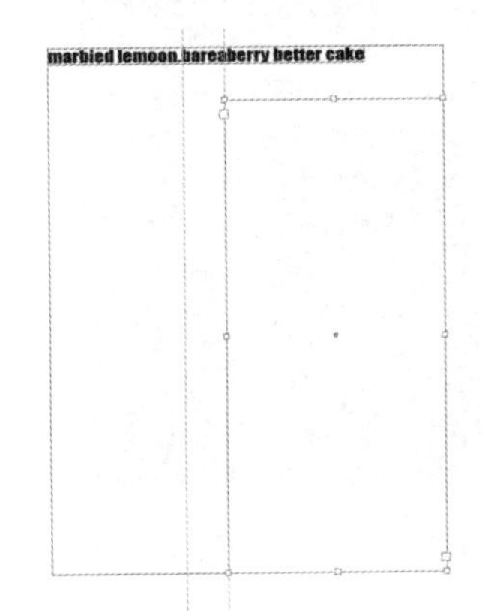

图4−107　文本框效果

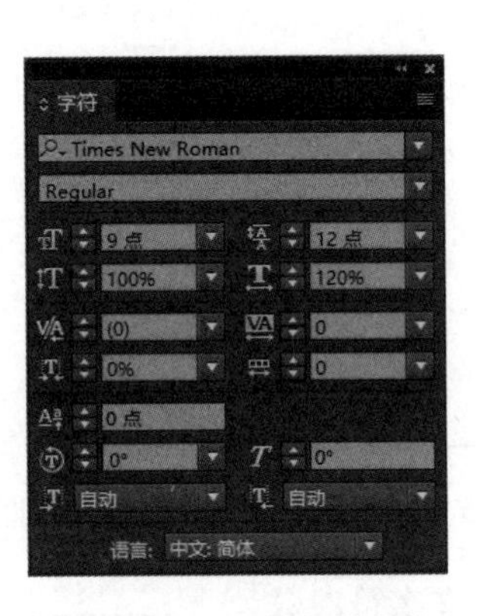

图4−108　设置字符参数

ireaberry better cake

The spelling and meaning of words can be said to be the first difficulty I met as a beginner. But I found our my own way to deal with them. As to spelling, I never copied a new work again and again to remember it but tried to find its relevance to the sound. In fact, as long as I can read the word out, I can write it out.

图4−109　在文本框中粘贴首段文字

⑥ 接下来在右侧文本框下添加辅助信息，所用字体是 Times New Roman，读者可参照图 4−112 和图 4−113 自行制作，此时版面效果如图 4−114 所示。

⑦ 版面右侧编辑完成，现在开始左侧的文字编排。首先沿着参考线用**T**（文字工具）创建一个矩形文本框，如图 4−115 所示，然后按快捷键〈Ctrl+T〉，在打开的“字符”面板中设置第 3 种正文字符，参数如图 4−116 所示，接着在文本框中粘贴前 4 行文字，如果文本自动居左排列就单击选项栏右侧的▤（右对齐）按钮，使它居右对齐排列，如图 4−117 所示。

图4-110 设置第2种正文字符参数

spelling, I never copied a new work again and again to remember it but tried to find its relevance to the sound. In fact, as long as I can read the word out, I can write it out.

Grammar may be another difficulty.

1 But I have also got over it. I have not read lots of grammar books. But I spent much time reading at the articles written by native speakers or specialis in English. By doing so.

2 Finally, I want to say that overcoming all these difficulties requires perseverance. In the past seven years I spent at least an hour on English each day. I believe this is an important reason why I am able to make progress in learning .

3 Most of us have had an experience which reminds us the world is getting smaller. Perhaps when you went to some place far away from the city you live in and thought you knew nobody there, you were surprised to find that you ran into one of your old classmates on the street! Then both of you cried out, "What a small seat.

4 Why is the world getting smaller and smaller? For one thing, modern technology has at home a created various means of transportation. And there are more and more available. Buses, trains, planes and taxis are found in most cities of the world. They carry goods and passengers to and one of therey from every corner of the world. For another thing, with the development of modern society, people are in contact with one another more frequently. Everyday we must deal with a lot of people .

图4-111 在文本框中粘贴其余段落文字

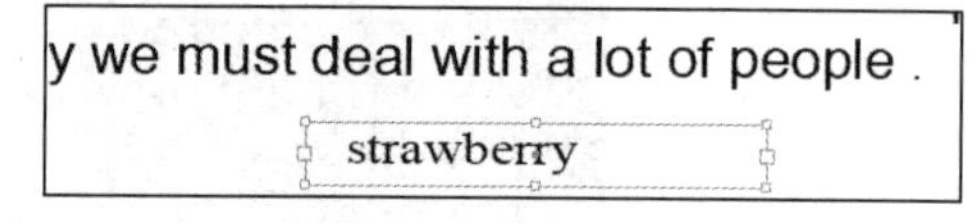

图4-112 辅助信息1效果

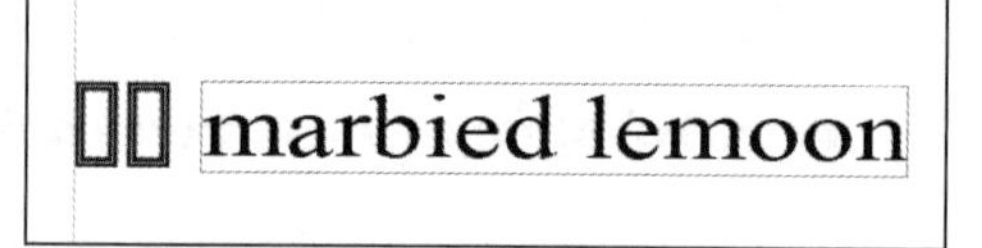

图4-113 辅助信息2效果

图4-114 右侧文本框版面效果

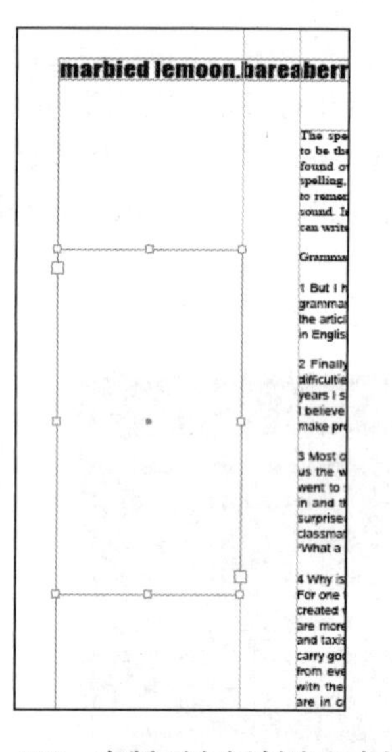

图4-115 在版面左侧创建文本框

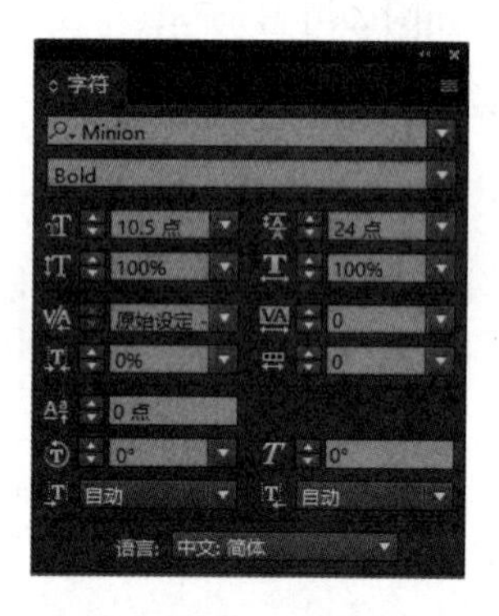

图4-116 设置第3种正文字符参数

⑧ 在“字符”面板中设置第 4 种正文字符参数，如图 4-118 所示，最后将剩余的文本用这两种字符参数交叉输入文本框中，并将文字的对齐方式设为右对齐，效果如图 4-119 所示。

⑨ 最后，在总标题的下方用工具箱中的（椭圆工具）绘制一些辅助图形，如图 4-120 所示；然后将其“描边”和“填色”都设置为紫红色［参考色值为：CMYK（9，95，0，0）］。这样，右页版面的编辑就全部完成了，效果如图 4-121 所示。

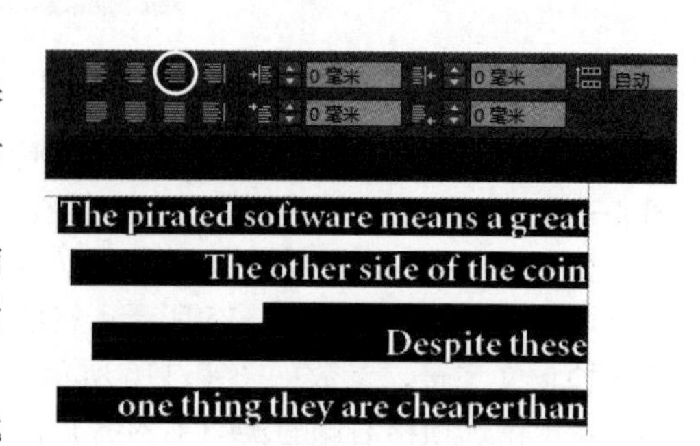

图4-117 在文本框中粘贴前4行文字

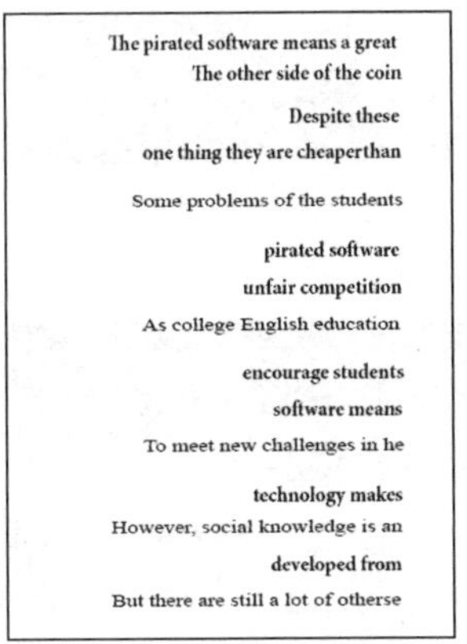

图4−118　设置第4种正文字符参数　图4−119　左侧文本框最后效果　　图4−120　标题下方辅助图形效果

⑩ 至此，这个简单版面的编辑全部完成，可见整个版面是以清新简洁为主，没有过于花哨的杂乱信息与图形，只求清晰地将产品信息陈述出来，将产品的形象重点突出出来。版面最终效果如图 4−122 所示。

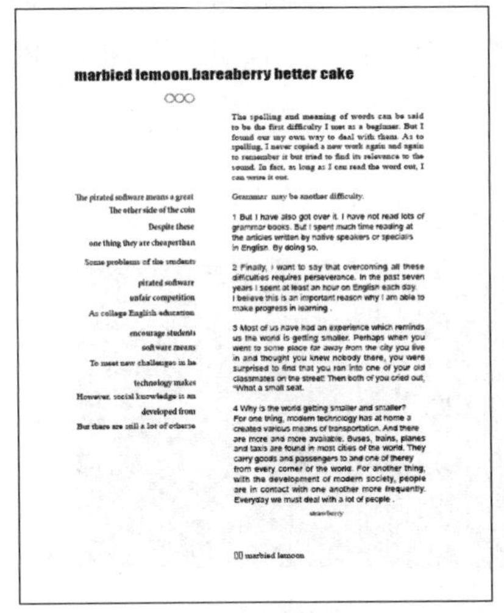

图4−121　右页整体效果

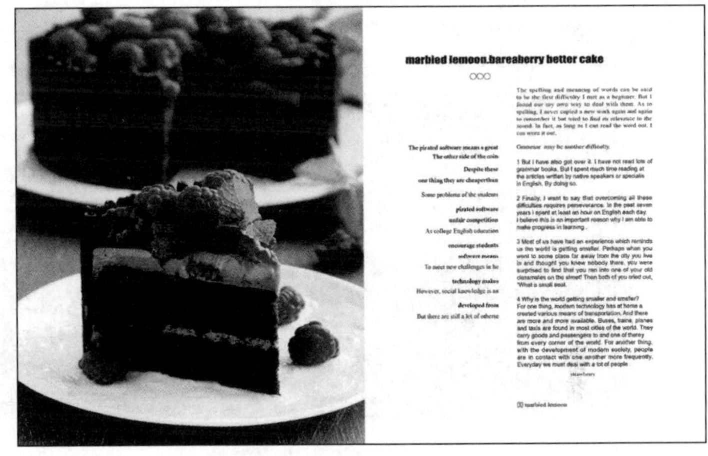

图4−122　版面最终效果

⑪ 执行菜单中的“文件 | 存储”命令，将文件进行存储。然后执行菜单中的“文件 | 打包”命令，将所有相关文件进行打包。

4.8.2　旅游广告多折页设计

要点

本例将制作一个希腊旅游景点的广告折页，如图 4−123 所示。既然是旅游景点，就要以这个地方的文化、美景、美食、风俗为主要元素，因此在折页中要大量出现与之相关的有代表性的图片。通过本例学习应掌握用框架来规范图片的大小、编辑文本等功能的综合应用技能。

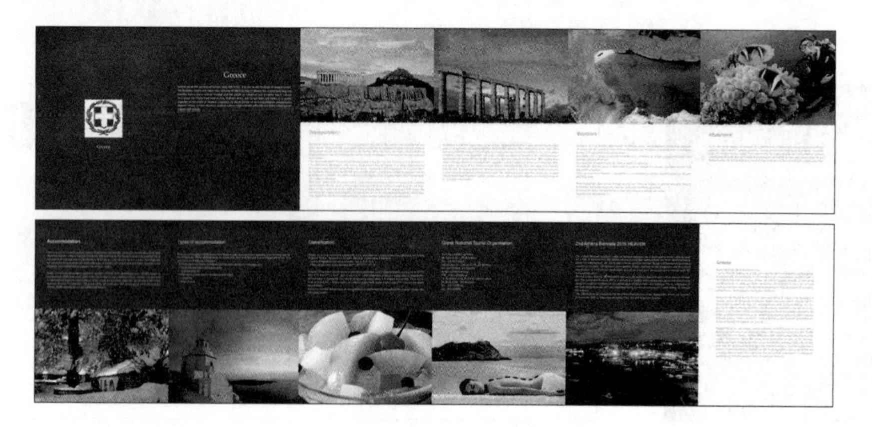

图4-123　旅游广告多折页设计

操作步骤：

① 执行菜单中的“文件｜新建｜ 文档”命令，在弹出的“新建文档”对话框中将“页数”设为13页，页面“宽度”设为150毫米，“高度”设为200毫米，将 “出血”设为3毫米，如图4-124所示。单击“边距和分栏”按钮，在弹出的“边距和分栏”对话框中设置如图4-125所示参数，单击“确定”按钮。接着单击工具栏下方的▣（正常视图模式）按钮，使编辑区内显示出参考线、网格及框架状态。

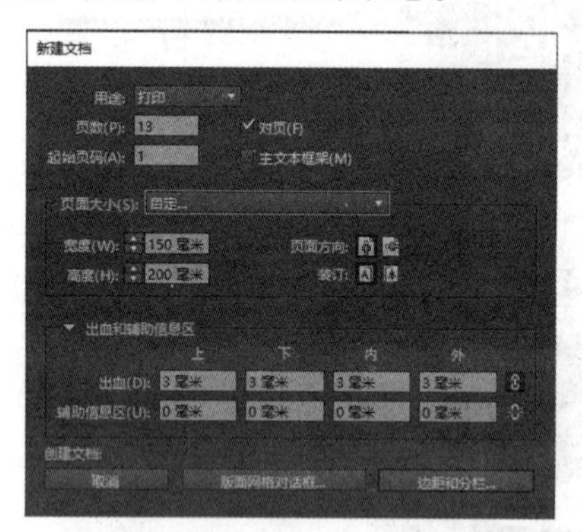

图4-124　在“新建文档”对话框中设置参数

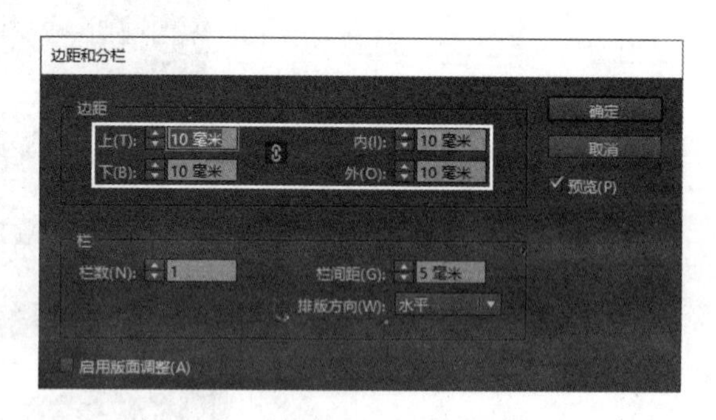

图4-125　设置边距和分栏

② 由于制作的是折页，因此与以往采取的常规两页双联的页面排列方式不同，需要将6页连续排列在一起，呈现出折页模式。方法：选中要保留的第2～13页，如图4-126所示，然后单击“页面”面板右上角的▤按钮，在弹出菜单中将“允许选定的跨页随机排布”名称前的“✓”取消，此时页面显示效果如图4-127所示。接着选中第1页，单击“页面”面板右上角的▤按钮，在弹出菜单中选择“删除跨页”命令，将第1页进行删除，此时页面面板的显示效果如图4-128所示。

③ 将剩余的12页创建多页面（折页式）跨页。由于折页都是正反面印刷，这里要创建成2个6页连续跨页，一个是折页的正面，一个是折页的背面。下面在跨页中通过拖动的方式调整页面布局，如图4-129所示，此时整个版面效果如图4-130所示。

④ 制作折页正面第1页和第2页的背景。方法：首先利用工具箱中的▣（矩形工具）在正面6页跨页左起第1和第2页中绘制一个填色为深蓝色[参考色值为：CMYK（100，80，40，0）]，描边为☒（无色）的矩形作为第1页和第2页的背景，效果如图4-131所示，然后执行菜单中的“对象｜锁定”命令，将其锁定。

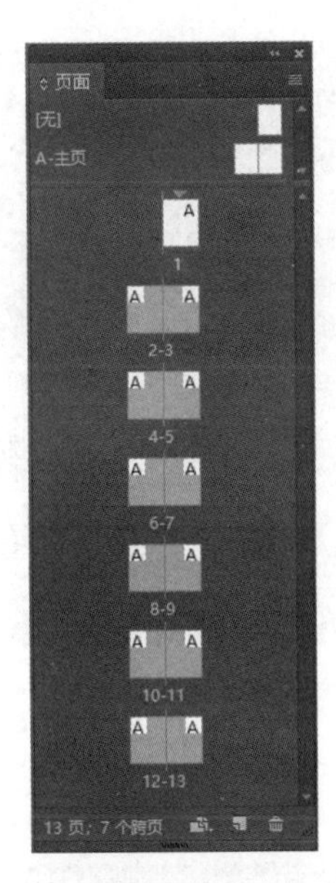

图4-126　选中要保留的双页

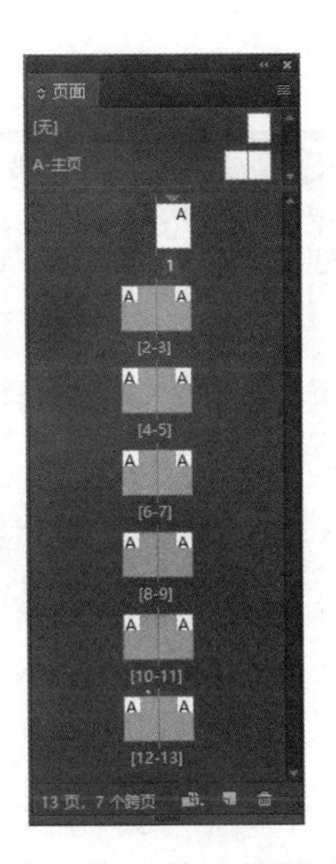

图4-127　页面显示效果

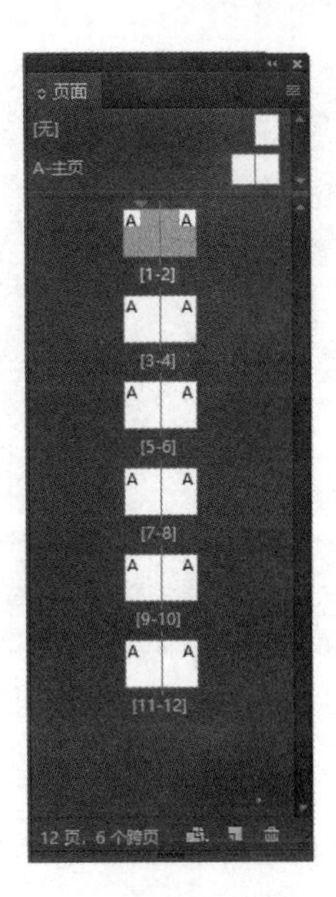

图4-128　删除第1页后的效果

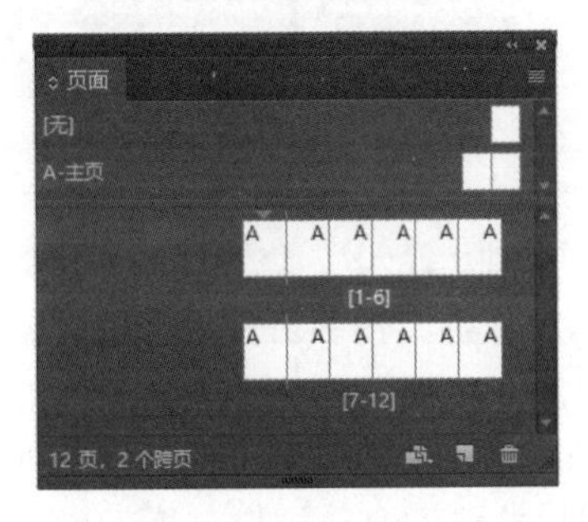

图4-129　7页连续跨页页面面板显示效果

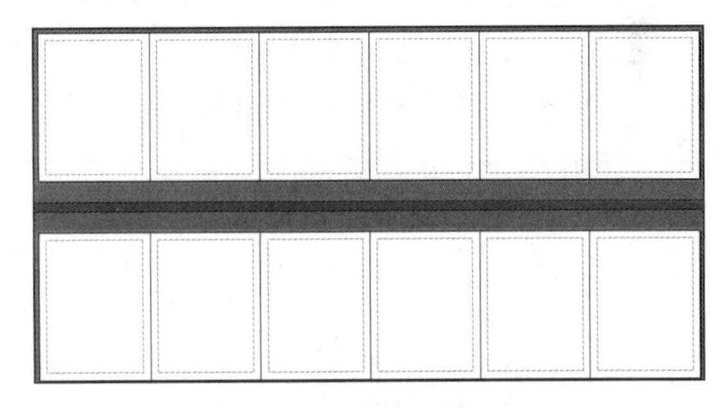

图4-130　调整后的版面效果

⑤ 制作折页正面第 1 页。方法：执行菜单中的“文件 | 置入”（快捷键〈Ctrl+D〉）命令，在折页正面第 1 页中置入资源中的“素材及结果 \4.8.2 旅游广告多折页设计 \‘旅游广告多折页设计’文件夹 \Links\logo.tif”图片，然后将其中心对齐，如图 4-132 所示。接着在“字符”面板中设置如图 4-133 所示，再在标志下方输入白色文字“Greece”，并将其水平居中对齐，效果如图 4-134 所示。至此，折页正面第 1 页制作完毕，整体效果如图 4-135 所示。

图4-131　将正面7页跨页的第1、2页填充为蓝色

图4-132　置入“logo.tif”图片并中心对齐

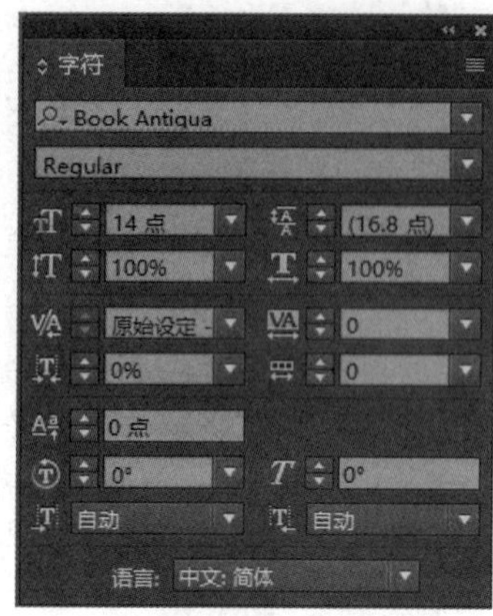

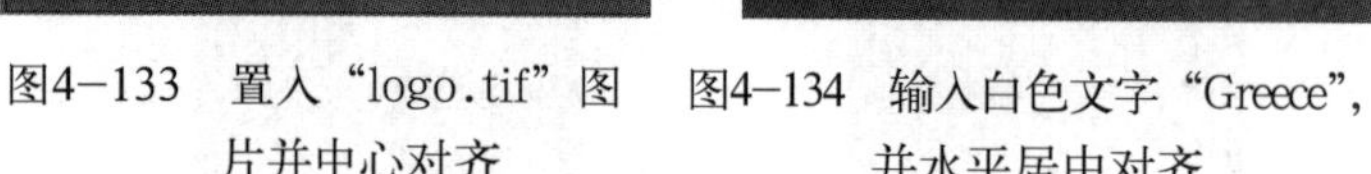

图4-133　置入“logo.tif”图片并中心对齐　　图4-134　输入白色文字“Greece”，并水平居中对齐　　图4-135　正面第1页整体效果

⑥ 在折页正面第 3 页中置入图像。方法：选择工具箱中的（矩形框架工具），然后在页面（正面左起第 3 页）空白处单击，在弹出的对话框中将“宽度”设置为 150 毫米，“高度”设置为 106 毫米，如图 4-136 所示，单击“确定”按钮，形成矩形框架。接着将矩形框架移至第 3 页的上方，如图 4-137 所示。

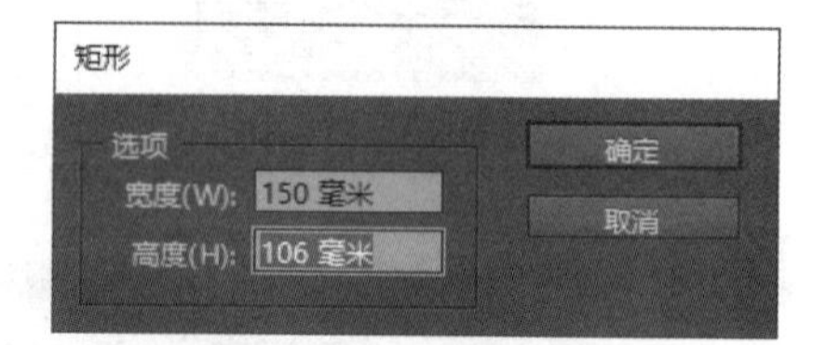

图4-136　设置矩形框架参数

⑦ 利用（选择工具）选择框架，然后执行菜单中的“文件 | 置入”（快捷键〈Ctrl+D〉）命令，在弹出的对话框中选择资源中的“素材及结果 \4.8.2 旅游广告多折页设计 \‘旅游广告多折页设计’文件夹 \Links\1.jpg”图片，如图 4-138 所示，单击“打开”按钮，从而将“1.jpg”置入矩形框架，效果如图 4-139 所示。接着执行菜单中的“对象 | 适合 | 按比例填充框架”命令 [或在控制面板中单击（按比例填充框架）按钮]，使图片按比例自动拉撑与框架大小一致，效果如图 4-140 所示。

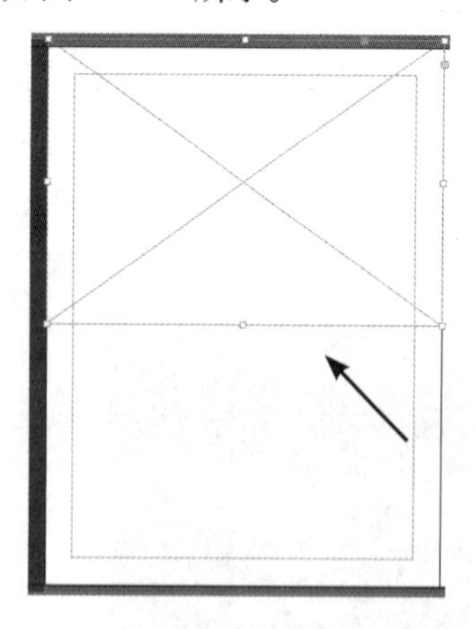

图4-137　将矩形框架移至页面上方

图4-138　选择“1.jpg”图片

⑧ 同理，在折页正面第 4 ～ 6 页的上方分别绘制 3 个矩形框架（其中第 4、5 页矩形框架与第 3 页中矩形框架等大，尺寸为 150 毫米 ×106 毫米；第 6 页矩形框架由于要考虑右侧 3 毫米出血，所以尺寸为 153 毫米 ×106 毫米），然后分别在 3 个框架中置入资源中的“素材及结果 \4.8.2

旅游广告多折页设计\‘旅游广告多折页设计’文件夹\Links\2.jpg ~ 4.jpg”图片，接着分别在控制面板中单击（按比例填充框架）按钮，使图片按比例自动拉撑与框架大小一致，此时正面第1 ~ 6页版面效果如图4-141所示。

图4-139 将“1.jpg”置入框架

图4-140 按比例填充框架效果

图4-141 正面第1~6页版面效果

提示

对于框架中的图片可以随时进行替换。方法：利用（直接选择工具）选中框架内容，然后执行菜单中的“文件|置入”命令，在对话框中双击要替换的图片即可。或者打开“链接”面板，选择要替换的图片名称，单击下方的（重新链接）按钮，在打开的“链接信息”对话框中选择更改链接图片，单击“打开”按钮即可更换图片。

⑨ 制作折页背面第1 ~ 5页的背景。方法：首先利用工具箱中的（矩形工具）在背面6页跨页左起第1 ~ 5页中绘制一个填色为深蓝色[参考色值为：CMYK（100，80，40，0）]，描边为（无色）的矩形作为背面第1 ~ 5页的背景，效果如图4-142所示，然后执行菜单中的“对象|锁定”命令，将其锁定。

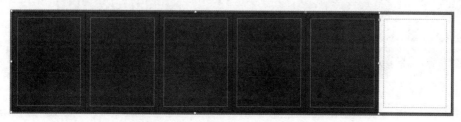

图4-142 制作背面第1~5页的背景

⑩ 在折页背面第 1 页添加与之相对应的图片。方法：利用工具箱中的（矩形框架工具）在折页背面第 1 页（文档第 7 页）中创建一个“宽度”为 153 毫米，“高度”为 106 毫米的矩形框架。然后将框架移至折页背面第 1 页（文档第 7 页）的下方，如图 4-143 所示。接着执行菜单中的“文件 | 置入”命令，在弹出的对话框中选择资源中的“素材及结果 \4.8.2 旅游广告多折页设计 \‘旅游广告多折页设计’文件夹 \Links\5.jpg”图片，如图 4-144 所示，单击“打开”按钮，从而将“5.jpg”置入矩形框架。最后执行菜单中的“对象 | 适合 | 按比例填充框架”命令 [或在控制面板中单击（按比例填充框架）按钮]，使图片按比例自动拉撑与框架大小一致，效果如图 4-145 所示。

图4-143　将框架移至折页背面第1页（文档第7页）的下方

⑪ 同理，在折页背面第 2 ~ 5 页（文档第 8 ~ 11 页）的下方分别绘制 4 个 150 毫米 ×106 毫米的矩形框架，然后分别在 3 个框架中置入资源中的“素材及结果 \4.8.2 旅游广告多折页设计 \‘旅游广告多折页设计’文件夹 \Links\6.jpg ~ 9.jpg”图片，接着分别在控制面板中单击（按比例填充框架）按钮，使图片按比例自动拉撑与框架大小一致，此时折页背面整体版面效果如图 4-146 所示，多折页整体版面效果如图 4-147 所示。

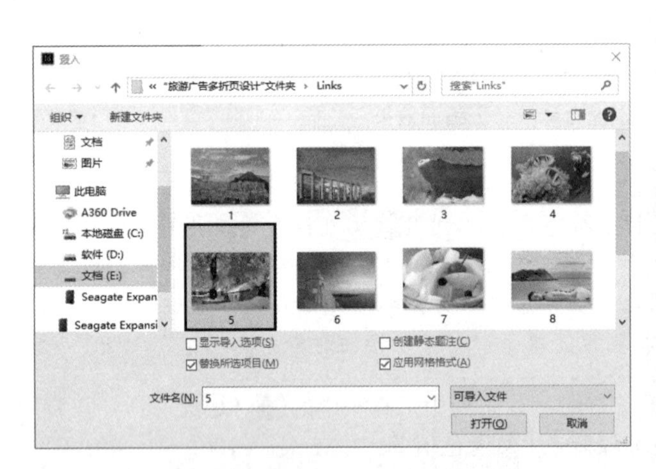

图4-144　选择“5.jpg”图片

图4-145　按比例填充框架效果

图4-146　折页背面整体版面效果

图4-147　多折页整体版面效果

⑫ 图像处理完毕，接下来开始编辑每个单页上的文字信息。首先开始折页正面第 2 页的文字编辑。方法：利用（文字工具）在第 2 页中上方创建一个文本框，然后在“字符”面板中设置如图 4-148 所示，再在文本框中输入白色文字“Greece”，并水平居中对齐，效果如图 4-149 所示。接着在其下方创建一个矩形文本框，再在“字符”面板中设置如图 4-150 所示，最后在文本框中输入辅助信息，效果如图 4-151 所示。至此，折页正面第 2 页的文字编辑完毕，整体效果如图 4-152 所示。

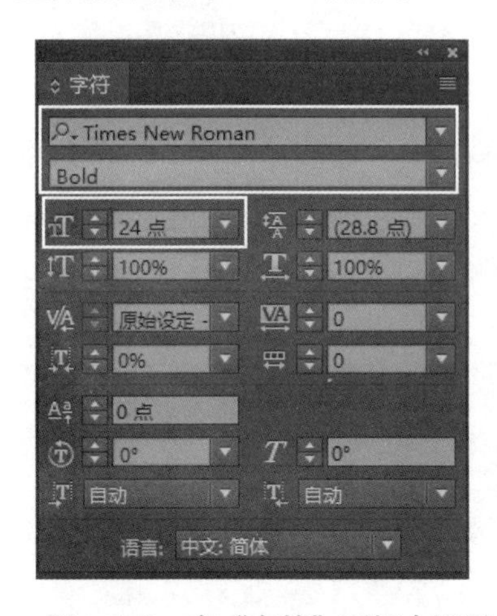

图4-148　在“字符”面板中设置字符参数

图4-149　输入白色文字“Greece”，并水平居中对齐

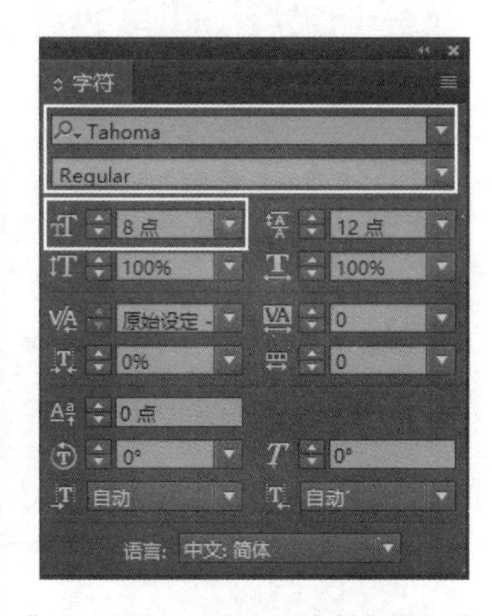

图4-150　在“字符”面板中设置字符参数

⑬ 现在开始正面第 3 页的文字信息编排。方法：利用（文字工具）在第 3 页图片下方创建一个文本框，然后在“字符”面板中设置如图 4-153 所示，再在文本框中输入文字“Transportation”，字色设为天蓝色［参考色值为 CMYK（75，20，15，0）］。接着在“对齐”面板中选择（对齐边距），再单击（左对齐）按钮，从而将文字与边距左对齐，效果如图 4-154 所示。最后在其下方创建一个矩形文本框，在“字符”面板中设置如图 4-155 所示，

再在文本框中输入辅助信息，并将其与边距左对齐，效果如图 4−156 所示。至此，折页正面第 3 页的文字编辑完毕，整体效果如图 4−157 所示。

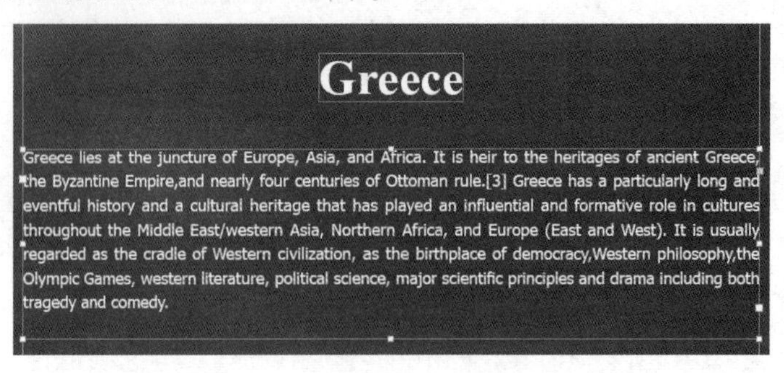

图4−151　在文本框中输入辅助信息

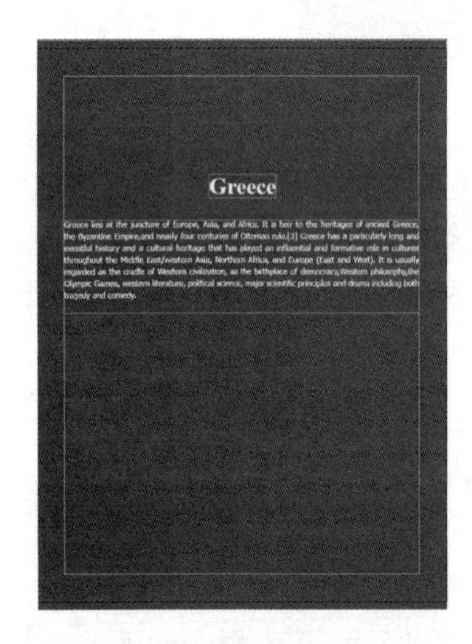

图4−152　折页正面第2页整体效果

图4−153　在“字符”面板中设置字符参数

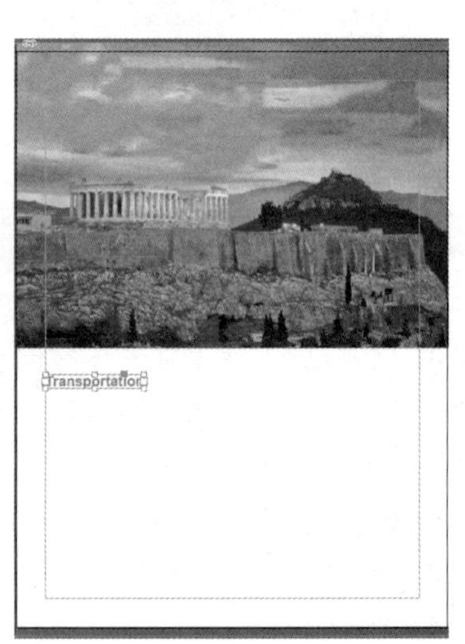

图4−154　输入白色文字“Transportation”

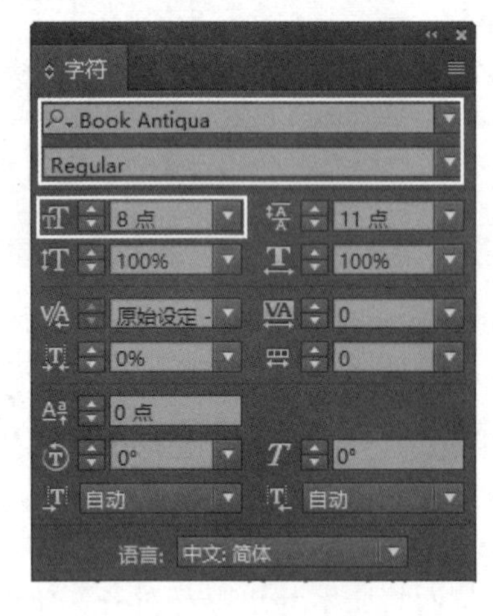

图4−155　在“字符”面板中设置字符参数

Transportation

During the past few decadew the transportation network of the country was modernised and impressively upgraded and, as a result, Greece today has an integrated transportation structure allowing for fast and safe travelling all over the country. Moreover, new projects are continuously being programmed, so that the infrastructures of the transportation grid of the country become more and more reliable.
The operation of the Rio-Andirrio Bridge (connecting the western Peloponnese with western Central Greece), the longest cable-stayed suspension bridge in Europe, is of great importance for the improvement of road transportation in Greece. Parts of the closed motorway of "Egnatia Odos" in Northern Greece (total length 680 km) are still under construction, while interventions for the development of PATHE - the central road axis connecting the cities of Patras, Athens, and Thessalonica - are extremely important.
Moreover, in the field of sea transport, works are progressing in order to improve the existing infrastructure in many ports of the country, and especially those of Piraeus and Rafina, the two basic ports for the connection of the Greek mainland with the islands of the Aegean and with Crete. The airports of the country were radically modernised, and so was the railroad network, where existing lines were upgraded, new ones created and highly modern and fast-rolling stock was introduced.

图4−156　在文本框中输入辅助信息

⑭ 由于剩余的第 4 ~ 6 页正面单页都与此单页版式相同，因此读者可参照图 4-158 自行编排。一个快捷的方法是进行文本块复制，然后粘贴入不同的文本内容。至此，折页正面版面制作完毕，整体效果如图 4-159 所示。

⑮ 现在开始折页背面第 1 页（文档第 7 页）的文字信息编排。方法：利用（文字工具）在折页背面第 1 页图片上方创建一个文本框，然后在“字符”面板中设置如图 4-160 所示，再在文本框中输入文字“Accommodation”，字色设为白色 [参考色值为 CMYK（0，0，0，0）]。接着在“对齐”面板中选择（对齐边距），再单击（左对齐）按钮，从而将文字与边距左对齐，效果如图 4-161 所示。最后在其下方创建一个矩形文本框，在“字符”面板中设置如图 4-162 所示，再在文本框中输入辅助信息，并将其与边距左对齐，效果如图 4-163 所示。至此，折页背面第 1 页（文档第 7 页）的文字编辑完毕，整体效果如图 4-164 所示。

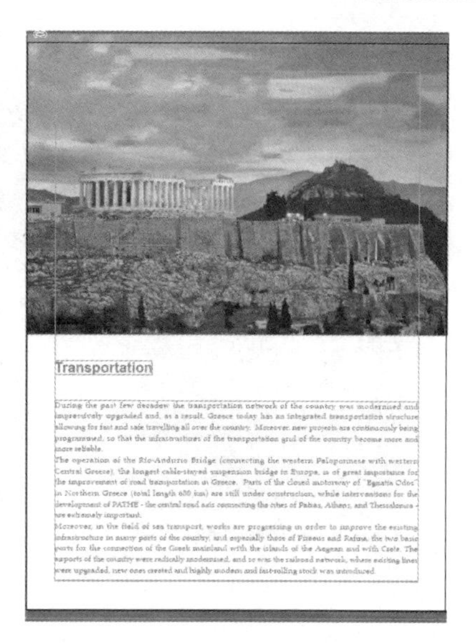

图4-157　折页正面第3页整体效果

⑯ 折页背面的第 2 ~ 5 页（文档第 8 ~ 11 页）都与此单页版式相同，读者可参照图 4-165 自行编排。

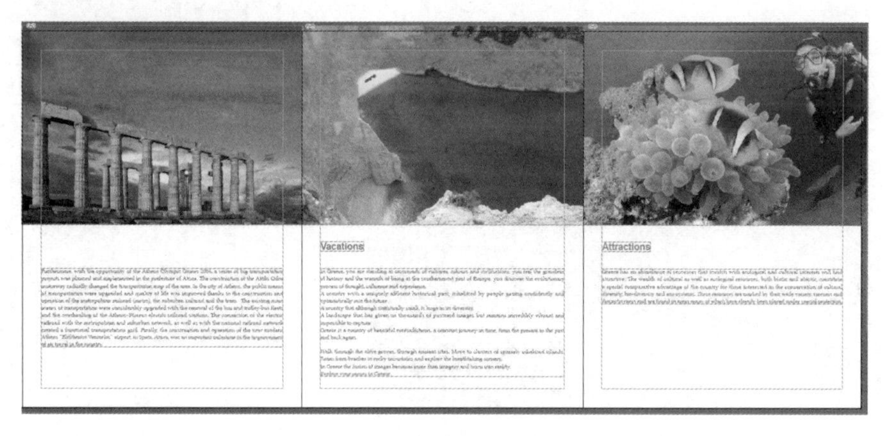

图4-158　折页正面第4~6页整体效果

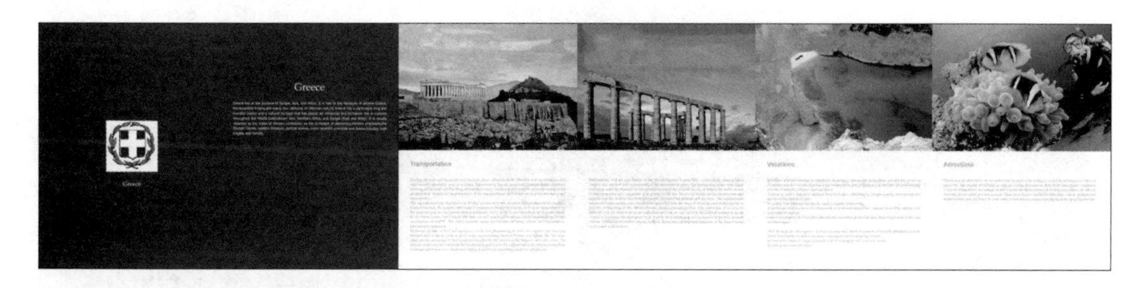

图4-159　多折页正面整体版面效果

⑰ 折页背面最后一页的文字信息都是一些辅助信息，读者可参照图 4-166 自行编排。

⑱ 至此，旅游广告多折页版面编排全部完成，最终效果如图 4-167 所示。

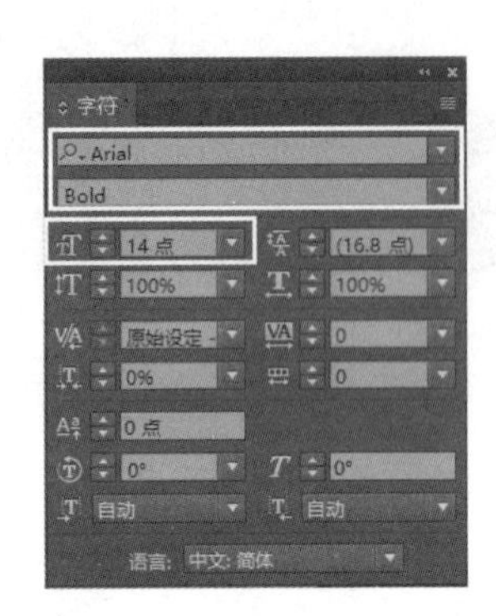

图4-160　在“字符”面板中设置字符参数

图4-161　在文本框中输入文字

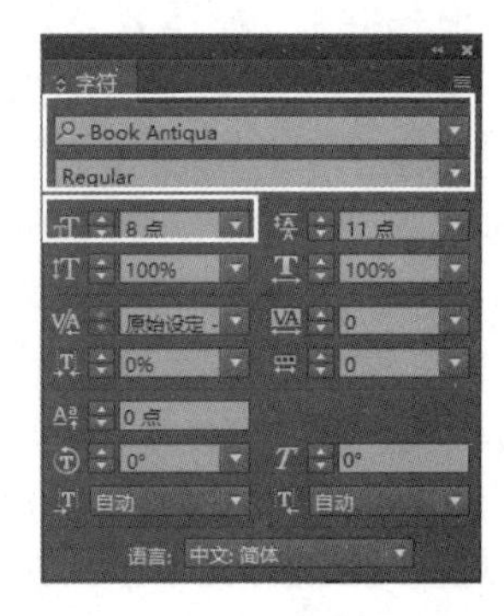

图4-162　在“字符”面板中设置字符参数

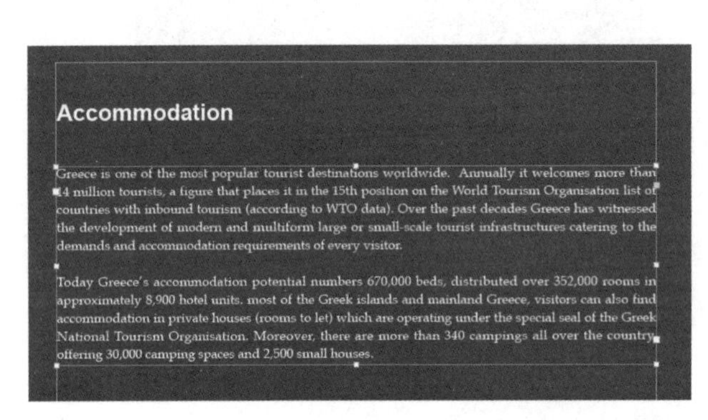

图4-163　在文本框中输入辅助信息

图4-164　折页背面第1页整体效果

图4-165　折页背面第2～5页整体效果

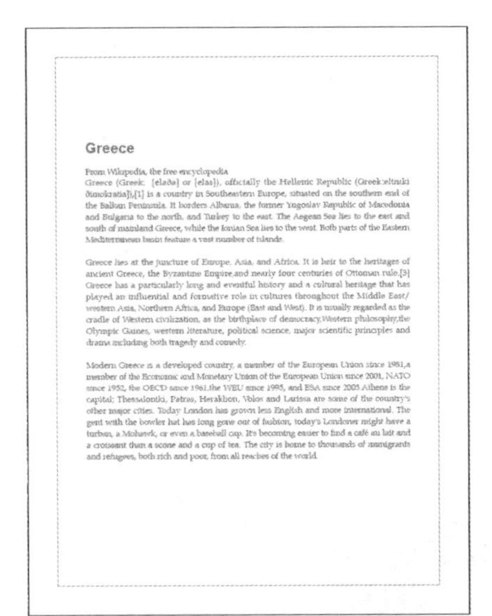

Greece

From Wikipedia, the free encyclopedia
Greece (Greek: [elaða] or [elas]), officially the Hellenic Republic (Greek:eltniki ðimokratia]),[1] is a country in Southeastern Europe, situated on the southern end of the Balkan Peninsula. It borders Albania, the former Yugoslav Republic of Macedonia and Bulgaria to the north, and Turkey to the east. The Aegean Sea lies to the east and south of mainland Greece, while the Ionian Sea lies to the west. Both parts of the Eastern Mediterranean basin feature a vast number of islands.

Greece lies at the juncture of Europe, Asia, and Africa. It is heir to the heritages of ancient Greece, the Byzantine Empire,and nearly four centuries of Ottoman rule.[3] Greece has a particularly long and eventful history and a cultural heritage that has played an influential and formative role in cultures throughout the Middle East/ western Asia, Northern Africa, and Europe (East and West). It is usually regarded as the cradle of Western civilization, as the birthplace of democracy,Western philosophy,the Olympic Games, western literature, political science, major scientific principles and drama including both tragedy and comedy.

Modern Greece is a developed country, a member of the European Union since 1981,a member of the Economic and Monetary Union of the European Union since 2001, NATO since 1952, the OECD since 1961,the WEU since 1995, and ESA since 2005.Athens is the capital; Thessaloniki, Patras, Heraklion, Volos and Larissa are some of the country's other major cities. Today London has grown less English and more international. The gent with the bowler hat has long gone out of fashion, today's Londoner might have a turban, a Mohawk, or even a baseball cap. It's becoming easier to find a café au lait and a croissant than a scone and a cup of tea. The city is home to thousands of immigrants and refugees, both rich and poor, from all reaches of the world.

图4-166 折页背面最后一页的文字信息

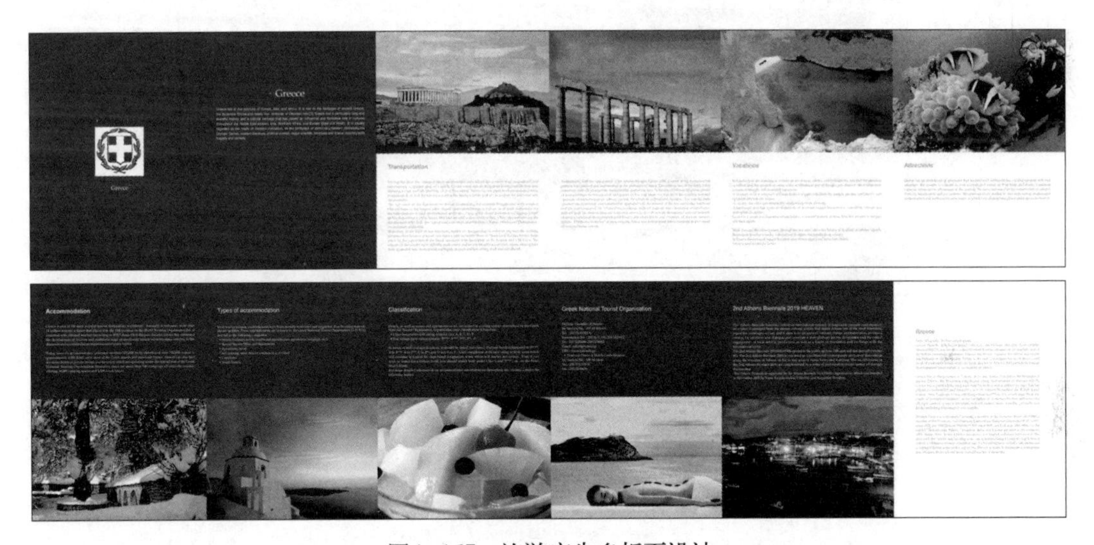

图4-167 旅游广告多折页设计

课后练习

一、填空题

1. InDesign CC 2017 的文本工具包括________、________、________和________4种。

2. 在 InDesign CC 2017 中可以________、________、________、________、________、________、________、________和________9种对齐方式来对齐文本段落。

二、选择题

1. 在“字符”面板中可以设置下列（　　）属性。

A. 行距　　B. 字体　　C. 旋转　　D. 倾斜

2. 下列（　　）属于路径文字的垂直对齐方式。

A. 全角字框上方　　B. 居中　　C. 基线　　D. 水平

三、问答题

1. 简述设置制表符的方法。
2. 简述查找与替换文本的方法。

四、上机题

制作图 4-168 所示的杂志版面效果。

图4-168　杂志版面效果

第5章 文字排版

本章重点

在 InDesign CC 2017 中，用户不仅能够完成一般的文字编辑，还可以对文本、图像、文本框等对象灵活地进行操作。比如为了得到漂亮的版面，可以将文本与图像进行混排；还可以串接文本、选择手动排版方式或自动排版方式、更改文本框架或框架网格属性；还可以通过创建字符和段落样式来方便地管理文字。通过本章的学习，读者应掌握以下内容。

- 掌握文本绕排的方法
- 掌握串接文本的方法
- 掌握文本框架的使用方法
- 掌握复合字体的使用方法
- 掌握字符样式和段落样式的使用方法

5.1 文本绕排

文本绕排是制作精美页面常用的功能之一，通过将适当的图像与文本有效的排列组合，可以大大丰富版面，提高版面的可视性。用户可以在对象周围绕排文本，还可以更改文本绕排的形状等。

5.1.1 在对象周围绕排文本

当对对象应用文本绕排时，InDesign CC 2017 会在对象周围创建一个阻止文本进入的边界，文本所围绕的这个对象为绕排对象。

在 InDesign CC 2017 中，如果能合理处理图文元素之间的关系，将有助于页面的美观和条理。使用图文混排的方式可以将文本绕排在任何对象周围（包括文本框架、导入的图像以及在 InDesign CC 2017 中绘制的对象），还可以创建反转文本绕排。

1. 在简单对象周围绕排文本

在文本绕排对象时，它仅应用于被绕排的对象，而不应用于文本自身。如果用户将绕排对象移近其他文本框架，对绕排边界的任何更改都将保留。绕排文本的操作步骤如下。

① 使用（选择工具）选择文本和要在其周围绕排的对象，如图 5–1 所示。

② 执行菜单中的“窗口 | 文本绕排”命令，打开“文本绕排”面板，如图 5–2 所示。

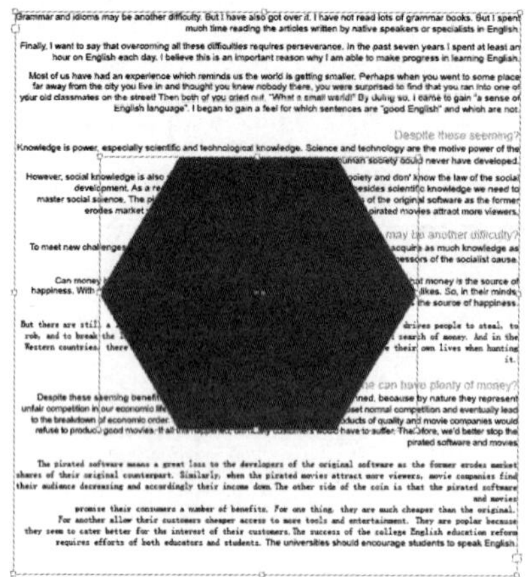

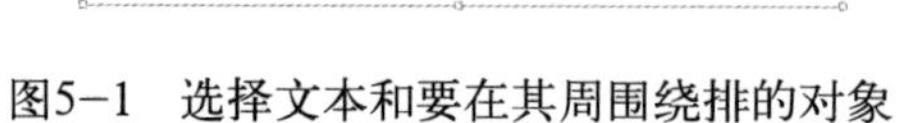

图5-1　选择文本和要在其周围绕排的对象　　　　图5-2　打开“文本绕排”面板

③ 除了系统默认的无环绕方式（此时文本与图像处于重叠状态）外，还有以下几种环绕方式供选择。

- 沿定界框绕排：单击该按钮，可以创建一个矩形绕排，其宽度和高度由所选对象的定界框决定，效果如图 5-3 所示。
- 沿对象形状绕排：单击该按钮，可以创建与所选框架形状相同的文本绕排边界（加上或减去所指定的任何位移距离），效果如图 5-4 所示。

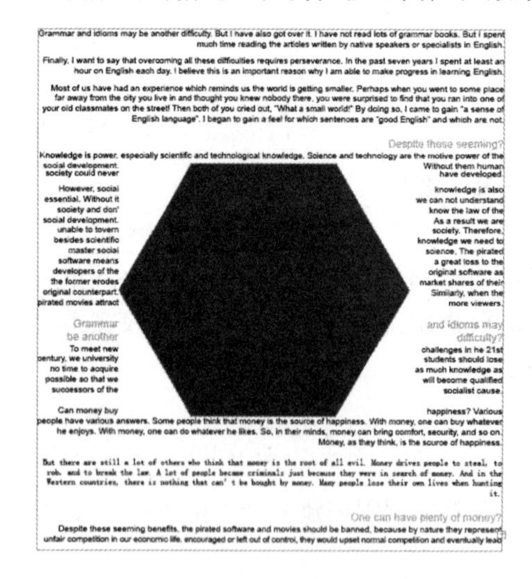

图5-3　沿定界框绕排效果

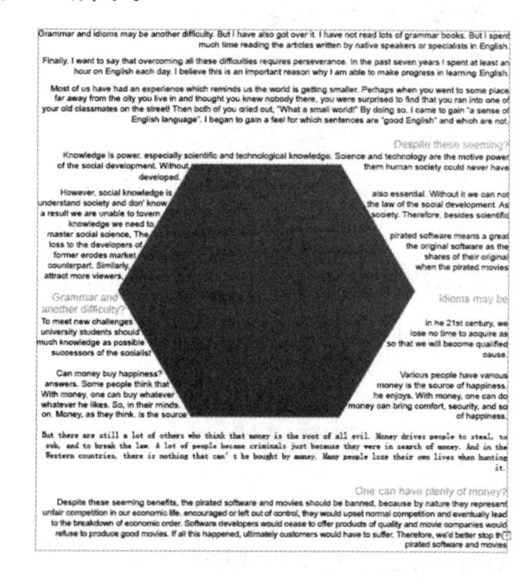

图5-4　沿对象形状绕排效果

- 上下型绕排：单击该按钮，将使文本不会出现在框架右侧或左侧的任何可用空间中，如图 5-5 所示。
- 下型绕排：单击该按钮，将强制周围的段落显示在下一栏或下一文本框架的顶部，效果如图 5-6 所示。

2. 在导入的对象周围绕排文本

在使用沿对象形状绕排文本选项时，用户不仅可以在 InDesign CC 2017 中创建路径对象，

而且可以在导入的图像周围绕排文本。此时用户需要将剪切路径存储到用于创建此图像的应用程序中，然后在 InDesign CC 2017 中执行菜单中的“文件 | 置入”命令，再在弹出的“置入”对话框中选择要导入的素材，并勾选“显示导入选项”复选框，如图 5-7 所示，接着在出现的“EPS 导入选项”对话框中勾选“应用 Photoshop 剪切路径”复选框，如图 5-8 所示。单击“确定”按钮即可将其导入。

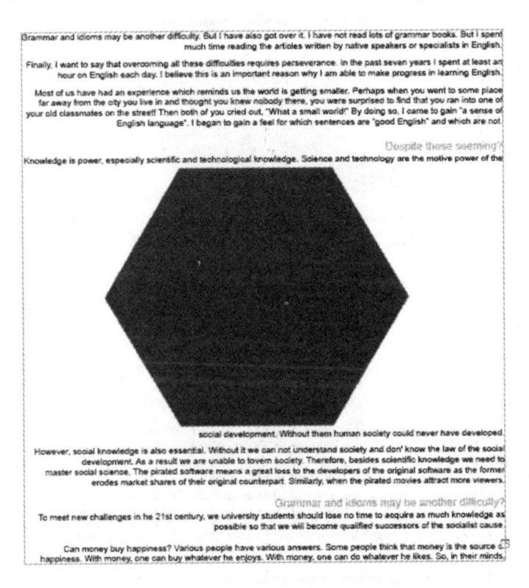

图5-5 上下型绕排效果

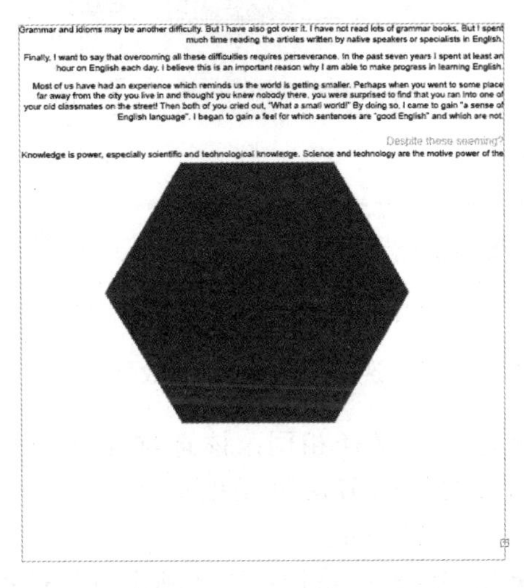

图5-6 下型绕排效果

在“文本绕排”面板中，单击▣（沿对象形状绕排）按钮，在“类型”下拉列表中可以选择图 5-9 所示的几个选项。

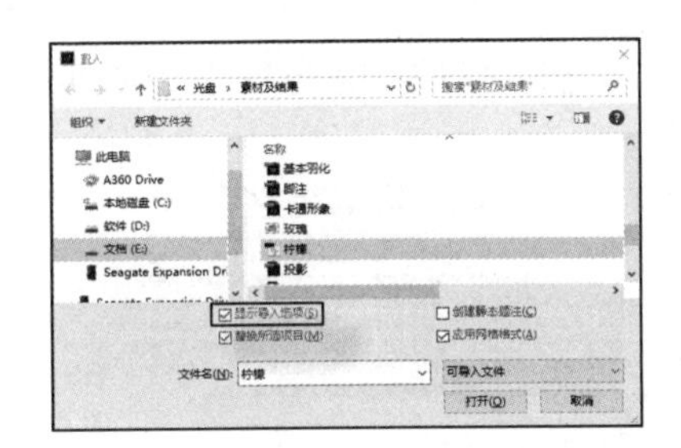

图5-7 勾选“显示导入选项”复选框

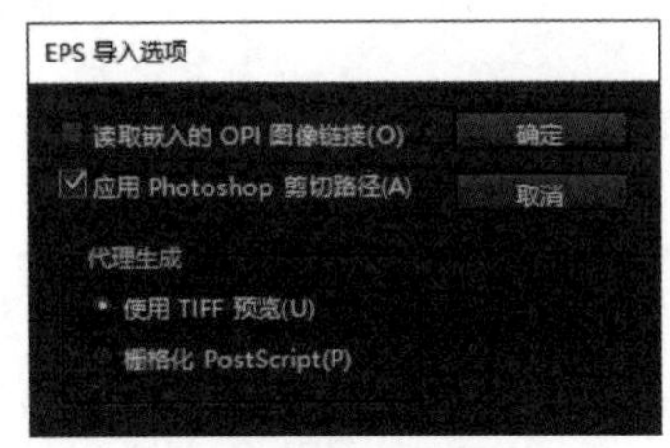

图5-8 勾选“应用Photoshop剪切路径”复选框

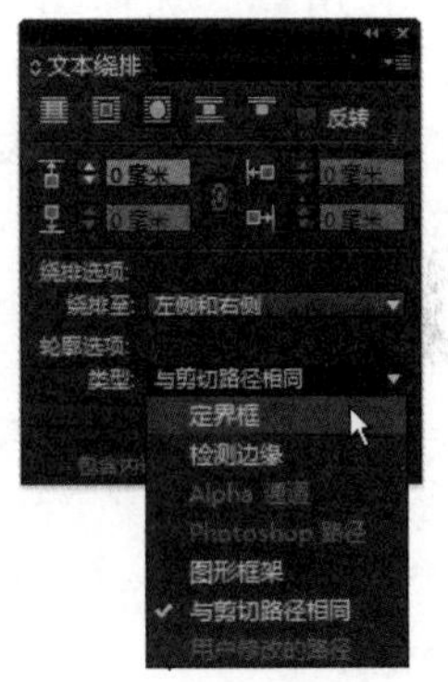

图5-9 “类型”中的相关选项

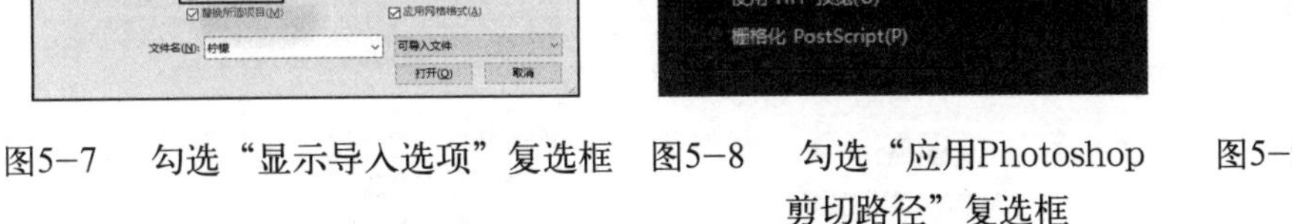

● 定界框：选择该选项，可以将文本绕排至由图像的高度和宽度构成的矩形外，效果如图 5-10 所示。
● 检测边缘：选择该选项，将使用自动边缘检测生成边界，如图 5-11 所示。
● Alpha 通道：该项用于根据图像存储的 Alpha 通道生成边界。如果该选项不可用，则说明该图像存储时不包含 Alpha 通道。
●Photoshop 路径：该选项用于根据图像存储的路径生成边界。
● 图形框架：该选项将根据容器框架生成边界。

图5-10 选择“定界框”的效果

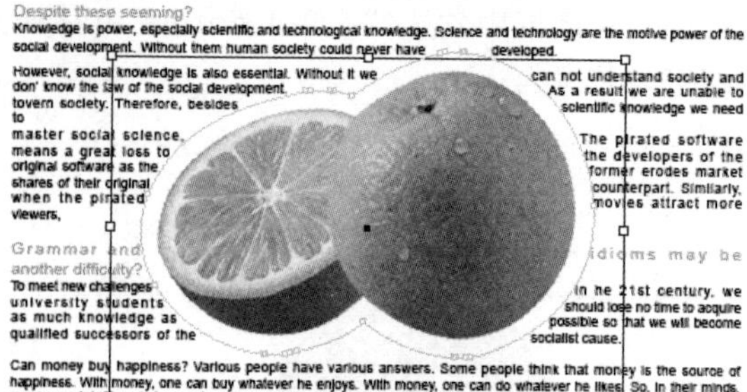

图5-11 选择“检测边缘”的效果

- 与剪切路径相同：该选项用于根据导入图像的剪切路径生成边界，效果如图 5-12 所示。
- 用户修改的路径：该选项用于根据用户修改的路径生成边界。

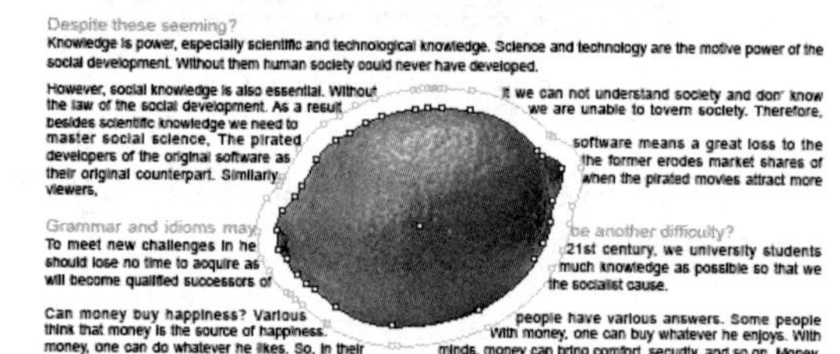

图5-12 选择“与剪切路径相同”的效果

3. 创建反转文本绕排

利用（选择工具）选择文本环绕的对象，如图 5-13 所示，然后在“文本绕排”面板中勾选“反转”复选框，效果如图 5-14 所示。

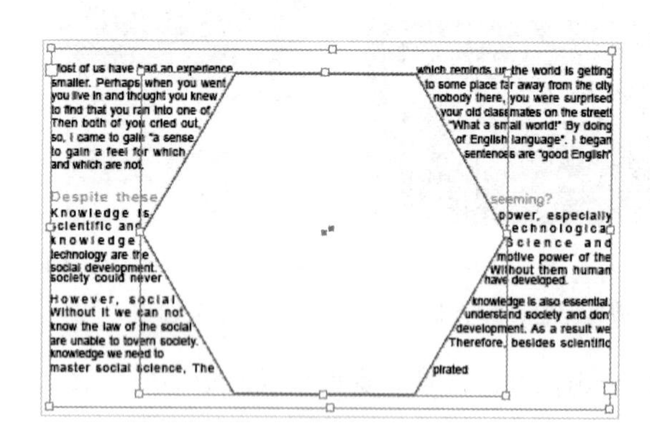

图5-13 选择文本环绕的对象

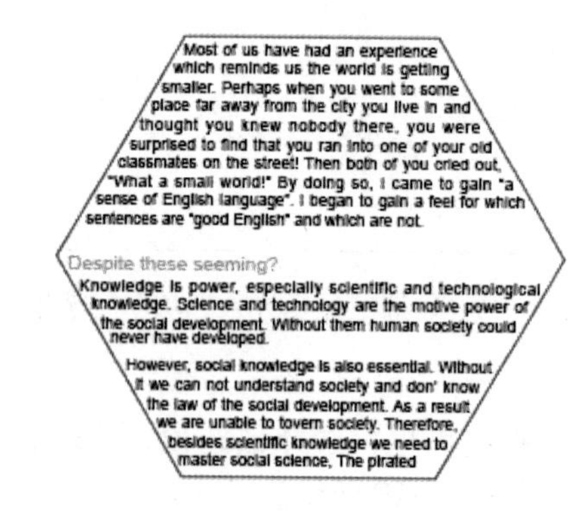

图5-14 勾选“反转”复选框的效果

5.1.2 更改文本绕排的形状

当用户对文本绕排的形状不满意时，可以通过使用（直接选择工具）调整锚点的位置来修改对象的形状，或者利用（钢笔工具）添加删除锚点，从而修改对象的形状。

5.2 串接文本

串接文本框架在文本排版过程中使用较多。因为框架中的文本可独立于其他框架，也可在多个框架之间连续排文。这样，一篇独立的文章就能够通过多个文本框架连续排列，而连接的框架可位于同一页或跨页，也可位于文档的其他页。在框架之间连接文本的这一过程称为串接文本。简单地说，串接文本就是指一连续的文字分别显示在不同的文字框中。

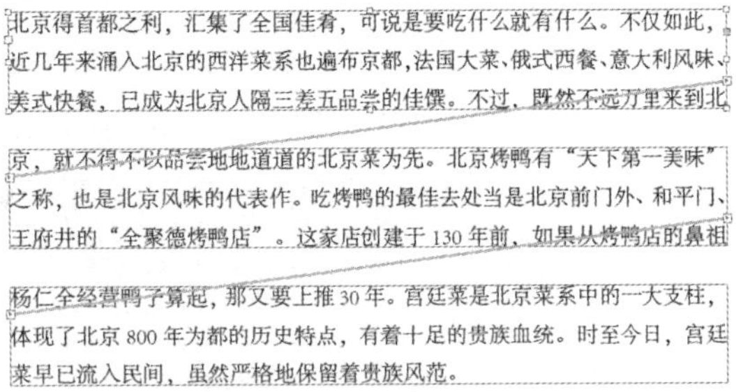

执行菜单中的“视图|其他|显示文本串接”命令，查看框架的串接情况，如图 5−15 所示。

北京得首都之利，汇集了全国佳肴，可说是要吃什么就有什么。不仅如此，近几年来涌入北京的西洋菜系也遍布京都，法国大菜、俄式西餐、意大利风味、美式快餐，已成为北京人隔三差五品尝的佳馔。不过，既然不远万里来到北

京，就不得不以品尝地地道道的北京菜为先。北京烤鸭有“天下第一美味”之称，也是北京风味的代表作。吃烤鸭的最佳去处当是北京前门外、和平门、王府井的“全聚德烤鸭店”。这家店创建于 130 年前，如果从烤鸭店的鼻祖

杨仁全经营鸭子算起，那又要上推 30 年。宫廷菜是北京菜系中的一大支柱，体现了北京 800 年为都的历史特点，有着十足的贵族血统。时至今日，宫廷菜早已流入民间，虽然严格地保留着贵族风范。

图5−15 串接文本

每个文本框架都包含一个入文口和一个出文口，这些端口用来与其他文本框架进行连接。空的入文口或出文口分别表示文章的开头或结尾。 端口中的箭头表示该框架链接到另一框架。出文口中的红色加号（+）表示该文章中有更多要置入的文本，但没有更多的文本框架可放置文本。这些剩余的不可见文本称为溢流文本，如图 5−16 所示。

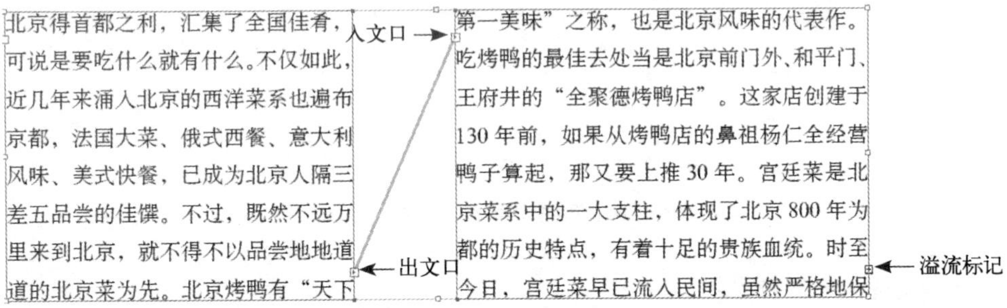

北京得首都之利，汇集了全国佳肴，可说是要吃什么就有什么。不仅如此，近几年来涌入北京的西洋菜系也遍布京都，法国大菜、俄式西餐、意大利风味、美式快餐，已成为北京人隔三差五品尝的佳馔。不过，既然不远万里来到北京，就不得不以品尝地地道道的北京菜为先。北京烤鸭有“天下

第一美味”之称，也是北京风味的代表作。吃烤鸭的最佳去处当是北京前门外、和平门、王府井的“全聚德烤鸭店”。这家店创建于 130 年前，如果从烤鸭店的鼻祖杨仁全经营鸭子算起，那又要上推 30 年。宫廷菜是北京菜系中的一大支柱，体现了北京 800 年为都的历史特点，有着十足的贵族血统。时至今日，宫廷菜早已流入民间，虽然严格地保

入文口

出文口

溢流标记

图5−16 串接文本的构成

5.2.1 产生串接文本

无论文本框架是否包含文本，都可进行串接。产生串接文本的具体操作步骤如下。

① 使用 （选择工具）或 （直接选择工具）选择一个文本框架。

② 单击框架上的入文口或出文口，如图 5−17 所示，此时光标将变为 （载入文本）图标。然后将载入文本图标放置到新文本框架的位置，单击或拖动鼠标，这样框架和框架就成了串接关系，如图 5−18 所示。

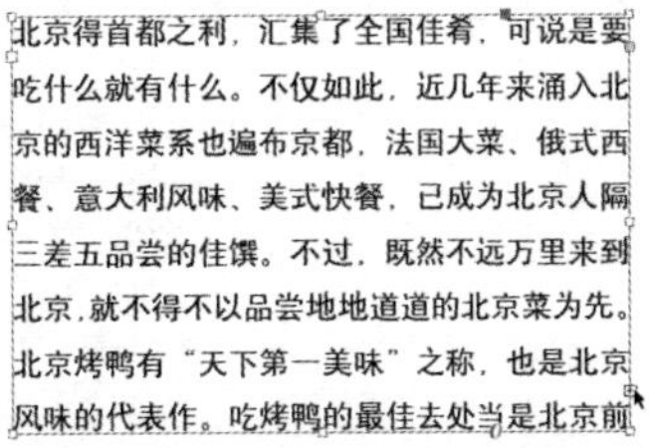

北京得首都之利，汇集了全国佳肴，可说是要吃什么就有什么。不仅如此，近几年来涌入北京的西洋菜系也遍布京都，法国大菜、俄式西餐、意大利风味、美式快餐，已成为北京人隔三差五品尝的佳馔。不过，既然不远万里来到北京，就不得不以品尝地地道道的北京菜为先。北京烤鸭有“天下第一美味”之称，也是北京风味的代表作。吃烤鸭的最佳去处当是北京前

图5−17 单击框架上的出文口

5.2.2 无向串接中添加现有框架

无向串接中添加现有框架的操作步骤如下。

① 使用 （选择工具）或 （直接选择工具）选择一个文本框。

② 单击入文口或出文口，光标将变为 （载入文本）图标。然后将 （载入文本）移动到

要添加的框架上时，(载入文本）图标变为(串接文本）图标，如图 5-19 所示。在要添加的文本框架中单击，即可将现有框架添加到串接中，效果如图 5-20 所示。

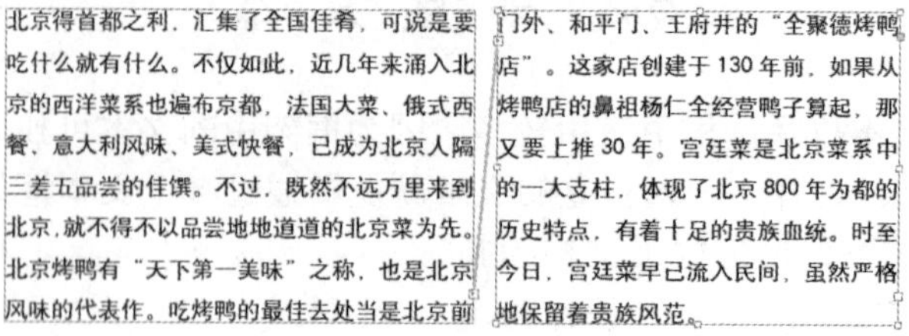

北京得首都之利，汇集了全国佳肴，可说是要吃什么就有什么。不仅如此，近几年来涌入北京的西洋菜系也遍布京都，法国大菜、俄式西餐、意大利风味、美式快餐，已成为北京人隔三差五品尝的佳馔。不过，既然不远万里来到北京，就不得不以品尝地地道道的北京菜为先。北京烤鸭有“天下第一美味”之称，也是北京风味的代表作。吃烤鸭的最佳去处当是北京前

门外、和平门、王府井的“全聚德烤鸭店”。这家店创建于 130 年前，如果从烤鸭店的鼻祖杨仁全经营鸭子算起，那又要上推 30 年。宫廷菜是北京菜系中的一大支柱，体现了北京 800 年为都的历史特点，有着十足的贵族血统。时至今日，宫廷菜早已流入民间，虽然严格地保留着贵族风范。

图5-18　串接的框架

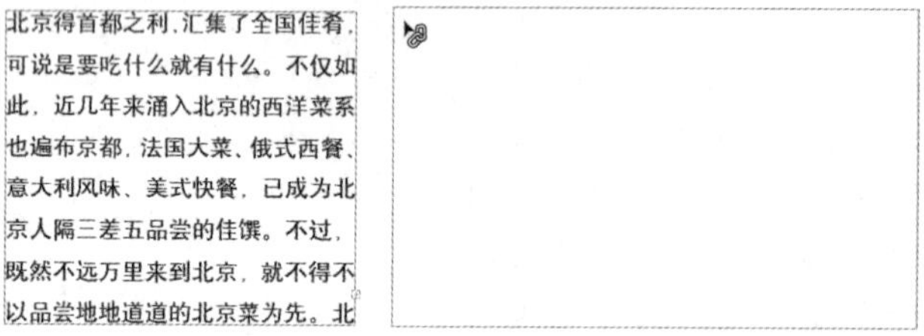

北京得首都之利，汇集了全国佳肴，可说是要吃什么就有什么。不仅如此，近几年来涌入北京的西洋菜系也遍布京都，法国大菜、俄式西餐、意大利风味、美式快餐，已成为北京人隔三差五品尝的佳馔。不过，既然不远万里来到北京，就不得不以品尝地地道道的北京菜为先。北

图5-19　向串接中添加现有框架

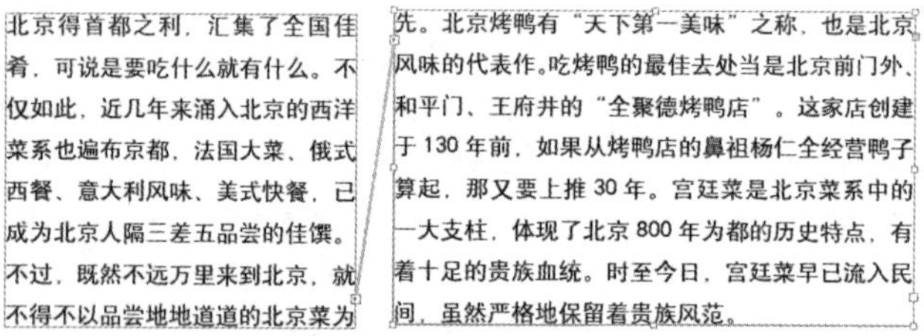

北京得首都之利，汇集了全国佳肴，可说是要吃什么就有什么。不仅如此，近几年来涌入北京的西洋菜系也遍布京都，法国大菜、俄式西餐、意大利风味、美式快餐，已成为北京人隔三差五品尝的佳馔。不过，既然不远万里来到北京，就不得不以品尝地地道道的北京菜为

先。北京烤鸭有“天下第一美味”之称，也是北京风味的代表作。吃烤鸭的最佳去处当是北京前门外、和平门、王府井的“全聚德烤鸭店”。这家店创建于 130 年前，如果从烤鸭店的鼻祖杨仁全经营鸭子算起，那又要上推 30 年。宫廷菜是北京菜系中的一大支柱，体现了北京 800 年为都的历史特点，有着十足的贵族血统。时至今日，宫廷菜早已流入民间，虽然严格地保留着贵族风范。

图5-20　将现有框架添加到串接中

5.2.3　取消串接文本框架

取消串接文本框架时，将断开该框架与串接中的所有后续框架之间的连接。以前显示在这些框架中的任何文本将成为溢流文本（不会删除文本）。所有的后续框架都为空。取消串接文本框架的操作步骤如下。

① 使用(选择工具）或(直接选择工具）单击表示与其他框架的串接关系的入文口或出文口，如图 5-21 所示（例如，在一个由两个框架组成的串接中，单击第一个框架的出文口或第二个框架的入文口）。

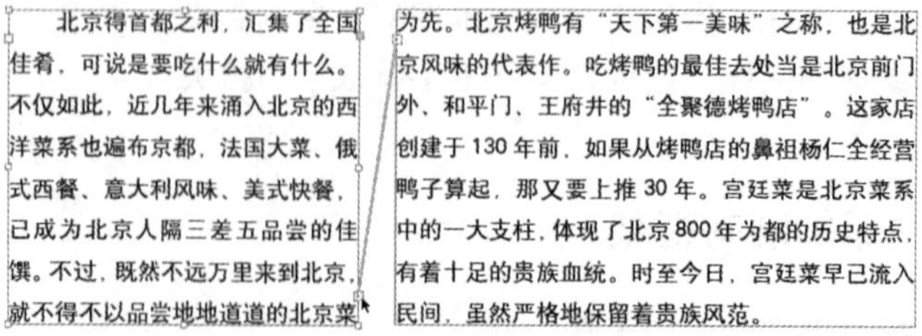

北京得首都之利，汇集了全国佳肴，可说是要吃什么就有什么。不仅如此，近几年来涌入北京的西洋菜系也遍布京都，法国大菜、俄式西餐、意大利风味、美式快餐，已成为北京人隔三差五品尝的佳馔。不过，既然不远万里来到北京，就不得不以品尝地地道道的北京菜

为先。北京烤鸭有“天下第一美味”之称，也是北京风味的代表作。吃烤鸭的最佳去处当是北京前门外、和平门、王府井的“全聚德烤鸭店”。这家店创建于 130 年前，如果从烤鸭店的鼻祖杨仁全经营鸭子算起，那又要上推 30 年。宫廷菜是北京菜系中的一大支柱，体现了北京 800 年为都的历史特点，有着十足的贵族血统。时至今日，宫廷菜早已流入民间，虽然严格地保留着贵族风范。

图5-21　使用(选择工具）单击表示与其他框架的串接关系的出文口

② 将(载入文本）图标放置到上一个框架或下一个框架上，以显示(取消串接）图标，

然后在框架内单击，如图 5−22 所示，即可取消串接文本框架，效果如图 5−23 所示。

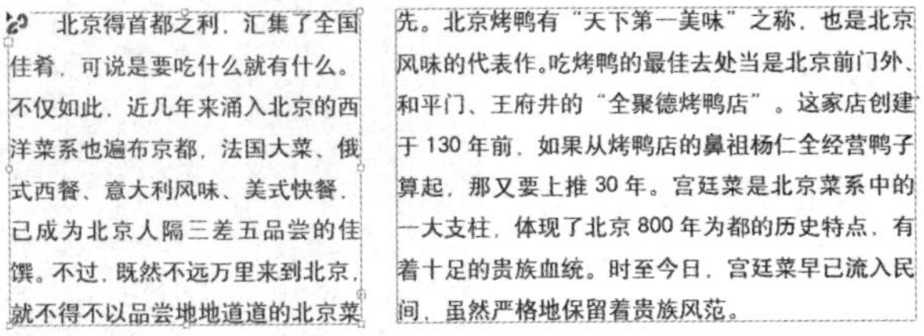

北京得首都之利，汇集了全国佳肴，可说是要吃什么就有什么。不仅如此，近几年来涌入北京的西洋菜系也遍布京都，法国大菜、俄式西餐、意大利风味、美式快餐，已成为北京人隔三差五品尝的佳馔。不过，既然不远万里来到北京，就不得不以品尝地地道道的北京菜

先。北京烤鸭有“天下第一美味”之称，也是北京风味的代表作。吃烤鸭的最佳去处当是北京前门外、和平门、王府井的“全聚德烤鸭店”。这家店创建于 130 年前，如果从烤鸭店的鼻祖杨仁全经营鸭子算起，那又要上推 30 年。宫廷菜是北京菜系中的一大支柱，体现了北京 800 年为都的历史特点，有着十足的贵族血统。时至今日，宫廷菜早已流入民间，虽然严格地保留着贵族风范。

图5−22　利用（取消串接）图标在框架内单击

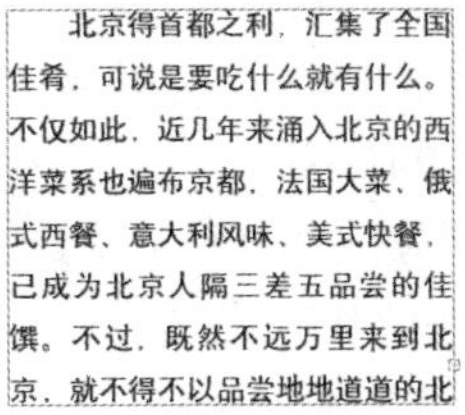

北京得首都之利，汇集了全国佳肴，可说是要吃什么就有什么。不仅如此，近几年来涌入北京的西洋菜系也遍布京都，法国大菜、俄式西餐、意大利风味、美式快餐，已成为北京人隔三差五品尝的佳馔。不过，既然不远万里来到北京，就不得不以品尝地地道道的北

图5−23　取消串接文本框架的效果

5.3　手动排文和半手动排文

在置入文本或者单击入文口或出文口后，光标将变为（载入文本）图标，此时可将文本通过手动方式编排到所需页面中。另外，在光标变为（载入文本）图标时，结合〈Alt〉或〈Shift〉键可进行半自动和自动排文。

1．手动排文

手动排文具有很大的灵活性，可根据需要在出版物非连续的若干页面中放置文本，但它只能一次一个框架地添加文本。当使用该方式排版时，文本将按页面或分栏进行排文，排满一页或一栏后便不再向下排文。如果需要继续排文，则需要在当前文本框架出文口处单击（载入文本）图标后进行操作。

2．半自动排文

半自动排文的工作方式与手动文本排文相似，区别在于每次到达框架末尾时，不用在文本出文口处单击（载入文本）图标，就可以直接在新的页面中单击继续排列文本。当用户在载入文本后，将显示（载入文本）图标，此时按住〈Alt〉键，光标将变为（半自动排文）图标，此时排文就是半自动排文。

3．自动排文

自动排文可在文本没有完全被显示出来的情况下自动添加页面和框架来排文。用户在载入文本后，将显示（载入文本）图标，此时按住〈Shift〉键，光标将变为（自动排文）图标。然后在要进行自动排文的页面中单击，此时文档将自动添加页面和框架，文本将沿页面一直向下排，直到所有文本被显示出来。

5.4　文 本 框 架

在 3.1.2 节中已经简单介绍过文本框架有框架网格和纯文本框架两种类型。框架网格是亚洲语言排版特有的文本框架类型，其中字符的全角字框和间距都显示为网格，并且可以用来进行字数统计；纯文本框架则是不显示任何网格的空文本框架。这两种框架类型是可以转换的。

5.4.1　设置文本框架的常规选项

在调整文本框架时，用户可以通过选择、拖动的方法对其进行直接调整，但是该方法不能

将其分栏，只能对栏宽度进行粗略调整。如果要精确调整文本框中的栏数、内边距、垂直方式等，则需要通过“常规”选项卡进行操作，这样便于用户通过“预览”选项及时查看设置后的效果。

使用（选择工具）选择框架，然后执行菜单中的“对象|文本框架选项”命令，弹出“文本框架选项”对话框，如图 5-24 所示。

提示

按住〈Alt〉键，然后选择工具箱中的（选择工具），双击文本框架，也可以打开“文本框架选项”对话框。

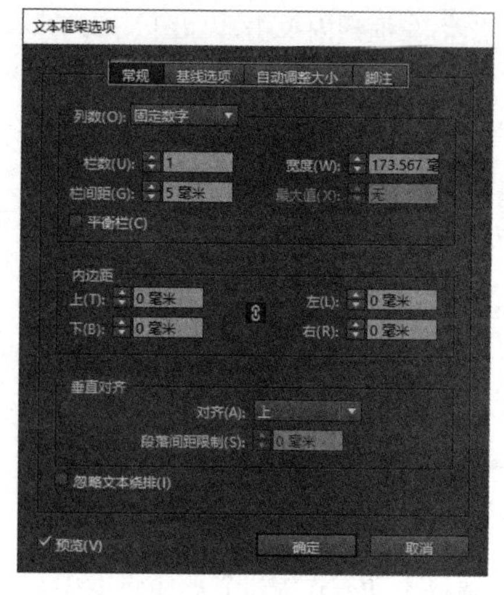

图5-24 “文本框架选项”对话框

1. 列数

在该对话框的“常规”选项卡中，可以通过“列数”选项组设置框架大小。“列数”右侧下拉列表中有“固定数字”“固定宽度”“弹性宽度”3 个选项供选择。当在“列数”右侧选择“固定数字”和“固定宽度”选项时，可以使用数值指定文本框架的栏数、每栏宽度和每栏之间的间距（栏间距）；当在“列数”右侧选择“弹性宽度”选项，设置“最大值”参数，则“宽度”数值会在最大值基础上进行增加，“栏数”也会随着宽度的增加而增加。

勾选“平衡栏”复选框，则文本框中的内容将会平均分布在每个栏中。图 5-25 所示为勾选“平衡栏”复选框后的效果比较。

一、北京
哪些地方的美食好吃 中国10大美食之都介绍
北京得首都之利，汇集了全国佳肴，可说是要吃什么就有什么。不仅如此，近几年来涌入北京的西洋菜系也遍布京都，法国大菜、俄式西餐、意大利风味、美式快餐，已成为北京人隔三差五品尝的佳馔。不过，既然不远万里来到北京，就不得不以品尝地地道道的北京菜为先。北京烤鸭有“天下第一美味”之称，也是北京风味的代表作。吃烤鸭的最佳去处当是北京前门外、和平门、王府井的“全聚德烤鸭店”。这家店创建于 130 年前，如果从烤鸭店的鼻祖杨仁全经营鸭子算起，那又要上推 30 年。宫廷菜是北京菜系中的一大支柱，体现了北京 800 年为都的历史特点，有着十足的贵族血统。时至今日，宫廷菜早已流入民间，虽然严格地保留着贵族风范。
二、广州
广州人爱吃、会吃，天下闻名，夸张点的说法就是：广州人除了四足的桌子不吃外，什么都吃，于是，麻雀、鹧鸪、穿山甲、蝙蝠、海狗、鼠、猫、狗、蛇、猴、龟……，超过一千种材料可以变成桌上佳肴，甚至不识者误认为“蚂蝗”的禾虫，亦在烹制之列，而且一经厨师之手，顿时就变成异品奇珍、美味佳肴，令中外人士刮目相看，十分惊异。
三、天津
哪些地方的美食好吃 中国10大美食之都介绍
天津的饮食文化驰名中外，不少到天津旅游的人都是奔着吃去的。天津菜已有三百多年历史，上千个品种，烹饪技术以鲜咸为主，主料突出，配料考究，色鲜味俱全。另外，在天津的大街小巷，还可以尝到全国各地的风味菜肴。 天津市主要的特色食品街有南市食品街、和平区风味食品街、十月美食街。此外，天津还有一些历史悠久的老字号，如桂顺斋、祥德斋、正兴德茶庄、一品香糕点店、四远香糕点店、杜称奇燕食铺、恩发德羊肉包子铺、起士林西餐厅等。
四、上海
在中国烹饪中，上海烹饪又博采众长，多姿多彩，别具特色，故海内外早就有“吃在上海”之说。上海各帮风味流派纷呈，名菜荟萃，能品尝到上海菜、苏州菜、无锡菜、宁波菜、广州菜、北京菜、四川菜、安徽菜、福建菜、湖南菜、河南菜、山东菜、扬州菜、潮州菜、清真菜和素食菜等佳肴。上海确确实实是美食家的乐园。上海有许多独具特色的“老字号”餐馆，它们都有自己的绝活——特色招牌菜，吸引了海内外众多的美食家。

（a）勾选“平衡栏”复选框前

一、北京
哪些地方的美食好吃 中国10大美食之都介绍
……（与（a）相同的文字）

（b）勾选“平衡栏”复选框后

图5-25 勾选“平衡栏”复选框前后的效果比较

2. 内边距

在“内边距”选项组中，通过设置上、下、左和右的位移距离，可以改变文本与文本框之间的间距。图 5-26 所示为将“内边距”均设为 0 mm 和均设为 3 mm 的效果比较。

一、北京
哪些地方的美食好吃 中国10大美食之都介绍
北京得首都之利，汇集了全国佳肴，可说是要吃什么就有什么。不仅如此，近几年来涌入北京的西洋菜系也遍布京都，法国大菜、俄式西餐、意大利风味、美式快餐，已成为北京人隔三差五品尝的佳馔。不过，既然不远万里来到北京，就不得不以品尝地地道道的北京菜为先。北京烤鸭有“天下第一美味”之称，也是北京风味的代表作。吃烤鸭的最佳去处当是北京前门外、和平门、王府井的“全聚德烤鸭店”。这家店创建于130年前，如果从烤鸭店的鼻祖杨仁全经营鸭子算起，那又要上推30年。宫廷菜是北京菜系中的一大支柱，体现了北京800年为都的历史特点，有着十足的贵族血统。时至今日，宫廷菜早已流入民间，虽然严格地保留着贵族风范。
二、广州
广州人爱吃、会吃，天下闻名，夸张点的说法就是：广州人除了四足的桌子不吃外，什么都吃，于是，麻雀、鹧鸪、穿山甲、蝙蝠、海狗、鼠、猫、狗、蛇、猴、龟……，超过一千种材料可以变成桌上佳肴，甚至不识者误认为“蚂蝗”的禾虫，亦在烹制之列，而且一经厨师之手，顿时就变成异品奇珍、美味佳肴，令中外人士刮目相看，十分惊异。
三、天津
哪些地方的美食好吃 中国10大美食之都介绍
天津的饮食文化驰名中外，不少到天津旅游的人都是奔着吃去的。天津菜已有三百多年历史，上千个品种，烹饪技术以鲜咸为主，主料突出，配料考究，色鲜味俱全。另外，在天津的大街小巷，还可以尝到全国各地的风味菜肴。 天津市主要的特色食品街有南市食品街、和平区风味食品街、十月美食街。此外，天津还有一些历史悠久的老字号，如桂顺斋、祥德斋、正兴德茶庄、一品香糕点店、四远香糕点店、杜称奇蒸食铺、恩发德羊肉包子铺、起士林西餐厅等。
四、上海
在中国烹饪中，上海烹饪又博采众长，多姿多彩，别具特色，故海内外早就有“吃在上海”之说。上海各帮风味流派纷呈，名菜荟萃，能品尝到上海菜、苏州菜、无锡菜、宁波菜、广州菜、北京菜、四川菜、安徽菜、福建菜、湖南菜、河南菜、山东菜、扬州菜、潮州菜、清真菜和素食菜等佳肴。上海确确实实是美食家的乐园。上海有许多独具特色的“老字号”餐馆，它们都有自己的绝活——特色招牌菜，吸引了海内外众多的美食家。

(a) “内边距”均设为 0 mm 的效果

一、北京
哪些地方的美食好吃 中国10大美食之都介绍
北京得首都之利，汇集了全国佳肴，可说是要吃什么就有什么。不仅如此，近几年来涌入北京的西洋菜系也遍布京都，法国大菜、俄式西餐、意大利风味、美式快餐，已成为北京人隔三差五品尝的佳馔。不过，既然不远万里来到北京，就不得不以品尝地地道道的北京菜为先。北京烤鸭有“天下第一美味”之称，也是北京风味的代表作。吃烤鸭的最佳去处当是北京前门外、和平门、王府井的“全聚德烤鸭店”。这家店创建于130年前，如果从烤鸭店的鼻祖杨仁全经营鸭子算起，那又要上推30年。宫廷菜是北京菜系中的一大支柱，体现了北京800年为都的历史特点，有着十足的贵族血统。时至今日，宫廷菜早已流入民间，虽然严格地保留着贵族风范。
二、广州
广州人爱吃、会吃，天下闻名，夸张点的说法就是：广州人除了四足的桌子不吃外，什么都吃，于是，麻雀、鹧鸪、穿山甲、蝙蝠、海狗、鼠、猫、狗、蛇、猴、龟……，超过一千种材料可以变成桌上佳肴，甚至不识者误认为“蚂蝗”的禾虫，亦在烹制之列，而且一经厨师之手，顿时就变成异品奇珍、美味佳肴，令中外人士刮目相看，十分惊异。
三、天津
哪些地方的美食好吃 中国10大美食之都介绍
天津的饮食文化驰名中外，不少到天津旅游的人都是奔着吃去的。天津菜已有三百多年历史，上千个品种，烹饪技术以鲜咸为主，主料突出，配料考究，色鲜味俱全。另外，在天津的大街小巷，还可以尝到全国各地的风味菜肴。 天津市主要的特色食品街有南市食品街、和平区风味食品街、十月美食街。此外，天津还有一些历史悠久的老字号，如桂顺斋、祥德斋、正兴德茶庄、一品香糕点店、四远香糕点店、杜称奇蒸食铺、恩发德羊肉包子铺、起士林西餐厅等。
四、上海
在中国烹饪中，上海烹饪又博采众长，多姿多彩，别具特色，故海内外早就有“吃在上海”之说。上海各帮风味流派纷呈，名菜荟萃，能品尝到上海菜、苏州菜、无锡菜、宁波菜、广州菜、北京菜、四川菜、安徽菜、福建菜、湖南菜、河南菜、山东菜、扬州菜、潮州菜、清真菜和素食菜等佳肴。上海确确实实是美食家的乐园。上海有许多独具特色的“老字号”餐馆，它们都有自己的绝活——特色招牌菜，吸引了海内外众多的美食家。

(b) “内边距”均设为 5 mm 的效果

图5-26 设置不同“内边距”数值前后的效果比较

3．垂直对齐

使用框架对齐方式，不仅可以在文本框架中以该框架为基准垂直对齐文本（如果使用的是直排文字，就是水平对齐文本），还可以使用每个段落的行距和段落间距值，将文本与框架的顶部、中心或底部对齐，并且能够垂直撑满文本，这样无论各行的行距和段落间距值如何，行间距都能保持均匀。

在“文本框架”对话框中“垂直对齐”选项组的“对齐”下拉列表中包括以下选项。

- 上：此选项是默认设置，可以使文本从框架的顶部向下垂直对齐，效果如图 5-27 所示。
- 居中：选择此选项，可以使文本行位于框架正中，效果如图 5-28 所示。

一、北京
哪些地方的美食好吃 中国10大美食之都介绍
北京得首都之利，汇集了全国佳肴，可说是要吃什么就有什么。不仅如此，近几年来涌入北京的西洋菜系也遍布京都，法国大菜、俄式西餐、意大利风味、美式快餐，已成为北京人隔三差五品尝的佳馔。不过，既然不远万里来到北京，就不得不以品尝地地道道的北京菜为先。北京烤鸭有“天下第一美味”之称，也是北京风味的代表作。吃烤鸭的最佳去处当是北京前门外、和平门、王府井的“全聚德烤鸭店”。这家店创建于130年前，如果从烤鸭店的鼻祖杨仁全经营鸭子算起，那又要上推30年。宫廷菜是北京菜系中的一大支柱，体现了北京800年为都的历史特点，有着十足的贵族血统。时至今日，宫廷菜早已流入民间，虽然严格地保留着贵族风范。
二、广州
广州人爱吃、会吃，天下闻名，夸张点的说法就是：广州人除了四足的桌子不吃外，什么都吃，于是，麻雀、鹧鸪、穿山甲、蝙蝠、海狗、鼠、猫、狗、蛇、猴、龟……，超过一千种材料可以变成桌上佳肴，甚至不识者误认为“蚂蝗”的禾虫，亦在烹制之列，而且一经厨师之手，顿时就变成异品奇珍、美味佳肴，令中外人士刮目相看，十分惊异。
三、天津
哪些地方的美食好吃 中国10大美食之都介绍
天津的饮食文化驰名中外，不少到天津旅游的人都是奔着吃去的。天津菜已有三百多年历史，上千个品种，烹饪技术以鲜咸为主，主料突出，配料考究，色鲜味俱全。另外，在天津的大街小巷，还可以尝到全国各地的风味菜肴。 天津市主要的特色食品街有南市食品街、和平区风味食品街、十月美食街。此外，天津还有一些历史悠久的老字号，如桂顺斋、祥德斋、正兴德茶庄、一品香糕点店、四远香糕点店、杜称奇蒸食铺、恩发德羊肉包子铺、起士林西餐厅等。
四、上海
在中国烹饪中，上海烹饪又博采众长，多姿多彩，别具特色，故海内外早就有“吃在上海”之说。上海各帮风味流派纷呈，名菜荟萃，能品尝到上海菜、苏州菜、无锡菜、宁波菜、广州菜、北京菜、四川菜、安徽菜、福建菜、湖南菜、河南菜、山东菜、扬州菜、潮州菜、清真菜和素食菜等佳肴。上海确确实实是美食家的乐园。上海有许多独具特色的“老字号”餐馆，它们都有自己的绝活——特色招牌菜，吸引了海内外众多的美食家。

图5-27 选择“上”的效果

一、北京
哪些地方的美食好吃 中国10大美食之都介绍
北京得首都之利，汇集了全国佳肴，可说是要吃什么就有什么。不仅如此，近几年来涌入北京的西洋菜系也遍布京都，法国大菜、俄式西餐、意大利风味、美式快餐，已成为北京人隔三差五品尝的佳馔。不过，既然不远万里来到北京，就不得不以品尝地地道道的北京菜为先。北京烤鸭有“天下第一美味”之称，也是北京风味的代表作。吃烤鸭的最佳去处当是北京前门外、和平门、王府井的“全聚德烤鸭店”。这家店创建于130年前，如果从烤鸭店的鼻祖杨仁全经营鸭子算起，那又要上推30年。宫廷菜是北京菜系中的一大支柱，体现了北京800年为都的历史特点，有着十足的贵族血统。时至今日，宫廷菜早已流入民间，虽然严格地保留着贵族风范。
二、广州
广州人爱吃、会吃，天下闻名，夸张点的说法就是：广州人除了四足的桌子不吃外，什么都吃，于是，麻雀、鹧鸪、穿山甲、蝙蝠、海狗、鼠、猫、狗、蛇、猴、龟……，超过一千种材料可以变成桌上佳肴，甚至不识者误认为“蚂蝗”的禾虫，亦在烹制之列，而且一经厨师之手，顿时就变成异品奇珍、美味佳肴，令中外人士刮目相看，十分惊异。
三、天津
哪些地方的美食好吃 中国10大美食之都介绍
天津的饮食文化驰名中外，不少到天津旅游的人都是奔着吃去的。天津菜已有三百多年历史，上千个品种，烹饪技术以鲜咸为主，主料突出，配料考究，色鲜味俱全。另外，在天津的大街小巷，还可以尝到全国各地的风味菜肴。 天津市主要的特色食品街有南市食品街、和平区风味食品街、十月美食街。此外，天津还有一些历史悠久的老字号，如桂顺斋、祥德斋、正兴德茶庄、一品香糕点店、四远香糕点店、杜称奇蒸食铺、恩发德羊肉包子铺、起士林西餐厅等。
四、上海
在中国烹饪中，上海烹饪又博采众长，多姿多彩，别具特色，故海内外早就有“吃在上海”之说。上海各帮风味流派纷呈，名菜荟萃，能品尝到上海菜、苏州菜、无锡菜、宁波菜、广州菜、北京菜、四川菜、安徽菜、福建菜、湖南菜、河南菜、山东菜、扬州菜、潮州菜、清真菜和素食菜等佳肴。上海确确实实是美食家的乐园。上海有许多独具特色的“老字号”餐馆，它们都有自己的绝活——特色招牌菜，吸引了海内外众多的美食家。

图5-28 选择“居中”的效果

- 下：选择此选项，可以使文本行从框架的底部向上垂直对齐，效果如图 5-29 所示。
- 两端对齐：选择此选项，可以使文本行在框架顶部和底部之间的方向上匀称分布，效果如图 5-30 所示。

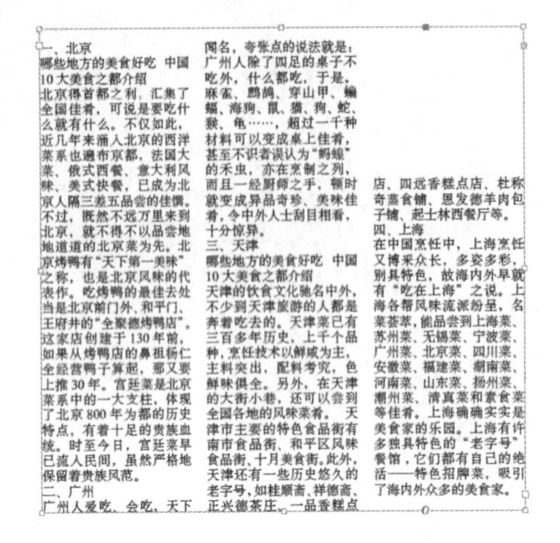

图5-29　选择“下”的效果

图5-30　选择“两端对齐”的效果

5.4.2　设置文本框架的基线选项

文本框架中的基线选项针对的是页面中正文部分的行距。用户在使用过程中能够利用行距的数值来控制页面中所有元素的位置，确保文本在栏间以及不同页之间的对齐。利用基线能保证页面中文本定位的一致性，能够调整文字段之间的行距，保证基线与页面的底部基线对齐。基线对于不同栏或者临近的文本块之间的对齐非常有用。

1. 首行基线

基线调整确定了文本位于其自然基线之上或基线之下的距离。要更改所选文本框架的首行基线选项，可以执行菜单中的“对象 | 文本框架选项”命令，弹出“文本框架选项”对话框，选择“基线选项”选项卡，如图 5-31 所示。

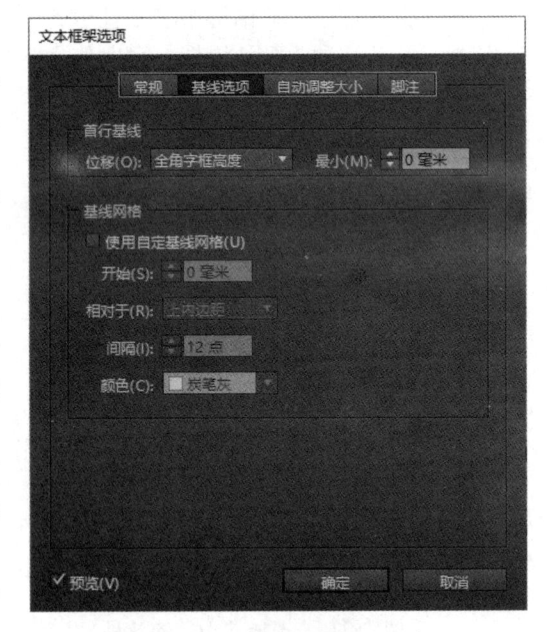

图5-31　“基线选项”选项卡

在“首行基线”选项组的“位移”下拉列表中有以下选项。

- 字母上缘：选择此选项，“d”字符的高度会降到文本框架的上内陷之下，效果如图 5-32 所示。
- 大写字母高度：选择此选项，大写字母的顶部触及文本框架的上内陷，效果如图 5-33 所示。
- 行距：选择此选项，会以文本的行距值作为文本首行基线和框架的上内陷之间的距离，效果如图 5-34 所示。
- x 高度：选择此选项，“x”字符的高度会降到框架的上内陷之下，效果如图 5-35 所示。
- 全角字符高度：默认对齐方式。选择此选项，意味着行高的中心将与网格框的中心对齐，效果如图 5-36 所示。
- 固定：选择此选项，会指定字符的高度为文本首行基线和框架的上内陷之间的距离，效果如图 5−37 所示。

图5−32 选择“字母上缘”的效果 图5−33 选择“大写字母高度”的效果 图5−34 选择“行距”的效果

图5−35 选择“x高度”的效果 图5−36 选择“全角字符高度”的效果 图5−37 选择“固定”的效果

2. 基线网格

基线网格可以指定基线网格的颜色、起始位置、每条网格线的间距以及何时出现等。

在某些情况下，可能需要对框架而不是整个文档使用基线网格。此时，用户可以选择文本框架或将插入点置入文本框架，执行菜单中的“对象 | 文本框架选项”命令，弹出“文本框架选项”对话框，选择“基线选项”选项卡，在“基线网格”选项组中勾选“使用自定基线网格”复选框，如图 5−38 所示，使用以下选项将基线网格应用于文本框架。

- 开始：在该对话框中设置数值，即可根据下方“相对于”选项中选择的方式移动网格。
- 相对于：在右侧下拉列表中有“页面顶部”“上边距”“框架顶部”“上内边距”4 个选项供选择。
- 间隔：在该文本框中设置数值可以作为网格线之间的间距。在大多数情况下，设置的数值等于正文文本的行距值，这样可以使文本行能恰好对齐网格。
- 颜色：使用该项可以为网格线选择一种颜色，或者选择“图层颜色”以便与显示文本框架的图层使用相同的颜色。

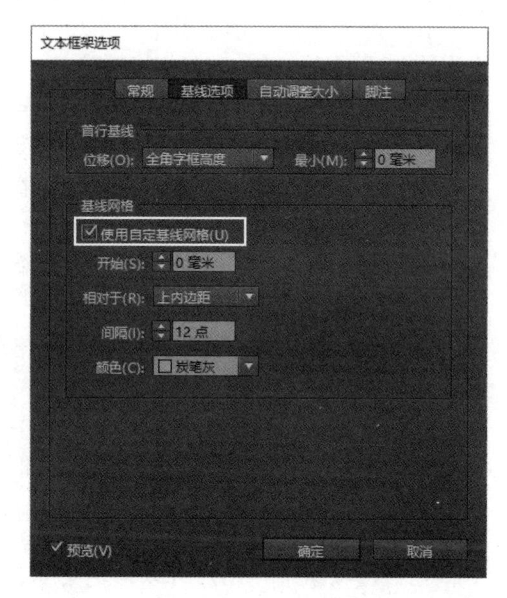

图5−38 勾选“使用自定基线网格”复选框

5.4.3 设置文本框架自动调整

通过“文本框架选项”对话框中的“自动调整大小”选项卡（见图 5−39）可自动调整文本框架的大小。在“自动调整大小”下拉列表中有“关”“仅高度”“仅宽度”“高度和宽度”“高度和宽度（保持比例）”5 个选项供选择。

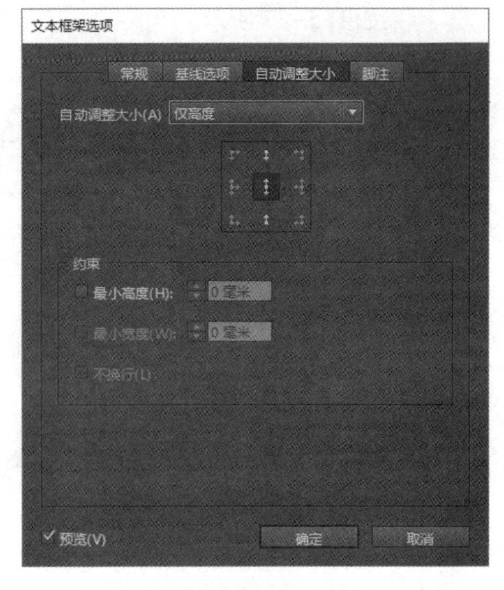

图5-39 “自动调整大小”选项卡

- 关：选择该选项，则文本框不做任何自动调整。
- 仅高度：选择该选项，然后确定参考点，接着在“约束”选项组中勾选“最小高度”复选框，再输入最小高度数值即可。
- 仅宽度：选择该选项，然后确定参考点，接着在“约束”选项组中勾选“最小宽度”复选框，再输入最小宽度数值即可。
- 高度和宽度：选择该选项，然后确定参考点，接着在“约束”选项组中可同时勾选“最小高度”和“最小宽度”复选框，再输入数值即可。
- 高度和宽度（保持比例）：选择该选项，然后在“约束”选项组中设置文本框的最小高度和最小宽度是成比例变化的。

5.4.4 设置框架网格属性

使用 （选择工具）选择需要修改其属性的网格框架，然后执行菜单中的“对象 | 框架网格选项”命令，弹出图 5-40 所示的“框架网格”对话框。该对话框中的各项参数的含义如下。

1．网格属性

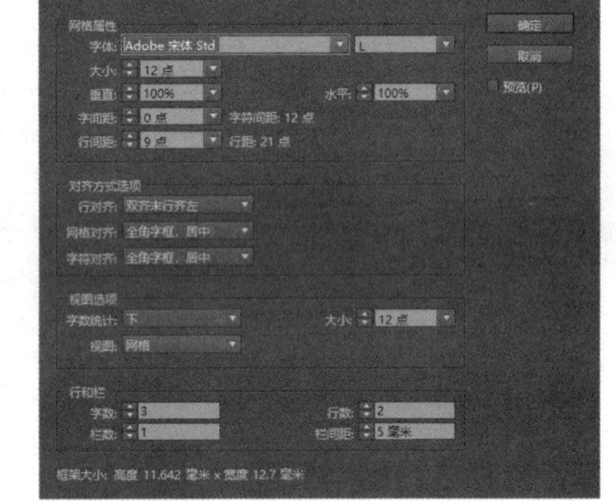

图5-40 “框架网格”对话框

在“网格属性”选项组中，用户可以设置网格中文本的各项属性，其中包括以下参数。

- 字体：用于选择字体系列和字体样式。这些字体设置将根据版面网格应用到框架网格中。
- 大小：用于指定字体大小，该数值将作为网格单元格的大小。
- 垂直和水平：以百分比的形式为全角亚洲字符指定网格缩放。
- 字间距：用于指定框架网格中网格单元格之间的间距。
- 行间距：该数值用于设置从首行中网格的底部（或左边）到下一行中网格的顶部（或右边）之间的距离。

2．对齐方式选项

在该选项组中，用户可以指定文本各行之间的对齐方式、网格之间的对齐方式以及字符之间的对齐方式，并可以对网格内的字数进行统计等，其中包括以下参数。

- 行对齐：用于指定文本各行之间的对齐方式。其下拉列表中包括 7 个选项供选择，如图 5-41 所示。
- 网格对齐：用于指定文本是与全角字框、表意字框对齐，还是与罗马字基线对齐。其下拉列表中包括 7 个选项供选择，如图 5-42 所示。

- 字符对齐：用于指定同一行的小字符与大字符对齐的方式。其下拉列表中有 6 个选项供选择，如图 5-43 所示。

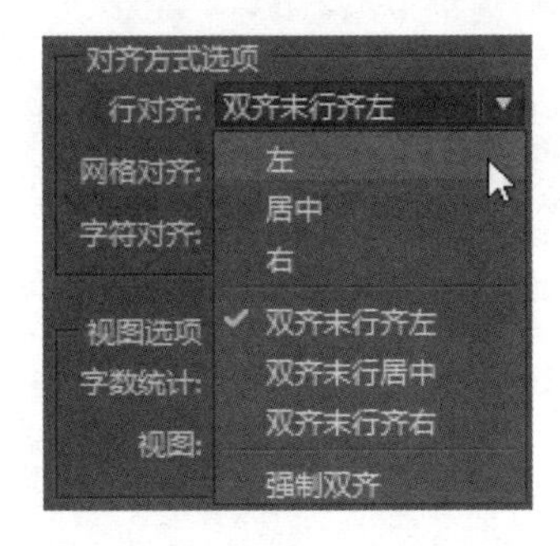

图5-41　“行对齐”下拉列表

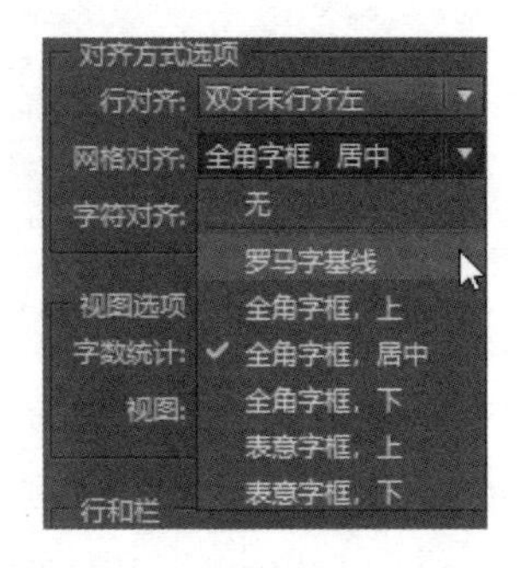

图5-42　“网格对齐”下拉列表

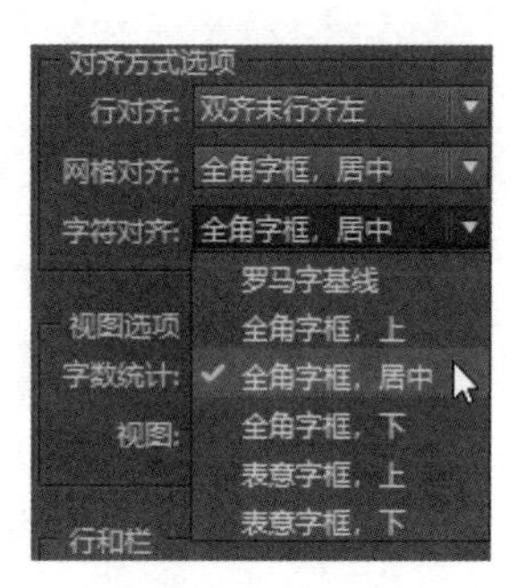

图5-43　“字符对齐”下拉列表

3. 视图选项

在“视图选项”选项组中，用户可以设置框架的显示方式，以及指定每行中的字符个数。其中包括以下参数。

- 字数统计：用于确定框架网格的尺寸和字数统计的显示位置。其下拉列表中包括 5 个选项供选择，如图 5-44 所示。
- 视图：用于指定框架的显示方式。其下拉列表中包括 4 个选项供选择，如图 5-45 所示。选择“网格”选项，则会显示包含网格和行的框架网格；选择“N/Z 视图”选项，则会将框架网格方向显示为深灰色的对角线，而在插入文本时并不显示这些线条；选择“对齐方式视图”选项，则会显示仅包含行的框架网格；选择“N/Z 网格”选项，则显示情况为“N/Z 视图”和“网格”的组合。图 5-46 所示为选择不同视图方式的效果比较。

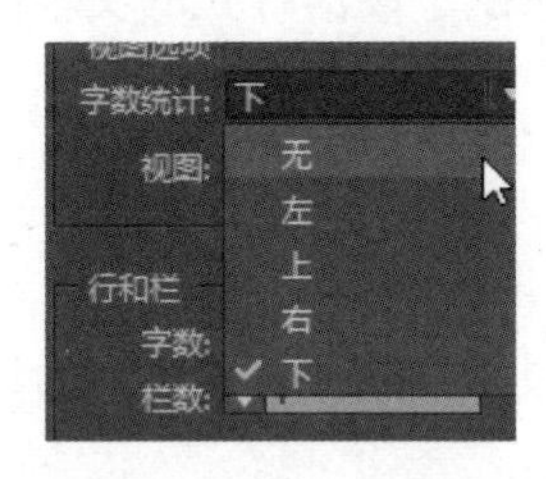

图5-44　“字数统计”下拉列表

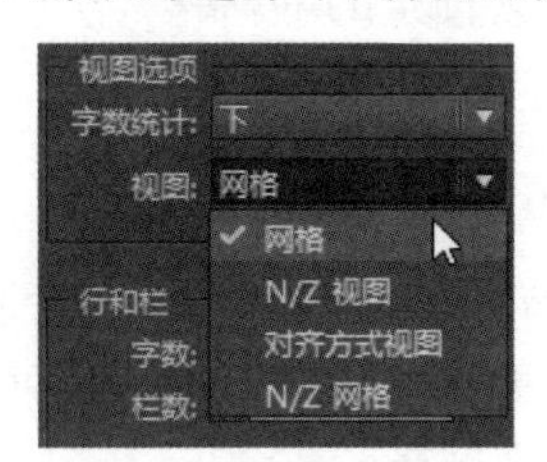

图5-45　“视图”下拉列表

The pirated software means a great loss
to the developers
of the original software as the former erodes market
shares of their original counterpart. Similarly,
when the pirated movies attract more viewers,
movie companies find their audience decreasing and
accordingly their income.
Grammar and idioms may be another difficulty. But
I have also got over it. I have not read lots of
grammar books.

(a) 选择“网格”选项的效果

The pirated software means a great loss
to the developers
of the original software as the former erodes market
shares of their original counterpart. Similarly,
when the pirated movies attract more viewers,
movie companies find their audience decreasing and
accordingly their income.
Grammar and idioms may be another difficulty. But
I have also got over it. I have not read lots of
grammar books.

(b) 选择“N/Z 视图”选项的效果

图5-46　选择不同视图方式的效果比较

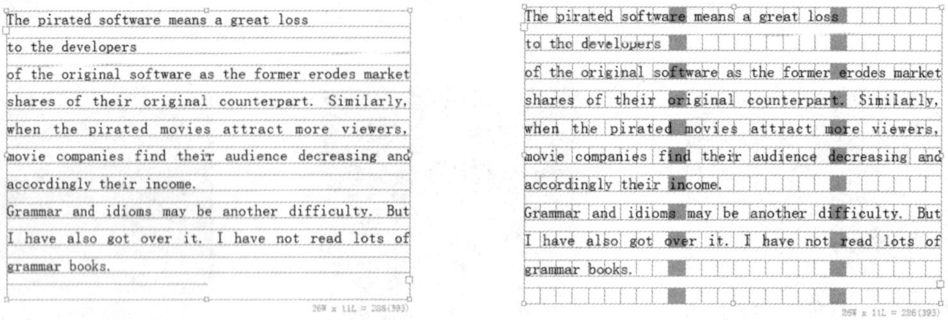

(c) 选择“对齐方式视图”选项的效果

(d) 选择“N/Z 网格”选项的效果

图5-46　选择不同视图方式的效果比较（续）

● 大小：用于设置要统计字数的相关字体的大小。

4. 行和栏

在“行和栏”选项组中，用户可以指定一行中的字符数、行数、一个框架网格中的栏数以及相邻栏之间的间距。

5.4.5　转换文本框架和框架网格

在排版过程中，用户可以将纯文本框架转换为框架网格，也可以将框架网格转换为纯文本框架。如果将纯文本框架转换为框架网格，对于文章中未应用字符样式或段落样式的文本，会应用框架网格的文档默认值，但无法将网格格式直接应用于纯文本框架；如果将纯文本框架转换为框架网格，那么预定的网格格式会应用于采用尚未赋予段落样式的文本的框架网格，以此应用网格格式属性。

1. 将纯文本框架转换为框架网格

将纯文本框架转换为框架网格有以下两种方法。

● 选择文本框架，执行菜单中的“对象 | 框架类型 | 框架网格”命令，可以直接将纯文本框架转换为框架网格。

● 选择文本框架，执行菜单中的“文字 | 文章”命令，调出“文章”面板，选择“框架类型”下拉列表中的“框架网格”选项，如图 5-47 所示，即可将纯文本框架转换为框架网格。图 5-48 所示为将纯文本框架转换为框架网格的前后效果比较。

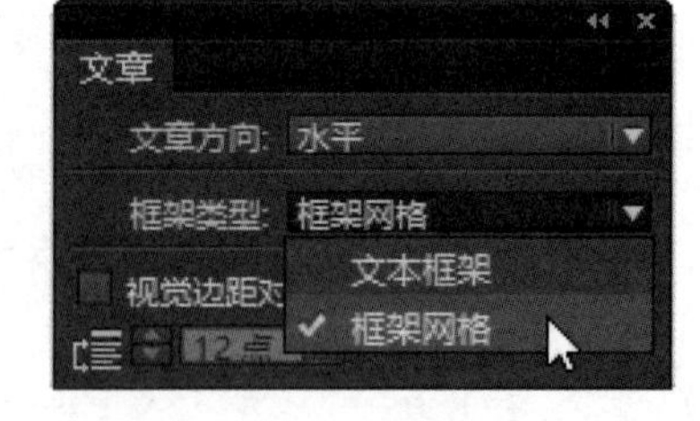

图5-47　选择“框架网格”选项

如果需要根据网格属性重新设置文章文本格式，可以在选中框架网格后，执行菜单中的“编辑 | 应用网格格式”命令。

2. 将框架网格转换为文本框架

将框架网格转换为文本框架有以下两种方法。

● 选择框架网格，执行菜单中的“对象 | 框架类型 | 文本框架”命令。

● 选择框架网格，执行菜单中的“文字 | 文章”命令，调出“文章”面板，选择“框架类型”下拉列表中的“文本网格”选项，即可将框架网格转换为文本框架。

一、北京
哪些地方的美食好吃 中国 10 大美食之都介绍
北京得首都之利，汇集了全国佳肴，可说是要吃什么就有什么。不仅如此，
近几年来涌入北京的西洋菜系也遍布京都，法国大菜、俄式西餐、意大利
风味、美式快餐，已成为北京人隔三差五品尝的佳馔。不过，既然不远万
里来到北京，就不得不以品尝地地道道的北京菜为先。北京烤鸭有“天下
第一美味”之称，也是北京风味的代表作。吃烤鸭的最佳去处当是北京前
门外、和平门、王府井的“全聚德烤鸭店”。这家店创建于 130 年前，如
果从烤鸭店的鼻祖杨仁全经营鸭子算起，那又要上推 30 年。宫廷菜是北
京菜系中的一大支柱，体现了北京 800 年为都的历史特点，有着十足的贵
族血统。时至今日，宫廷菜早已流入民间，虽然严格地保留着贵族风范。

（a）文本框架

一、北京
哪些地方的美食好吃 中国 10 大美食之都介绍
北京得首都之利，汇集了全国佳肴，可说是要吃什么就有什么。不仅如此，
近几年来涌入北京的西洋菜系也遍布京都，法国大菜、俄式西餐、意大利
风味、美式快餐，已成为北京人隔三差五品尝的佳馔。不过，既然不远万
里来到北京，就不得不以品尝地地道道的北京菜为先。北京烤鸭有“天下
第一美味”之称，也是北京风味的代表作。吃烤鸭的最佳去处当是北京前
门外、和平门、王府井的“全聚德烤鸭店”。这家店创建于 130 年前，如
果从烤鸭店的鼻祖杨仁全经营鸭子算起，那又要上推 30 年。宫廷菜是北
京菜系中的一大支柱，体现了北京 800 年为都的历史特点，有着十足的贵
族血统。时至今日，宫廷菜早已流入民间，虽然严格地保留着贵族风范。

（b）网格框架

图5-48　将纯文本框架转换为框架网格的前后效果比较

5.4.6　字数统计

框架网格字数统计显示在网格的底部，此处显示的是字符数、行数、单元格总数和实际字符数的值，如图 5-49 所示。当用户需要对当前框架网格中的字数进行统计时，执行菜单中的“视图 | 网格和参考线 | 显示字数统计”命令即可。

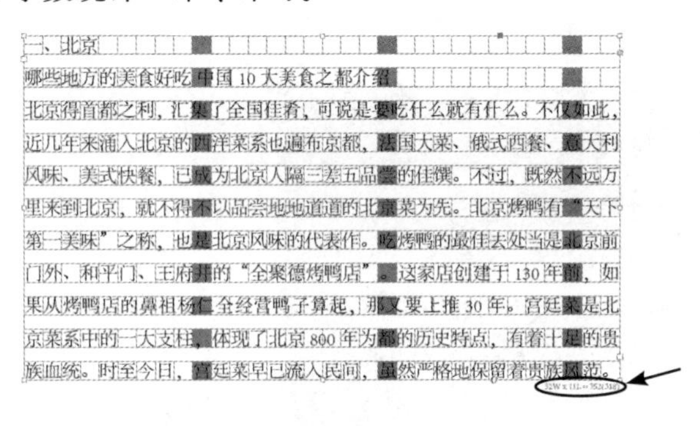
一、北京
哪些地方的美食好吃 中国 10 大美食之都介绍
北京得首都之利，汇集了全国佳肴，可说是要吃什么就有什么。不仅如此，
近几年来涌入北京的西洋菜系也遍布京都，法国大菜、俄式西餐、意大利
风味、美式快餐，已成为北京人隔三差五品尝的佳馔。不过，既然不远万
里来到北京，就不得不以品尝地地道道的北京菜为先。北京烤鸭有“天下
第一美味”之称，也是北京风味的代表作。吃烤鸭的最佳去处当是北京前
门外、和平门、王府井的“全聚德烤鸭店”。这家店创建于 130 年前，如
果从烤鸭店的鼻祖杨仁全经营鸭子算起，那又要上推 30 年。宫廷菜是北
京菜系中的一大支柱，体现了北京 800 年为都的历史特点，有着十足的贵
族血统。时至今日，宫廷菜早已流入民间，虽然严格地保留着贵族风范。

图5-49　网格框架的字数统计

5.5　复 合 字 体

在进行文字排版时，经常会遇到一段文字中既有中文又有英文的情况。此时如果将这段文字的字体全部设为中文或英文字体显然是不合适的，这时就可以使用复合字体。利用复合字体可以将一段文字中的中文文字设为一种中文字体（如汉仪书宋二简），而将英文字母设为一种英文字体（如 Times New Roman）。

5.5.1　创建复合字体

创建复合字体的具体操作步骤如下。

① 执行菜单中的“文字 | 复合字体”命令，弹出图 5-50 所示的“复合字体编辑器”对话框。

② 在“复合字体编辑器”对话框中单击“新建”按钮，弹出“新建复合字体”对话框，设置复合字体的名称为“正文字体”，如图 5-51 所示，单击“确定”按钮，回到“复合字体编辑器”对话框。

③ 在“复合字体编辑器”对话框中将“汉字”“标点”“符号”均设为“汉仪书宋二简”，将“罗马字”和“数字”均设为 Times New Roman，如图 5-52 所示，单击“确定”按钮。然

后在弹出的图 5–53 所示的提示对话框中单击“是”按钮，即可完成复合字体的设置。

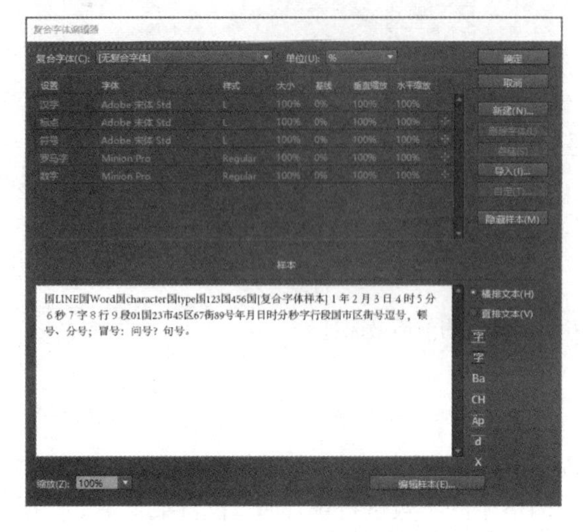

图5–50 “复合字体编辑器”对话框

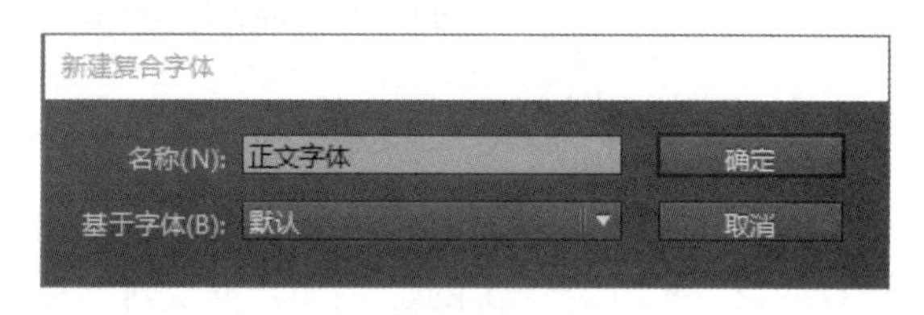

图5–51 设置复合字体的名称

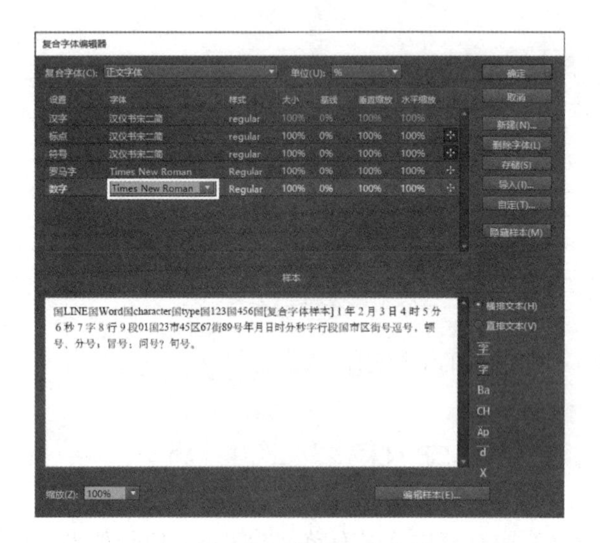

图5–52 设置复合字体

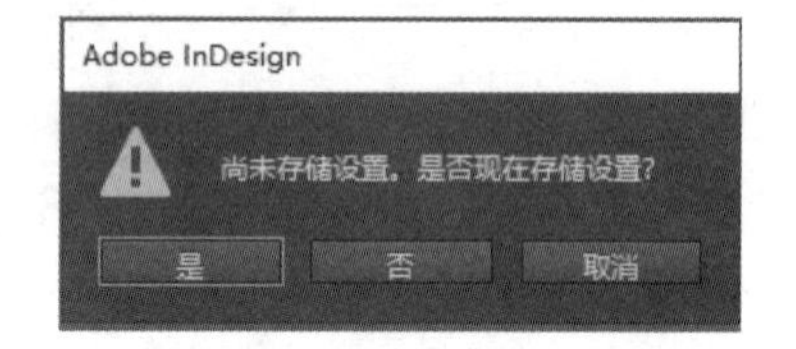

图5–53 单击“是”按钮

5.5.2 将复合字体指定到段落中

将复合字体指定到段落中的具体操作步骤如下。

① 执行菜单中的“窗口|样式|段落样式”命令，调出“段落样式”面板，如图 5–54 所示。

② 按住〈Alt〉键，单击“段落样式”面板下方的 （创建新样式）按钮，弹出“新建段落样式”对话框，设置“样式名称”为“正文”，如图 5–55 所示。

③ 在“新建段落样式”对话框左侧选择“基本字符样式”，然后在右侧设置“字体系列”为前面设置好的复合字体“正文字体”，字体大小设置为 10.5 点，如图 5–56 所示。

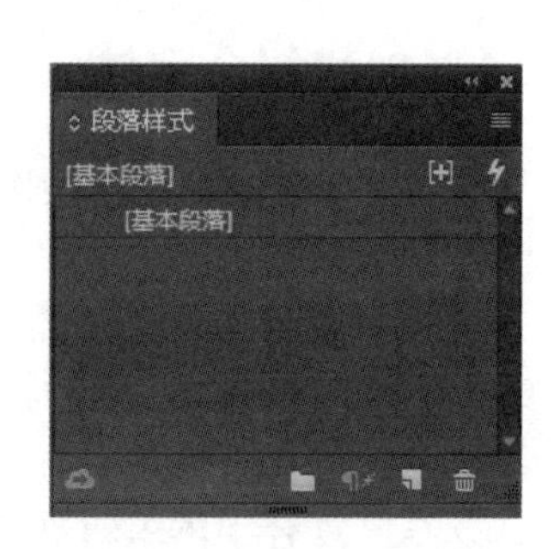

图5–54 “段落样式”面板

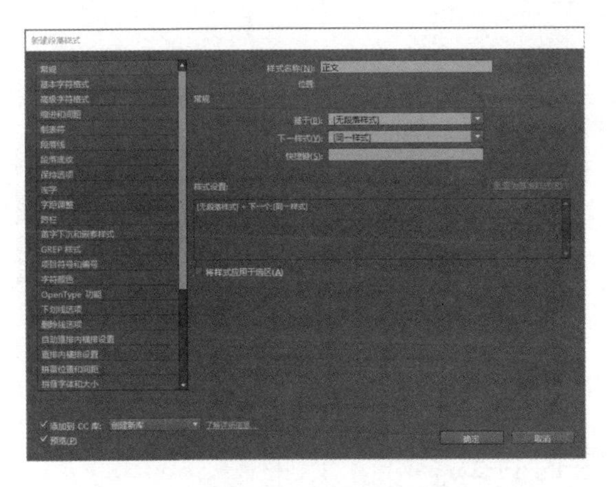

图5-55 设置“样式名称”为“正文”

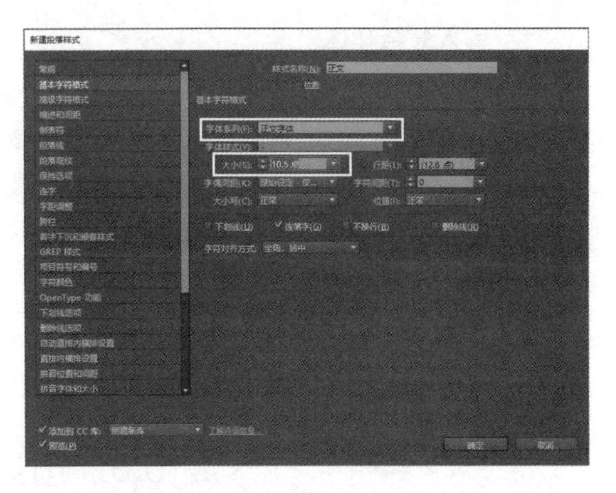

图5-56 设置“基本字符样式”属性

④ 在“新建段落样式”对话框左侧选择“缩进和间距”，然后在右侧设置“首行缩进”为7.5 mm，如图 5-57 所示，单击“确定”按钮。此时“段落样式”面板如图 5-58 所示。

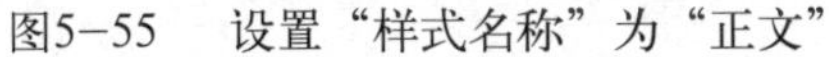

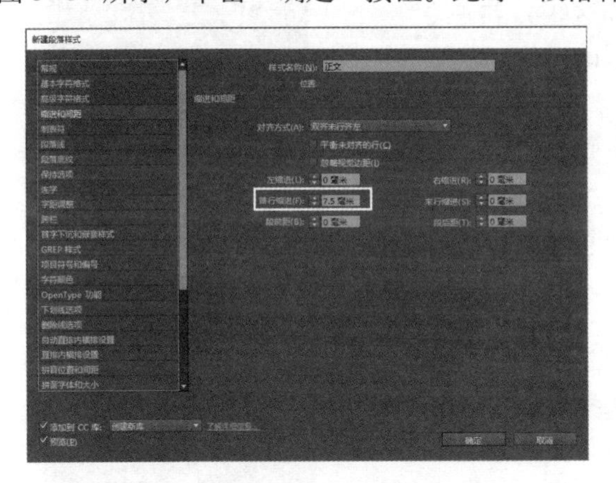

图5-57 设置“缩进和间距”属性

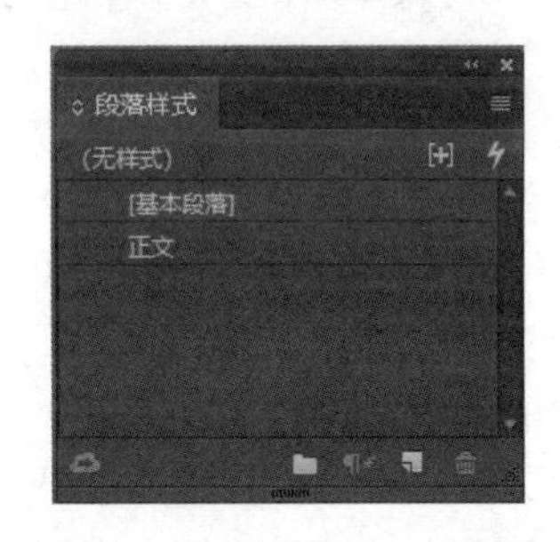

图5-58 添加“正文”段落样式

⑤ 在页面中输入一段文字，如图 5-59 所示，然后在“段落样式”面板中单击“正文”，即可将“正文”段落样式应用到该段文字中，如图 5-60 所示。

一、北京
北京得首都之利，汇集了全国佳肴，可说是要吃什么就有什么。不仅如此，近几年来涌入北京的西洋菜系也遍布京都，法国大菜、俄式西餐、意大利风味、美式快餐，已成为北京人隔三差五品尝的佳馔。不过，既然不远万里来到北京，就不得不以品尝地地道道的北京菜为先。北京烤鸭有“天下第一美味”之称，也是北京风味的代表作。吃烤鸭的最佳去处当是北京前门外、和平门、王府井的“全聚德烤鸭店”。这家店创建于 130 年前，如果从烤鸭店的鼻祖杨仁全经营鸭子算起，那又要上推 30 年。宫廷菜是北京菜系中的一大支柱，体现了北京 800 年为都的历史特点，有着十足的贵族血统。时至今日，宫廷菜早已流入民间，虽然严格地保留着贵族风范。

图5-59 在页面中输入一段文字

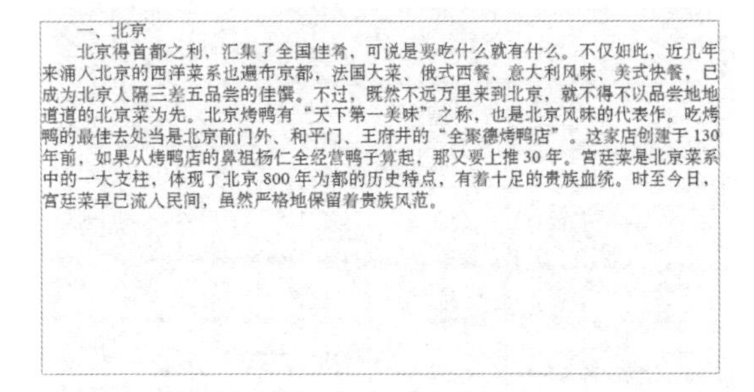

一、北京
北京得首都之利，汇集了全国佳肴，可说是要吃什么就有什么。不仅如此，近几年来涌入北京的西洋菜系也遍布京都，法国大菜、俄式西餐、意大利风味、美式快餐，已成为北京人隔三差五品尝的佳馔。不过，既然不远万里来到北京，就不得不以品尝地地道道的北京菜为先。北京烤鸭有“天下第一美味”之称，也是北京风味的代表作。吃烤鸭的最佳去处当是北京前门外、和平门、王府井的“全聚德烤鸭店”。这家店创建于 130 年前，如果从烤鸭店的鼻祖杨仁全经营鸭子算起，那又要上推 30 年。宫廷菜是北京菜系中的一大支柱，体现了北京 800 年为都的历史特点，有着十足的贵族血统。时至今日，宫廷菜早已流入民间，虽然严格地保留着贵族风范。

图5-60 应用“正文”段落样式后的效果

5.5.3 导入、删除复合字体

在InDesign CC 2017中除了可以创建新的复合字体外，还可以导入和删除已有文档的复合字体。

1. 导入复合字体

在“复合字体编辑器”对话框中单击“导入”按钮，在弹出的“打开文件”对话框中双击要导入的复合字体的InDesign文档，即可导入该文档的复合字体。

2. 删除复合字体

在“复合字体编辑器”对话框中选择要删除的复合字体，然后单击“删除字体”按钮，在弹出的图5-61所示的对话框中单击“是”按钮，即可删除选择的复合字体。

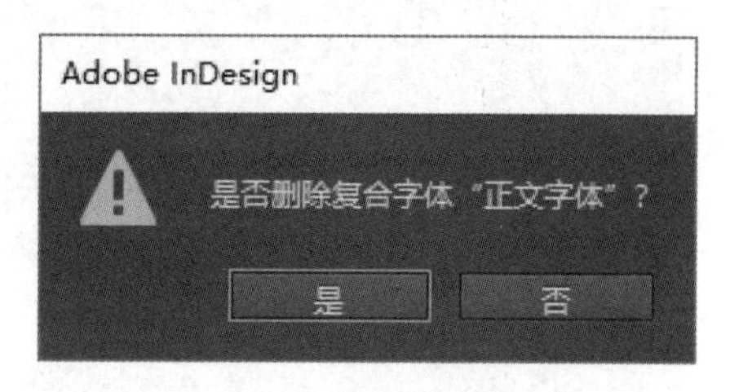

图5-61 单击“是”按钮

5.6 创建字符样式

使用字符样式可以设置文字的大小、颜色、字距、旋转角度、倾斜等与文字格式相关的属性。当文件中有经常使用到的具有相同字符样式的设置时，则可以为这些文字格式新建一个字符样式，以减少许多文字格式设置的操作。创建字符样式的操作步骤如下。

① 执行菜单中的“窗口|样式|字符样式”命令，调出“字符样式”面板，如图5-62所示。

图5-62 “字符样式”面板

② 在“字符样式”面板中单击下方的（创建新样式）按钮，新建“字符样式1”，如图5-63所示。

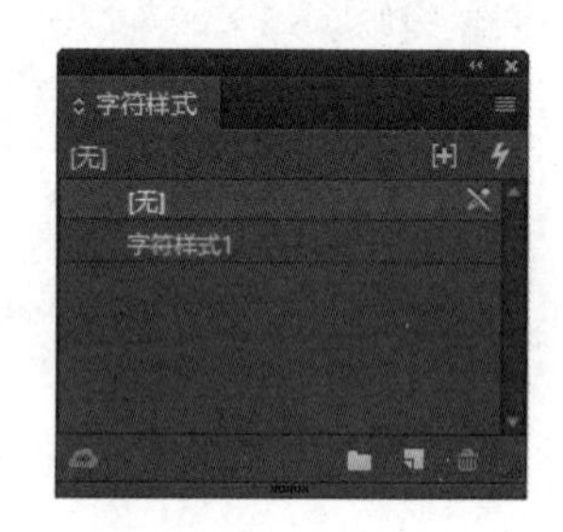

图5-63 新建“字符样式1”

③ 在新建的字符样式名称上双击，弹出“新建字符样式”对话框，如图5-64所示。在“样式名称”文本框中输入新建的样式名称，在“基于”下拉列表中选择目前的字符样式要以哪一个字符样式为基础，在“快捷键”文本框中单击，在键盘上按下想要指定应用该字符样式的快捷键。

④ 在对话框左边选择“基本字符格式”，然后在右边的选项中设置文字的基本格式，如图5-65所示。

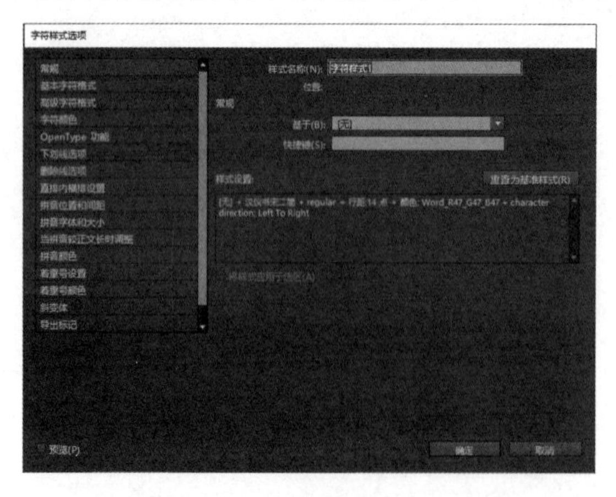

图5-64 “新建字符样式”对话框

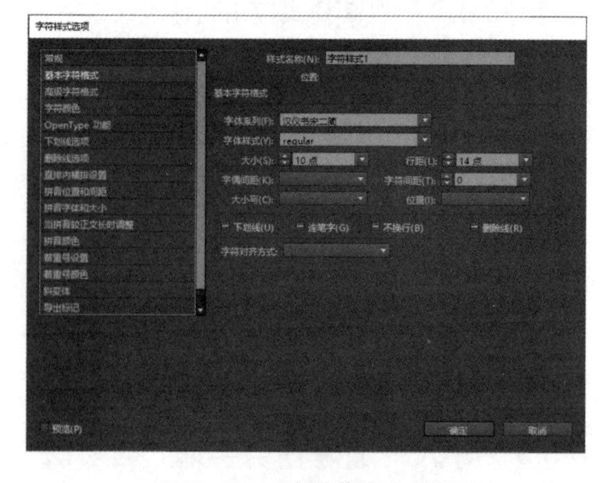

图5-65 设置基本字符格式

⑤ 在对话框左边选择“高级字符格式”，然后在右边的选项中设置文字的高级格式，如图 5-66 所示。

⑥ 在对话框左边选择“字符颜色”，然后在右边的选项中设置文字的填充颜色与描边颜色，如图 5-67 所示。

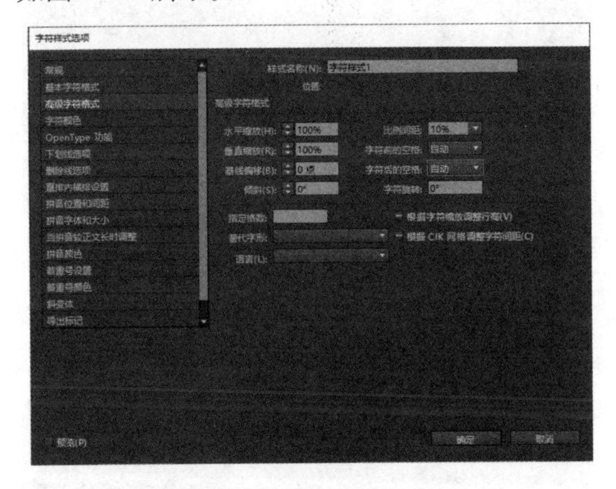

图5-66　设置高级字符格式

图5-67　设置字符颜色

⑦ 继续设置其他属性，完成后，单击“确定”按钮。

5.7　创建段落样式

段落样式同字符样式的性质一样，都是为了提高工作效率。但是段落样式包含的内容更多，除了可以设置字符的属性外，还可以设置文本格式的属性，而且段落样式是被用于整个段落和整本书的。段落样式中的嵌套功能可以将字符样式嵌套进去。创建段落样式的操作步骤如下。

图5-68　“段落样式”面板

① 执行菜单中的“窗口 | 样式 | 段落样式”命令，调出“段落样式”面板，如图 5-68 所示。

② 在“段落样式”面板中单击下方的（创建新样式）按钮，新建“段落样式 1”，如图 5-69 所示，在新建的段落样式名称上双击，弹出“新建段落样式”对话框，如图 5-70 所示，在“样式名称”文本框中输入新建的样式名称，在“基于”下拉列表中选择目前的字符样式要以哪一个段落样式为基础，在“快捷键”文本框中单击，在键盘上按下想要指定应用该段落样式的快捷键。

图5-69　新建“段落样式1”

③ 在对话框左边选择“缩进和间距”，然后在右边的选项中设置段落的对齐方式，以及段落缩排与段前、段后的距离，如图 5-71 所示。

④ 在对话框左边选择“段落线”，然后在右边的选项中设置段落线的样式，如图 5-72 所示。

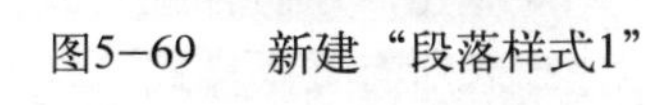

⑤ 在对话框左边选择“首字下沉和嵌套样式”，然后在右边的选项中设置首字下沉和嵌套样式，如图 5-73 所示。

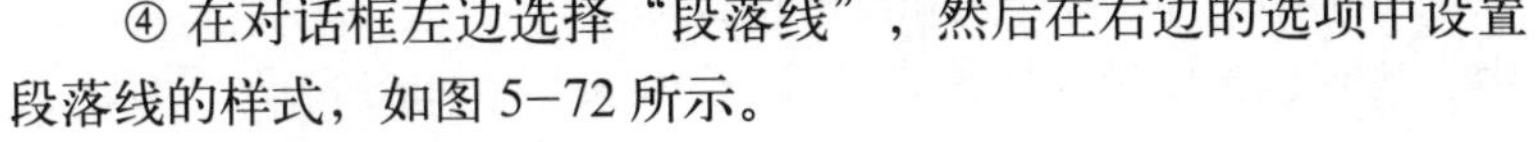
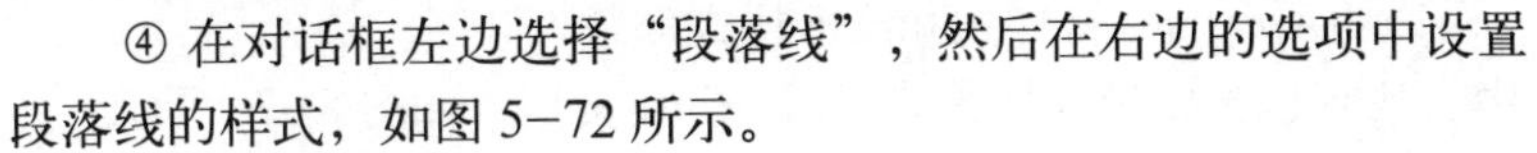
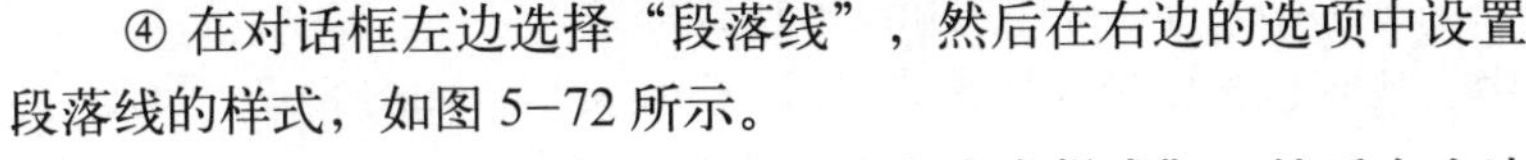

⑥ 继续设置其他属性，完成后，单击“确定”按钮。

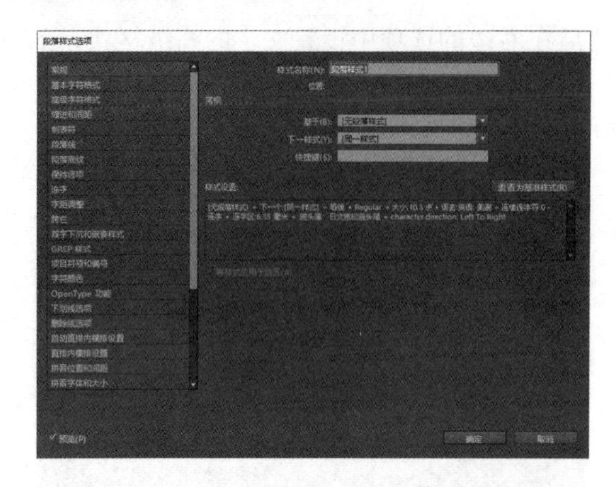

图5-70 “新建段落样式”对话框

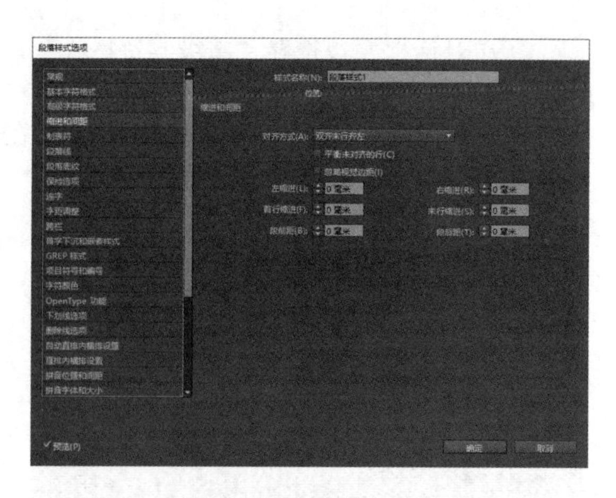

图5-71 设置段落的缩进和间距

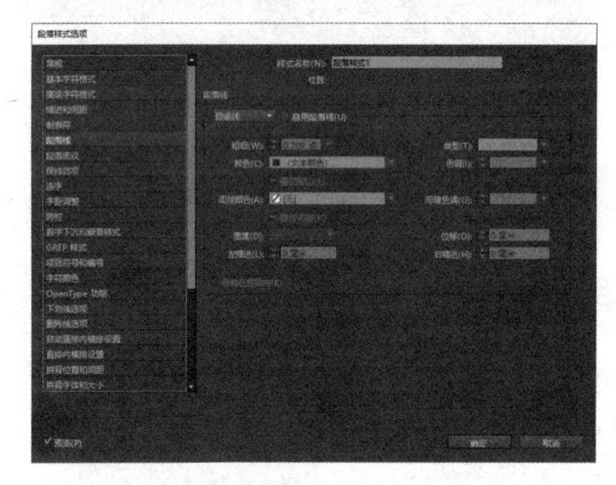

图5-72 设置段落线选项

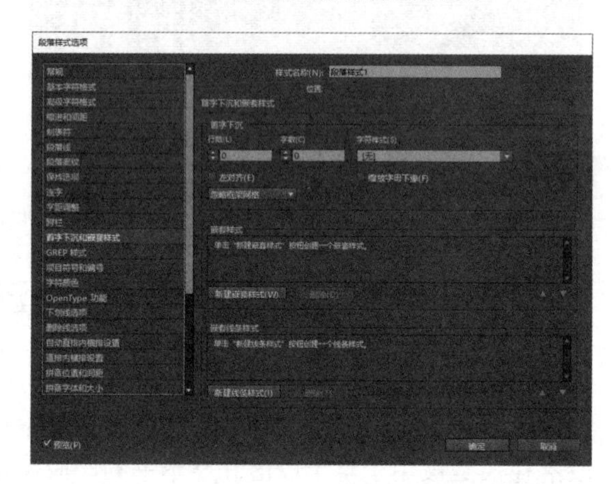

图5-73 设置首字下沉和嵌套样式

5.8 载 入 样 式

在 InDesign CC 2017 中，还可以将另一个 InDesign 文档（任何版本）的段落和字符样式导入到当前文档中。在导入时，可以决定载入哪些样式，也可以决定当某个载入的样式与当前文档中的某个样式同名时该怎么处理。载入样式的操作步骤如下。

① 执行以下操作之一。

- 单击“字符样式”面板右上角的☰按钮，在弹出的快捷菜单中选择“载入字符样式”命令，如图 5-74 所示。
- 单击“段落样式”面板右上角的☰按钮，在弹出的快捷菜单中选择“载入段落样式”命令，如图 5-75 所示。
- 单击“字符样式”或“段落样式”面板右上角的☰按钮，在弹出的快捷菜单中选择“载入所有文本样式”命令，可以将所有的字符样式和段落样式都载入。

② 在“打开文件”对话框中，找到包含要导入样式的 InDesign 文档，如图 5-76 所示。然后单击“打开”按钮。

③ 在弹出的“载入样式”对话框中，选中要导入的样式，如图 5-77 所示。如果现有样式与其中一个要导入的样式同名，可以在“与现有样式冲突”下选择下列选项之一。

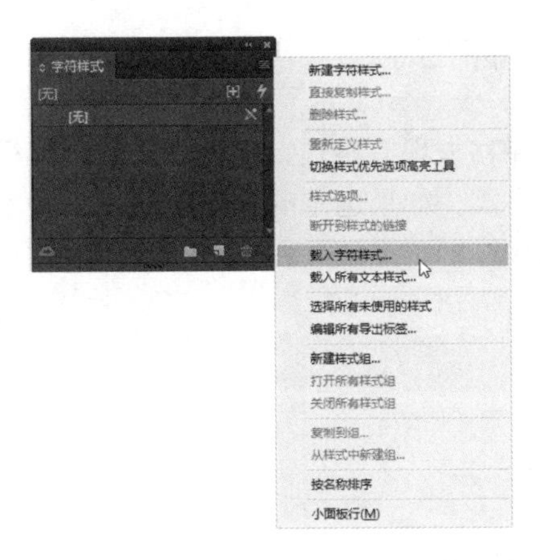

图5-74 选择“载入字符样式”命令

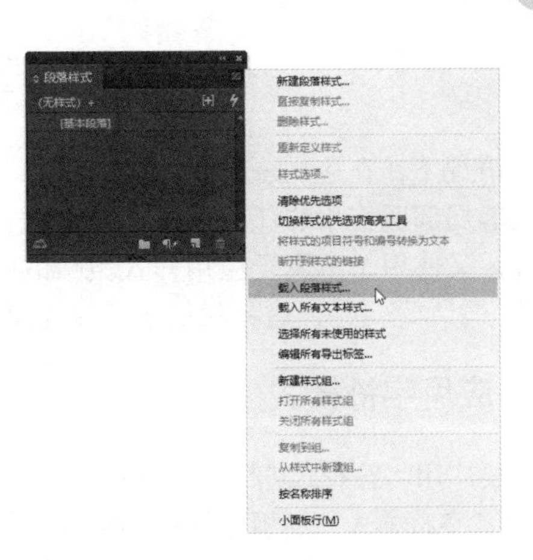

图5-75 选择“载入段落样式”命令

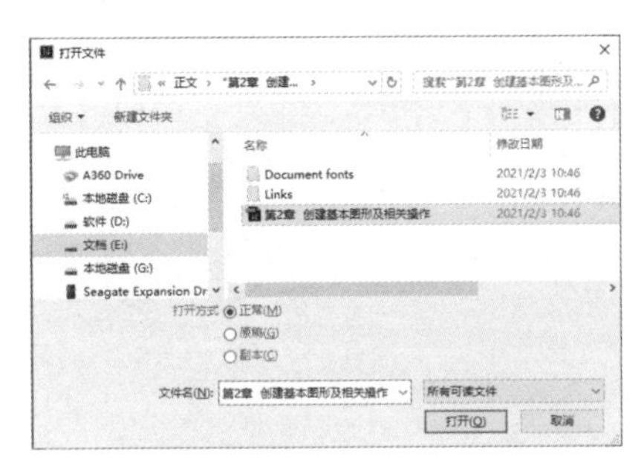

图5-76 选择要导入样式的InDesign 文档

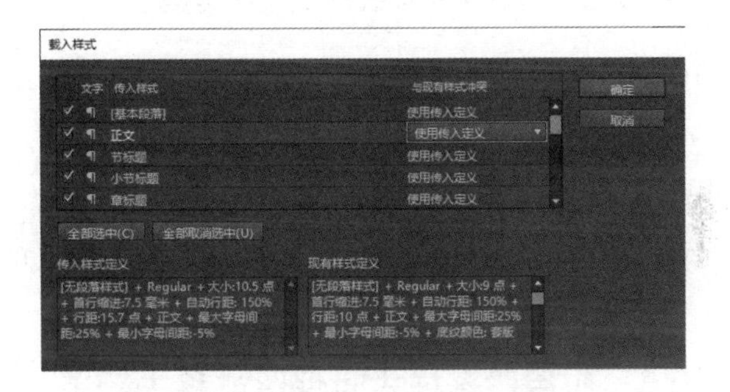

图5-77 选中要导入的样式

- 使用传入定义：用载入的样式覆盖现有样式，并将它的新属性应用于当前文档中使用旧样式的所有文本。传入样式和现有样式的定义都显示在“载入样式”对话框的下方。
- 自动重命名：为载入的样式重命名。

④ 设置完成后，单击“确定”按钮，即可导入样式。

5.9 复制样式

当要创建的两个样式很相似时，可以先创建其中一个样式，然后将创建的样式进行复制，再将复制的样式加以修改即可，这样可以加快创建样式的速度。

复制样式的具体操作步骤为：选择要复制的样式，然后按住鼠标左键拖移到▣（创建新样式）按钮上，如图 5-78 所示，释放鼠标左键即可复制样式，如图 5-79 所示。

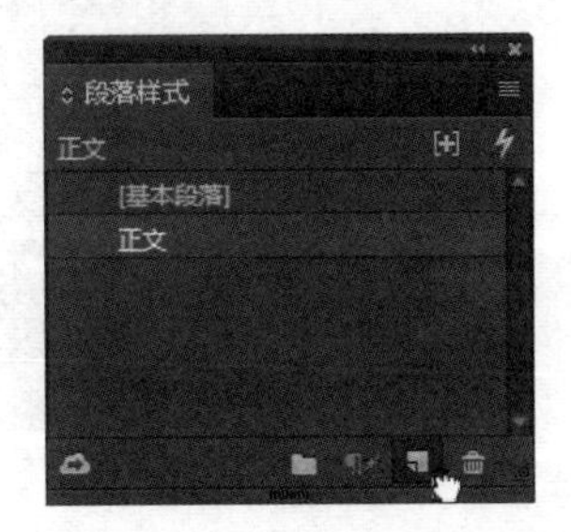

图5-78 将要复制的样式拖移到▣（创建新样式）按钮上

图5-79 复制样式

5.10 应用样式

默认情况下，在应用一种样式时，虽然可以选择移去现有格式，但是，应用段落样式并不会移去段落局部所应用的任何现有字符格式或字符样式。如果选定的文本在使用一种字符或段落样式时，又使用了不属于应用样式范畴的附加格式，则“样式”面板中当前段落样式的旁边就会显示一个加号（+）。这种附加格式称为覆盖。

5.10.1 应用字符样式

选择要应用字符样式的字符，再执行下列操作之一。

- 在“字符样式”面板中选择字符样式的名称。
- 在“控制”面板的下拉列表中选择字符样式的名称。
- 按指定给该字符样式的键盘快捷键。

5.10.2 应用段落样式

选择要应用段落样式的全部或部分段落，再执行下列操作之一。

- 在“段落样式”面板中选择段落样式的名称。
- 在“控制”面板的下拉列表中选择段落样式的名称。
- 按指定给该段落样式的键盘快捷键。

5.10.3 应用段落样式时保留或移去覆盖

不属于某个样式的格式应用于施加了该样式的文本时，称为覆盖。当选择含覆盖的文本时，样式名称旁会显示一个加号（+），如图5-80所示。应用段落样式时保留或移去覆盖有以下几种情况。

- 应用段落样式并保留字符样式，但要移去覆盖：在单击“段落样式”面板中的样式名称时，按住〈Alt〉键。
- 应用段落样式并移去字符样式和覆盖：按住〈Alt+Shift〉组合键，单击“段落样式”面板中的样式名称。
- 编辑样式、应用样式或应用样式时清除覆盖：在“段落样式”面板中右击该样式，然后从上下文菜单中选择一个选项。

图5-80 样式名称旁会显示加号（+）

5.10.4 清除段落样式覆盖

清除段落样式覆盖的操作步骤为：选择包含覆盖的文本（可以多选几个使用不同样式的段落），然后在“段落样式”面板中执行下列操作之一。

- 移去段落和字符格式：单击“段落样式”面板下方的¶×（清除选区中的优先选项）按钮，如图5-81所示，或者从“段落样式”面板中选择“清除优先选项”命令。
- 移去字符覆盖但保留段落格式覆盖：单击“段落样式”面板下方的¶×（清除选区中的优先选项）图标的同时按住〈Ctrl〉键。

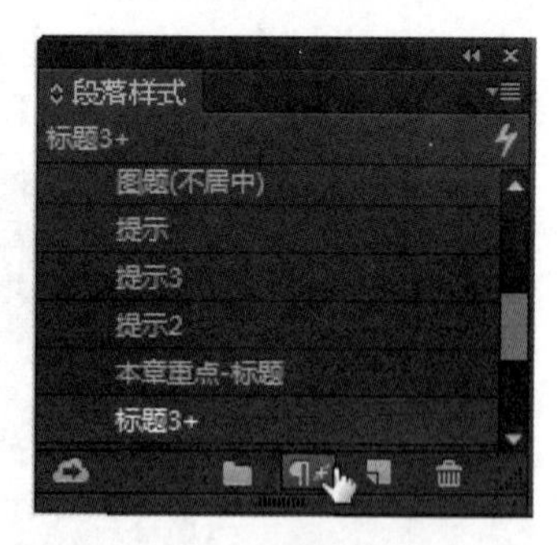

图5-81 单击¶×（清除选区中的优先选项）按钮

- 移去段落级覆盖但保留字符级覆盖：在“段落样式”面板中，单击（清除选区中的优先选项）图标的同时按住〈Shift+Ctrl〉组合键。

5.10.5 使用快速应用查找并应用样式

使用“快速应用”，可以在包括很多段落样式、字符样式或对象样式（必须是已选定对象）的文档中快速找到需要的样式，并进行应用。使用快速应用查找并应用样式的操作步骤如下。

① 选择要应用这种样式的文本或框架。

② 执行菜单中的“编辑|快速应用”命令，或者单击“段落样式”或“字符样式”面板右上方的（快速应用）按钮，弹出“快速应用”列表，如图 5-82 所示。

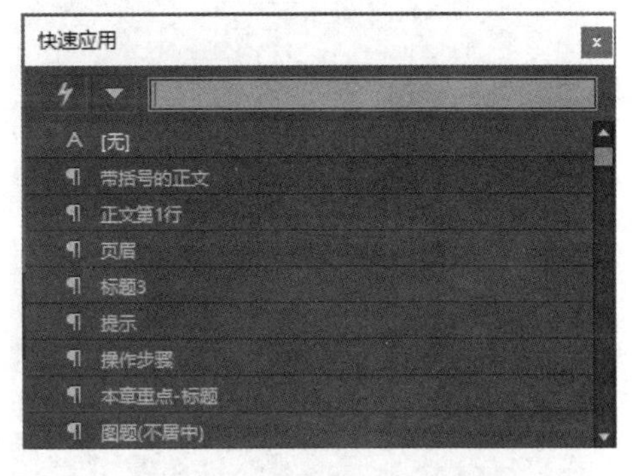

图5-82 “快速应用”列表

③ 在右侧的文本框中输入样式的名称。

提示

如果输入的名称和样式的名称不完全一致，则会显示出包含输入文字的所有样式。

④ 选择要应用的样式，可执行以下操作。

- 应用样式：按〈Enter〉键。
- 应用段落样式并移去覆盖：可以按〈Alt+Enter〉组合键。
- 应用段落样式并移去覆盖和字符样式：按〈Alt+Shift+Enter〉组合键。
- 应用样式并使用“快速编辑”列表继续显示：按〈Shift+Enter〉组合键。
- 要关闭“快速编辑”列表而不应用样式：按〈Esc〉键。

5.10.6 查找并替换样式

使用“查找／更改”对话框可查找使用某种样式的所有对象并为其替换另一样式。查找并替换样式的具体操作步骤如下。

① 执行菜单中的“编辑|查找／更改”命令，弹出“查找／更改”对话框，如图 5-83 所示。

② “查找内容”和“更改为”选项不做设置。

③ 在“搜索”下拉列表中选择“所有文档”，以便在所有打开的文档中更改该样式。

④ 单击“更多选项”按钮。

⑤ 在“查找格式”选项中，单击（指定要查找的属性）按钮，如图 5-84 所示，在弹出的图 5-85 所示的“更改格式设置”对话框右侧“字符样式”或“段落样式”下拉列表框中选择要搜索的样式，单击“确定”按钮。

⑥ 在“更改格式”选项中，单击（指定要查找的属性）按钮，然后在弹出的“更改格式设置”对话

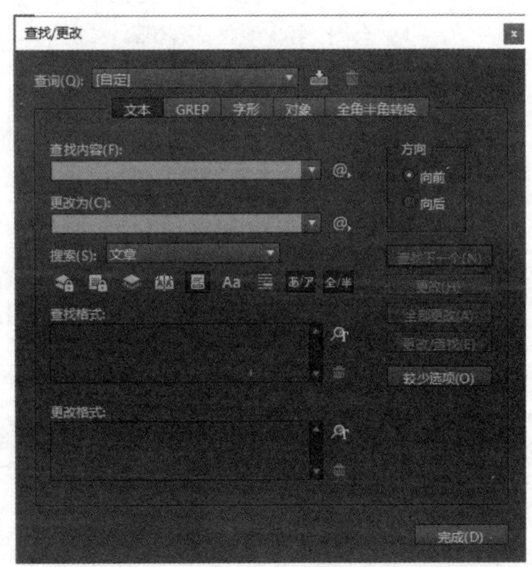

图5-83 “查找/更改”对话框

框右侧“字符样式”或“段落样式”下拉列表框中选择替换样式，单击“确定”按钮。

⑦ 单击“查找下一个”按钮，然后使用“更改/查找”或“全部更改”按钮替换该样式。

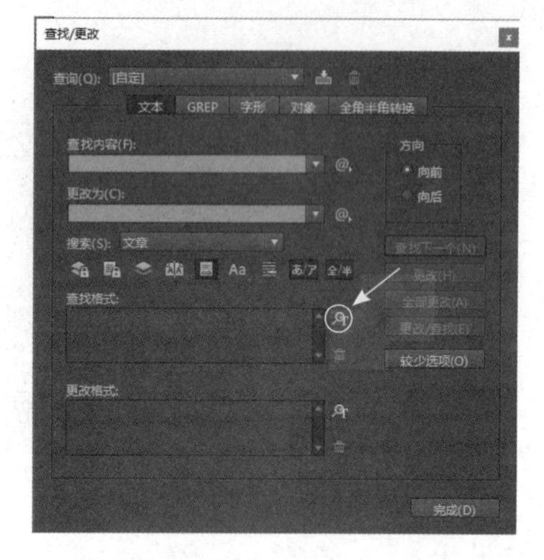

图5-84　单击（指定要查找的属性）按钮

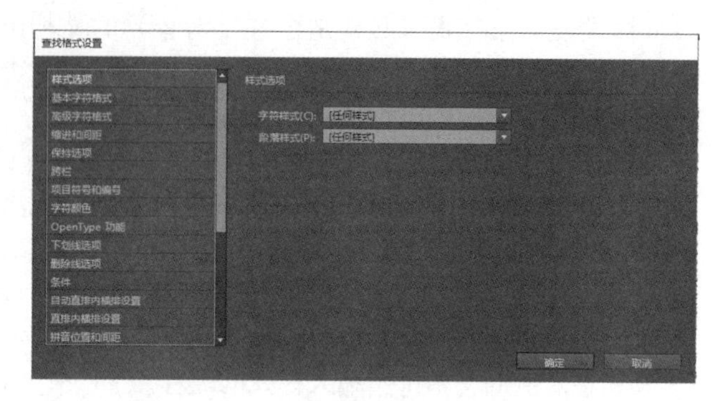

图5-85　“更改格式设置”对话框

5.11 删除样式

在 InDesign CC 2017 中可以删除一个字符或段落样式，并选择其他字符或段落样式来替换它。删除字符或段落样式的方法相似，下面以删除段落样式为例来说明删除样式的方法，具体步骤如下。

① 在“段落样式”面板中选择要删除的样式名称。

② 执行下列操作之一。

- 单击“段落样式”面板右上角的按钮，在弹出的快捷菜单中选择“删除样式”命令，弹出“删除段落样式”对话框，如图 5-86 所示。
- 单击“段落样式”面板下方的（删除选定样式/组）按钮，或者将该样式拖移到（删除选定样式/组）按钮上。
- 右击要删除的样式，在弹出的快捷菜单中选择“删除样式”命令。

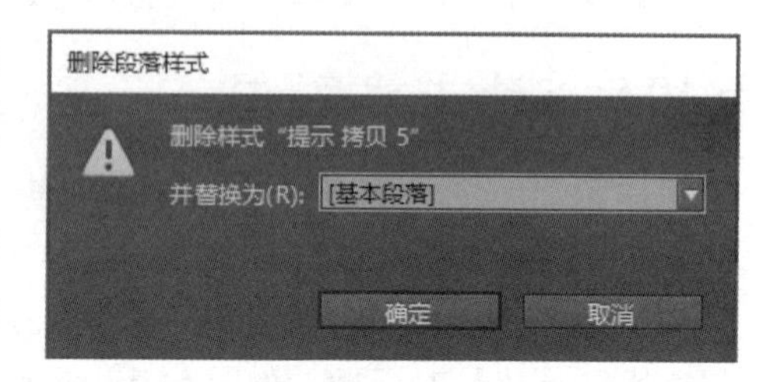

图5-86　“删除段落样式”对话框

③ 在删除样式并替换为文本框列表中选择替换为的样式。如果选择“[无段落样式]”来替换某个段落样式，并勾选“保留格式”复选框，则可以保留应用了该段落样式的文本的原格式。

④ 单击“确定”按钮，即可删除相应的段落样式。

提示

如果要删除所有未使用的段落样式，可以在“段落样式”面板中单击右上方的按钮，从弹出的快捷菜单中选择“选择所有未使用的”命令，从中选择“段落样式”面板中所有未使用的样式。然后单击“段落样式”面板下方的（删除选定样式/组）按钮，即可删除所有未使用的段落样式。

5.12 实例讲解——目录排版设计

要点

本例将制作一本书的目录排版，如图5-87所示。通过本例的学习，读者应掌握自动排文、串接文本、段落样式、复合字体和制表符等知识的综合应用。

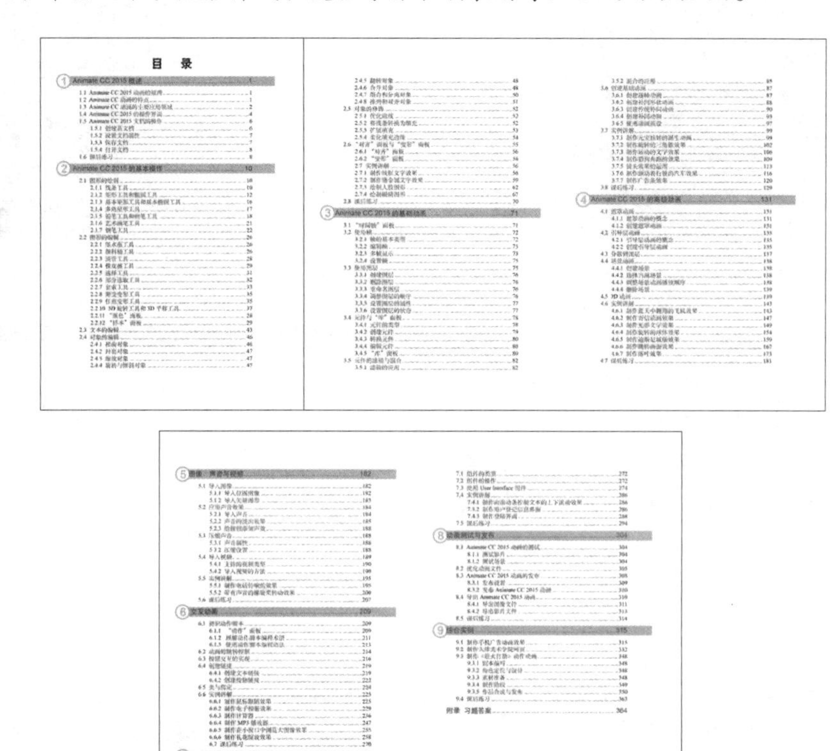

图5-87 目录排版

操作步骤：

① 执行菜单中的“文件｜新建｜ 文档”命令，在弹出的对话框中设置如图5-88所示的参数值，将“出血”设为3毫米。然后单击“边距和分栏”按钮，在弹出的对话框中设置如图5-89所示的参数值，单击“确定”按钮，设置完成的版面状态如图5-90所示。

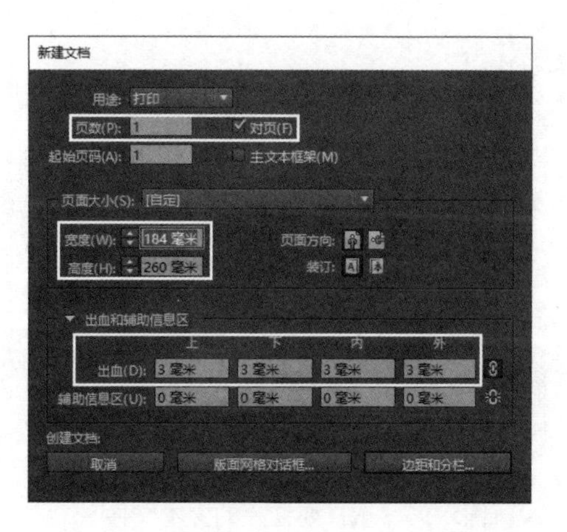

图5-88 在“新建文档”对话框中设置参数

② 输入文字。方法：选择工具箱中的T（文字工具）在文档版心上方创建一个矩形文本框，然后按快捷键〈Ctrl+T〉，在打开的“字符”面板中设置参数如图5-91所示，将“字体”设置为“汉仪中黑简”，“字号”设置为24点，其他为默认值，接着在文本框中输入黑色[参考色值为CMYK（0，0，0，

100）]文字“目录”，最后将文字水平居中对齐，效果如图5–92所示。

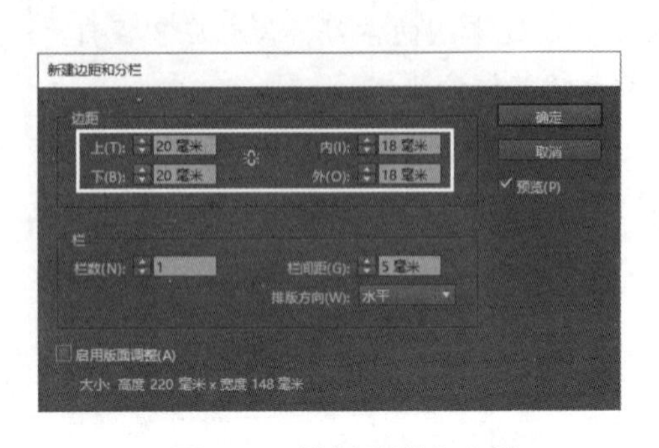

图5–89　设置边距和分栏

图5–90　版面效果

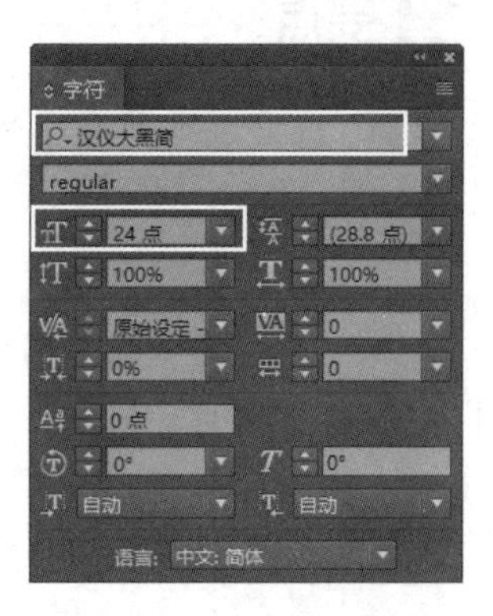

图5–91　设置字符参数

③ 置入文字。方法：执行菜单中的“文件|置入”命令，在弹出的对话框中选择“素材及结果\5.12　目录排版设计\‘目录排版设计’文件夹\目录.doc”文档，并确认未勾选“应用网格格式”复选框，如图5–93所示，单击“打开”按钮。然后按住〈Shift〉键，在文档边距左上方单击，以自动排文的方式置入目录中的文本，效果如图5–94所示。

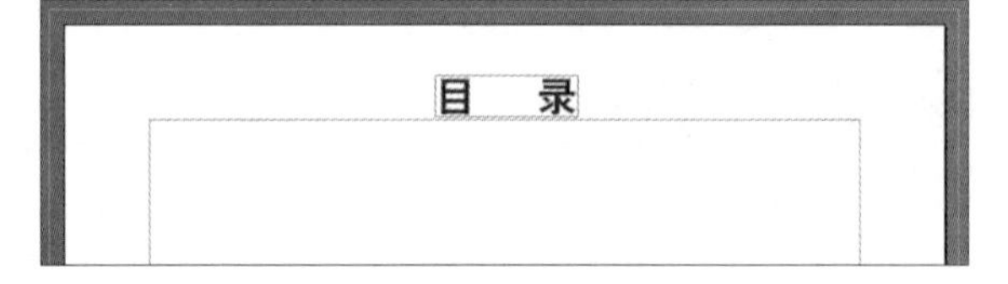

图5–92　将文字水平居中对齐

提示

前面新建的文件虽然只有1页，但以自动排文的方式置入文本时，InDesign会自动添加页面来保证能够置入全部文本。此时以自动排文的方式置入文本后的页面为4页，如图5–95所示。

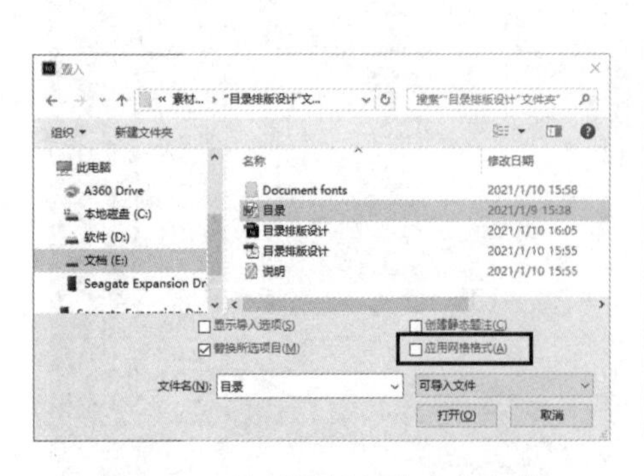

图5–93　选择要置入的文本文件

图5–94　置入文本的效果

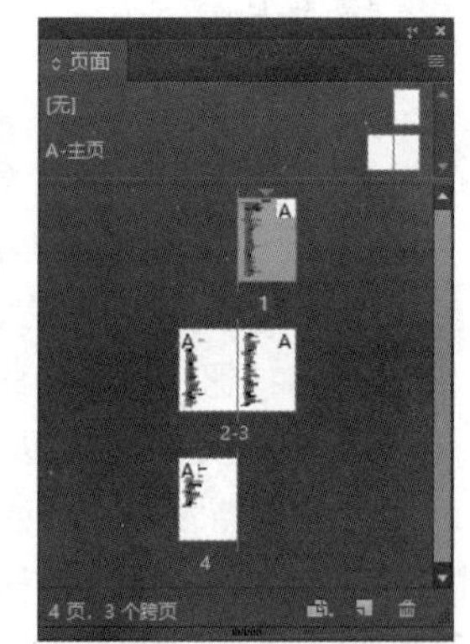

图5–95　以自动排文方式置入文本的“页面”面板

④ 删除样式。方法：打开“段落样式”面板，如图 5–96 所示。选择“正文”样式，单击（删除选定的样式／组）按钮，弹出“删除段落样式”对话框，将“并替换为”设置为“基本段落”，如图 5–97 所示，单击“确定”按钮。同理，删除“纯文本”段落样式，此时“段落样式”面板如图 5–98 所示。由于文档中原有文本的段落样式被删除，此时文本会被添加上浅红色底纹，如图 5–99 所示。

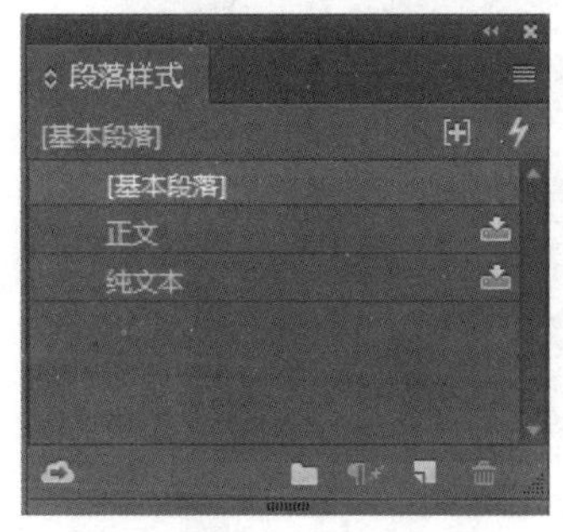

图5–96　默认“段落样式”面板

图5–97　将“并替换为”设置为“基本段落”

图5–98　“段落样式”面板

⑤ 强制应用。方法：利用工具箱中的（文字工具）选中页面中所有置入的文字，然后在“段落样式”面板中单击（清除选区中的优先选项）按钮，如图 5–100 所示，将“基本段落”段落样式应用到所选文字，此时文字的浅红色底纹就消失了，效果如图 5–101 所示。

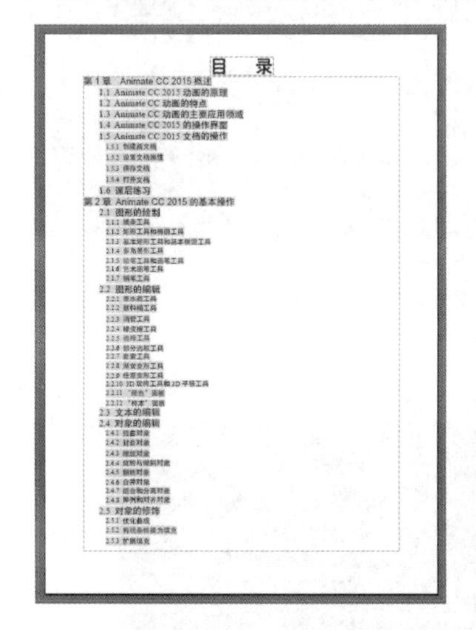

图5–99　删除了样式的文本被添加上浅红色底纹

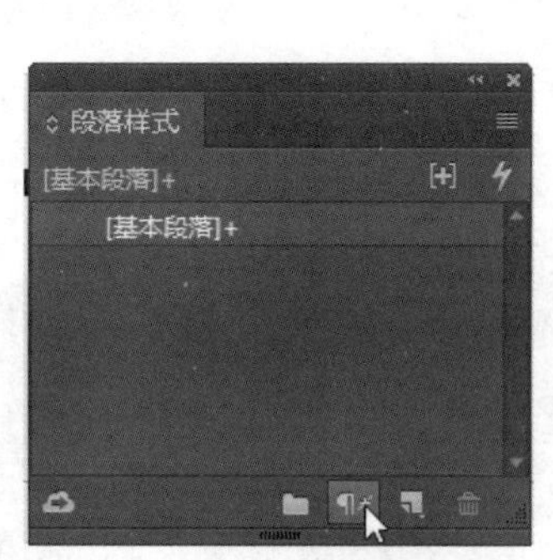

图5–100　单击按钮

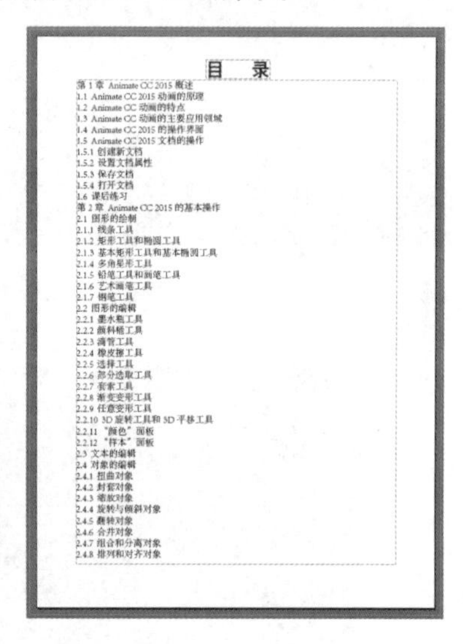

图5–101　将“基本段落”段落样式应用到文字

⑥ 创建段落样式。方法：在“段落样式”面板中单击右下方的（创建新样式）按钮，新建“段落样式 1”样式，如图 5–102 所示。然后双击该样式，弹出“段落样式选项”对话框，将“样式名称”改为“章”，将“基于”改为“基本段落，”如图 5–103 所示。接着在左侧选择“基本字符样式”选项，在右侧将“字体系列”设为“汉仪中黑简”、“大小”设为 14 点，如图 5–104 所示。然后在左侧选择“缩进和间距”选项，在右侧将“段前距”和“段后距”均设为 3 毫米，如图 5–105 所示。最后在左侧选择“字符”颜色选项，在右侧将字符颜色设为红色，如图 5–106 所示，

单击“确定”按钮，此时“段落样式”面板如图 5-107 所示。

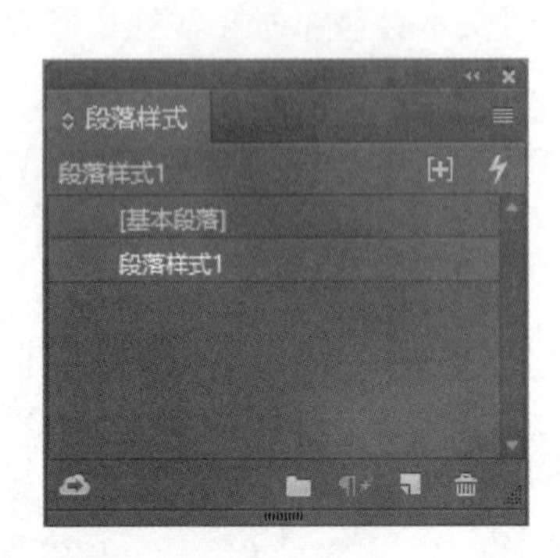

图5-102　新建“段落样式1”样式

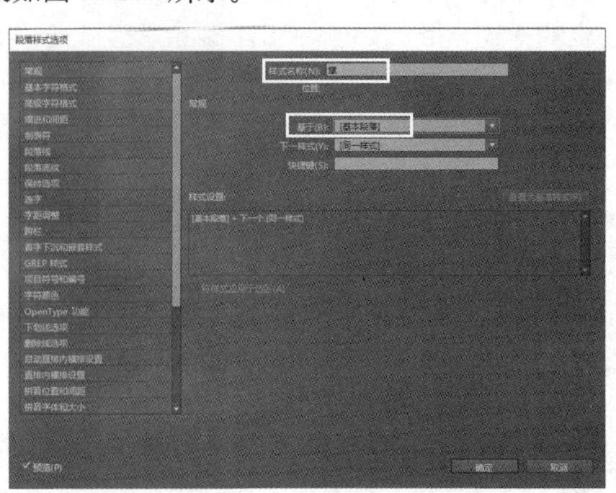

图5-103　设置“常规”参数

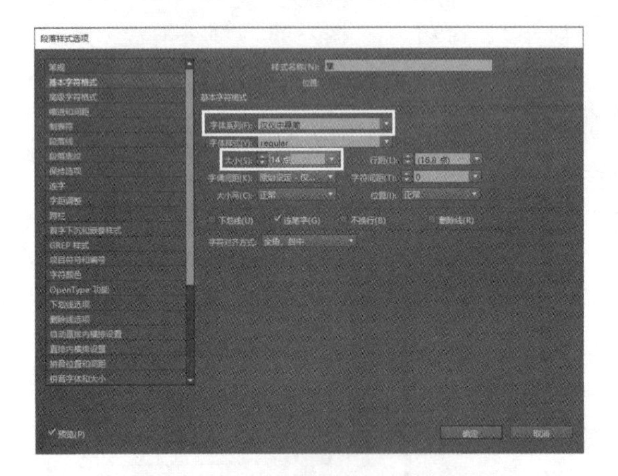

图5-104　设置“基本字符”参数

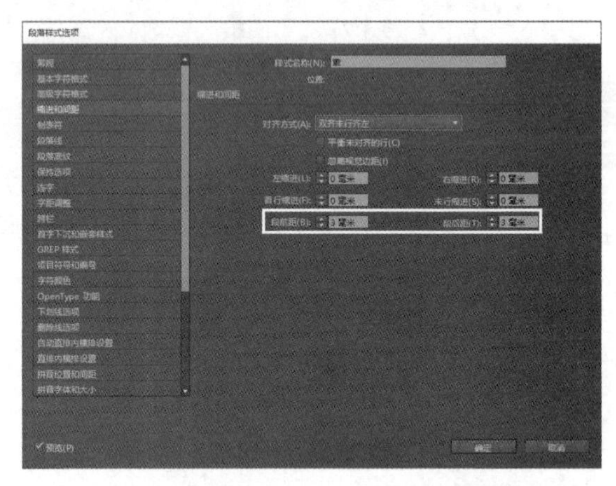

图5-105　设置“缩进和间距”参数

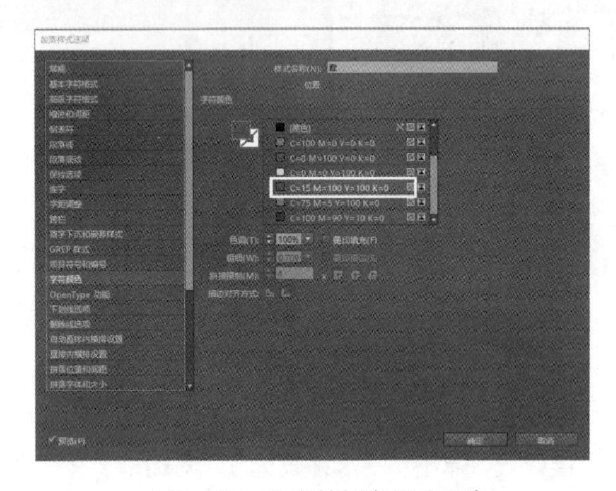

图5-106　将字符颜色设为红色

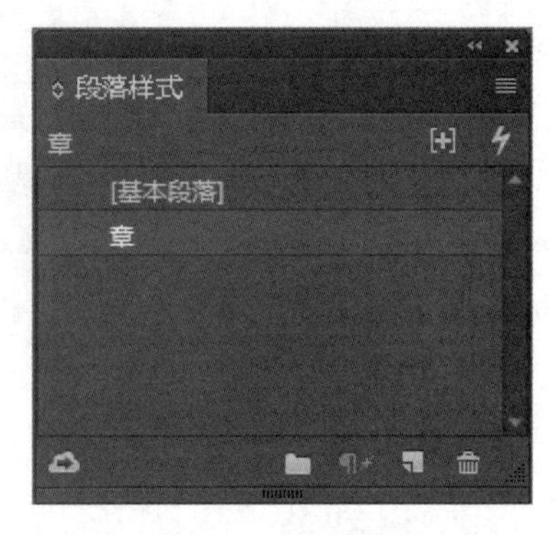

图5-107　“段落样式”面板

⑦ 应用段落样式。方法：在文档中选择章标题文字（或将光标放置到章标题文字段落中），然后在“段落样式”面板中单击“章”段落样式，从而将其应用到章标题文字中，效果如图 5-108 所示。

提示

由于应用了“章”段落样式，整个文档的最后1页（第4页）文本会出现文本显示不全的情况，此时需要单击⊞图标，如图5-109所示，然后在该页后新建1页后重新置入其余文本，形成串接文本。此时“页面”面板显示为5页，如图5-110所示。

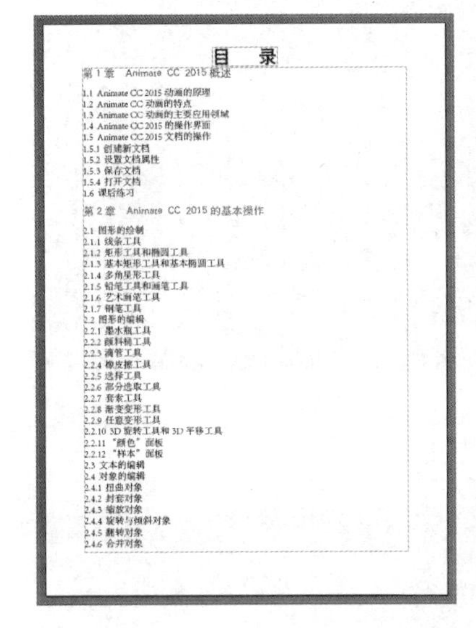

目　录

第1章　Animate CC 2015 概述

1.1 Animate CC 2015 动画的原理
1.2 Animate CC 动画的特点
1.3 Animate CC 动画的主要应用领域
1.4 Animate CC 2015 的操作界面
1.5 Animate CC 2015 文档的操作
1.5.1 创建新文档
1.5.2 设置文档属性
1.5.3 保存文档
1.5.4 打开文档
1.6 课后练习

第2章　Animate CC 2015 的基本操作

2.1 图形的绘制
2.1.1 线条工具
2.1.2 矩形工具和椭圆工具
2.1.3 基本矩形工具和基本椭圆工具
2.1.4 多角星形工具
2.1.5 铅笔工具和画笔工具
2.1.6 艺术画笔工具
2.1.7 钢笔工具
2.2 图形的编辑
2.2.1 墨水瓶工具
2.2.2 颜料桶工具
2.2.3 滴管工具
2.2.4 橡皮擦工具
2.2.5 选择工具
2.2.6 部分选取工具
2.2.7 套索工具
2.2.8 渐变变形工具
2.2.9 任意变形工具
2.2.10 3D 旋转工具和 3D 平移工具
2.2.11 “颜色”面板
2.2.12 “样本”面板
2.3 文本的编辑
2.4 对象的编辑
2.4.1 扭曲对象
2.4.2 封套对象
2.4.3 缩放对象
2.4.4 旋转与倾斜对象
2.4.5 翻转对象
2.4.6 合并对象

图5-108　将“章”段落样式应用到章标题文字

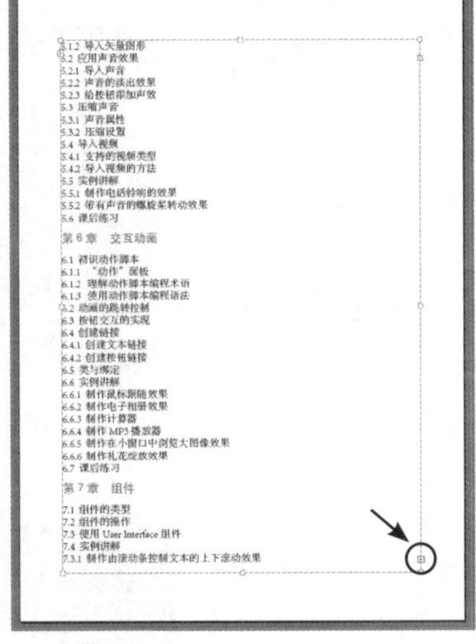

5.1.2 导入矢量图形
5.2 应用声音效果
5.2.1 导入声音
5.2.2 声音的淡出效果
5.2.3 给按钮添加声效
5.3 压缩声音
5.3.1 声音属性
5.3.2 压缩设置
5.4 导入视频
5.4.1 支持的视频类型
5.4.2 导入视频的方法
5.5 实例讲解
5.5.1 制作电话铃响的效果
5.5.2 带有声音的螺旋桨转动效果
5.6 课后练习

第6章　交互动画

6.1 初识动作脚本
6.1.1 “动作”面板
6.1.2 理解动作脚本编程术语
6.1.3 使用动作脚本编程语法
6.2 动画的跳转控制
6.3 按钮交互的实现
6.4 创建链接
6.4.1 创建文本链接
6.4.2 创建按钮链接
6.5 类与绑定
6.6 实例讲解
6.6.1 制作鼠标跟随效果
6.6.2 制作电子相册效果
6.6.3 制作计算器
6.6.4 制作 MP3 播放器
6.6.5 制作在小窗口中浏览大图像效果
6.6.6 制作礼花绽放效果
6.7 课后练习

第7章　组件

7.1 组件的类型
7.2 组件的操作
7.3 使用 User Interface 组件
7.4 实例讲解
7.3.1 制作由滚动条控制文本的上下滚动效果

图5-109　单击⊞图标

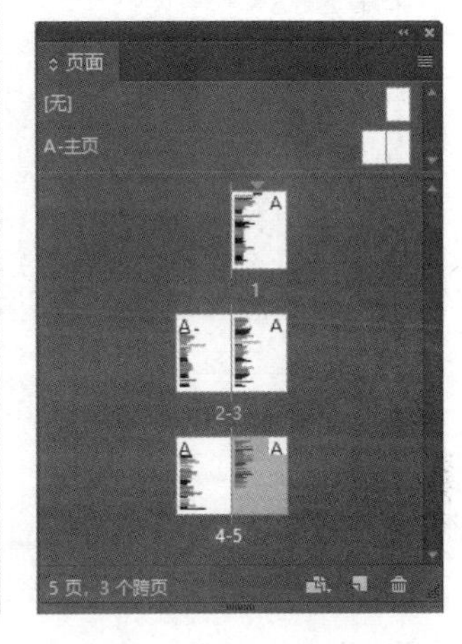

图5-110　“页面”面板显示为5页

⑧ 同理，新建“1.1”次标题段落样式，将“字体系列”设为“汉仪书宋二简”、“大小”设为12点，如图5-111所示。然后将“左缩进”设为7毫米，如图5-112所示。

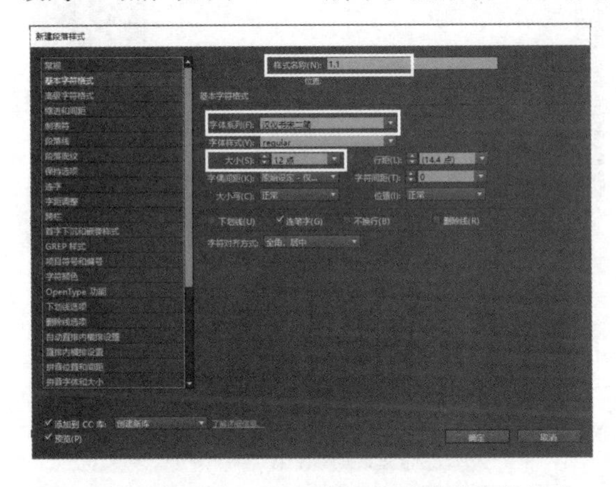

图5-111　设置“1.1”段落样式的基本字符格式

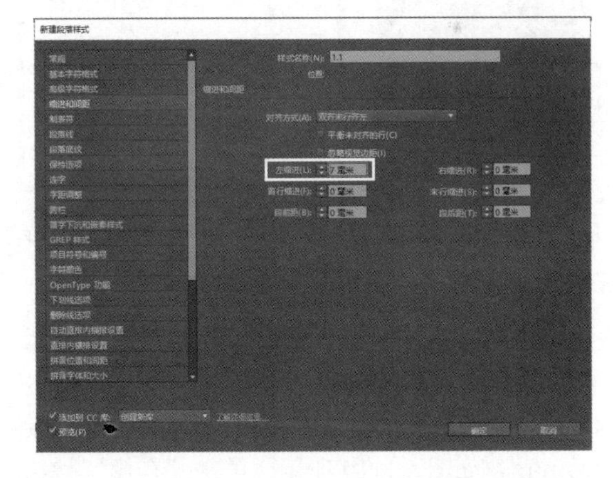

图5-112　将“1.1”段落样式的左缩进设为7毫米

⑨ 同理，新建“1.1.1”次标题段落样式，将“字体系列”也设为“汉仪书宋二简”、“大小”也设为12点，如图5-113所示。然后将“左缩进”设为15毫米，如图5-114所示。

⑩ 将“1.1”和“1.1.1”两个次标题段落样式应用到相关文本，效果如图5-115所示。

⑪ 由于目录中的中英文文本使用的是不同字体，此时需要创建复合字体。方法：执行菜单中的“字体|复合字体”命令，弹出图5-116所示的“复合字体编辑器”对话框，单击

新建(N)... 按钮，弹出“新建复合字体”对话框，将“名称”设为“章复合字体”，如图 5-117 所示，单击“确定”按钮。接着设置“章复合字体”中的“汉字”为“汉仪中黑简”、“罗马字”和“数字”为 Arial，如图 5-118 所示，单击“存储”按钮。

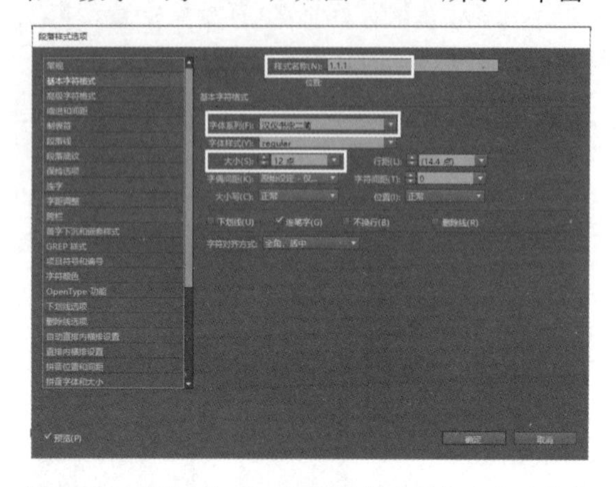

图5-113　设置“1.1.1”段落样式的基本字符格式

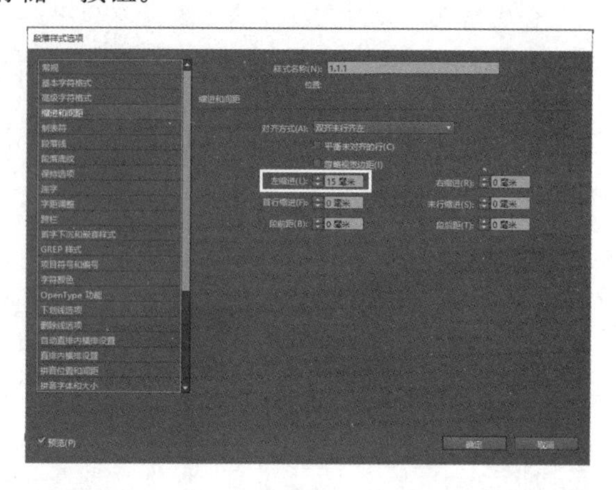

图5-114　将“1.1.1”段落样式的左缩进设为15毫米

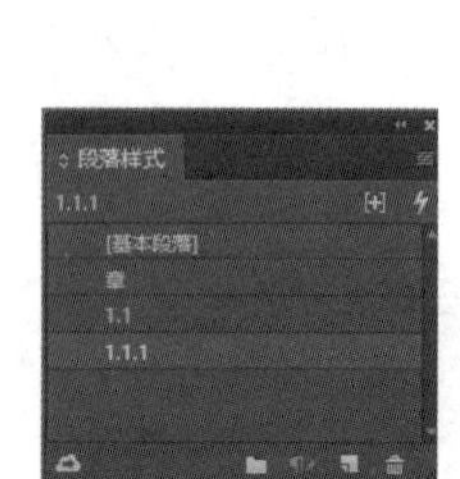

图5-115　将“1.1”和“1.1.1”两个次标题段落样式应用到相关文本

图5-116　在“复合字体编辑器”对话框中单击 新建(N)... 按钮

⑫ 同理，新建名称为“节和小节复合字体”的复合字体。并设置“节和小节复合字体”中的“汉字”为“汉仪书宋二简”、“罗马字”和“数字”为 Times New Roman，如图 5-119 所示，单击“存储”按钮，单击“确定”按钮，确认操作。

图5-117　将“名称”设为“章复合字体”

⑬ 应用复合字体。方法：在“段落样式”面板中双击“章”段落样式，在弹出的“段落样式选项”对话框中将“字体系列”由“汉仪中黑简”改为“章复合字体”，如图 5-120 所示，单击“确定”按钮。同理，将“1.1”和“1.1.1”段落样式的“字体系列”由“汉仪书宋二简”改为“节和小节复合字体”，此时文档效果如图 5-121 所示。

⑭ 添加章标题装饰效果。方法：利用工具箱中的 （矩形工具）在文档第 1 章的标题位置

绘制一个填色为青色[参考色值为 CMYK（100，0，0，0）]，描边为无色的矩形。然后执行菜单中的“对象 | 排列 | 置于底层”命令，将其置于章标题文字下方。接着在矩形前方绘制一个填色为青色[参考色值为 CMYK（100，0，0，0）]，描边为无色的圆形，并在其中输入文字“1”。最后删除第 1 章标题中的文字“第 1 章”，效果如图 5-122 所示。

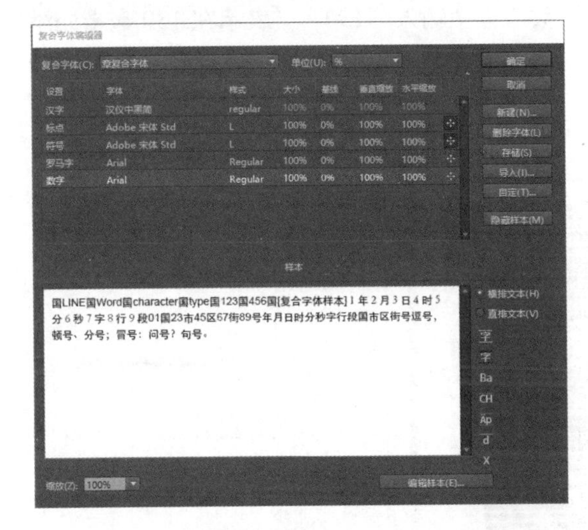

图5-118　设置“章复合字体”文字属性

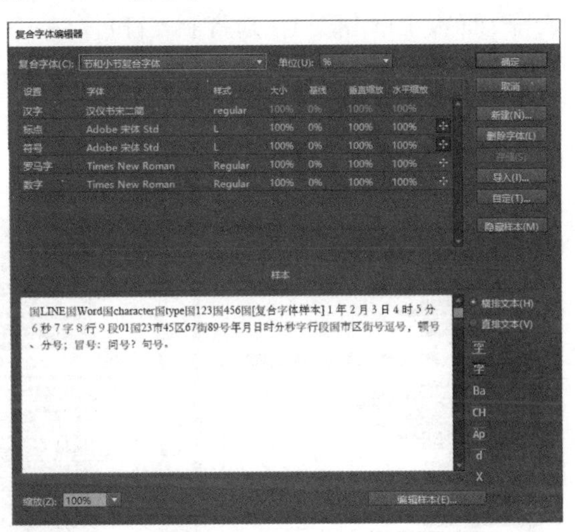

图5-119　设置“节和小节复合字体”文字属性

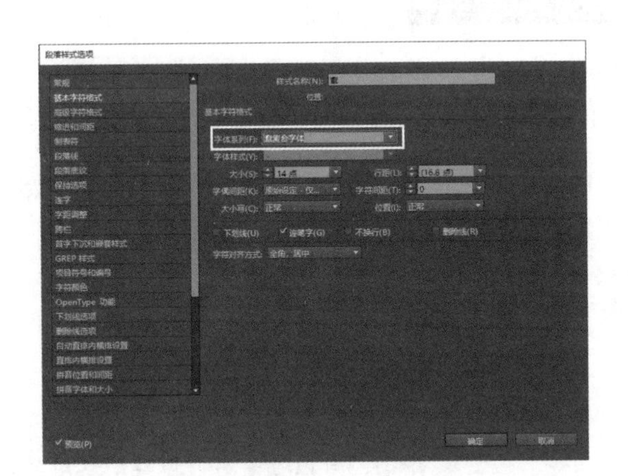

图5-120　将“字体系列”改为“章复合字体”

图5-121　文档效果

目　录

① Animate CC 2015 概述

1.1 Animate CC 2015 动画的原理
1.2 Animate CC 动画的特点
1.3 Animate CC 动画的主要应用领域
1.4 Animate CC 2015 的操作界面
1.5 Animate CC 2015 文档的操作
　1.5.1 创建新文档
　1.5.2 设置文档属性
　1.5.3 保存文档
　1.5.4 打开文档
1.6 课后练习

图5-122　添加章标题装饰效果

⑮ 同理，对其余章标题文字添加装饰效果。

⑯ 为了在目录文字后添加相应的页码，下面添加制表符。方法：利用工具箱中的 T（文字工具）在文档中每行标题文字后面按〈Tab〉键，添加制表符。然后按快捷键〈Ctrl+A〉，选中所有文字，接着按快捷键〈Ctrl+Shift+T〉，调出“制表符”面板，如图 5–123 所示。再在“制表符”面板中单击 ↓（右对齐制表符），在“X：”数值框中输入“130”（表示在 130 毫米处添加右对齐制表符），在“前导符”数值框中输入“.”，最后按〈Enter〉键确认操作，此时添加了制表符的效果如图 5–124 所示。

⑰ 在目录中添加相应的页码，效果如图 5–125 所示。

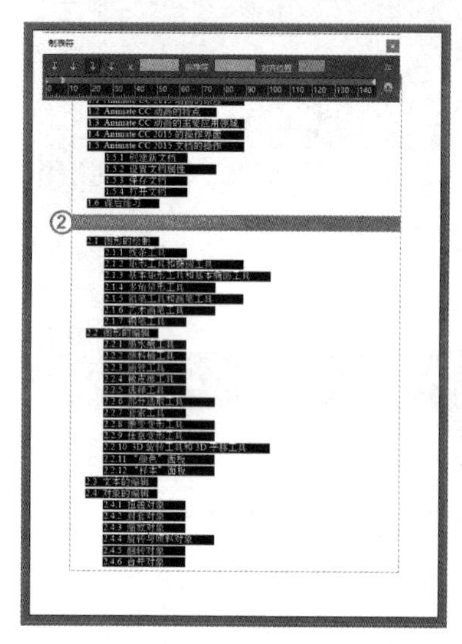

图5–123　调出“制表符”面板

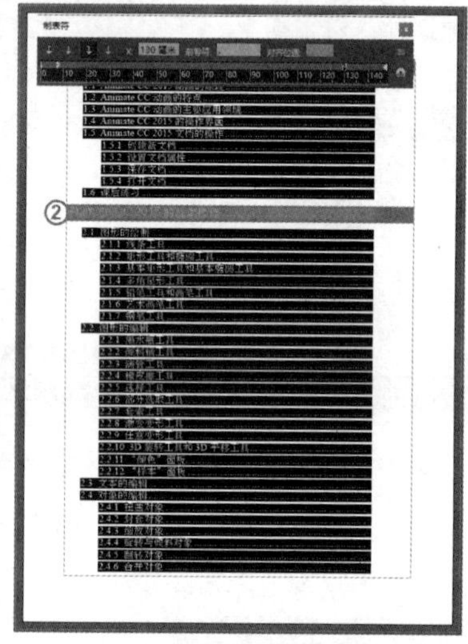

图5–124　添加制表符的效果

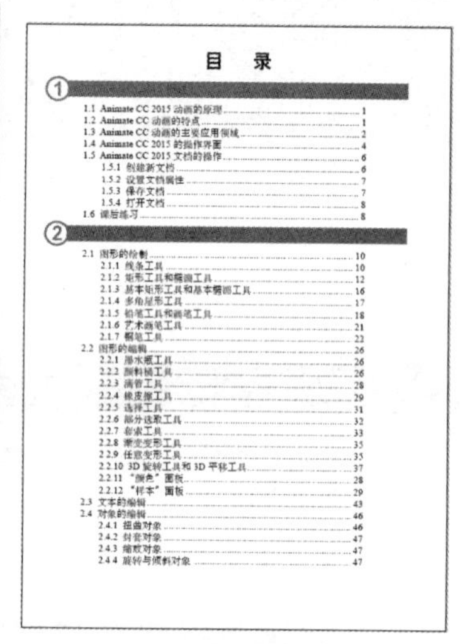

目　录

①

1.1 Animate CC 2015 动画的原理........1
1.2 Animate CC 动画的特点........1
1.3 Animate CC 动画的主要应用领域........2
1.4 Animate CC 2015 的操作界面........4
1.5 Animate CC 2015 文档的操作........6
1.5.1 创建新文档........6
1.5.2 设置文档属性........7
1.5.3 保存文档........7
1.5.4 打开文档........8
1.6 课后练习........8

②

2.1 图形的绘制........10
2.1.1 线条工具........10
2.1.2 矩形工具和椭圆工具........12
2.1.3 基本矩形工具和基本椭圆工具........16
2.1.4 多角星形工具........17
2.1.5 铅笔工具和画笔工具........18
2.1.6 艺术画笔工具........21
2.1.7 钢笔工具........22
2.2 图形的编辑........26
2.2.1 墨水瓶工具........26
2.2.2 颜料桶工具........26
2.2.3 滴管工具........28
2.2.4 橡皮擦工具........29
2.2.5 选择工具........31
2.2.6 部分选取工具........32
2.2.7 套索工具........33
2.2.8 渐变变形工具........35
2.2.9 任意变形工具........35
2.2.10 3D 旋转工具和 3D 平移工具........37
2.2.11 “颜色”面板........28
2.2.12 “样本”面板........29
2.3 文本的编辑........43
2.4 对象的编辑........46
2.4.1 扭曲对象........46
2.4.2 封套对象........47
2.4.3 缩放对象........47
2.4.4 旋转与倾斜对象........47

图5–125　添加页码效果

⑱ 至此，目录排版完毕。执行菜单中的“文件 | 存储”命令，将文件进行存储。然后执行菜单中的“文件 | 打包”命令，将所有相关文件进行打包。

课后练习

一、填空题

1. 执行菜单中的“________ | ________ | ________”命令，可以查看当前框架网格中的字数。

2. 在“文本框架”对话框中“垂直对齐”选项组的“对齐”下拉列表中包括________、________、________和________4 个选项。

二、选择题

1. 下列属于 InDesign CC 2017 提供的环绕方式的是（　　）。

A. 沿定界框绕排　　B. 沿对象形状绕排

C. 上下型绕排　　D. 下型绕排

2. 按住（　　）键，然后选择工具箱中的 ▶（选择工具），双击文本框架，也可打开“文本框架选项”对话框。

A. Tab　　B. Ctrl　　C. Shift　　D. Alt

3. 用户在载入文本后，将显示（载入文本）图标，此时按住（　　）键，光标将变为（自动排文）图标。

A. Tab　　B. Ctrl　　C. Shift　　D. Alt

三、问答题

1. 简述串接文本的方法。
2. 简述创建脚注的方法。

四、上机题

制作图 5-126 所示的报纸版式效果。

Local

YOUR STARK COUNTY NEWS SOURCE

SECTION

B

The Repository

Sunday,April 25,2008

MARSTARD SEARCH

RICK SENFTES

Easy to talk trash
Hard to pick it up

Buding a wonderful house

BATS

can turn your house upside down

Tiny creatures misunderstood, but they have a purpose

Bats around Ohio

Canser survivors walking proud

Stark seeming benefits, the pirated software and movies

图5-126　报纸版式效果

第6章 表　格

本章重点

在日常生活中，表格是数据结果的一种有效表达形式，制作数据信息时经常需要使用表格。通过表格可以将数据信息进行分类管理，易于查询。在 InDesign CC 2017 中，表格最大的用途是规划页面，它可以将不同文本、图形有机地放置到版面中，以达到版面整齐、规范的目的。通过本章的学习，读者应掌握以下内容。

- 掌握创建表格的方法
- 掌握编辑表格的方法
- 掌握使用表格的方法
- 掌握设置表格选项的方法
- 掌握设置单元格选项的方法

6.1 创 建 表 格

在专业排版中，使用表格能够给人一种直观、明了的感觉，是组织文字和数据的一种常用方法，本节将介绍 3 种常用的表格创建方法。

6.1.1 插入表格

插入表格的具体步骤如下。

① 在插入表格前，首先要使用T（文字工具）在绘制区中拖动出矩形文本框，并将插入点定位在文本框架中。

② 执行菜单中的“表|创建表”命令，弹出图 6–1 所示的“插入表”对话框。该对话框中各项参数解释如下。

- 正文行：该文本框用于指定正文的行数。
- 列：该文本框用于指定正文的列数。
- 表头行：该文本框用于指定表头的行数。

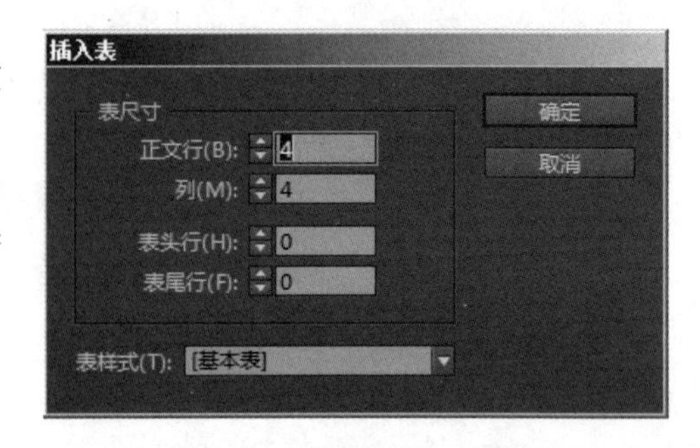

图6–1　“插入表”对话框

● 表尾行：该文本框用于指定表尾的行数。
● 表样式：该下拉列表可以指定基于表的样式。

提示

① 表格的排版方向取决于用来创建该表格的文本框架的排版方向。当文本框架的排版方向改变时，表的排版方向会随之改变。

② 在InDesign CC 2017中创建表格时，新建表格的宽度与作为容器的文本框的宽度一致。插入点位于行首时，表格会插在同一行上；插入点位于行中间时，表格会插在下一行上。

③ 设置表格的属性后，单击“确定”按钮，即可插入表格。

6.1.2　将文本转换为表格

在实际工作中，当创建了使用分隔符分隔的数据文档后，如果需要以表格的形式表现出来，则需将文本转换为表格。将文本转换为表格之前，一定要正确创建规范文本，即输入字符串或数据，并在字符串或数据间插入列分隔符与行分隔符，如制表符、逗号、段落回车符等。

将规范的文本转换为表格的操作步骤如下。

① 使用工具箱中的T（文字工具）选取要转换为表格的文本。

② 执行菜单中的“表|将文本转换为表”命令，打开“将文本转换为表”对话框，如图6–2所示。该对话框的各项参数如下。

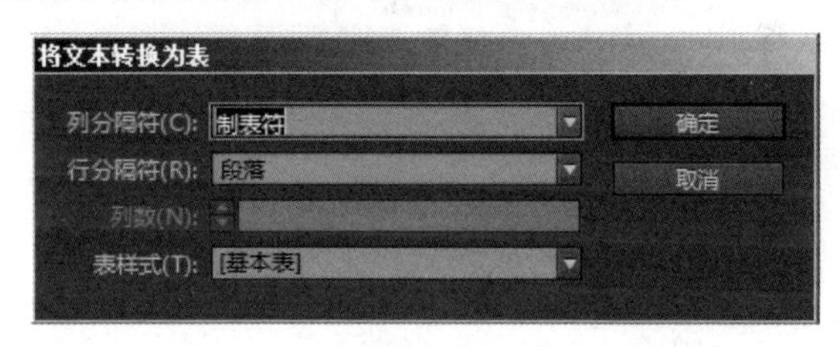

图6–2　“将文本转换为表”对话框

● 列分隔符：用于指定表格转换为表格时以何种方式分隔列。该下拉列表中包括“制表符”“逗号”“段落”3个选项。当文本源以数据隔开时，可选择“逗号”；当源文件以段落隔开时，可选择“段落”。
● 行分隔符：用于指定表格转换为表格时以何种方式分隔行。该下拉列表中包括3个选项，其使用方法与“列分隔符”相似。当选择“制表符”时，其下方的“列数”变为可用状态，此时在其后的文本框中输入列数即可。
● 表样式：用于指定基于表的样式。

③ 设置完成后单击“确定”按钮，即可将文本转换为表格。图6–3所示为将文本转换为表格的效果。

学号　姓名　性别　成绩
530700751　于国志　男　78
530700746　白洁　女　80
530700747　李博　男　75
530700737　覃超　女　79
530700755　黄迪　男　70

↓

学号	姓名	性别	成绩
530700751	于国志	男	78
530700746	白洁	女	80
530700747	李博	男	75
530700737	覃超	女	79
530700755	黄迪	男	70

图6–3　将文本转换为表格的效果

6.1.3　从其他程序中导入表格

除了插入表格和将文本转换为表格外，还可以从其他应用程序中直接导入表格。当处理数据庞大的信息时，可以在Excel或Word中对数据信息使用表格的形式进行处理，然后再导入到InDesign CC 2017中使用。

1. 导入 Word 文件

导入 Word 文件的操作步骤如下。

① 执行菜单中的“文件 | 置入”命令（按快捷键〈Ctrl+D〉），在打开的“置入”对话框中选择要置入的 Word 文件，然后勾选“显示导入选项”复选框，如图 6-4 所示。

② 单击“打开”按钮，弹出图 6-5 所示的对话框。该对话框中主要参数的含义如下。

图6-4 勾选“显示导入选项”复选框

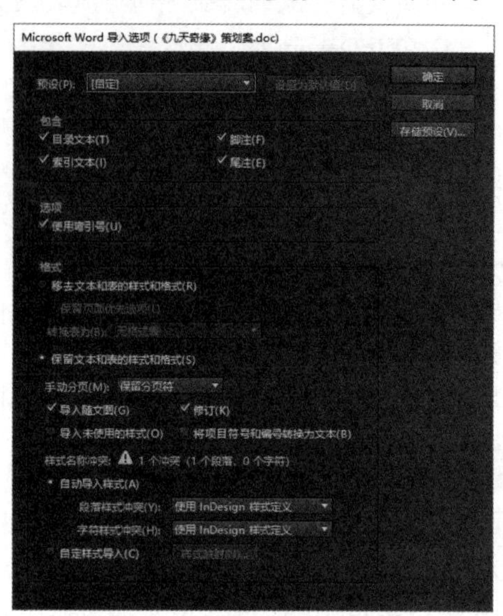

图6-5 “Microsoft Word导入选项”对话框

- 预设。在该下拉列表中会自动使用默认的预设，也可以选取一种存储的预设。
- “包含”选项组。勾选“目录文本”复选框，可以将目录作为文本的一部分导入出版物中，这些条目会以纯文本的方式导入；勾选“索引文本”复选框，则会将索引作为文本的一部分导入出版物中；勾选“脚注”复选框，则会将 Word 脚注导入 InDesign CC 2017 时进行保留，但会根据文档的脚注设置重新排列；勾选“尾注”复选框，则会将尾注作为文本的一部分导入出版物的末尾；勾选“目录文本”复选框，可以将目录作为文本的一部分导入出版物中，这些条目会作为纯文本导入；勾选“索引文本”复选框，则会将索引作为文本的一部分导入出版物中；勾选“脚注”复选框，则会将 Word 脚注导入 InDesign CC 2017 时进行保留，但会根据文档的脚注设置重新排列；勾选“尾注”复选框，则会将尾注作为文本的一部分导入出版物的末尾。
- “选项”选项组。勾选“使用弯引号”复选框可确保导入的文本为左右引号（“”）和撇号（’），而不是英文直引号（" "）和撇号（'）。
- “格式”选项组。选中“移去文本和表的样式和格式”单选按钮，将不导入文档中的样式与随文图形，并从导入的文本或表中去除文本格式，如字体、文字样式等；选中“保留文本和标的样式和格式”单选按钮，将保留 Word 文档的格式。

③ 设置完毕后，单击“确定”按钮，当光标变为置入图标时，单击即可将表格置入版面中。

2. 导入 Excel 文件

导入 Excel 文件的操作步骤如下。

① 执行菜单中的“文件|置入”命令（按快捷键〈Ctrl+D〉），在打开的“置入”对话框中选择要置入的Excel文件，然后勾选“显示导入选项”复选框，如图6–6所示。

② 单击“打开”按钮，弹出图6–7所示的对话框。该对话框中主要参数的含义如下。

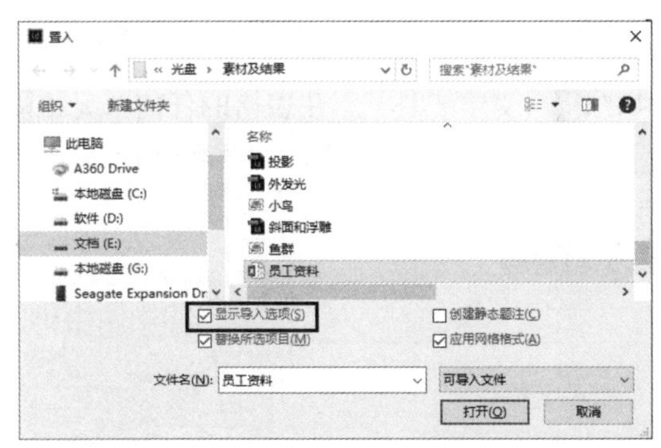

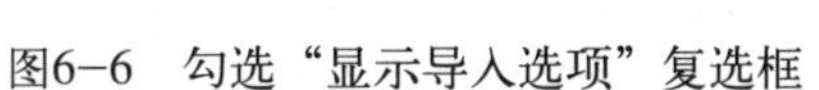
图6–6 勾选“显示导入选项”复选框

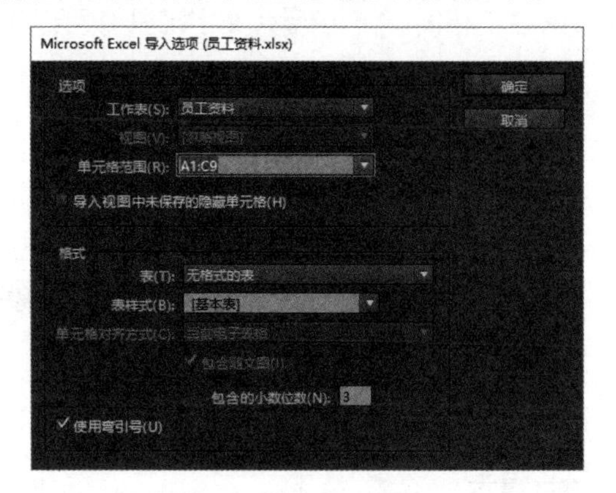

图6–7 “Microsoft Excel导入选项”对话框

- 工作表：在下拉列表中选择要导入的表格。
- 视图：指定是导入任何存储的自定或个人视图，还是忽略这些视图。
- 单元格范围：指定单元格的范围，使用冒号（:）来指定范围（如A1:A15）。如果工作表中存在指定的范围，则在“单元格范围”菜单中将显示这些名称。
- 导入视图中未保存的隐藏单元格：选择此选项将导入格式化为Excel电子表格中的隐藏单元格的任何单元格。
- 表：用于指定电子表格信息在InDesign CC 2017文档中显示的方式。如果选择“有格式的表”，则保留Excel中用到的相同格式，但单元格中的文本格式可能不会保留；选择“无格式的表”，导入的表格将显示为不带格式的文本；选择“无格式制表符分隔文本”，导入的表格将显示为无格式的制表符分隔的文本。
- 表样式：用于选择表的样式。
- 单元格对齐方式：当在“表”中选择“有格式的表”时，指定导入文档的单元格对齐方式。
- 包含随文图：当在“表”中选择“有格式的表”时，可以选择此选项，使导入InDesign CC 2017中的文件保留Excel文档的随文图形。
- 包含的小数位数：指定小数位数。仅当选中“单元格对齐方式”时该选项才可用。
- 使用弯引号：选择此选项，可以确保导入的文本使用中文左右引号（“”）和撇号（’）。

③ 设置完毕后单击“确定”按钮。完成后，就会在指定的文字框和插入位置中置入所选择的表格。

6.2 编辑表格

在实际工作中，需要根据具体的应用创建符合使用要求的表格，而这些表格有时很难一次性创建成功，通常在创建出原始表格后，还需要经过多次编辑、调整，才能满足实际的使用要求，例如对表格中的单元格进行拆分与合并，或者增加与删除表格中的行或者列等。下面讲解编辑表格的方法。

6.2.1 选取表格元素

在 InDesign CC 2017 中，表格元素既包含其本身，还包含单元格、行与列，这些元素的选择方法各不相同。使用T（文字工具）可以选择单个或多个单元格，还可以选择整个表格。

1. 选择单个单元格

选择单个单元格的操作步骤为：选择工具箱中的T（文字工具），在表格的任何单元格内单击，然后执行菜单中的“表|选择|单元格”命令，即可选中单个单元格，如图 6–8 所示。

图6–8 选中单个单元格

提示

将光标定位在某个单元格中，然后按〈ESC〉键可选中该单元格。

2. 选择连续单元格

选择连续单元格操作步骤为：选择工具箱中的T（文字工具），在表格内单击并跨单元格边框拖动，即可选中连续的单元格，如图 6–9 所示。

图6–9 选中连续的单元格

提示

选中连续的单元格后，按〈Shift〉+方向键可以选中连续单元格各方向上的单元格。

3. 选择整行或整列

选择整行或整列的操作步骤为：选择工具箱中的T（文字工具），然后将光标定位在任意一列中，执行菜单中的“表|选择|列”命令，即可将整列单元格选中；同理，执行菜单中的“表|选择|行”命令，即可将整行单元格选中。

提示

选择工具箱中的T（文字工具），然后将光标移至列的边缘，此时光标变为↓形状，如图6–10所示，单击即可选中整列，如图6–11所示；同理，将光标移至行的边缘，此时光标变为➜形状，如图6–12所示，单击即可选中整行，如图6–13所示。

4. 选择整个表

选择整个表的具体操作步骤为：选择工具箱中的T（文字工具），然后将光标移至表格左上角的边缘，此时光标变为↘形状，如图 6−14 所示，单击即可选中整个表格，如图 6−15 所示。

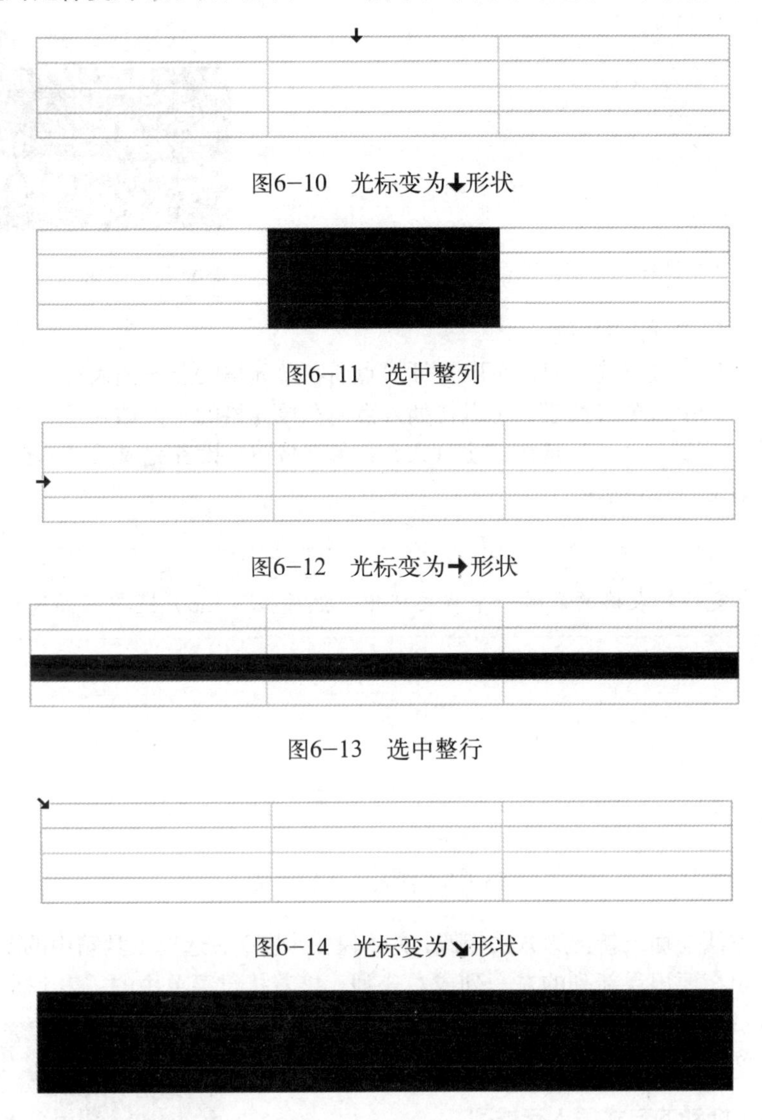

图6−10 光标变为↓形状

图6−11 选中整列

图6−12 光标变为→形状

图6−13 选中整行

图6−14 光标变为↘形状

图6−15 选中整个表

6.2.2 插入行与列

一般情况下，在创建表格时会设置好所需要的行数与列数，当需要添加内容时，就需要在表格中插入新的行或列。插入行与列的方法有两种：一种是通过菜单命令；一种是通过直接拖动插入行或列。

1. 通过菜单命令插入行或列

通过菜单命令可以一次性插入多行或多列，并且插入的行或列的属性与插入点所在单元格的属性保持一致。通过菜单命令插入行或列的操作步骤如下。

① 选择工具箱中的T（文字工具），将插入点定位在要出现新行位置的上一行或下一行，如图 6−16 所示。

② 执行菜单中的“表|插入|行”命令，弹出“插入行”对话框，如图6-17所示。该对话框中各项参数的含义如下。

图6-16　定位鼠标的位置

图6-17　“插入行”对话框

- 行数：用于设置插入的行数。
- 上（A）：选中该单选按钮，可以在插入点所在单元格的上方插入行。
- 下（B）：选中该单选按钮，可以在插入点所在单元格的下方插入行。

③ 此时设置“行数”为3，选中“上（A）”单选按钮。设置完成后，单击“确定”按钮，即可插入新行，如图6-18所示。

提示

将插入点定位在表格的最后一个单元格中，然后按〈Tab〉键即可插入新行。

图6-18　插入新行的效果

插入新列的方法与插入新行的方法相似，具体操作步骤为：选择工具箱中的T（文字工具），然后将插入点定位在要出现新列的左一列或右一列。接着执行菜单中的“表|插入|列”命令，在弹出的如图6-19所示的“插入列”对话框中设置要插入的列数及位置，单击“确定”按钮，即可插入新列。

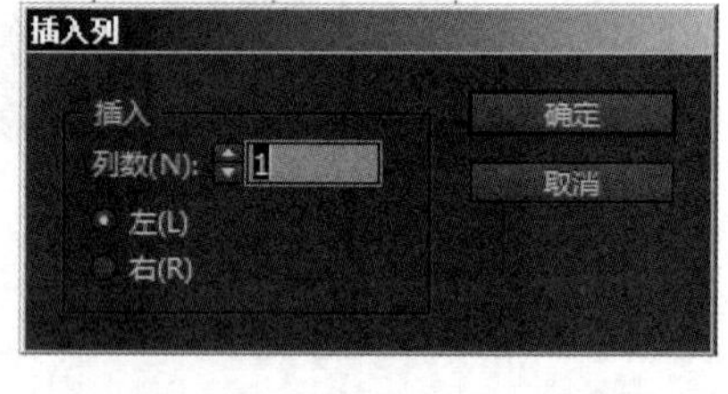

图6-19　“插入列”对话框

2．通过手工拖动的方式插入行或列

通过手工拖动的方式插入行或列的操作步骤如下。

① 将T（文字工具）放置在行线或列线上，指针变为双箭头图标↔（或↕），如图6-20所示。

② 按住〈Alt〉键，向下拖动即可添加行，如图6-21所示。向右拖动即可添加列。

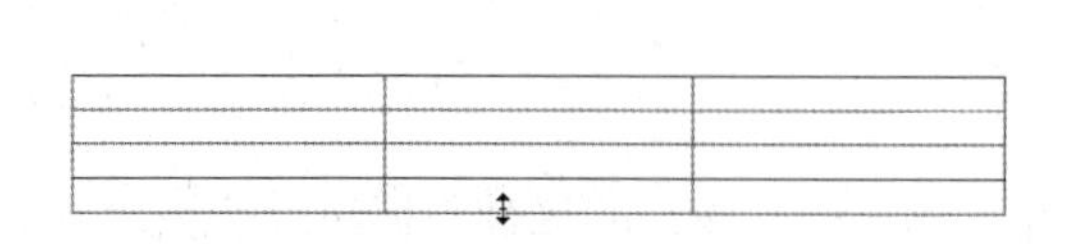

图6-20　指针变为双箭头图标

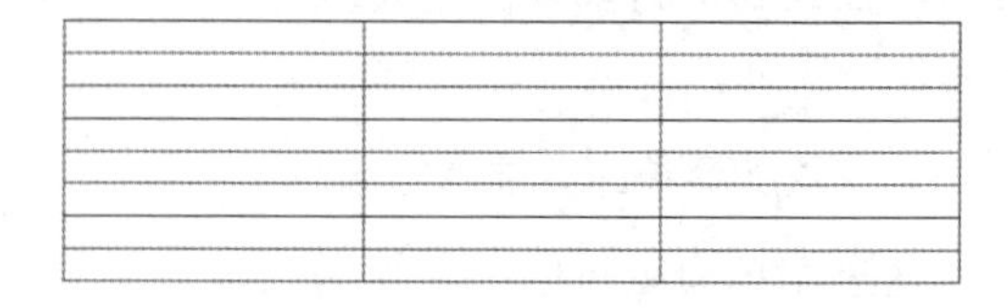

图6-21　添加新行的效果

6.2.3 删除行或列

删除行或列有以下两种方法。

- 将插入点放置在要删除的行或列的任意单元格内，或者选择要删除的行或列的任意单元格内的文本，然后执行菜单中的“表 | 删除 | 行”或“列”命令。

提示

在直排表中，行从表的左侧被删除；列从表的底部被删除。

- 将指针放置在表的底部或右侧的边框上，此时会出现一个双箭头图标↔（或↕），然后按住〈Alt〉键向上拖动可以删除行，向左拖动可以删除列。

6.2.4 调整表格大小

创建表格时，表格的宽度会自动设置为文本框架的宽度。默认情况下，每一行的宽度相等，每一列的高度也相等。不过，在应用过程中，可根据需要调整表、行和列的大小。

1. 手动调整表格大小

手动调整表格大小的操作步骤为：使用T（文字工具），将指针放置在表的右下角，此时指针变为↘箭头形状，拖动即可增加或减小表的大小，如图 6–22 所示。

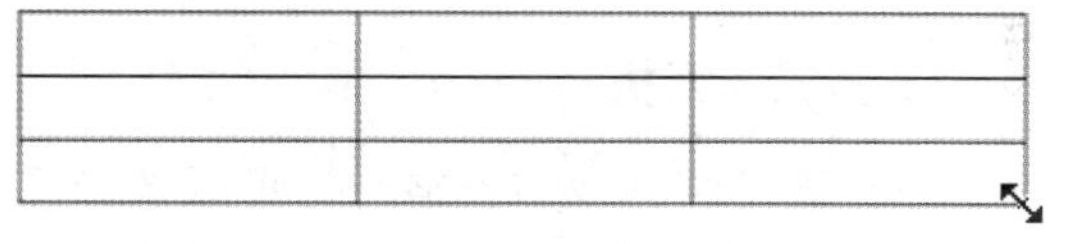
图6–22 调整表格大小

提示

按住〈Shift〉键的同时拖动，可以保持表的高宽比例。

2. 手动调整行高和列宽

手动调整行高的操作步骤为：选择T（文字工具），将指针置于行线上，当指针变成↕形状时，按住鼠标左键向上或向下拖移即可调整行高，如图 6–23 所示。

手动调整列宽的操作步骤为：选择T（文字工具），将指针置于列线上，当光标变成↔形状时，按住鼠标左键向左或向右拖移，即可调整列宽，如图 6–24 所示。

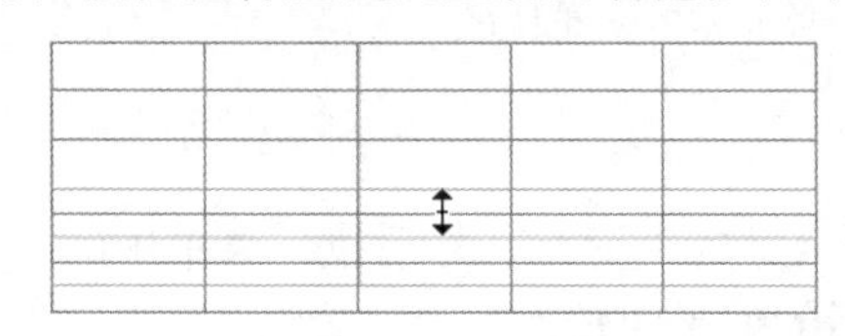
图6–23 调整行高

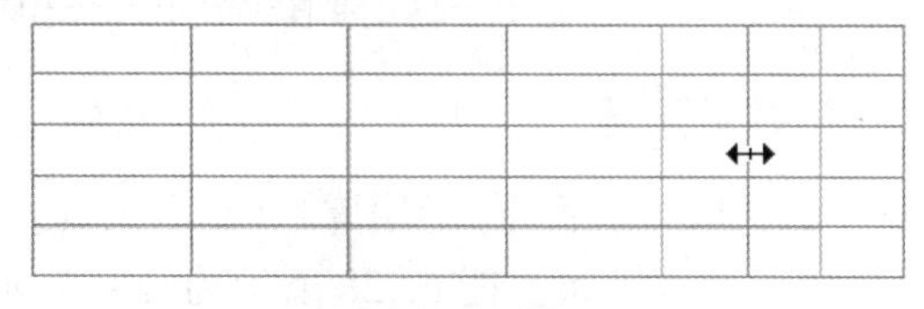
图6–24 调整列宽

提示

在调整行高与列宽的同时按住〈Shift〉键，可以在不影响表格大小的情形下，将指定的行高与列宽放大或缩小。

3. 自动调整行高和列宽

使用均匀分布行和均匀分布列，可以在调整行高或列宽时，自动依据选择行的总高度与所选择的列的总宽度，平均分配选择的行和列。具体操作步骤如下。

① 使用T（文字工具）在列或行中选择需要等宽或等高的单元格，如图 6–25 所示。

② 执行菜单中的“表|均匀分布行”或“均匀分布列”命令，即可使表格中的行或列均匀分布，如图 6–26 所示。

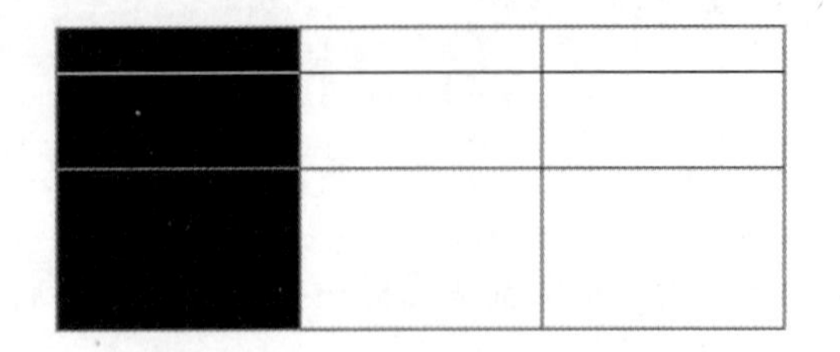

图6–25 选择需要等高的单元格

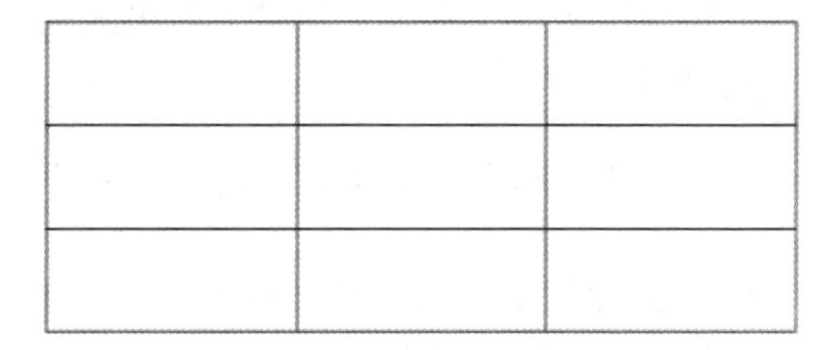

图6–26 “均匀分布行”的效果

6.2.5 拆分、合并或取消合并单元格

在创建内容较多的表格时，有时需要将某些单元格拆分或合并，例如，可以将表格最上面一行中的所有单元格合并成一个单元格，以便作表格标题使用。

1. 拆分单元格

在创建表单类型的表格时，可以选择多个单元格，然后垂直或水平拆分它们。具体操作步骤为：选择T（文字工具），然后将插入点定位在要拆分的单元格中（也可选择行、列即单元格区域），接着执行菜单中的“表|水平拆分单元格”或“垂直拆分单元格”命令即可。图 6–27 所示为垂直拆分单元格和水平拆分单元格的效果比较。

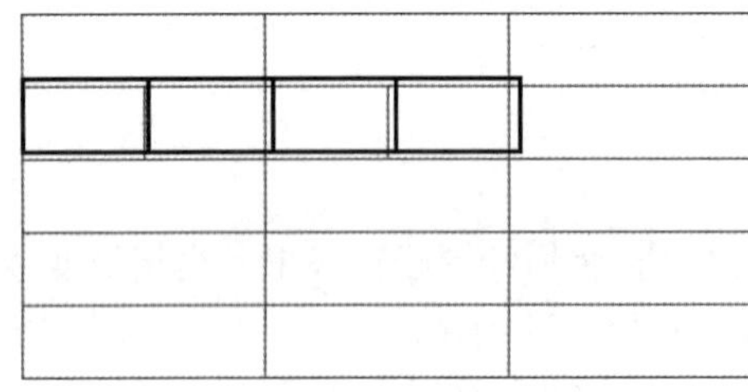

（a）垂直拆分单元格

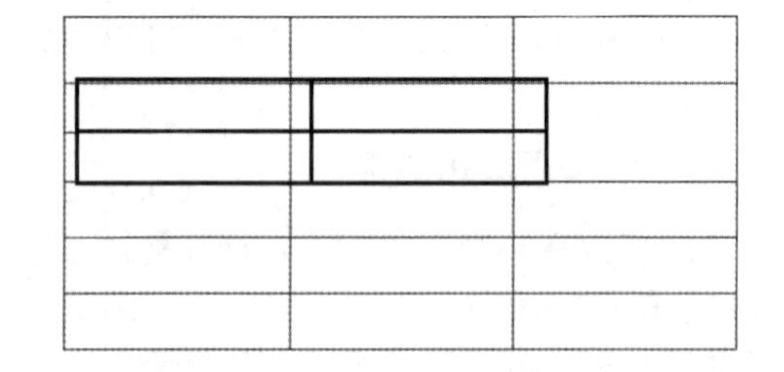

（b）水平拆分单元格

图6–27 垂直拆分单元格和水平拆分单元格的效果比较

2. 合并单元格

合并单元格的步骤为：利用T（文字工具）选取要合并的单元格，然后执行菜单中的“表|合并单元格”命令即可。图 6–28 所示为合并单元格前后的效果比较。

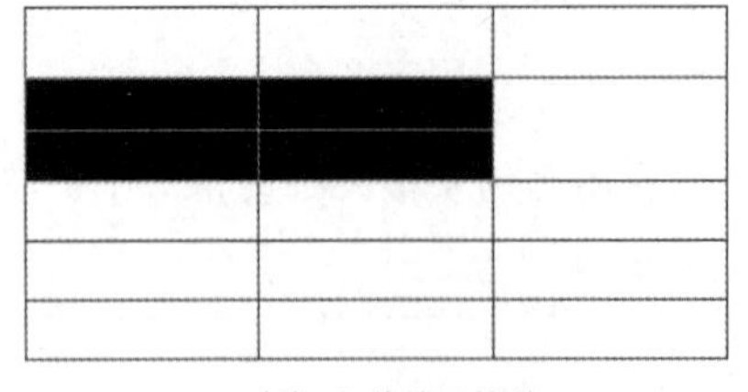

（a）合并单元格前

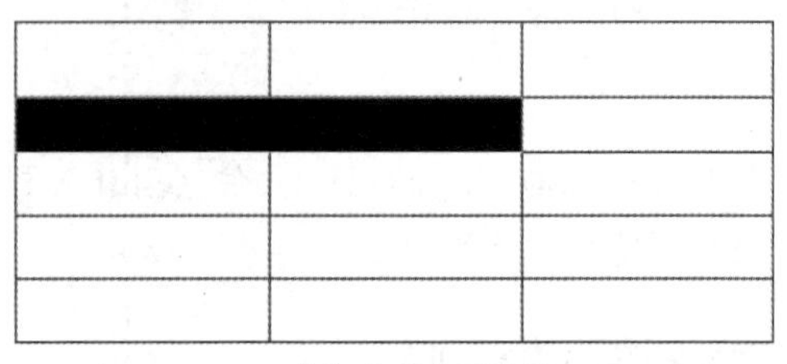

（b）合并单元格后

图6–28 合并单元格前后的效果比较

6.3 使用表格

通常，表格是用来显示数据的，如Excel中的表格。在InDesign CC 2017中，表格除了可以显示数据外，最重要的功能是定位与排版，这样才能够方便地将前面介绍过的文本与图像定位在页面中的任何区域。

6.3.1 在表格中添加文本

在InDesign CC 2017中，创建并编辑好表格整体框架以后，就可以在单元格中添加相应的数据、图片等内容了。在表格中插入文本或者图像的方法与直接在版面中插入文本或者图像的方法基本相同，不同之处在于，在插入之前，需要先将光标放置在表格中。

1. 在表格中输入文本

在表格中输入文本的操作步骤为：将插入点放置在一个单元格中，如图6-29所示，然后输入文本即可，如图6-30所示。当输入的文本宽度超过单元格宽度时将自动换行，按〈Enter〉键可以在同一单元格中开始一个新段落。按〈Tab〉键或〈Shift+Tab〉组合键可以将插入点相应后移或前移一个单元格。

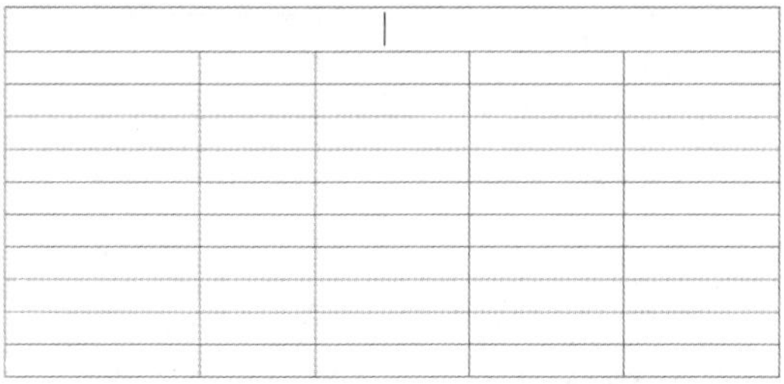

图6-29　将插入点放置在一个单元格中

图书分类统计表

类别	种数	册数	金额	册数占总比(%)
A：哲学、宗教	96	291	6117.00	0.9267
B：政治、法律	148	470	7759.2	1.5550
C：军事	67	331	7856.00	1.0951
D：经济	1	1	18.00	0.0033
E：文化、科学、教育	580	4500	57800.13	14.8878
F：文学	1589	9666	141233.53	31.9791
G：艺术	223	2242	224225.50	7.4175
H：生物科学	50	292	3190.90	0.9661
I：工业技术	42	206	2761.80	0.6815

图6-30　在表格中输入文本的效果

2. 粘贴文本

粘贴文本的操作步骤为：将插入点放置在表中，然后执行菜单中的“编辑|粘贴”命令，即可将从其他位置复制或剪切的文本粘贴到指定单元格中。

3. 置入文本

置入文本的操作步骤为：将插入点放置在要添加文本的位置上，然后执行菜单中的“文件|置入”命令，在弹出的对话框中双击要置入的文本文件即可。

6.3.2 在表格中添加图像

除了可以在表格中添加文本之外，还可以向表格中添加图像。对于添加到表格中的图片还可以对其进行大小缩放、旋转、裁剪路径、去除背景等设置。

1. 置入图像

置入图像的操作步骤为：将插入点放置在要添加图像的位置上，然后执行菜单中的“文件|置入”命令，在弹出的“置入”对话框中双击要置入的图形的文件名即可置入图像。

提示

为避免单元格溢流，可以先将图形置入表的外面，然后利用▶（选择工具）调整图形的大小并剪切图形，再利用T（文字工具）将图形粘贴到单元格中。

2．插入定位对象

插入定位对象的操作步骤为：将插入点放置在要添加图形的位置上，然后执行菜单中的“对象|定位对象|插入”命令，弹出图 6-31 所示的对话框，指定定位对象的内容、对象样式、段落样式、高度、位置等参数，单击“确定”按钮，即可将图形添加到定位对象中。

3．粘贴图像

粘贴图像的操作步骤为：先剪切或复制图像，然后使用T（文字工具）将插入点放置在表中，如图 6-32 所示。接着执行菜单中的“编辑|粘贴”命令，将图形粘贴到表格的指定位置，如图 6-33 所示。

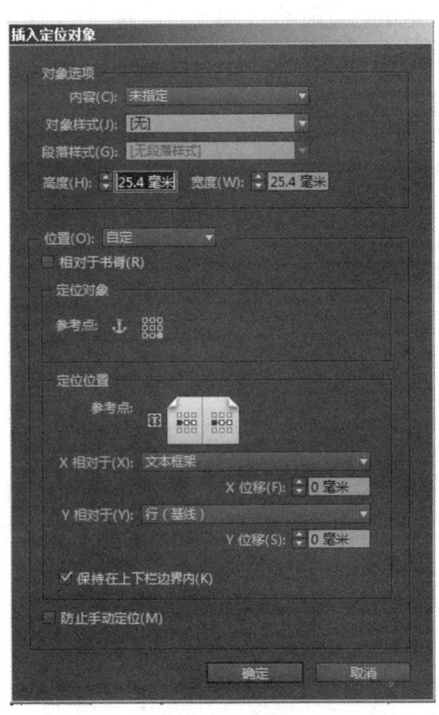

图6-31 “插入定位对象”对话框

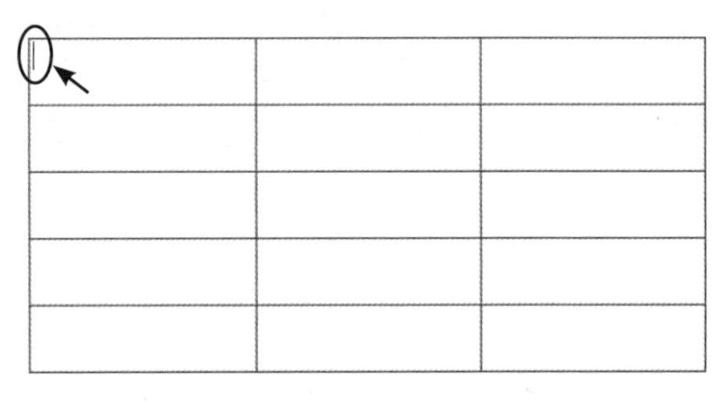

图6-32 将插入点放置在表中

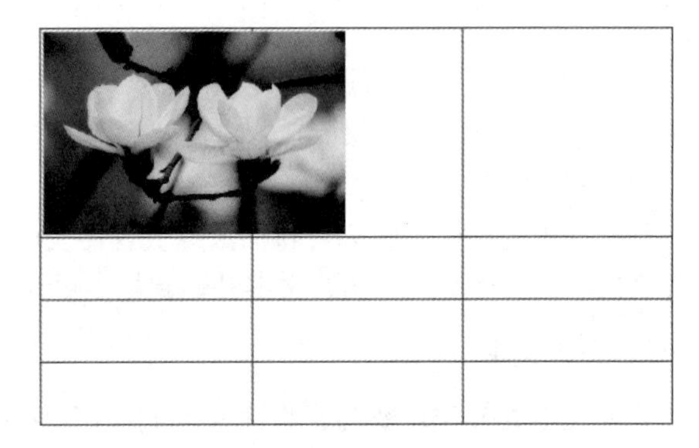

图6-33 粘贴图片后的效果

提示

当添加的图像大于单元格时，单元格的高度就会扩展以便容纳图像，但是单元格的宽度不会改变，图像有可能扩展到单元格的右侧以外。如果将放置该图像的行高设置为固定高度，则高于这一行高的图形会导致单元格溢流。

6.3.3 在表格中删除文本和图像

在表格中删除文本和图像的具体操作步骤为：选中要删除文本和图像的单元格，按〈Delete〉

键即可删除相关内容。

6.3.4　嵌套表格

表格在 InDesign CC 2017 中是用来定位与排版的，而有时一个表格无法满足所有的要求，这时就需要运用到嵌套表格。嵌套表格就是在一个表格中插入另外一个表格。这样一来，由总表格负责整体的排版，由嵌套的表格负责各个子栏目的排版，并插入到总表格的相应位置中。

插入嵌套表格的具体操作步骤为：创建一个表格，将光标放置在单元格中，使用插入表格的方法插入嵌套表格即可。图 6−34 所示为在一个 3 行 1 列的首行中插入一个 1 行 3 列嵌套表格的效果。

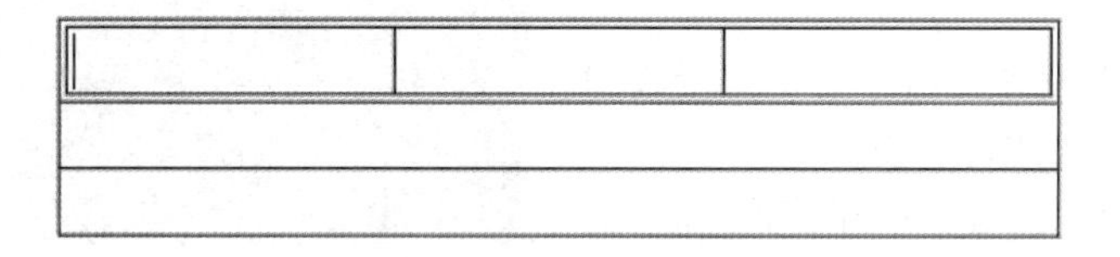

图6−34　嵌套表格的效果

6.3.5　设置“表”面板

执行菜单中的“窗口｜文字和表｜表”命令，在打开的“表”面板中可以设置单元格的排版方向及对齐方式等，如图 6−35 所示。该面板中各项参数的解释如下。

图6−35　“表”面板

- （行数）：用于设置当前选中表格的行数。
- （列数）：用于设置当前选中表格的列数。
- （行高）：该下拉列表中有“精确”和“最少”两个选项供选择。选择“精确”选项，则行高始终为在“行高”文本框中设定的数值，不会随行中文本的多少而变化；选择“最少”选项，则会随着行中文本的多少自动调整行高。
- （列宽）：用于设置当前选中表格的列的宽度。
- 排版方向：该下拉列表中有“横排”和“直排”两个选项供选择。当选择“横排”选项时，其后有（上对齐）、（居中对齐）、（下对齐）和（撑满）4 种单元格对齐方式供选择；当选择“直排”选项时，其后有（右对齐）、（居中对齐）、（左对齐）和（撑满）4 种单元格对齐方式供选择。
- （上单元格内边距）：用于设置单元格的内容距单元格顶部边界的距离。
- （下单元格内边距）：用于设置单元格的内容距单元格下部边界的距离。
- （左单元格内边距）：用于设置单元格的内容距单元格左侧边界的距离。
- （右单元格内边距）：用于设置单元格的内容距单元格右侧边界的距离。
- （将所有设置设为相同）：激活该按钮，则所有内边距将使用相同设置；反之，则需分别设置内边距。

6.4　设置表格选项

在 InDesign CC 2017 中，创建并调整好表格框架后，还可以通过“表格项”对话框进一步对表格进行编辑，例如设置表格线框样式，填充颜色，设置表头和表尾等。本节讲解设置表格选项的方法。

6.4.1 设置表格样式

选择工具箱中的T（文字工具），然后将光标插入点定位在表格中，执行菜单中的“表|表选项|表设置”命令，打开“表选项”对话框的“表设置”选项卡，如图 6-36 所示。

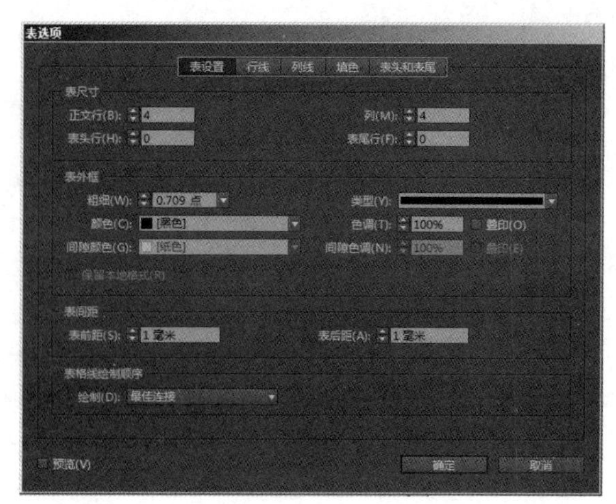

图6-36　“表选项”对话框的“表设置”选项卡

“表选项”对话框“表设置”选项卡中各项参数的含义如下：

● 表尺寸：用于设置表格中的正文行数和列数、表头行行数、表尾行行数。

● 表外框：用于设置表格外框的粗细、框架类型、颜色、色调、间隙颜色、间隙色调，可以根据需要设置不同风格的外框。图 6-37 所示为设置不同表外框的效果比较。

January	February	March
April	May	June
July	August	September
October	November	December

January	February	March
April	May	June
July	August	September
October	November	December

图6-37　设置不同表外框的效果比较

● 表间距：表前距与表后距用于设置表格的前面和表格后面离文字或者其他周围对象的距离。

● 表格线绘制顺序：在“绘制”下拉列表中可以设置表格线条的绘制顺序，有“最佳连接”“行线在上”“列线在上”3 个选项供选择。默认情况下使用的是“最佳连接”。

6.4.2 设置表格交替行线或列线

设置交替行线或列线的方法完全相同，下面介绍设置交替行线的方法。

执行菜单中的“表|表选项|交替行线”命令，弹出图 6-38 所示的“表选项”对话框的“行线”选项卡。

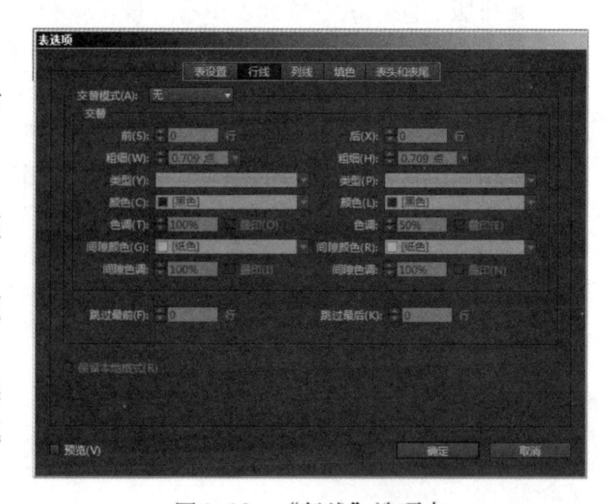

图6-38　“行线”选项卡

“表选项”对话框“行线”选项卡中各项参数的含义如下：

● 交替模式：用于指定使用的交替模式类型。图 6-39 所示为选择不同交替模式的效果比较。

● 前和后：如果交替模式选择“每隔一行”，

则“前”和“后”中的数值都为1；选择“每隔三行”则“前”和“后”中的数值都为3；选择“自定”，则可以指定要设置的行线。

January	February	March
April	May	June
July	August	September
October	November	December

（a）选择“每隔两行”的效果

January	February	March
April	May	June
July	August	September
October	November	December

（b）选择“每隔三行”的效果

图6–39　选择不同交替模式的效果比较

- 粗细：分别为指定的前几行或后几行设置表格中行线的粗细。
- 类型：分别为指定的前几行或后几行设置线条样式。如实底、细-粗-细、三线、虚线、右斜线、点线、波浪线。
- 颜色：分别为指定的前几行或后几行设置行线的颜色。
- 色调：分别为指定的前几行或后几行设置要应用于描边指定颜色的油墨百分比。
- 叠印：选中该复选框，将使“颜色”下拉列表中所指定的油墨应用于所有底色之上，而不是挖空这些底色。
- 间隙颜色：分别为指定的前几行或后几行设置应用于虚线、点或线条之间的区域的颜色。如果为“类型”选择了“实线”，则此选项不可用。
- 间隙色调：分别为指定的前几行或后几行设置应用于虚线、点或线条之间的区域色调。如果为“类型”选择了“实线”，则此选项不可用。
- 跳过最前或跳过最后：指定不希望填色属性在其中显示的表开始和结尾处的行或列数。
- 保留本地格式：选择此项可以使以前应用于表的格式填色保持有效。

6.4.3　给表格填充颜色

利用填色选项可以设置表格行与列的填色。

执行菜单中的“表|表选项|交替填色”命令，弹出图6–40所示的“表选项”对话框的“填色”选项卡。

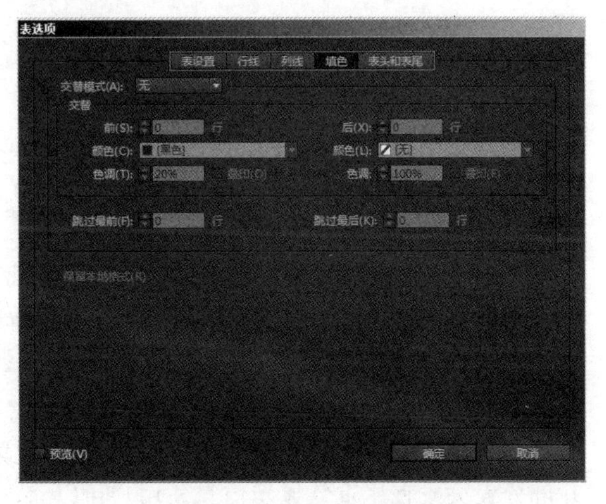

图6–40　“填色”选项卡

“表选项”对话框“填色”选项卡中各项

参数的含义如下：

- 交替模式：用于设置表格填色的交替模式，可以设置为每隔几行或是每隔几列进行填色。图 6-41 所示为选择不同交替模式的效果比较。

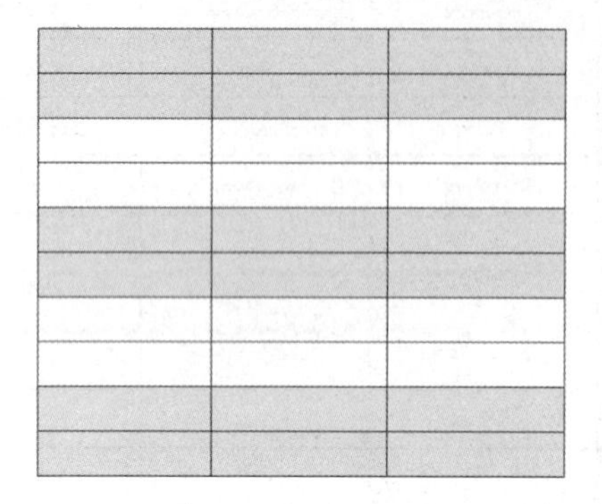

（a）选择“每隔两行”的效果

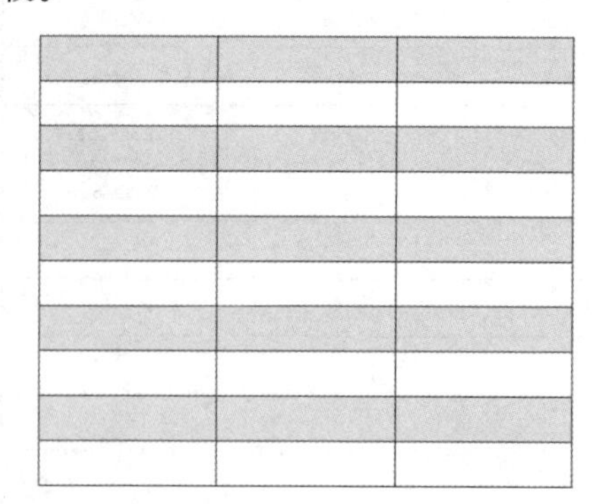

（b）选择“每隔也可一行”的效果

图6-41　选择不同交替模式的效果比较

- 前和后：如果交替模式选择“每隔一行”，则“前”和“后”中的数值都为 1；选择“每隔三行”则“前”和“后”中的数值都为 3；选择“自定”，则可以指定要设置的行线。
- 颜色：用于选择要填充的颜色。
- 色调：用于指定要应用于描边或填色的指定颜色的油墨百分比。
- 叠印：选择此选项，将导致“颜色”下拉列表中所指定的油墨应用于所有底色之上，而不是挖空这些底色。
- 跳过最前：可以指定填色时跳过表格中的前几行。图 6-42 所示为设置“跳过最前”前后的效果比较。

（a）填充时没有跳行

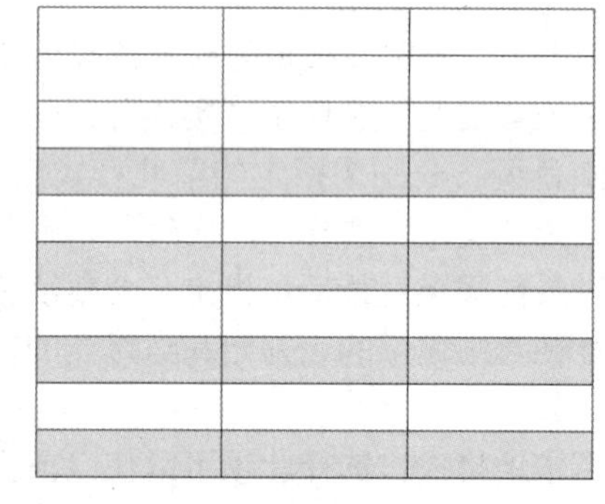

（b）填充时跳过前 3 行

图6-42　设置“跳过最前”前后的效果比较

- 跳过最后：指定填色时跳过表格的最后几行。
- 保留本地格式：选择此选项可以使以前应用于表的格式填色保持有效。

6.4.4　设置表格表头和表尾

在创建长表格时，可能要跨多个栏、框架或页面。通过设置表头或表尾可以在表的每个拆开部分表头或表尾重复显示信息。用户可以将现有行转换为表头行或表尾行，也可以将表头行或表尾行转换为正文行。

执行菜单中的“表|表选项|表头和表尾”命令，弹出图6–43所示的“表选项”对话框的“表头和表尾”选项卡。

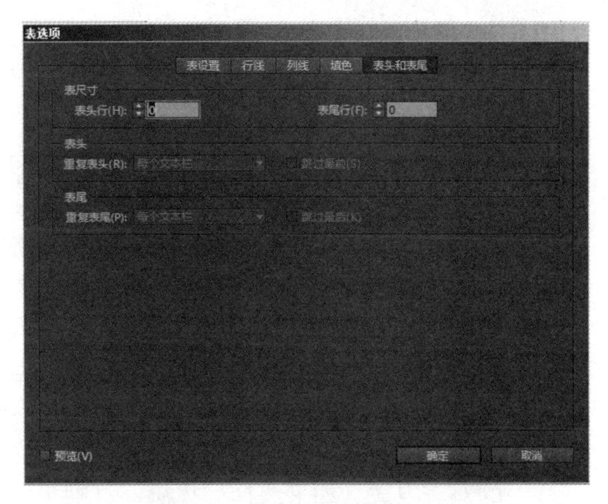

图6–43 “表头和表尾”选项卡

“表选项”对话框“表头和表尾”选项卡中各项参数的含义如下：

- 表尺寸：在该选项区中，“表头行”和“表尾行”这两个文本框用于指定表头行数与表尾行数。图6–44所示为未添加表头和表尾行，添加了1行表头行和1行表尾行的表格效果。
- 表头：如果设置了表头行数，可在“重复表头”列表中选择其显示方式，其中包括“每个文本栏”“每个文本框架一次”“每个页面一次”3个选项供选择。如果勾选“跳过第一个”复选框，则可将表头信息不显示在表的第1行中。

January	February	March
April	May	June
July	August	September
October	November	December

(a) 未添加表头和表尾行的效果

January	February	March
April	May	June
July	August	September

(b) 添加了1行表头行的效果

January	February	March
April	May	June
July	August	September

(c) 添加了1行表尾行的效果

图6–44 设置跳过行前后的效果比较

- 表尾：如果设置了表尾行数，可在“重复表尾”列表中选择其显示方式，其中包括“每个文本栏”“每个文本框架一次”“每个页面一次”3个选项供选择。如果勾选“跳过最后一个”复选框，则可将表头信息不显示在表的最后一行中。

6.5 设置单元格选项

单元格是组成表格的最基本元素，可以通过改变单元格的属性来突出表格重点。单元格选项设置包括单元格中文本格式，单元格的描边、填充，单元格行高、列宽、对角线等。

6.5.1 单元格中文本设置

利用“文本”选项可以设置单元格内边距、文本排版方向、对齐方式等。

执行菜单中的“表|单元格选项|文本”命令，弹出“单元格选项”对话框的“文本”选项卡，

如图 6–45 所示。

“单元格选项”对话框“文本”选项卡中各项参数的含义如下。

- 排版方向：用于设置单元格内文本的走向为垂直还是水平。
- 单元格内边距：用于设置文字与单元格的距离。如果增加单元格内边距间距将增加行高；如果将行高设置为固定值，设置内边距时必须留出足够的空间，以避免导致溢流文本。
- 垂直对齐：在“对齐”中设置单元格内文本的对齐方式。如果选择“撑满”，则可以设置要在段落间添加的最大空白量。

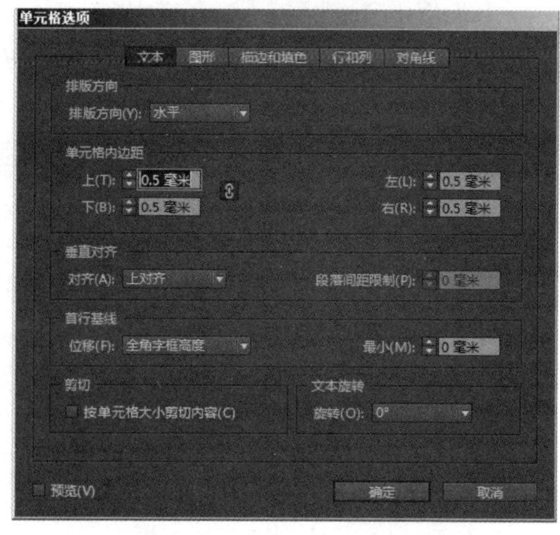

图6–45 “文本”选项卡

- 首行基线：设置文本将如何偏离单元格顶部。在“位移”菜单中选择一个选项，以确定单元格中第一行文字的基线高度。也可以通过在“最小”中调整数字来调整基线位移。
- 剪切：如果图像对于单元格而言太大，则它会扩展到单元格边框以外。选择此选项，可以剪切扩展到单元格边框以外的图像部分。
- 文本旋转：使文本旋转一定的角度。

6.5.2 单元格描边和填色

利用“描边和填色”选项可以设置单元格描边的粗细、类型、颜色、色调、间隙颜色、间隙色调，设置单元格填色的颜色、色调。

执行菜单中的“表|单元格选项|描边和填色”命令，弹出“单元格选项”对话框的“描边和填色”选项卡，如图 6–46 所示。

“单元格选项”对话框“描边和填色”选项卡中各项参数的含义如下。

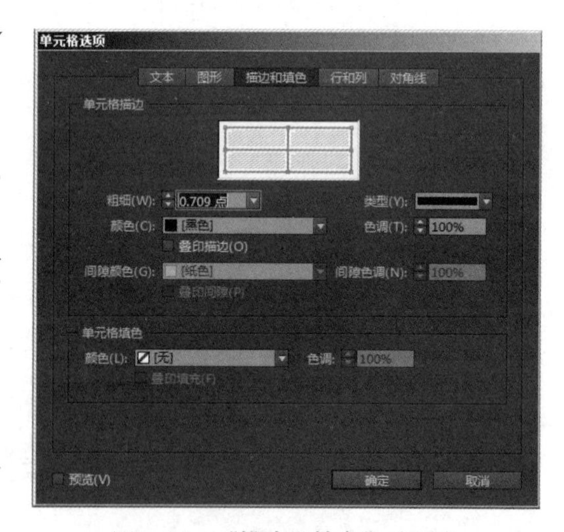

图6–46 “描边和填色”选项卡

- 粗细：指定表格描边的粗细。
- 类型：指定单元格的描边类型。
- 颜色：指定单元格描边颜色。
- 色调：指定要应用于描边指定颜色的油墨百分比。
- 间隙颜色：如果描边使用虚线、点或其他时，指定应用于线条之间的区域的颜色。如果为“类型”选择了“实线”，则此选项不可用。
- 间隙色调：如果描边使用虚线、点或其他时，指定应用于虚线、点或线条之间的区域色调。如果为“类型”选择了“实线”，则此选项不可用。
- 单元格填色：指定需要为单元格所填的颜色及使用的色调。

6.5.3 设置单元格大小

利用“行和列”选项可以设置单元格的行高、列宽和保持选项等。

执行菜单中的“表|单元格选项|行和列”命令，弹出“单元格选项”对话框的“行和列”选项卡，如图 6–47 所示。

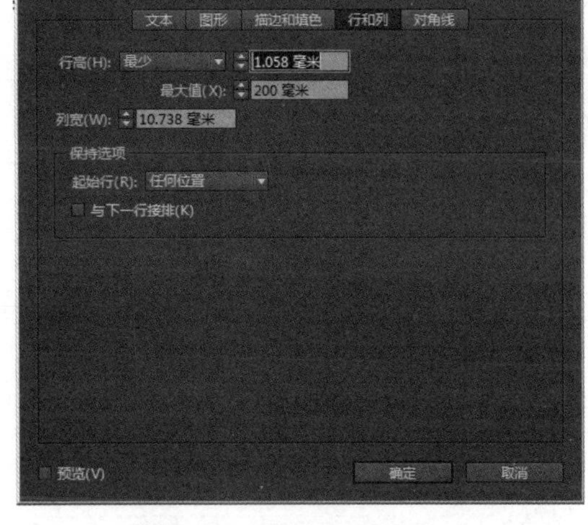

图6–47 “行和列”选项卡

“单元格选项”对话框“行和列”选项卡中各项参数的含义如下。

- 行高：用于指定单元格高度的最小值与精确值。在“最大值”中指定单元格行高的最大值。
- 列宽：用于指定单元格的宽度。
- 起始行：用于指定当创建的表比它驻留的框架高而使框架出现溢流时，换行的位置。可以指定换到下一文本栏、下一框架、下一页、下一奇数页、下一偶数页或选择任何位置。
- 与下一行接排：勾选该复选框，可以将选定行保持在一起。

6.5.4 对角线选项

利用“对角线”选项可以设置单元格的行高、列宽和保持选项等。

执行菜单中的“表|单元格选项|对角线”命令，弹出“单元格选项”对话框的“对角线”选项卡，如图 6–48 所示。

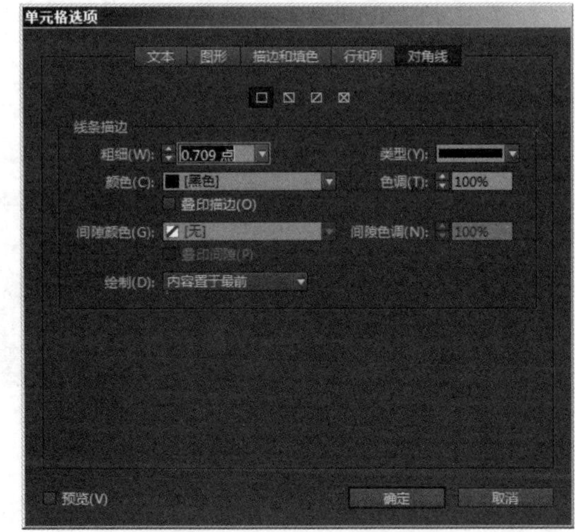

图6–48 “对角线”选项卡

“单元格选项”对话框“对角线”选项卡中各项参数的含义如下。

- 对角线类型：包括（无对角线）、（从左上角到右下角对角线）、（从右上角到左下角对角线）和（交叉对角线）4 个选项供选择。图 6–49 所示为单击不同对角线类型按钮的效果比较。
- 线条描边：用于设置描边对角线所需的粗细、类型、颜色和间隙颜色以及“色调”百分比。可根据情况选择或取消勾选“叠印描边”复选框。
- 绘制：如果选择“对角线置于最前”，则对角线将放置在单元格内容的前面；如果选择“内容置于最前”，则对角线将放置在单元格内容的后面。

图书分类统计表				
	种数	册数	金额	册数占总比(%)
A：哲学、宗教	96	291	6117.00	0.9267
B：政治、法律	148	470	7759.2	1.5550
C：军事	67	331	7856.00	1.0951
D：经济	1	1	18.00	0.0033
E：文化、科学、教育	580	4500	57800.13	14.8878
F：文学	1589	9666	141233.53	31.9791
G：艺术	223	2242	224225.50	7.4175
J：生物科学	50	292	3190.90	0.9661
K：工业技术	42	206	2761.80	0.6815

(a) ☐（无对角线）

图书分类统计表				
	种数	册数	金额	册数占总比(%)
A：哲学、宗教	96	291	6117.00	0.9267
B：政治、法律	148	470	7759.2	1.5550
C：军事	67	331	7856.00	1.0951
D：经济	1	1	18.00	0.0033
E：文化、科学、教育	580	4500	57800.13	14.8878
F：文学	1589	9666	141233.53	31.9791
G：艺术	223	2242	224225.50	7.4175
J：生物科学	50	292	3190.90	0.9661
K：工业技术	42	206	2761.80	0.6815

(b) ⧅（从左上角到右下角对角线）

图书分类统计表				
	种数	册数	金额	册数占总比(%)
A：哲学、宗教	96	291	6117.00	0.9267
B：政治、法律	148	470	7759.2	1.5550
C：军事	67	331	7856.00	1.0951
D：经济	1	1	18.00	0.0033
E：文化、科学、教育	580	4500	57800.13	14.8878
F：文学	1589	9666	141233.53	31.9791
G：艺术	223	2242	224225.50	7.4175
J：生物科学	50	292	3190.90	0.9661
K：工业技术	42	206	2761.80	0.6815

(c) ⧄（从右上角到左下角对角线）

图书分类统计表				
	种数	册数	金额	册数占总比(%)
A：哲学、宗教	96	291	6117.00	0.9267
B：政治、法律	148	470	7759.2	1.5550
C：军事	67	331	7856.00	1.0951
D：经济	1	1	18.00	0.0033
E：文化、科学、教育	580	4500	57800.13	14.8878
F：文学	1589	9666	141233.53	31.9791
G：艺术	223	2242	224225.50	7.4175
J：生物科学	50	292	3190.90	0.9661
K：工业技术	42	206	2761.80	0.6815

(d) ⊠（交叉对角线）

图6-49　单击不同对角线类型按钮的效果比较

6.6　实例讲解——旅游景点宣传册内页设计

要点

本例将制作一个旅游景点宣传册内页设计，效果如图6-50所示。通过本例的学习，应掌握Indesign表格功能、内容与框架的调整、图像的置入与编排的综合应用。

图6-50　旅游景点宣传册内页设计

操作步骤：

① 执行菜单中的“文件｜新建｜文档”命令，在弹出的对话框中将“页数”设为4页，页面“宽

度”设为210毫米，“高度”设为297毫米，将 “出血”设为3毫米，如图6–51所示，单击“边距和分栏”按钮。然后在弹出的对话框中设置如图6–52所示的参数（这是一个2页文档，并且无边距和分栏的文档），单击“确定”按钮，完成设置。接着单击工具栏下方的（正常视图模式）按钮，使编辑区内显示出参考线、网格及框架状态。

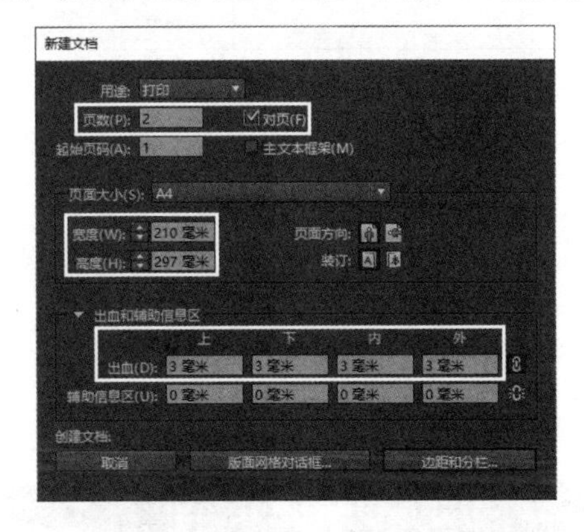

图6–51 在“新建文档”对话框中设置参数

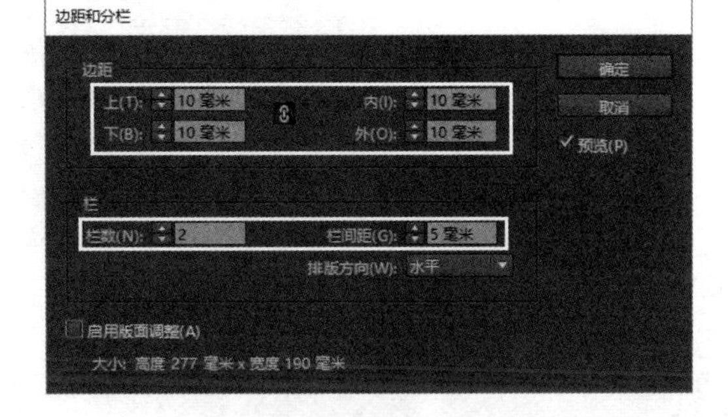

图6–52 设置边距和分栏

② 由于页面是随机排列的，所以第1页和第2页不是成跨页排列的，如图6–53所示。下面在“页面”面板中选中所有页面，然后在右上角弹出菜单中取消勾选“允许选定的跨页随机排布”命令，这样就可以在“页面”面板中随意拖动页面调整其位置，接着调整后一页面面板状态，如图6–54所示。此时版面状态如图6–55所示。

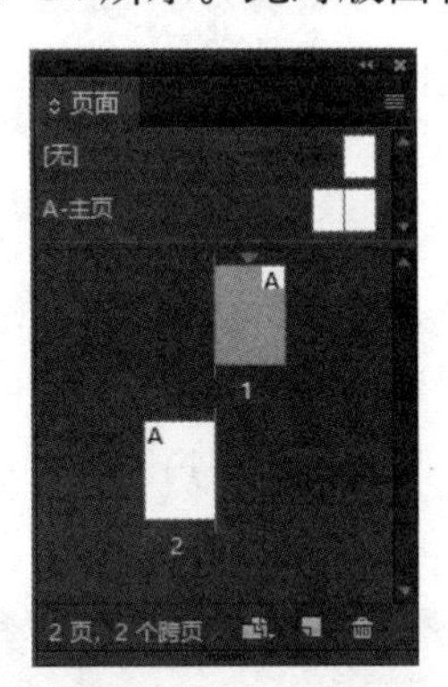

图6–53 页面未调整前页面面板状态

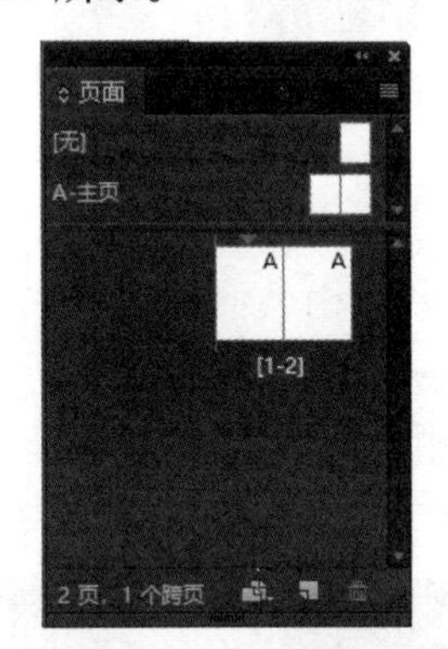

图6–54 将页面呈跨页方式排列

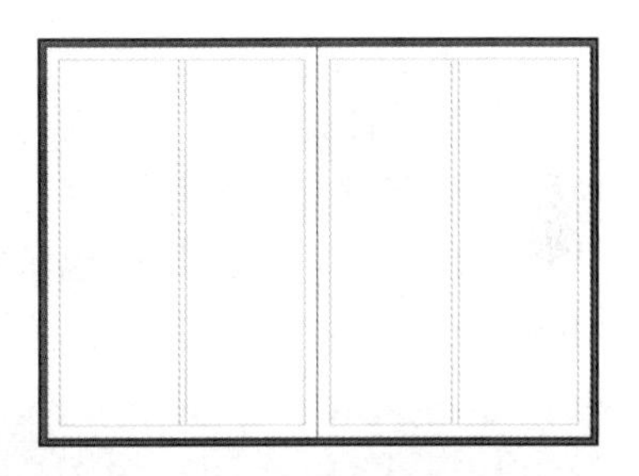

图6–55 版面状态

③ 版面调整后，现在开始图片和背景色块的编排。方法：选择（矩形框架工具）在第1页左侧第1栏的中部根据栏宽创建一个矩形图片框架，如图6–56所示。然后利用（选择工具）按住〈Alt〉键拖动此框架，复制出两个大小相同的框架到左数第2和第3栏中部。再利用（选择工具）按住〈Shift〉键将三个框架全部选中，按快捷键〈Shift+F7〉打开“对齐”面板，单击（顶对齐）按钮，如图6–57所示，使三个框架呈顶部对齐状态，最终效果如图6–58所示。

④ 将资源中的“素材及结果 \ 6.6 旅游景点宣传册内页设计 \ ‘旅游景点宣传册内页设计’文件夹 \Links\ 玉佛寺 .tif、清迈 -1.tif、泰国寺庙 .tif”图像文件分别置入3个图片框架。注意：每个框架中的图片可通过（直接选择工具）任意调整大小和位置，效果如图6–59所示。然后利用（矩形框架工具）在第1个图片框架的上方创建一个等宽的矩形框架，并将其填充为蓝色 [参考色值为：CMYK（100，80，10，0）]，接着按快捷键〈F5〉打开“色板”，将这

种蓝色添加到 CMYK 色板中，效果如图 6-60 所示。

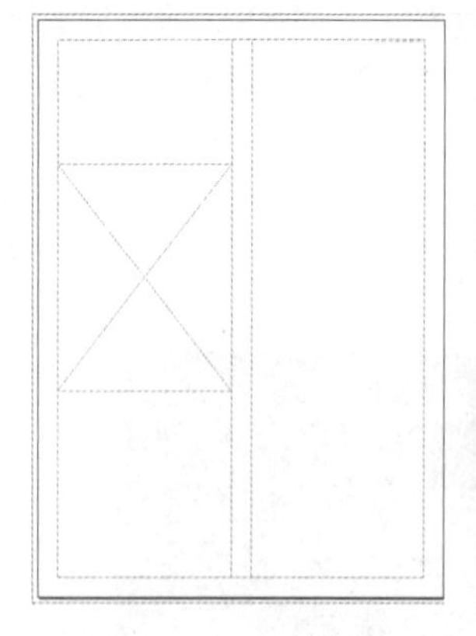

图6-56　创建图片框架

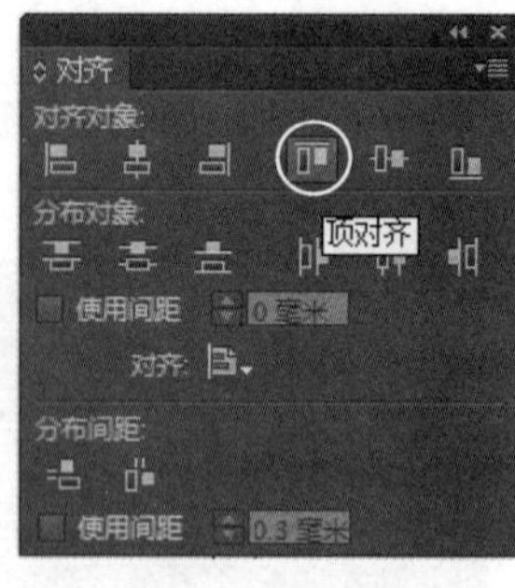

图6-57　设置对齐参数

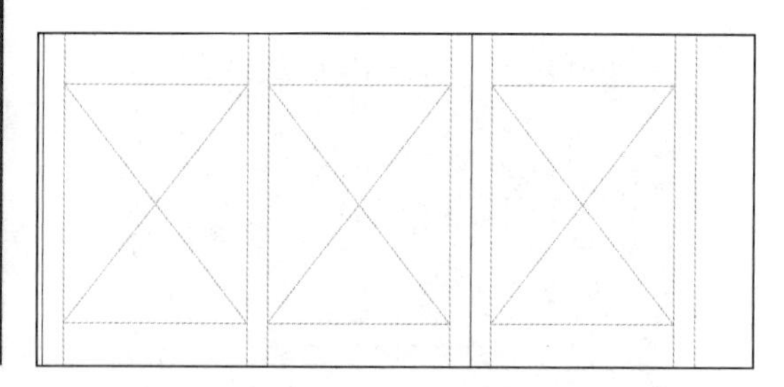

图6-58　三个相同图片框架对齐后效果

图6-59　图片置入后效果

图6-60　蓝色色块效果

⑤ 蓝色色块的作用是显示地名及相关信息的衬底。下面在蓝色色块的中上部添加图 6-61 所示的地名信息，所用“字体”为 Impact，“字号”为 12 点，“填色”为白色，其他为默认值。再在其下方添加此地区的相关信息，如图 6-62 所示，所用“字体”为 Franklin Gothic Medium，“字号”为 8 点，“填色”为白色，其他为默认值。

图6-61　地名信息文字效果

图6-62　此地区相关信息文字效果

⑥ 在蓝色色块的左下方添加一个矩形红色色块，其红色在“色板”中可直接选择，效果如图 6-63 所示。然后在红色色块上添加中心城市的天气情况，效果如图 6-64 所示，所用字体分别为 Century Gothic 和 Impact，“字体大小”分别为 6 点和 16 点，“填色”都为白色。这样，图片的相关信息就编排完成，效果如图 6-65 所示。接着使用同样的方法为其他两个图片添加相关信息，最后效果如图 6-66 所示。

图6-63 红色色块效果

图6-64 城市天气信息文字效果

图6-65 相关信息完整效果

图6-66 三张图片及相关信息最后效果

⑦ 现在开始第 2 页的色块与图片的编排。首先利用（矩形框架工具）创建一个与页面相同大小的矩形框架，并将其“填色”设置为黄色［参考色值为：CMYK（0，10，100，0）］，然后将这种黄色添加到 CMYK 色板中。接着执行菜单中的“对象 | 排列 | 置为底层”命令，将此色块置于底层，效果如图 6-67 所示。最后在页面的右部添加一个与页面等高的红色色块，效果如图 6-68 所示。

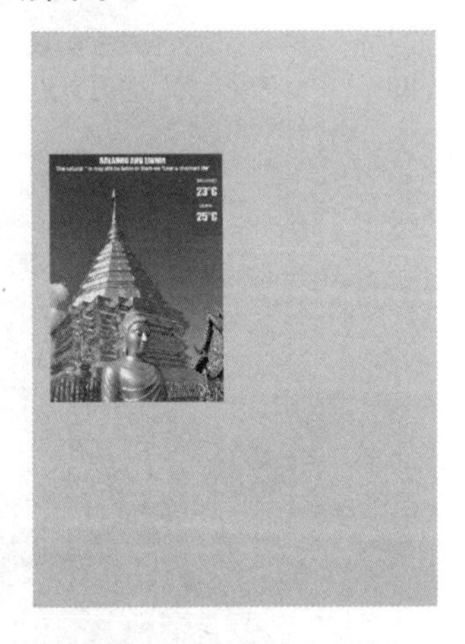

图6-67 黄色色块效果

图6-68 红色色块效果

⑧ 利用（矩形框架工具）在红色色块的上部创建三个相同的图片框架，然后利用（选择工具）将其全部选中，在“对齐”面板中单击（左对齐）按钮，使其左对齐，并将“对齐”

面板下方的“使用间距”数值设为7毫米，再单击（垂直分布间距）按钮，如图6-69所示，此时三个图片框架会对齐并呈等距离排列，效果如图6-70所示。接着将资源中的“素材及结果\6.6 旅游景点宣传册内页设计\‘旅游景点宣传册内页设计’文件夹\Links\椰树.jpg、特色建筑4.jpg、特色建筑2.jpg”图像文件依次置入这三个图片框架，并调节其大小与框架一致，效果如图6-71所示。最后将资源中的“素材及结果\6.6 旅游景点宣传册内页设计\‘旅游景点宣传册内页设计’文件夹\Links\印度民族人物.psd”置入页面的右下角，如图6-72所示。

提示

图像在Photoshop中事先进行褪底操作，并存为psd文件，这样图像置入InDesign CC 2017后会自动去除背景。

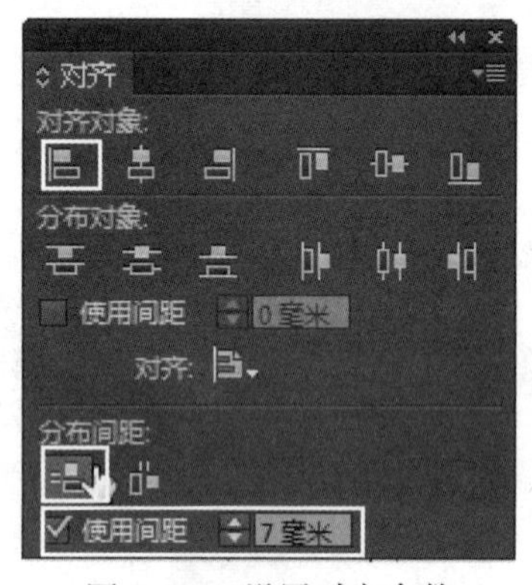

图6-69 设置对齐参数

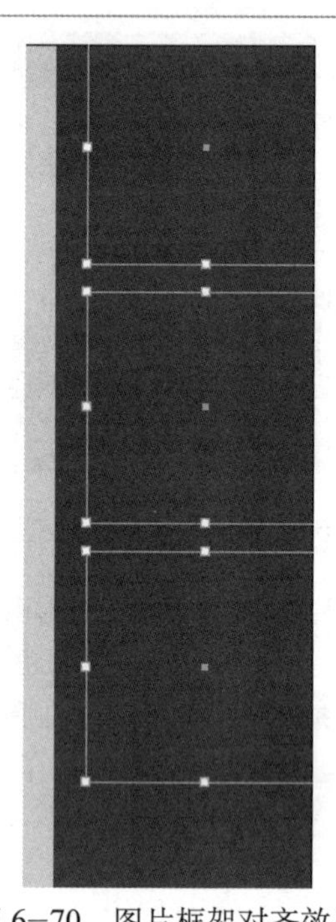

图6-70 图片框架对齐效果

图6-71 图片置入后的效果

⑨ 色块和图片编排完成后，下面开始跨页文字的编排。首先从第1页开始，先添加标题引言文字，请读者参照图6-73自行编排，所用“字体”为Georgia，“字体大小”为30点，填充为蓝色（读者也可自己进行选色）。接着在其下方添加如图6-74所示标题文字，所用“字体”为Georgia，“字体大小”为55点，“填色”为相同的蓝色。最后在标题文字的下方添加如图6-75所示正文文字，正文文字可直接选择“字符样式”面板中的“正文”字符样式，但是第一行文字的“字体”改为Franklin Gothic Book。

⑩ 请读者参照图6-76所示效果添加完成第2页的标题文字。

图6-72 “印度民族人物.psd”图片置入后的效果

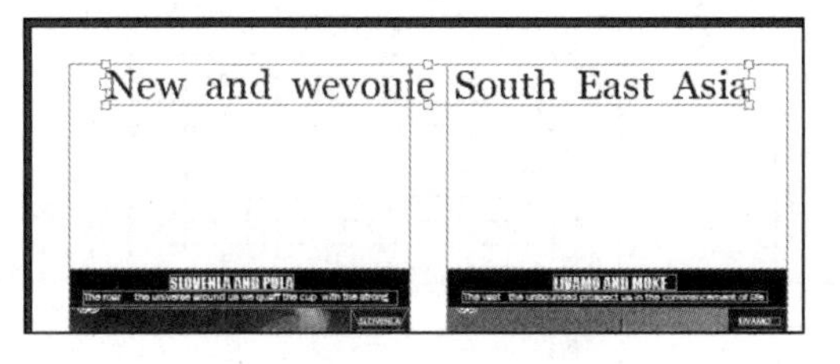

图6-73 标题引言文字效果

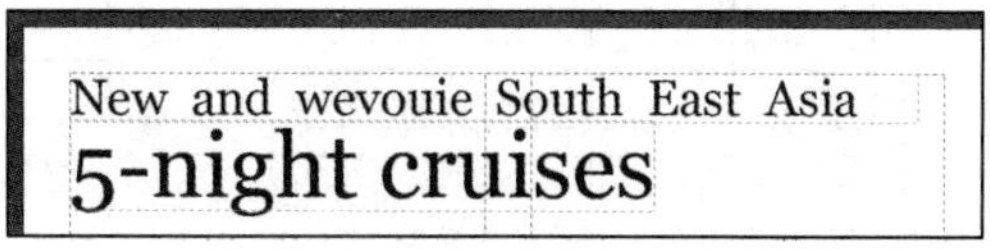

图6-74 标题文字效果

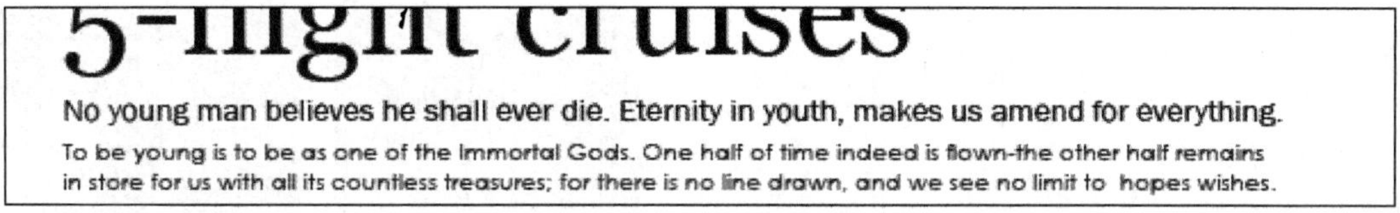

图6-75 正文文字效果

⑪ 宣传册内还有一个图表，这需要用到 InDesign CC 2017 的图表功能。在左数第一个地图图片下方添加民意调查表格。方法：首先利用 T（文字工具）根据栏宽创建一个矩形文本框，如图 6-77 所示，然后选中此文本框，执行菜单中的“表 | 插入表”命令，在弹出的对话框中设置如图 6-78 所示的参数（用户可以在对话框中自行设计所需行数和列数），将“正文行”设为 10，“列”设为 4，其他为默认值，单击“确定”按钮。此时在文本框中会自动生成一个 10 行 4 列的表格，如图 6-79 所示。

图6-76 第2页标题文字组效果

⑫ 此时列宽是自动均匀分布的，下面对列宽进行调节。方法：将鼠标移到列线附近，此时光标变成双箭头形状，如图 6-80 所示，然后拖动列线即可调整列宽，调整后的效果如图 6-81 所示。

提示

按〈Ctrl+T〉组合键，可以在不改变整个表格宽度的基础上调整列宽。

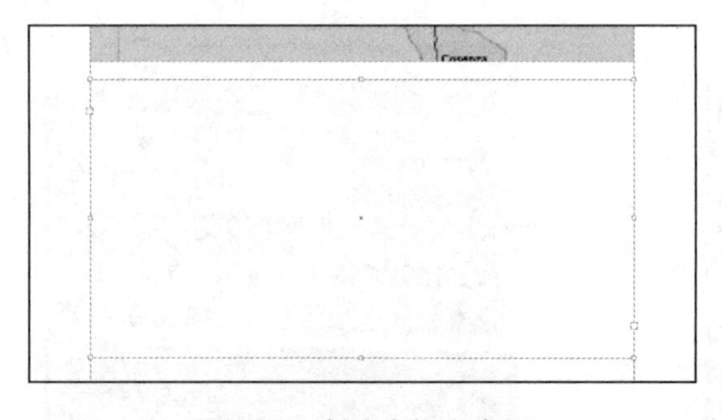

图6-77 创建表格文本框

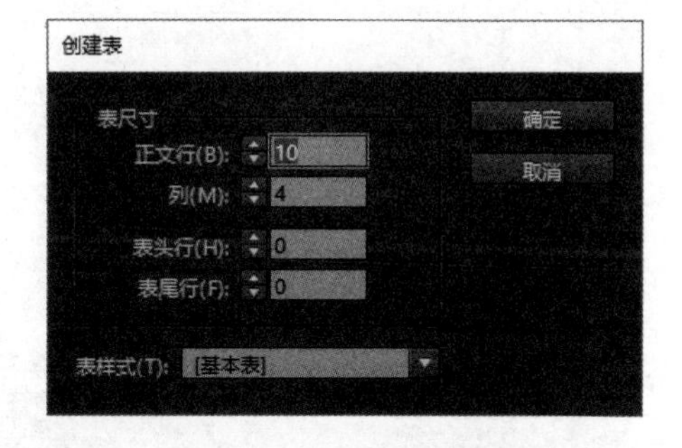

图6-78 设置表格参数

⑬ 在“正常”视图模式下，在表格中使用正文字符样式输入文字，效果如图 6-82 所示。然后使用同样的方法，在第 3 页添加一个表格，所用字符参数一致，效果如图 6-83 所示。

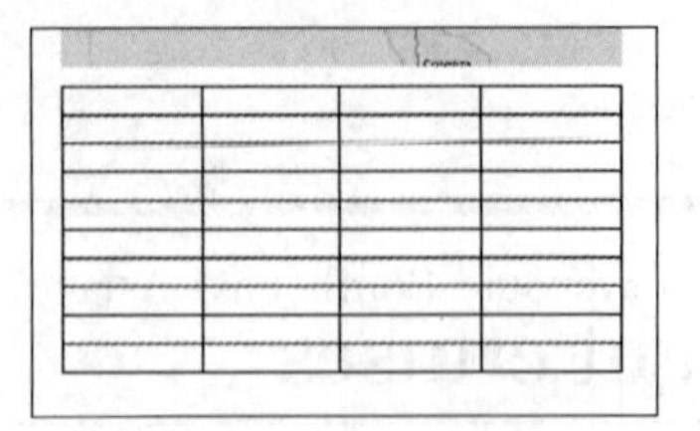

图6-79　表格插入后效果

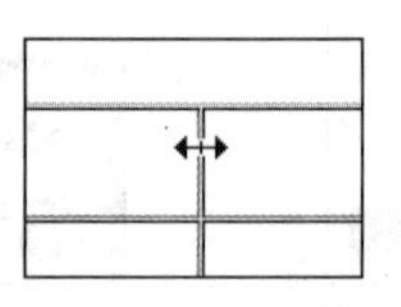

图6-80　调节列宽

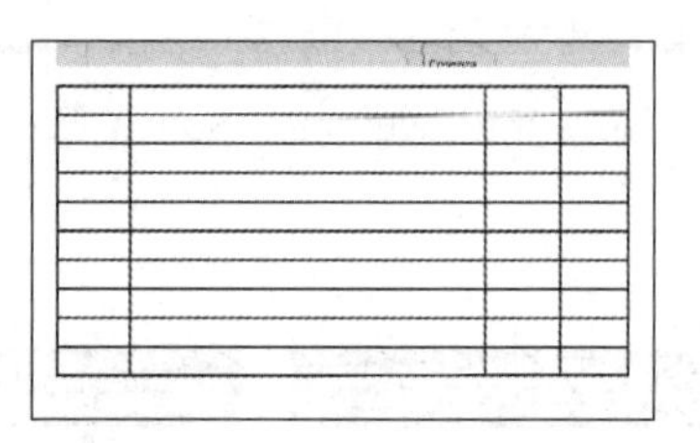

图6-81　列宽调整后效果

1	A friend walk in	100%	A
2	Sometimes in life		A-
3	You find a special friend	88%	
4	Someone who changes your life	96%	B+
5	Someone who makes you laugh		
6	Someone who convinces you	80%	A+
7	This is Forever Friendship		A
8	If you turn and walk away	90%	A
9	Your forever friend		
10	You feel happy	100%	A+

图6-82　在表格中输入文字

图6-83　第3页中两个表格的效果

⑭ 同样，在第 4 页中下部也添加表格，如图 6-84 所示。但是，第 4 页中的表格在设计上希望它取消行线和列线。方法：利用T（文字工具）选中全部表格，然后执行菜单中的“表｜单元格选项｜描边和填色”命令，在弹出的对话框中设置参数如图 6-85 所示，将“颜色”一栏设置为无，其他为默认值，单击“确定”按钮，即可清除行线和列线，如图 6-86 所示。

提示

清除行线和列线后，在“正常”视图模式中仍可看到灰色的行线和列线，这是为了便于编辑而显示的，实际上行线和列线已经被去除。

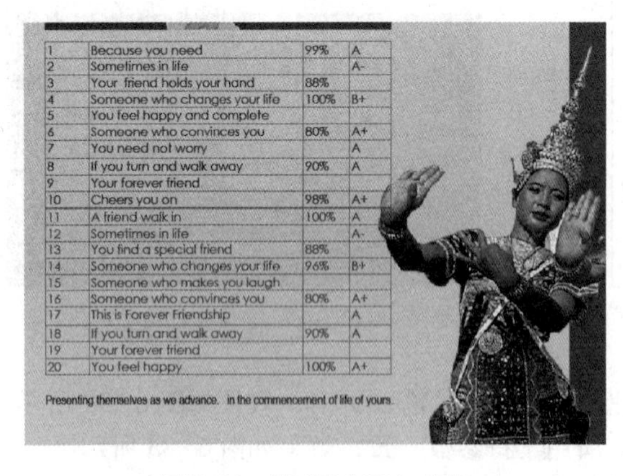

1	Because you need	99%	A
2	Sometimes in life		A-
3	Your friend holds your hand	88%	
4	Someone who changes your life	100%	B+
5	You feel happy and complete		
6	Someone who convinces you	80%	A+
7	You need not worry		A
8	If you turn and walk away	90%	A
9	Your forever friend		
10	Cheers you on	98%	A+
11	A friend walk in	100%	A
12	Sometimes in life		A-
13	You find a special friend	88%	
14	Someone who changes your life	96%	B+
15	Someone who makes you laugh		
16	Someone who convinces you	80%	A+
17	This is Forever Friendship		A
18	If you turn and walk away	90%	A
19	Your forever friend		
20	You feel happy	100%	A+

图6-84　第4页中添加表格

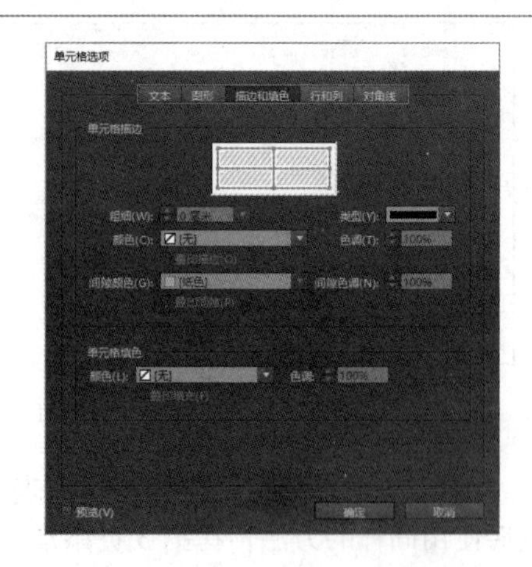

图6-85　“单元格选项”对话框

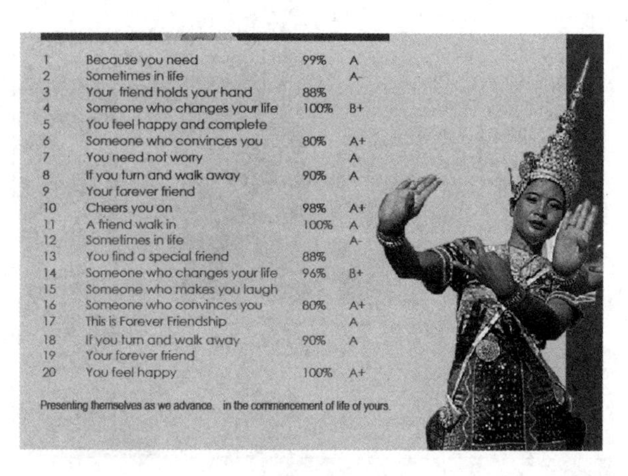

图6-86　去除网格线的表格效果

⑮ 在第 4 页图片的右侧添加一个与图片等高的文本框架并输入文字，为了使文字与框架显得不那么拥挤，可在文字和框架之间增加一些距离。方法：利用（选择工具）选中框架，然后执行菜单中的“对象 | 文本框架选项”命令，在弹出的对话框中设置如图 6–87 所示的参数，将“上”“下”“左”“右”内边距都设为 1 毫米，其他为默认值，接着单击“确定”按钮，这样文字和框架就会自动保持 1 毫米的距离，如图 6–88 所示。最后将框架的“填色”设置为白色，并将其不透明度设为 80%，效果如图 6–89 所示。

⑯ 在本跨页的最下方添加辅助信息，如图 6–90 所示，所用“字体”为 Arial Narrow，“字号”为 9 点。至此跨页的图文混排就全部完成了，最终效果如图 6–91 所示。

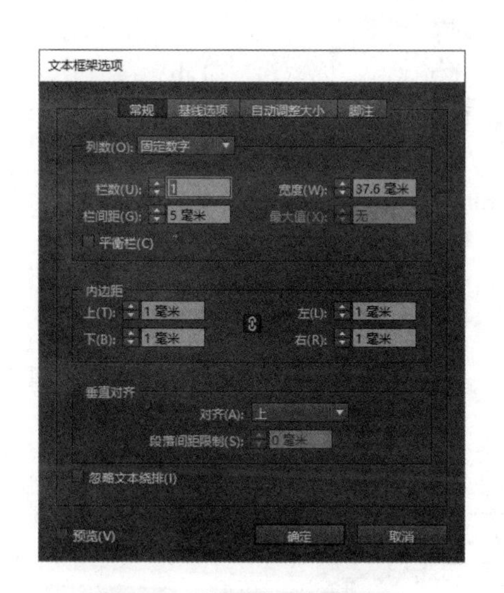

图6-87　设置文本框架参数

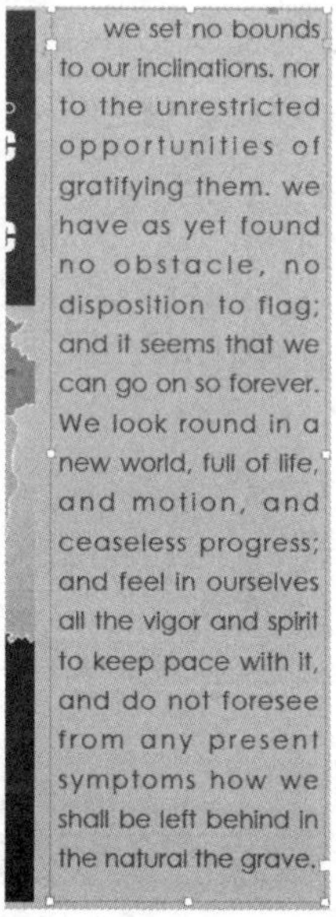

图6-88　文字置入后的效果

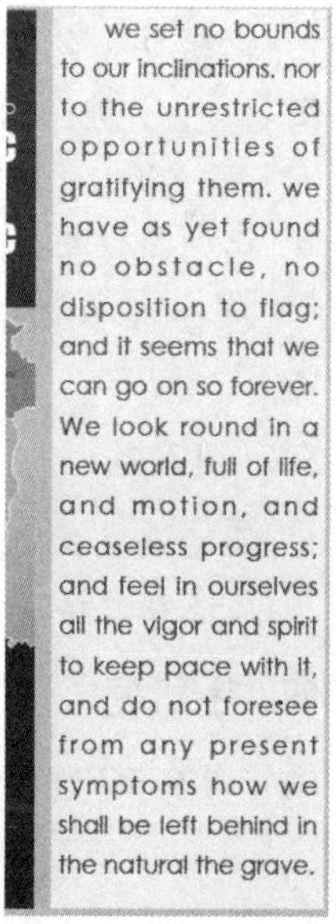

图6-89　文字的最后效果

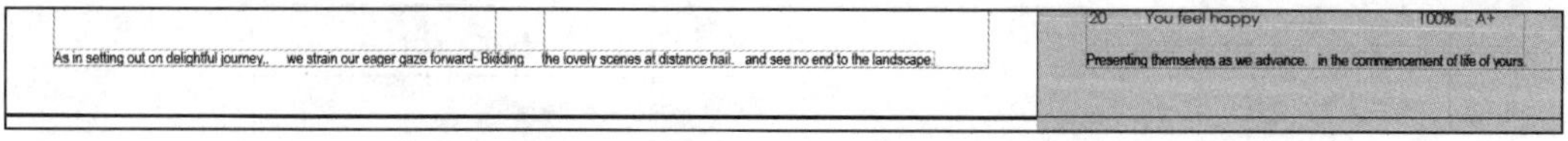

图6-90　辅助信息文字效果

图6–91　第3~4跨页最终效果

课后练习

一、填空题

1. 插入行与列的方法有两种：一种是________；一种是________。
2. 将插入点定位在表格的最后一个单元格中，然后按________键也可插入新行。

二、选择题

1. 将指针放置在表的底部或右侧的边框上，此时会出现一个双箭头图标↔（或↕），然后按住（　　）键向上拖动可以删除行，向左拖动可以删除列。

A. Alt　　B. Ctrl　　C. Shift　　D. Tab

2. 在调整行高与列宽的同时按住（　　）键，可以在不影响表格大小的情形下，将指定的行高与列宽放大或缩小。

A. Tab　　B. Ctrl　　C. Shift　　D. Alt

三、问答题

1. 简述设置表格外框的方法。
2. 简述在表格中添加图像的方法。

四、上机题

制作图 6–92 所示的表格效果。

图标	名称	图标	名称
	渲染产品		渲染迭代
	键盘快捷键覆盖切换		自动栅格
X	锁定 X 轴	Y	锁定 Y 轴
Z	锁定 Z 轴	视图	参考坐标系

图6–92　表格效果

第7章 版面管理

本章重点

在报纸、杂志、书籍等出版物中，每一个页面都是一个独立的版面，其内容包含图片、文字以及除图片和文字以外的空白部分。一般情况下，版面中间是文字与图形，上部为标有相同文档信息的页眉，下部为带有文档编码的页脚。当多个版面中需要放置相同对象时，可以将这些相同的元素统一放置到一个页面，并将该页面应用到其他页面上，特别是当创建的文档页数较多时，就需要插入页码，以便查找。下面将详细讲解版面管理的技巧。通过本章的学习，读者应掌握以下内容。

- 掌握更改边距与分栏的方法
- 掌握标尺和零点的设置方法
- 掌握参考线的设置方法
- 掌握页面和跨页的相关设置方法
- 掌握主页的相关设置方法
- 掌握页码和章节的相关设置方法

7.1 更改边距与分栏

页面边距与分栏可以在创建文档时创建，也可以在需要应用时设置。如果创建页面时的边距与分栏设置不符合需要，可以应用“边距和分栏”对话框更改，具体操作步骤如下。

① 如果要设置或更改一个跨页或页面的边距和分栏设置，则需要转到要更改的跨页或在“页面”面板中选择一个跨页或页面；如果要设置或更改多个页面的边距和分栏设置，则需要在“页面”面板中选择这些页面，或选择控制要更改页面的主页。

② 执行菜单中的“版面|边距和分栏”命令，在弹出的图7-1所示的“边距和分栏”对话框中进行更改。

③ 更改后，单击“确定”按钮，进行确认。

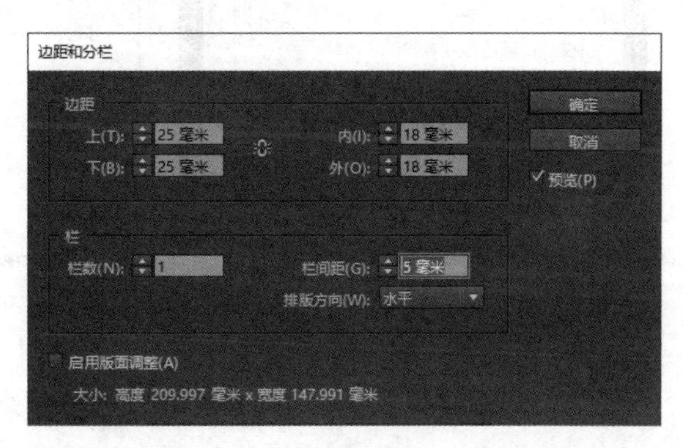

图7-1 “边距和分栏”对话框

7.2 标尺和零点

在制作标志、包装设计等出版物时，可以利用标尺和零点精确定位图形或文本所在的位置。

7.2.1 标尺

标尺是带有精确刻度的度量工具，它的刻度大小随单位的改变而改变。在 InDesign CC 2017 中执行菜单中的“视图 | 显示标尺”（快捷键〈Ctrl+R〉）命令，可以显示出标尺。标尺由水平标尺和垂直标尺两部分组成。默认情况下，标尺以毫米为单位，还可以根据需要将标尺的单位设置为英寸、厘米、毫米或像素。要改变标尺的单位，可以右击标尺并选择所需单位即可，如图 7–2 所示。

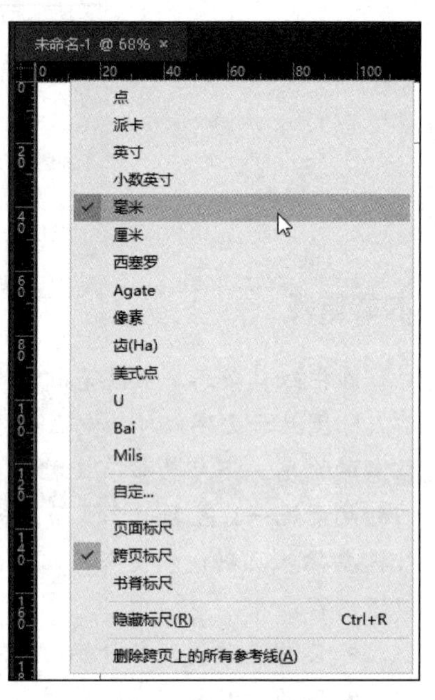

图7–2 右击标尺并选择所需单位

7.2.2 零点

零点是水平标尺和垂直标尺重合的位置。默认情况下，零点位于各个跨页的第 1 页的左上角。零点的默认位置相对于跨页来说始终相同，但是相对于粘贴板来说会有变化。

“信息”面板和“变换”面板中显示的 X 和 Y 位置坐标就是相对于零点而言的。可以移动零点来度量距离、创建新的度量参考点或拼贴超过尺寸的页面。默认情况下，每个跨页在第 1 个页的左上角有一个零点，如图 7–3 所示。移动零点时，在所有的跨页中，零点都将移动到相同的相对位置。例如，如果将零点移动到页面跨页的第 2 页的左上角，则该文档中所有其他跨页的第 2 页上，零点都将显示在该位置。要移动零点，可以单击水平和垂直标尺的交叉点，然后拖动到版面上要设置零点的位置，如图 7–4 所示，然后松开鼠标，即可建立新零点，如图 7–5 所示。

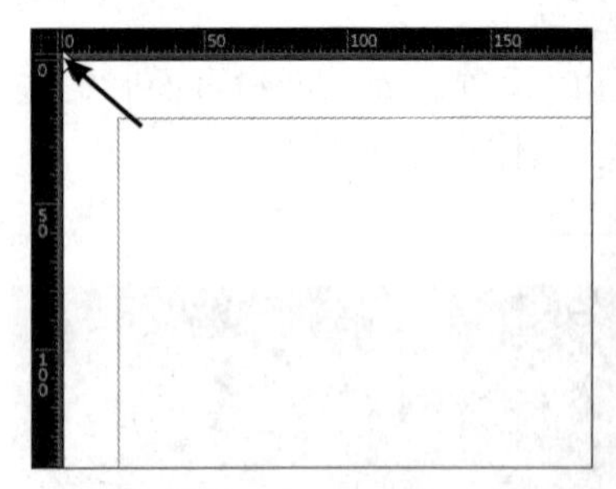

图7–3 零点的位置

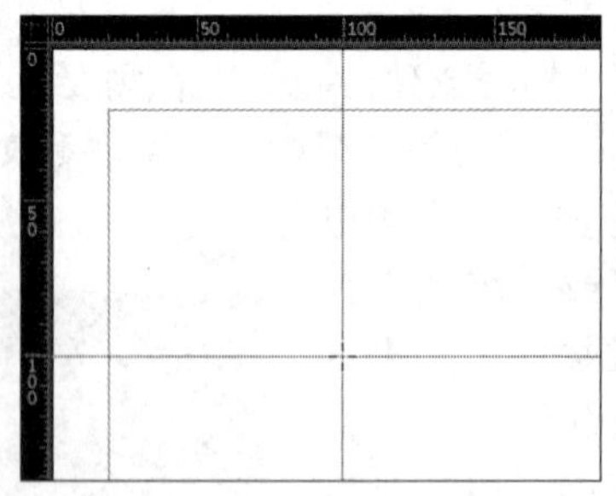

图7–4 移动零点的位置

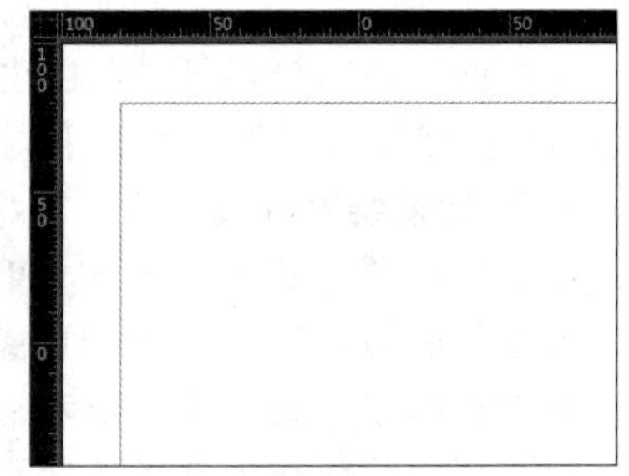

图7–5 建立新零点位置

提示

在跨页的左上角标尺处单击，可以将零点归零，恢复到默认状态。

7.3　参　考　线

参考线是与标尺密切相关的辅助工具，是版面设计中用于参照的线条。InDesign CC 2017中，参考线分为3种类型：标尺参考线、分栏参考线、出血参考线。在创建参考线之前，必须确保标尺和参考线都可见并选择了正确的跨页或页面作为目标，然后在“正常视图”模式中查看文档。

7.3.1　创建标尺参考线

标尺参考线可以在页面或粘贴板上自由定位，并且与它所在的图层一同显示或隐藏。可以添加的参考线分为页面参考线和跨页参考线两种类型，如图7-6所示。

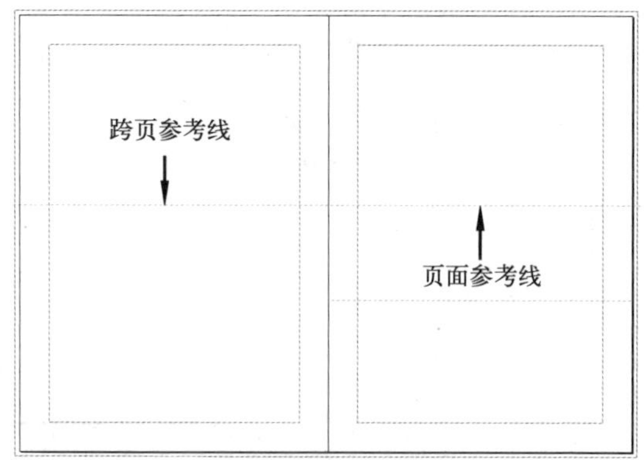

图7-6　页面参考线和跨页参考线

1．创建页面参考线

要创建页面参考线，可以将指针定位到水平或垂直标尺两侧，然后拖动到跨页上的目标位置即可。

如果要创建一组等间距的页面标尺参考线，可以选择目标图层，然后执行菜单中的“版面|创建参考线”命令，打开“创建参考线”对话框（如图7-7所示），设置参数后，单击“确定”按钮，即可创建出等距参考线，如图7-8所示。

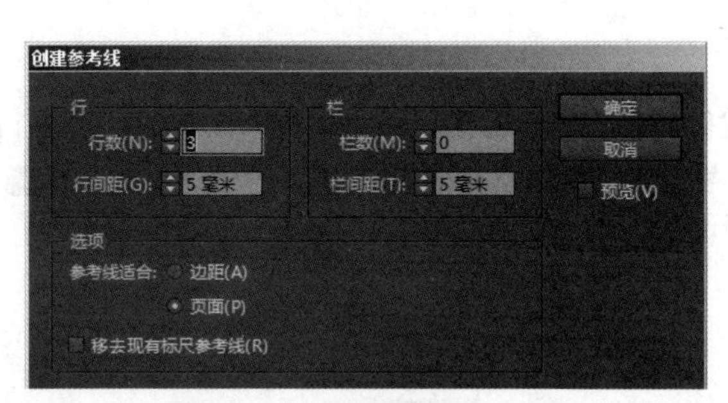

图7-7　“创建参考线”对话框

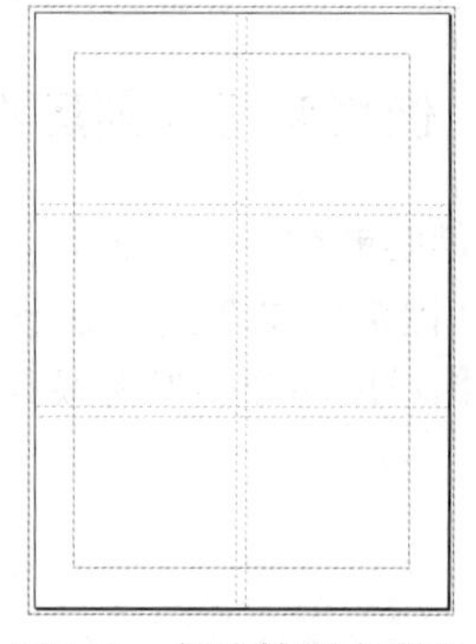

图7-8　创建等距参考线

2．创建跨页参考线

要创建跨页参考线，可以按住〈Ctrl〉键从水平或垂直标尺处进行拖动，然后在跨页的目标位置松开鼠标，即可创建跨页参考线。

如果双击水平或垂直标尺的目标位置，则可在不进行拖动的情况下创建跨页参考线；如果在双击标尺的同时按住〈Shift〉键，则可将跨页参考线与最近的刻度线进行对齐；如果从目标跨页的左上角标尺交叉点上拖动鼠标的同时按住〈Ctrl〉键，则可同时创建水平和垂直跨页参考线。

7.3.2　选择、移动和删除参考线

1．选择参考线

选择参考线的操作步骤为：利用▶（选择工具）或▶（直接选择工具）单击要选取的参考线，

即可选取该参考线。配合〈Shift〉键可以选择多个参考线。

2．移动参考线

移动跨页参考线的操作步骤为：拖动参考线位于粘贴板上的部分，如图 7-9 所示，或按住〈Ctrl〉键的同时在页面内拖动参考线，即可移动跨页参考线。

图7-9 拖动参考线位于粘贴板上的部分

3．删除参考线

删除参考线的操作步骤为：利用（选择工具）或（直接选择工具）选择要删除的参考线，然后按〈Delete〉键即可删除参考线。如果要删除目标跨页上的所有标尺参考线，可以配合〈Ctrl+Alt+G〉组合键选择所有参考线，再按〈Delete〉键即可删除目标跨页上的所有参考线。

7.3.3 使用参考线创建不等宽的栏

要创建间距不相等的栏，需要先创建等间距的栏参考线，然后执行菜单中的“视图 | 网格和参考线 | 锁定栏参考线”命令，取消栏参考线的锁定状态。接着利用（选择工具）或（直接选择工具）拖动分栏参考线到目标位置即可。

7.4 页面和跨页

跨页是一组一同显示的页面。执行菜单中的“文件 | 新建”命令，弹出“新建文档”对话框，勾选“对页”复选框，如图 7-10 所示，或者在创建了文档后执行菜单中的“文件 | 文档设置”命令，弹出“文档设置”对话框，勾选“对页”复选框，如图 7-11 所示，则创建的文档页面将排列为跨页。每个 InDesign CC 2017 跨页都包括自己的粘贴板，粘贴板是页面外的区域，可以在该区域存储还没有放置到页面上的对象。每个跨页的粘贴板都可提供用以容纳对象出血或扩展到页面边缘外的空间。

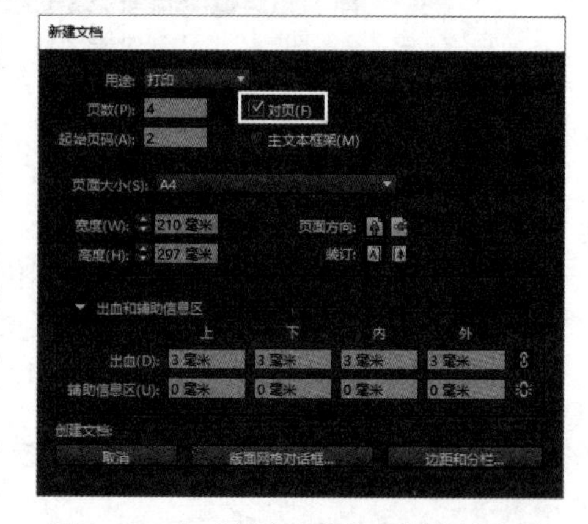

图7-10 在“新建文档”对话框中勾选“对页”复选框

7.4.1　更改页面和跨页显示

更改页面和跨页显示的具体操作步骤如下。

① 单击页面面板右上角的按钮，在弹出的快捷菜单中选择“面板选项”命令，弹出“面板选项”对话框，如图 7-12 所示。

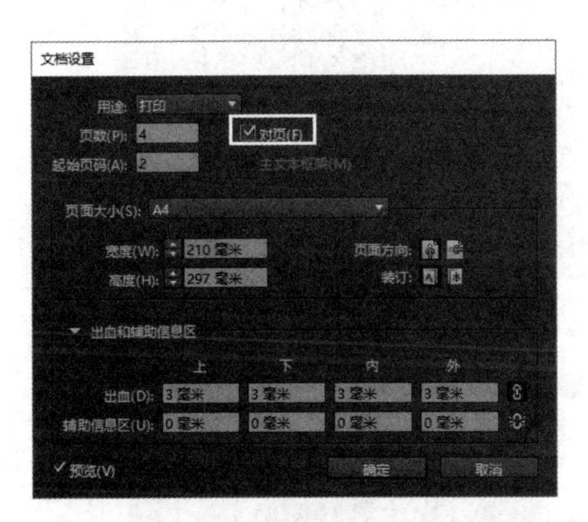

图7-11　勾选“对页”复选框

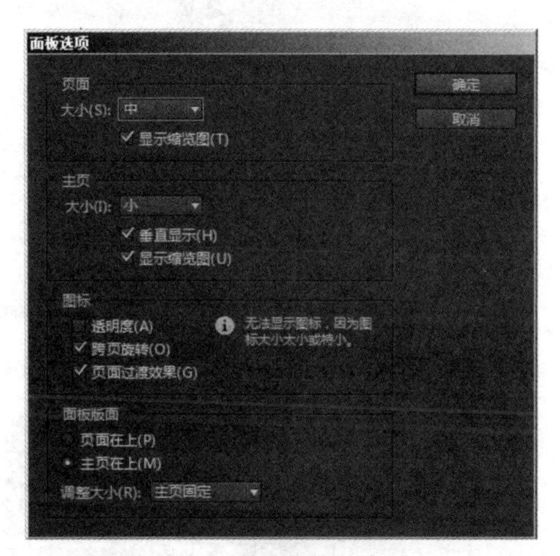

图7-12　“面板选项”对话框

② 在“面板版面”选项组中选择“页面在上”单选按钮，可以使页面图标部分显示在主页图标部分的上方；选择“主页在上”单选按钮，可以使主页图标部分显示在页面图标部分的上方。

③ 要控制在调整面板大小时“页面”面板部分的变化方式，可以在“面板版面”选项组的“调整大小”下拉列表中选择相关选项。选择“按比例”，可以同时调整面板的“页面”和“主页”部分；选择“页面固定”，可以保持“页面”部分的大小不变而使“主页”部分增大；选择“主页固定”，可以保持“主页”部分的大小不变而使“页面”部分增大。

④ 设置完成后，单击“确定”按钮。

7.4.2　添加页面

在新建文档时没有更改页数设置的话，那么默认为 1 个页面，而通常用户在编辑过程中根据需要添加页面。添加页面有以下几种方法。

- 单击“页面”面板下方的（新建页面）图标，即可新建一页。新建的页面与正在编辑的页面使用同一主页。
- 单击“页面”面板右上角的按钮，在弹出的快捷菜单中选择“插入页面”命令，弹出图 7-13 所示的“插入页面”对话框，在“页数”文本框中输入要插入的页数，设置插入的位置和指定将要应用的主页。
- 执行菜单中的“版面 | 页面 | 添加页面”命令，即可添加一页，添加的页面会自动添加到文档的最后一页之后。

图7-13　“插入页面”对话框

7.4.3　切换页面

在编辑文档时，常常需要切换到不同的页面进行编辑和修改等操作。切换页面有以下几种方法。

● 在“页面”面板中双击其页面图标。其中双击页面，即可在视图中显示该页面，如图 7-14 所示；在“页面”面板中双击页码，即可在视图中显示该跨页，如图 7-15 所示。

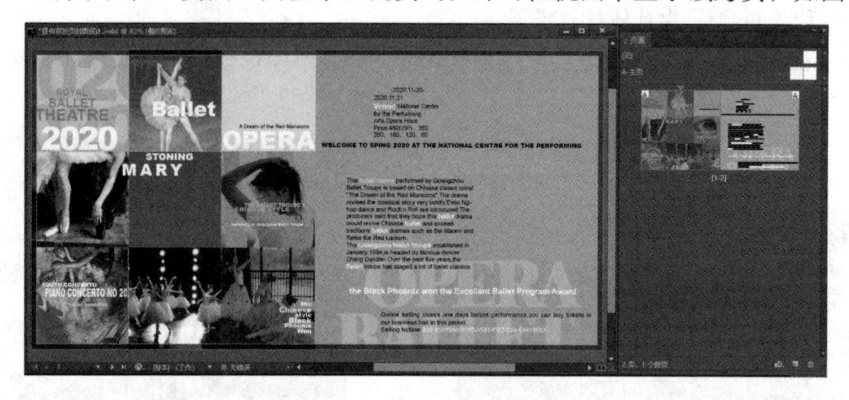

图7-14　切换到单页页面

图7-15　切换到跨页

● 执行“版面”菜单中的相关命令，如图 7-16 所示，即可选择想要切换的页面。
● 在文档窗口底部状态栏的页面菜单中选择要切换的页面，如图 7-17 所示。

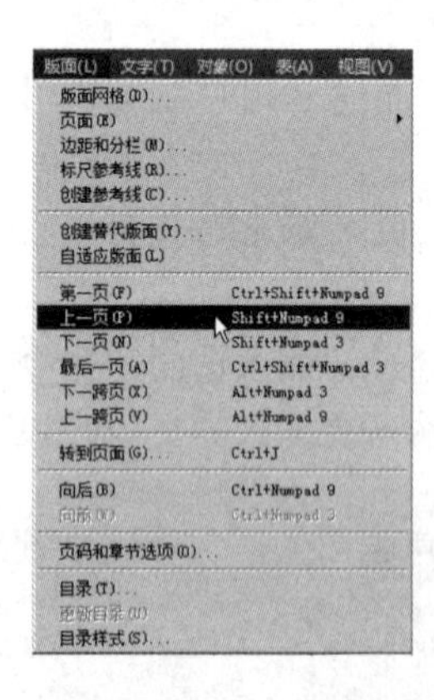

图7-16　应用“版面”菜单切换页面　　　　图7-17　在状态栏中切换页面

7.4.4　移动页面或跨页

在排版中经常会遇到调整页面顺序的情况，在 InDesign CC 2017 中调整页面顺序有以下几种方法。

● 在页面面板中，选中要移动的页面图标，然后按住鼠标拖动到要插入的页面图标前或后。

● 执行菜单中的“版面 | 页面 | 移动页面”命令（或单击“页面”面板右上角的按钮，在弹出的快捷菜单中选择“移动页面”命令），弹出图7-18所示的“移动页面”对话框，指定要移动的页面和目标，单击“确定”按钮即可。

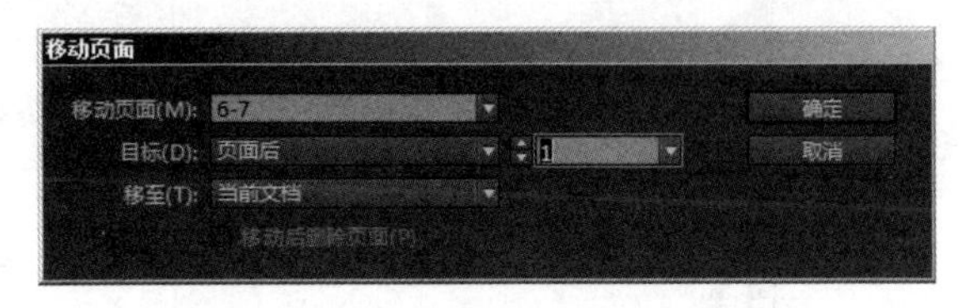

图7-18 “移动页面”对话框

7.4.5 复制页面或跨页

复制页面或跨页有以下几种方法。

● 选中有内容的或无内容的页面或跨页，然后单击“页面”面板右上角的小三角，从弹出的快捷菜单中选择“复制页面”或“复制跨页”命令，即可将复制好的页面或跨页按页码向后排。

● 将选中的页面或跨页拖到“页面”面板下方的（新建页面）按钮上，如图7-19所示，然后释放鼠标即可。

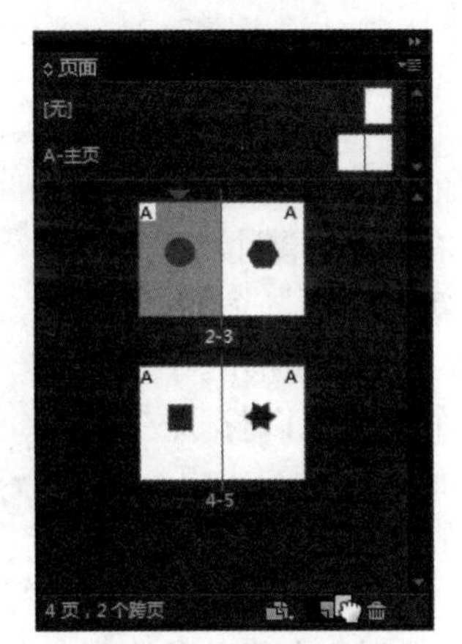

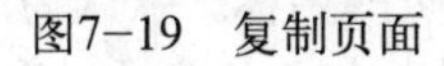

图7-19 复制页面

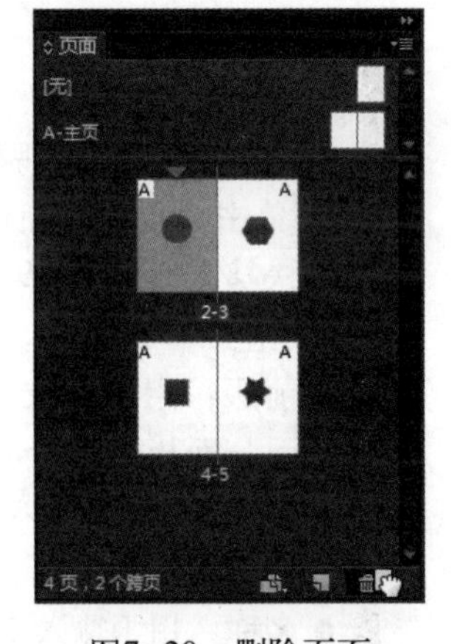

图7-20 删除页面

7.4.6 删除页面

删除页面有以下几种方法。

● 在“页面”面板中选中需要删除的一个或多个页面图标，然后拖到面板下方的（删除选中页面）上，如图7-20所示，释放鼠标，即可删除这些页面。或者选中要删除的页面图标后，直接单击（删除选中页面）按钮即可删除页面。

● 选中要删除的页面或跨页，在“页面”面板菜单中选择“删除页面”或“删除跨页”命令。

7.5 主　页

在排版书籍、报刊时，可以发现很多内容是相同或相似的，例如重复出现的徽标、页码、页眉和页脚，如图7-21所示。这时可以使用InDesign CC 2017提供的创建主页功能，将想要在每页重复显示的固定属性与设置集中管理，从而省去了重复设置或逐一修改的重复劳动。

7.5.1 新建主页

新建文档时，在页面面板的上方将出现两个默认主页，即名为“无”的空白主页，应用此主页的工作页面将不含有任何主页元素；另一个是名为“A－主页”的主页，该主页可以根据需要对其进行修改，其页面上的内容将自动出现在各个工作页面中，还可以根据需要重新创建新的主页。

图7–21　主页效果

1．新建主页

新建主页的操作步骤如下。

① 单击“页面”面板右上角的按钮，在弹出的快捷菜单中选择“新建主页”命令，弹出“新建主页”对话框，如图 7–22 所示。

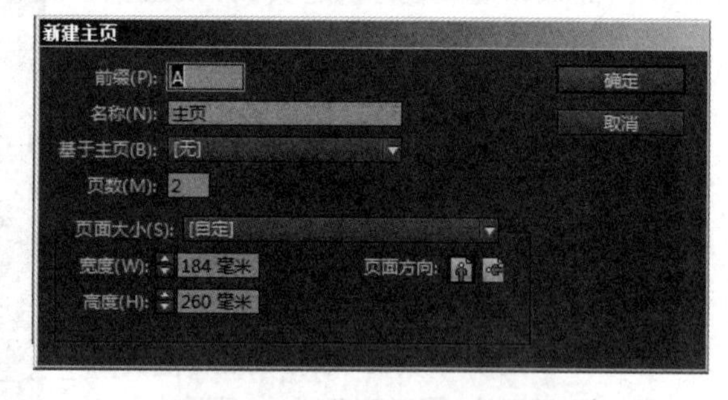

图7–22　“新建主页”对话框

- 前缀：用于输入一个前缀，以标识“页面”面板中各个页面所应用的主页。最多可以输入四个字符。默认前缀为 A、B、C 等。
- 名称：用于输入主页跨页的名称。默认为“主页”。
- 基于主页：在该下拉列表中可以选择已有的主页作为基础主页。如果选择“无”选项，将不基于任何主页。
- 页数：在该文本框中，默认页数为 2。可以输入作为主页跨页中要包含的页数。

② 在该对话框中设置相关参数后，单击“确定”按钮，即可新建主页。

2．从现有页面或跨页创建主页

从现有页面或跨页创建主页的操作步骤为：将整个跨页从“页面”面板的“页面”部分拖动到“主页”部分，如图 7–23 所示。此时原页面或跨页上的任何对象都将成为新主页的一部分，如图 7–24 所示。如果原页面使用了主页，则新主页将基于原页面的主页。

7.5.2　主页的应用

主页的应用有“将主页应用于页面或跨页”和“将主页应用于多个页面”两种。

1．将主页应用于页面或跨页

将主页应用于页面或跨页有以下两种方法。

- 将主页应用于一个页面：在“页面”面板中将主页图标拖动到页面图标。当黑色矩形围绕所需页面时，释放鼠标，如图 7−25 所示。
- 将主页应用于跨页：在“页面”面板中将主页图标拖动到跨页的角点上。当黑色矩形围绕所需跨页中的所有页面时，释放鼠标，如图 7−26 所示。

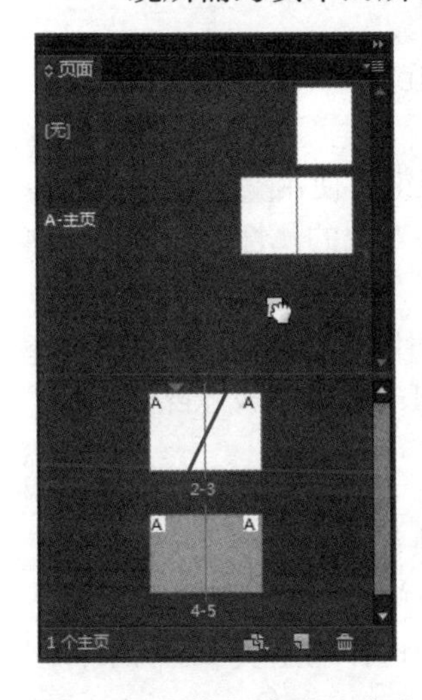
图7−23　将整个跨页从“页面”面板的“页面”部分拖动到“主页”部分

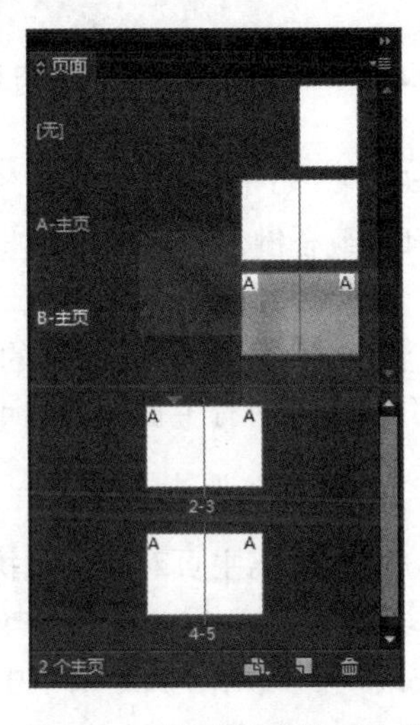
图7−24　原页面或跨页上的任何对象都将成为新主页的一部分

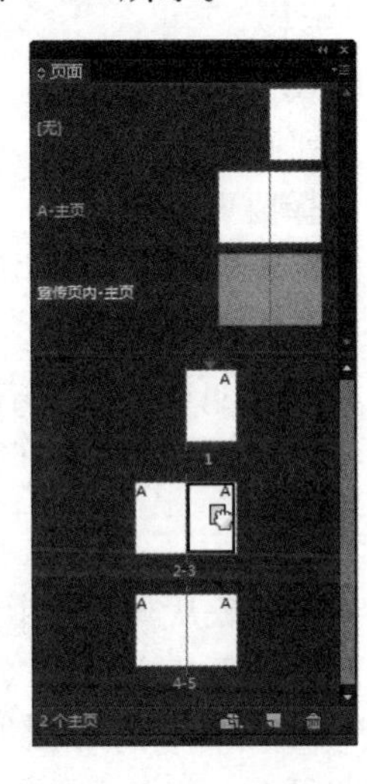
图7−25　将主页应用于页面

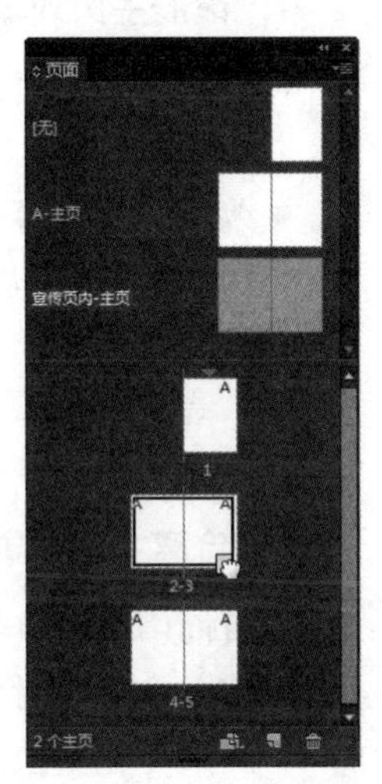
图7−26　将主页应用于跨页

2．将主页应用于多个页面

将主页应用于多个页面的操作步骤如下。

① 在“页面”面板中，选择要应用新主页的页面。

② 单击“页面”面板右上角的按钮，在弹出的快捷菜单中选择“将主页应用于页面”命令。

③ 弹出图 7−27 所示的“应用主页”对话框，为“应用主页”选择一个主页，在“于页面”组合框中输入页面的页码，然后单击“确定”按钮，即可一次将主页应用于多个页面。

图7−27　“应用主页”对话框

7.5.3　从文档中删除主页

在“页面”面板中，选择一个或多个主页图标（要选择所有未使用的主页，可以单击“页面”面板右上角的按钮，在弹出的快捷菜单中选择“选择未使用的主页”命令），然后执行下列操作之一。

- 将选定的主页或跨页图标拖动到面板底部的（删除选中页面）按钮上。
- 单击面板下方的（删除选中页面）按钮。
- 单击“页面”面板右上角的按钮，在弹出的快捷菜单中选择“删除主页跨页［跨页名称］”命令。

7.5.4　覆盖和分离主页对象

将主页应用于文档页面时，主页上的所有对象均显示在文档页面上。有时需要某个特定页面不同于主页，此时无须在该页面上重新创建主页，可以在页面中重新定义某些主页对象及其属性，页面上的其他主页对象将继续随主页更新。要重新定义某些主页对象及其属性，可以使用覆盖或分离主页对象功能。

1．覆盖主页对象

可以覆盖的主页对象属性包括描边、框架的内容与相关变化，比如旋转、倾斜、透明度效果等。覆盖主页对象可以执行下列操作之一。

- 改变局部内容：选择要更改的页面，然后按〈Ctrl+Shift〉组合键，使用 （选择工具）选择要更改的对象。释放〈Ctrl+Shift〉组合键后即可编辑这些对象的属性，如描边、填色、改变路径、旋转、缩放等。
- 覆盖全部内容：单击“页面”面板右上角的 按钮，在弹出的快捷菜单中选择“覆盖全部主页项目”命令，这样应用于这个页面上的所有主页元素即可改变属性或删除。

2．分离主页对象

在页面中，可以将主页对象从其主页中分离。分离主页对象可以执行下列操作之一。

- 将单个主页对象从其主页分离：按〈Ctrl+Shift〉组合键并选择跨页上的任何主页对象。然后单击“页面”面板右上角的 按钮，在弹出的快捷菜单中选择“主页 | 分离来自主页的选区”命令即可。

提示

使用此方法覆盖串接的文本框架时，将覆盖该串接中的所有可见框架，即使这些框架位于跨页中的不同页面上。

- 分离跨页上的所有已被覆盖的主页对象：转到包含要从其主页分离且已被覆盖的主页对象的跨页，然后单击“页面”面板右上角的 按钮，在弹出的快捷菜单中选择“主页 | 分离所有来自主页的对象”命令即可。

提示

如果“从主页分离全部对象”命令不可用，说明该跨页上没有任何已覆盖的对象。

7.5.5 重新应用主页对象

覆盖了的页面或跨页上的主页对象，可以重新恢复到原来的状态，恢复以后，主页上的物件被编辑时，这些对象也随之改变。

- 重新应用页面中的一个或多个主页：选择这些原本是主页对象的对象，然后单击“页面”面板右上角的 按钮，在弹出的快捷菜单中选择“移去选中的本地覆盖”命令，这样选中的主页对象会自动恢复为原来的属性。
- 重新应用页面或跨页中的所有元素：选择要恢复的页面或跨页，然后单击“页面”面板右上角的 按钮，在弹出的快捷菜单中选择“移去全部本地覆盖”命令，这样选中的整个页面或跨页自动恢复为应用主页状态。

提示

如果这些页面或跨页已经删除了原先使用的主页，则将无法恢复主页，只能重新将主页应用于这些页面。

7.6　页码和章节

一般的书籍、杂志、宣传册等都会印有页码，以便于迅速地翻阅查找，特别页数比较多的书籍。页码的存在更为重要。

7.6.1　创建自动页码

在 InDesign CC 2017 中可以在主页上插入自动页码，这样页码将自动从第一页排到最后一页，如有增减，页码会自动更新排列。创建自动页码的操作步骤如下。

① 在“页面”控制面板的主页控制区，双击要添加页码的主页。

② 选择工具箱中的T（文字工具），在主页上需要添加页码的地方绘制一个文本框架，如图 7−28 所示。

③ 执行菜单中的“文字 | 插入特殊字符 | 标志符 | 当前页码”命令，此时会在光标闪动的地方出现页码标志。出现的标志是随主页的前缀的，如果当前主页的前缀为“A”，在矩形中出现的就会是“A”，如图 7−29 所示。

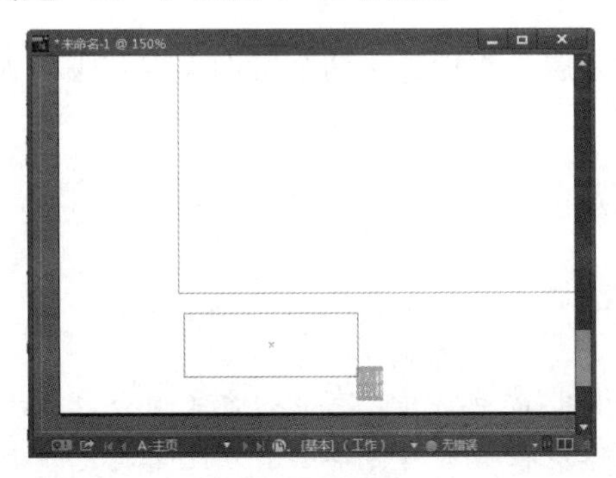

图7−28　用于输入页码的文本框架

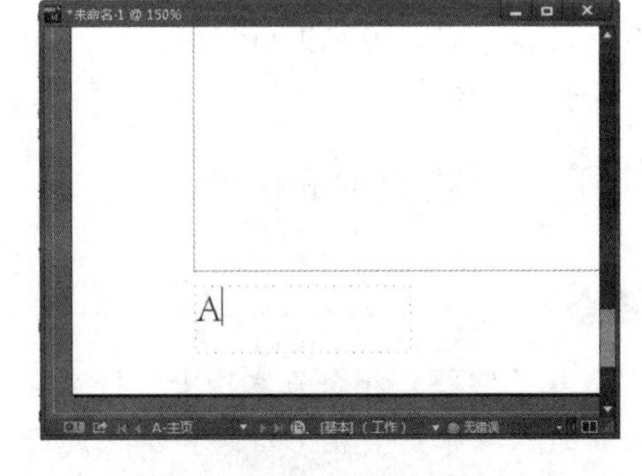

图7−29　插入的自动页码

④ 在主页的左右都插入后，切换到普通页面，就可以在和主页同样的位置看到自动排好的页码。

7.6.2　对页面和章节重新编号

选择除第一页外的页面，然后单击“页面”面板右上角的按钮，在弹出的快捷菜单中选择“页码和章节选项”命令，或执行菜单中的“版面 | 页码和章节选项”命令，弹出“新建章节”对话框，如图 7−30 所示。就可以给指定的页面添加章节编号。

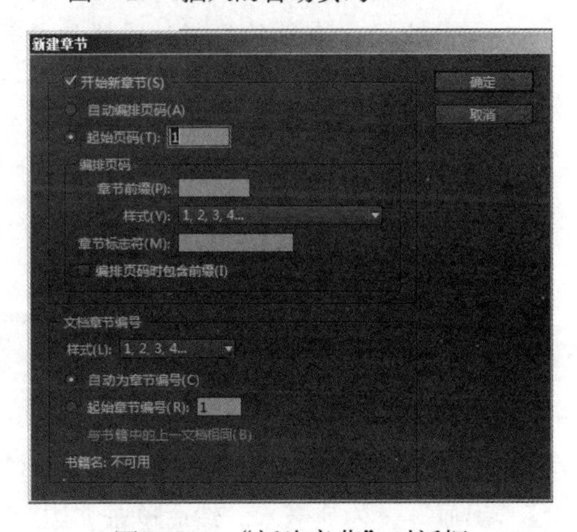

图7−30　“新建章节”对话框

● 开始新章节：勾选该复选框，则选定的页面将成为新章节的开始，如果不想开始新的章节，可以取消选择“开始新章节”。

- 自动编排页码：选择该选项，则当前章节的页码还跟随前一章的页码，如果在前面添加或删除页面时，本章中的页码也会自动更新。
- 起始页码：选择该选项，输入一个起始页码，则该章节将作为单独的一部分进行编排，第一页为输入的那个页码。
- 章节前缀：可以为每一章都做一个既个性化且统一的章节前缀，可以包括标点符号等，最多可输入 8 个字符。
- 样式：可以在菜单中选择一种页码样式，菜单中的样式如图 7-31 所示。默认情况下，使用阿拉伯数字作为页码。还有其他几种样式，如罗马数字、阿拉伯数字、汉字等。 该样式选项允许选择页码中的数字位数。
- 章节标志符：输入一个标签，InDesign CC 2017 将把该标签插入页面上章节标志符字符所在的位置。
- 编排时包含前缀：勾选该复选框，则章节选项可以在生成目录索引或在打印包含有自动页码的页面时显示；如果只是想在 InDesign CC 2017 中显示，而在打印的文档、索引和目录中不显示章节前缀，可以取消勾选该项。

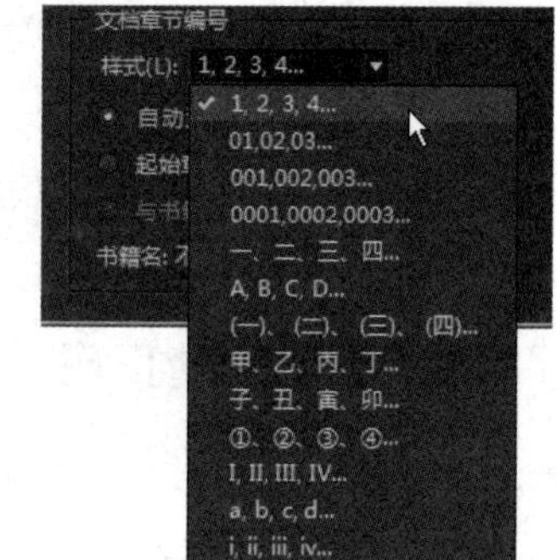

图7-31　页码样式选项

7.7 实例讲解

本节将通过“宣传双折页封面设计”和“游戏杂志内页设计”两个实例来讲解版面管理在实际工作中的具体应用。

7.7.1 宣传双折页封面设计

要点

在品牌推广和企业宣传中，折页宣传是一种非常重要并且有效的方式。公司或组织会将自己要推广的精华信息和卖点提炼成文案体现在折页宣传单上，方便受众更加全面地了解自己。因此在折页的设计制作中，信息的清晰传达应放在首要位置，并应选用能够体现公司个性的色彩和图片与文案相结合，以吸引受众的注意力。折页中每个单页之间的相互关联也是至关重要的，同一个元素的不同应用会给折页的整体效果增添许多可变的视觉角度，也会给受众带来新奇的感受。本例将制作一个舞蹈演出的宣传双折页封面设计，如图 7-32 所示。通过本例的学习，读者应掌握创建参考线、按比例填充框架、添加文字等知识的综合应用。

操作步骤：

1．创建文档

① 执行菜单中的“文件 | 新建| 文档”命令，在弹出的对话框中设置如图 7-33 所示的参数值，将“出血”设为 3 毫米。然后单击“边距和分栏”按钮，在弹出的对话框中设置如图 7-34 所示

的参数值，单击“确定”按钮。接着单击工具栏下方的▣（正常视图模式）按钮，使编辑区内显示出参考线、网格及框架状态。

图7−32　宣传折页设计

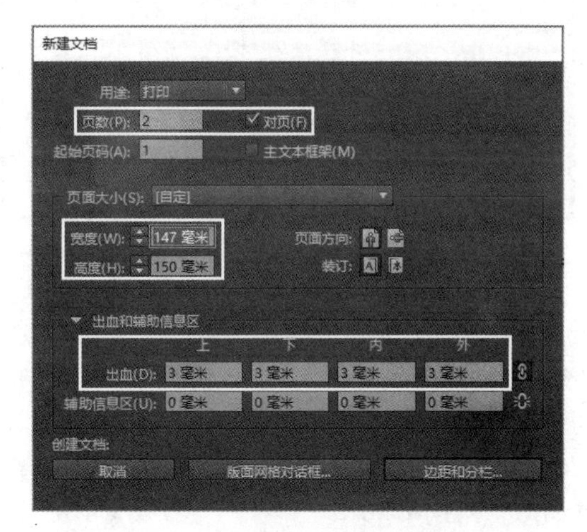

图7−33　“新建文档”对话框

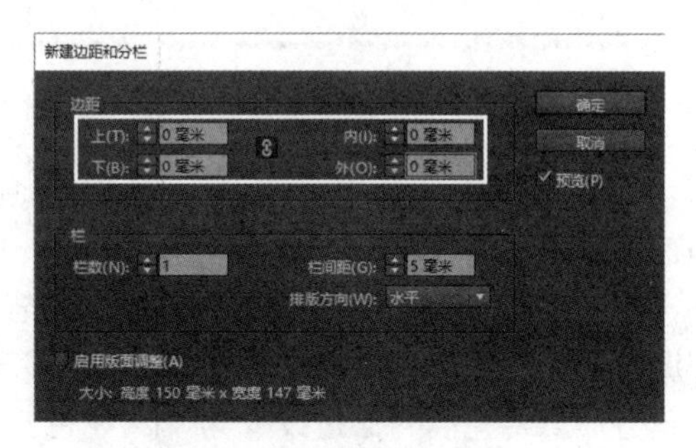

图7−34　设置边距和分栏

② 由于页面是随机排列的，所以两页在工作区中是一上一下分开排列的，如图 7−35 所示。这里需要将两页以跨页方式排列，方法：选择第 2 页，单击“页面”面板右上角的▤按钮，在弹出的快捷菜单中将“允许选定的跨页随机排布”名称前的“√”取消。然后在“页面”面板中将第 1 页移至第 2 页的右侧即可，如图 7−36 所示。此时版面状态如图 7−37 所示。

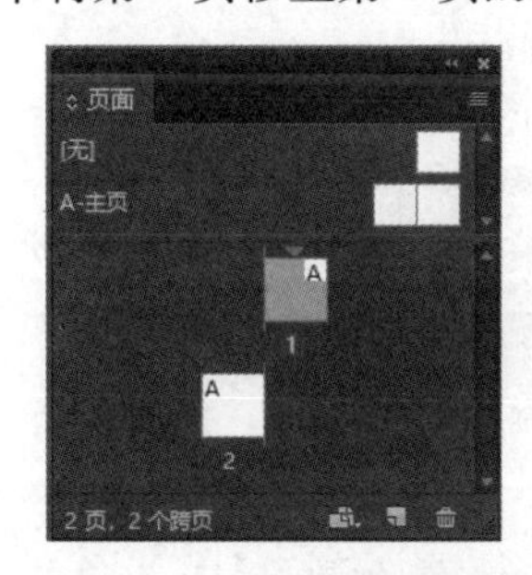

图7−35　页面未调整前页面面板状态

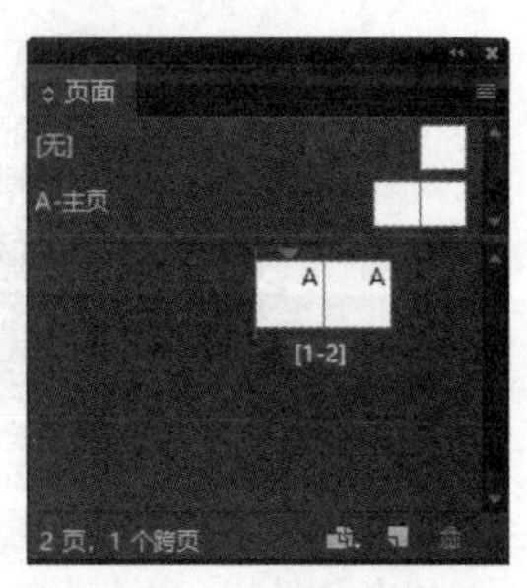

图7−36　将第1页和第2页呈跨页方式排列状态

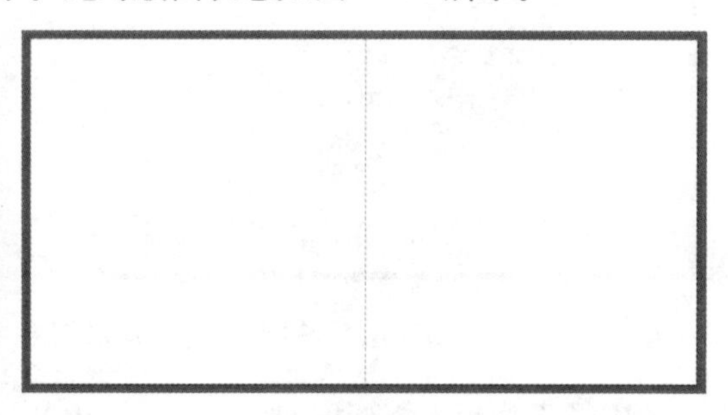

图7−37　版面效果

2．制作左侧封面

① 左侧折页由9个方块区域组成，下面通过创建3行3列的参考线来准确定位其位置。方法：执行菜单中的“版面|创建参考线”命令，弹出“创建参考线”对话框，将“行数”和“栏数”设置为3，将“行间距”和“栏间距”设置为0，如图7-38所示，单击“确定”按钮，此时版面显示如图7-39所示。

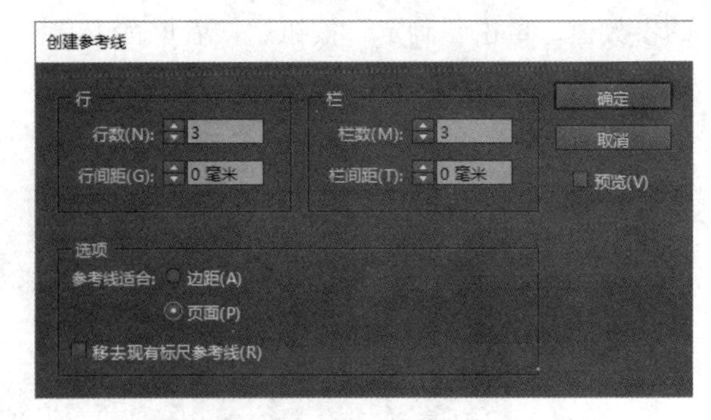

图7-38　设置“创建参考线”的参数

② 此时两页跨页均被添加了参考线，而此处只需要左侧跨页的参考线，不需要右侧跨页的参考线，下面删除右侧跨页参考线。方法：利用工具箱中的（选择工具）框选右侧折页中所有的参考线，按〈Shift〉键进行删除，此时版面显示如图7-40所示。

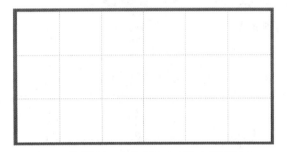

图7-39　创建参考线的效果

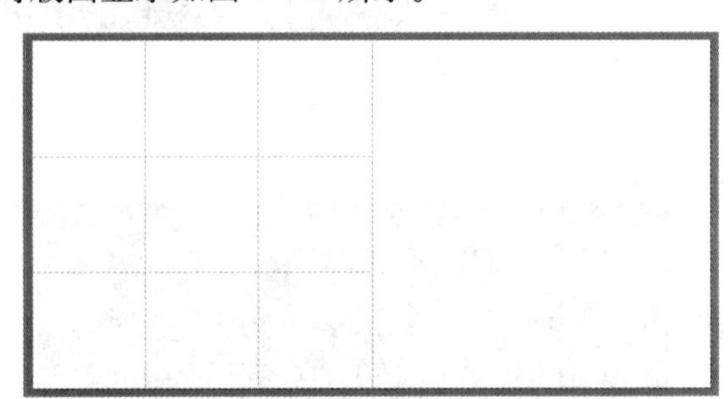

图7-40　删除右侧跨页参考线的效果

③ 绘制3个纯色矩形。方法：利用工具箱中的（矩形工具）绘制3个矩形（注意边缘的矩形要包括出血面积）。然后将第1行第1列的矩形填色设置为浅蓝色[参考色值为CMYK（30，10，0，0）]，第1行第3列的矩形填色设置为浅粉色[参考色值为CMYK（0，20，20，0）]，第2行第2列的矩形填色设置为深灰色[参考色值为CMYK（0，0，0，80）]。接着同时选择3个正方形，将它们的描边设置为（无色），效果如图7-41所示。

④ 利用工具箱中的（矩形框架工具）在刚绘制的三个矩形中间绘制一个矩形框架（描边为无色）作为置入图像的容器，如图7-42所示。

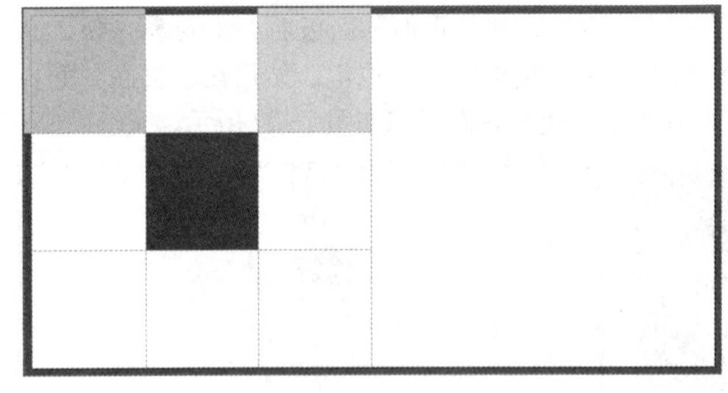

图7-41　绘制3个纯色矩形效果

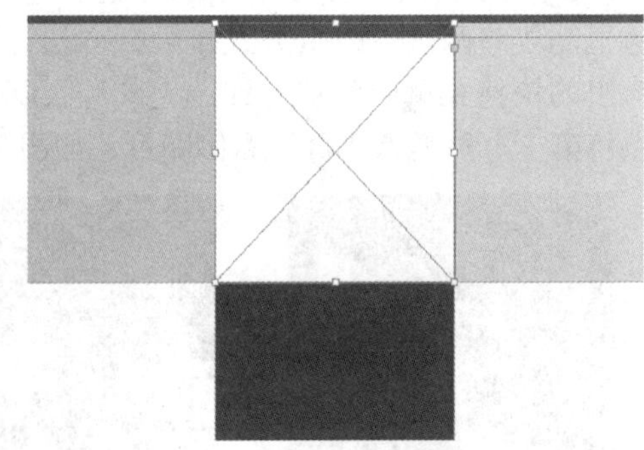

图7-42　绘制矩形框架

⑤ 将图像置入矩形框架。方法：执行菜单中的“文件｜置入”（快捷键〈Ctrl+D〉）命令，在弹出的对话框中选择资源中的“素材及结果\7.7.1　宣传双折页封面设计\‘宣传双折页封面

设计'文件夹\Links\ballet-1.jpg"图片，如图7-43所示，然后单击"打开"按钮，将"ballet-1.jpg"置入框架，效果如图7-44所示。

图7-43 "置入"对话框

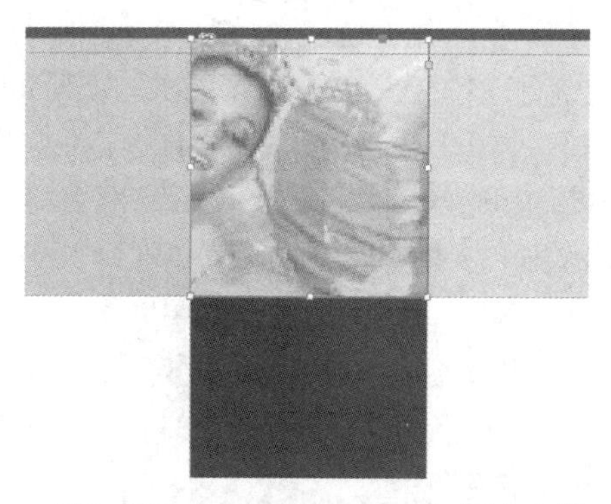

图7-44 将"ballet-1.jpg"置入文档

⑥ 此时置入的图片过大，下面执行菜单中的"对象 | 适合 | 按比例填充框架"命令[或单击工作界面上方控制面板中的（按比例填充框架）按钮]，使图片按比例自动拉撑与框架大小一致，效果如图7-45所示。

图7-45 按比例填充框架效果

⑦ 同理，在第2行第1列绘制一个矩形框架，然后置入资源中的"素材及结果\7.7.1 宣传双折页封面设计\'宣传双折页封面设计'文件夹\Links\ballet-2.jpg"图片，接着单击控制面板中的（按比例填充框架）按钮，使图片按比例自动拉撑与框架大小一致，效果如图7-46所示。

⑧ 同理，在第2行第3列绘制一个矩形框架，然后置入资源中的"素材及结果\7.7.1 宣传双折页封面设计\'宣传双折页封面设计'文件夹\Links\ballet-2.jpg"图片，接着单击控制面板中的（按比例填充框架）按钮，使图片按比例自动拉撑与框架大小一致，效果如图7-47所示。

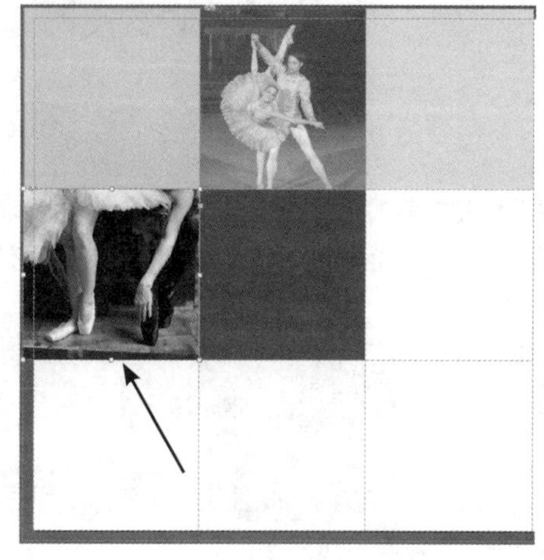

图7-46 在第2行第1列置入图像并调整大小

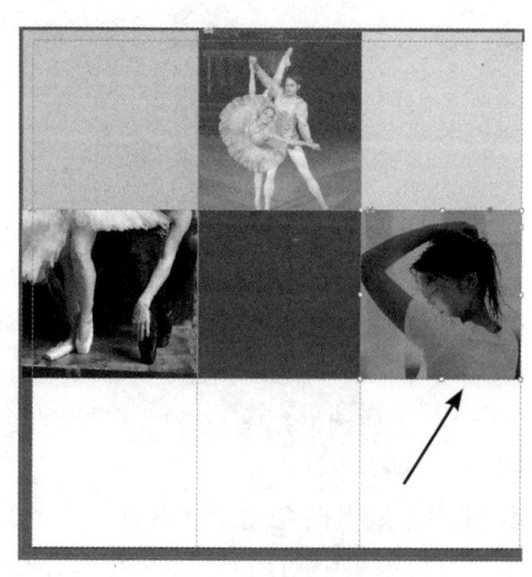

图7-47 在第2行第3列置入图像并调整大小

⑨ 同理，在第 3 行分别绘制 3 个矩形框架，然后从左往右依次置入资源中的“素材及结果 \7.7.1 宣传双折页封面设计 \‘宣传双折页封面设计’文件夹 \Links\ballet-6.jpg、ballet-4.jpg、ballet-5.jpg”图片，接着单击控制面板中的■（按比例填充框架）按钮，使图片按比例自动拉撑与框架大小一致，效果如图 7-48 所示。

⑩ 在第 1 行第 1 列中添加文字。方法：在“字符”面板中设置如图 7-49 所示，然后利用工具箱中的■（文字工具）在文档空白处输入文字“2020”，再在“颜色”面板中将文字颜色设为橙灰色 [参考色值为 CMYK（10，40，40，0）]，效果如图 7-50 所示。

图7-48　在第3行置入图像并调整大小

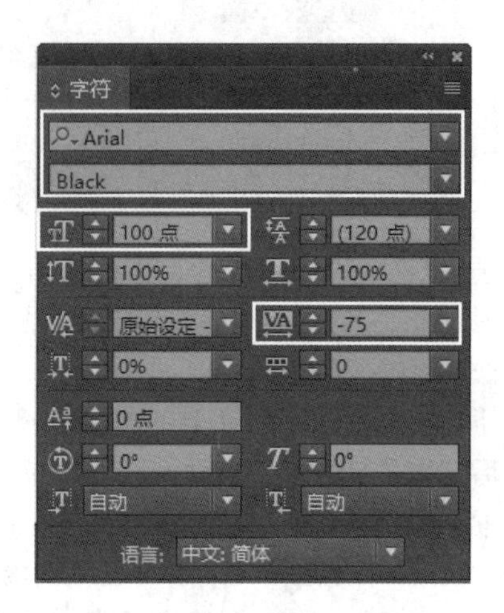

图7-49　设置“字符”参数

⑪ 按住〈Alt〉键，向左下方复制文字，效果如图 7-51 所示。

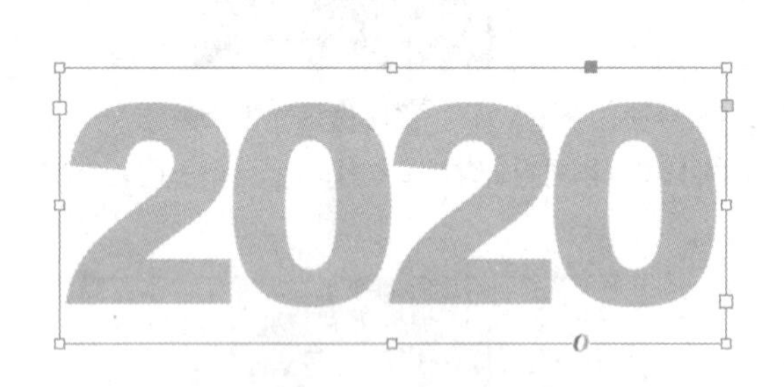

图7-50　输入橙灰色文字

图7-51　复制文字

⑫ 在“字符”面板中设置如图 7-52 所示，然后利用工具箱中的■（文字工具）在文档空白处输入文字“ROVAL BALLE THEATRE”，再在“颜色”面板中将文字颜色设为灰色 [参考色值为 CMYK（0，0，0，60）]，效果如图 7-53 所示。

⑬ 将文字“BALLE”的字号调整为 18，文字“THEATRE”的字号调整为 24，效果如图 7-54 所示。然后选择所有文字，在控制面板中单击■（居中对齐）按钮，将文字居中对齐，效果如图 7-55 所示。

⑭ 同理，输入白色文字“2020”，然后调整所有输入文字的位置，如图 7-56 所示。选择所有文字，执行菜单中的“对象 | 编组”命令，将它们组成一个整体。

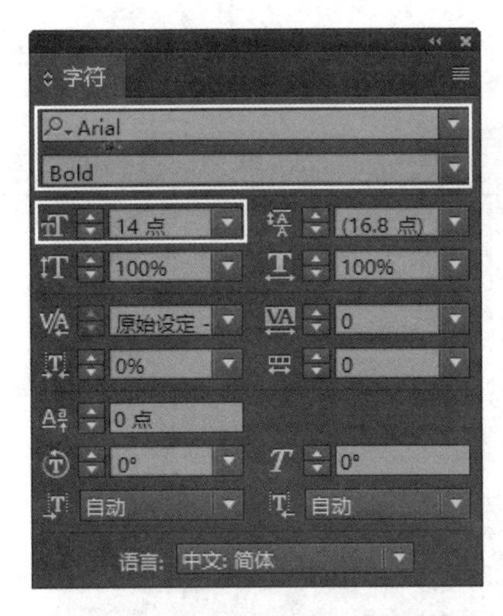

图7-52　设置“字符”参数

图7-53　输入灰色文字

图7-54　调整字号效果

图7-55　将文字居中对齐

⑮ 将编组文字置入左上方的矩形中。方法：选择编组后的文字，执行菜单中的“编辑|复制”命令，然后选择第 1 行第 1 列中绘制的矩形，执行菜单中的“编辑|贴入内部”命令，效果如图 7-57 所示，此时左侧折页整体效果如图 7-58 所示。

图7-56　调整文字位置

图7-57　将编组文字置入左上方的矩形中

⑯ 在第 2 行第 3 列中添加文字。方法：在“字符”面板中设置如图 7-59 所示，然后利用工具箱中的 T（文字工具）在第 2 行第 3 列中输入文字“THE BALLET TROUPE'S”，再在“颜色”面板中将文字颜色设为草绿色 [参考色值为 CMYK（35，0，95，0）]，效果如图 7-60 所示。

⑰ 同理，输入文字“CHINESE STYLE”，将字号设为 8 点，其余设置与前面文字相同，效果如图 7-61 所示。

图7-58 左侧折页整体效果

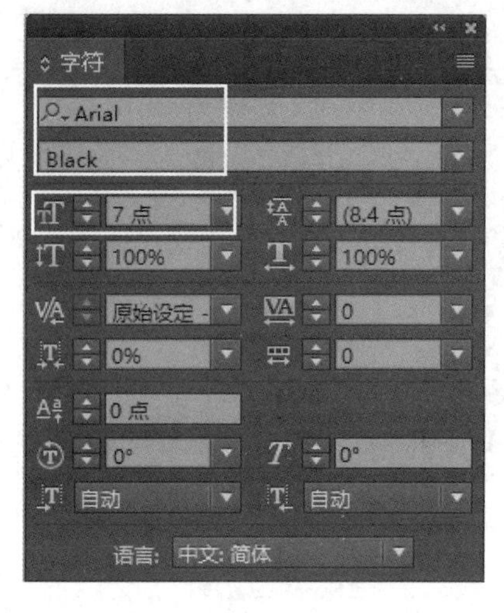

图7-59 设置“字符”参数

图7-60 输入草绿色文字

图7-61 输入草绿色文字

⑱ 同理，输入文字“NEW PROGRAM”，将字号设为 10 点，将文字颜色设为橘黄色[参考色值为 CMYK（0，60，100，0）]，其余设置与前面文字相同，效果如图 7-62 所示。

⑲ 在“字符”面板中设置如图 7-63 所示，然后利用工具箱中的T（文字工具）在第 2 行第 3 列中输入文字“performed by Guangzhou Ballet Troupe”，再在“颜色”面板中将文字颜色设为白色[参考色值为 CMYK（0，0，0，0）]，效果如图 7-64 所示。

⑳ 左侧折页中的其余文字读者可参照图 7-65 所示自己添加，从而使左侧页面形成疏密有致的版面效果。

图7-62 输入橘黄色文字

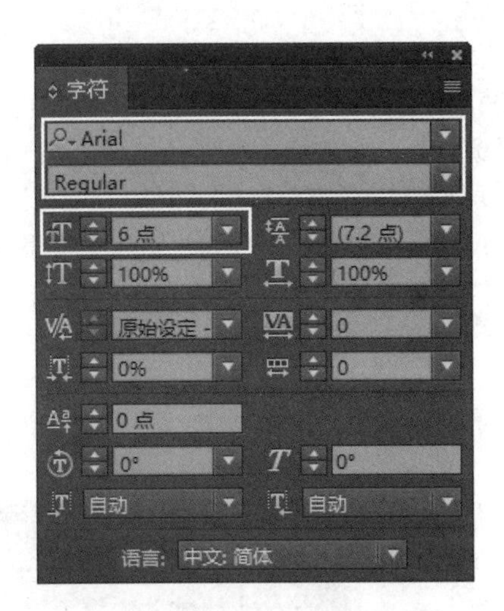

图7-63 设置“字符”参数

图7-64 输入白色文字

3．制作右侧封底

① 为了便于后面操作，下面将“图层 1”图层重命名为“左侧折页”图层，并进行锁定，然后新建“右侧折页”图层，如图 7–66 所示。

图7-65 左侧折页整体效果

图7-66 新建“右侧折页”图层

② 绘制右侧折页的背景图形。方法：利用工具箱中的（矩形工具）在右侧折页中绘制一个与右侧折页等大的矩形，然后将其填色设置为橘黄色[参考色值为：CMYK（0，50，90，0）]，描边设置为（无色），效果如图 7–67 所示。

图7-67 绘制右侧折页的背景图形

③ 右侧折页主要以文字内容为主，下面使用工具箱中的（文字工具）参照图 7–68 所示的版式输入并编排文字。

④ 正文基本编排完成后，下面在右侧折页版面下部添加两个英文单词作为装饰图形。方法：在“字符”面板中设置如图 7–69 所示，然后利用工具箱中的 T（文字工具）分别输入英文单词“OPERA”和“BALLET”，再在“颜色”面板中将单词颜色设为暖灰色[参考色值为 CMYK（0，35，35，10）]，效果如图 7–70 所示。接着同时选择两个单词，执行菜单中的“对象 | 编组”命令，将它们编组。再执行菜单中的“编辑 | 剪切”命令，剪切文字。最后选择右侧折页中的背景图形，执行菜单中的“编辑 | 贴入内部”命令，将编组后的文字贴入背景图形，再将贴入的编组文字移动到右侧折页下部，效果如图 7–71 所示。

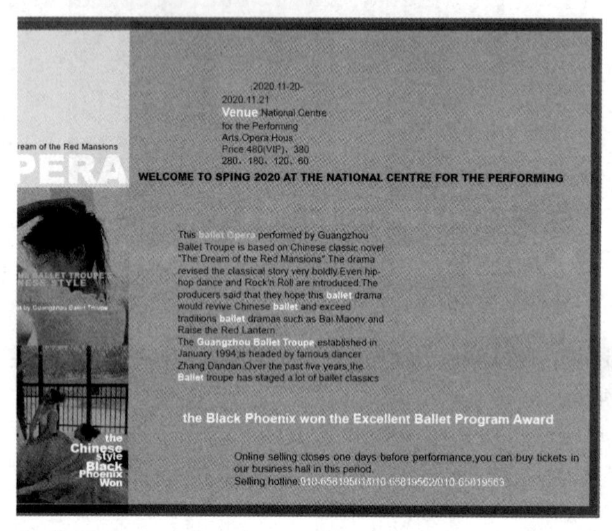

图7–68　在右侧折页中输入并编排文字

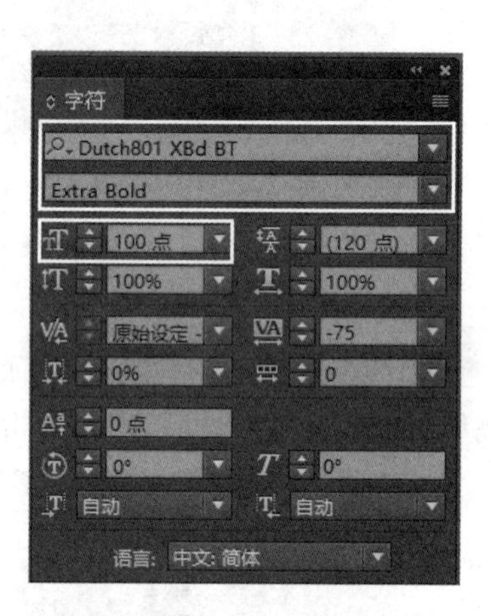

图7–69　设置字符参数

图7–70　输入英文单词

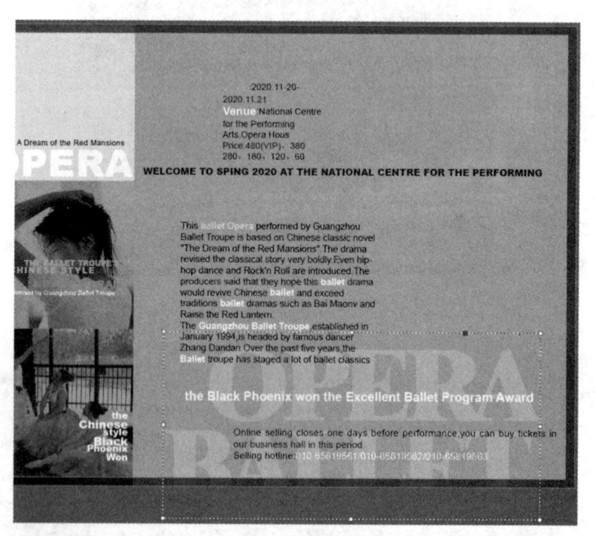

图7–71　将贴入的编组文字移动到右侧折页下部

⑤ 至此，宣传折页的版面编辑全部完成，整体效果如图 7–72 所示。下面执行菜单中的“文件 | 存储”命令，将文件进行存储。然后执行菜单中的“文件 | 打包”命令，将所有相关文件进行打包。

图7–72　宣传折页整体效果

7.7.2　游戏杂志内页设计

要点

本例将制作一本游戏类杂志的内页，如图 7–73 所示。一说游戏，大家都知道它是充满趣味并且富有动感，因此游戏类杂志的版式一定不能太过于沉闷。为了吸引游戏爱好者阅读，杂志内页的色彩一定是鲜亮的，采用对比强烈的色彩是首要选择，因此本案例采用粉红与蓝色的强烈对比色，标题字应用手绘的卡通字体，在图片方面选择色彩鲜艳、富有故事感的游戏截图，这些都将成为整个版式的亮点。通过本例学习应掌握对页设置、艺术字体的绘制、图形框架的制作以及文本框分栏等的综合应用技能。

图7–73　游戏类杂志的内页

操作步骤：

① 首先执行菜单中的“文件 | 新建 | 文档”命令，在弹出的对话框中设置如图 7–74 所示参数，将“页数”设为 3 页，页面“宽度”设为 200 毫米，“高度”设为 250 毫米，将“出血”设为 3 毫米，然后单击“边距和分栏”按钮，在弹出的对话框中设置如图 7–75 所示参数，将“上边距”设为 20 毫米，“下边距”设为 15 毫米，“内边距”设为 12 毫米，“外边距”设为 6 毫米，单击“确定”按钮。接着单击工具栏下方的▣（正常视图模式）按钮，使编辑区内显示出参考线、网格及框架状态。

② 由于本例要制作的内页只是杂志中的两个对页，因此首先要删除第 1 页，让文档从双页开始。方法：按〈F12〉键打开“页面”面板，在其中选中要保留的双页（2 ~ 3 页），然后单

击“页面”面板右上角的按钮，在弹出的快捷菜单中将“允许选定的跨页随机排布”名称前的“✓”取消。接着选中第1页，单击“页面”面板下方的（删除选中页面）按钮即可，如图7–76所示。第1页被删除后，第2、3两页自动变为第1、2页，并形成对页形式，如图7–77所示。

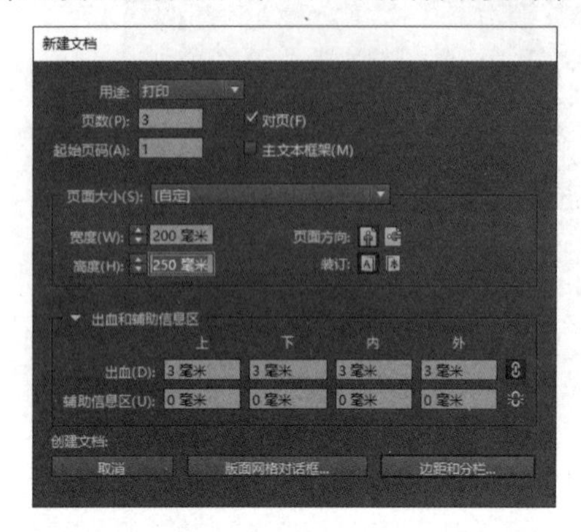

图7–74　在“新建文档”对话框中设置参数

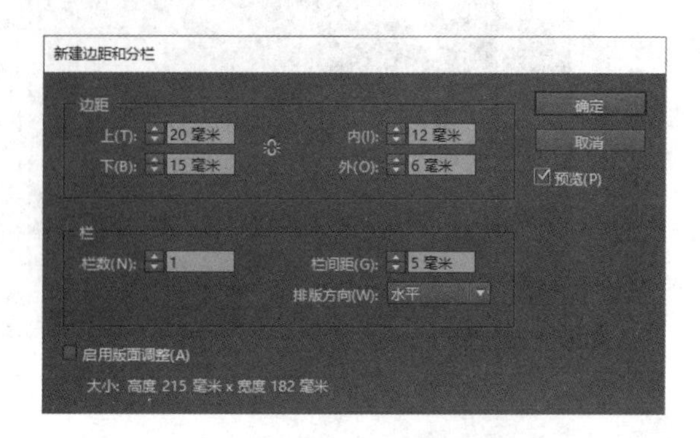

图7–75　设置边距和分栏

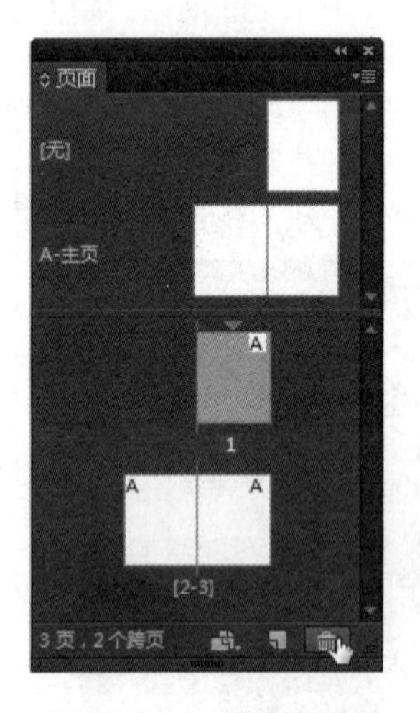

图7–76　删除第1页

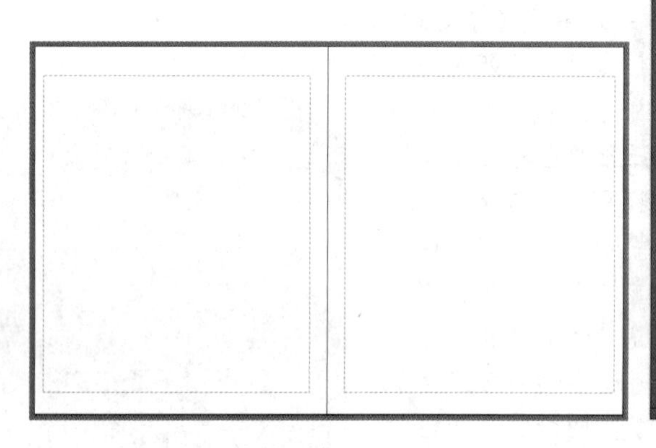

图7–77　第2、3两页自动变为第1、2页，并形成对页形式

③ 本例的背景色采用的是对比强烈的紫红与深蓝色，视觉冲击力很强，下面就来制作这种效果。方法：选择工具箱中的（矩形工具）先绘制一个矩形，其大小与左页面一致，然后将其填色设置为深蓝色[参考色值为CMYK（100，100，0，0）]。接着再绘制出右页面的矩形，将其填充为紫红色[参考色值为CMYK（0，100，50，0）]，效果如图7–78所示。

图7–78　版面背景色效果

④ 为了便于后面操作，下面同时选择两个页面矩形，执行菜单中的“对象|锁定”命令，将其进行锁定。

⑤ 背景色绘制完成后，下面开始制作本案例版式的另一个重点——左侧页面中的标题字。由于是游戏杂志，因此标题字通常不采用字库中的常规字体，而要根据游戏种类的不同绘制与游戏类型风格相匹配的字体，本案例中的游戏主要是卡通风格，因此字体就要显得活泼可爱。绘制方法：首先选择工具箱中的（钢笔工具），在左页面的左上方绘制一个异形字母“J”的闭合路径，如图 7–79 所示，此时字母是比较圆润的，给人跳跃的感觉。然后将其填色设置为草绿色 [参考色值为 CMYK（60，0，100，0）]，效果如图 7–80 所示。接着应用同样的方法将剩余的字母都绘制完成，由于都是几何变形的字母，因此绘制外形没有太大难度。所有标题字汇聚在一起构成一个图形语言极其丰富的版面效果，效果如图 7–81 所示，至此，左侧页面编辑完毕，整体效果如图 7–82 所示。

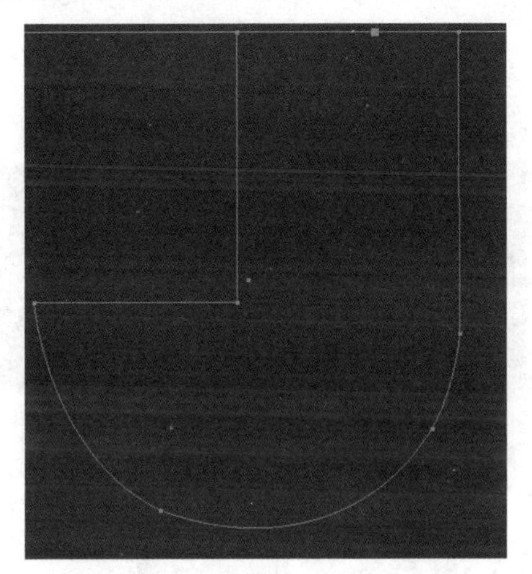

图7–79　绘制字母“J”闭合路径

图7–80　将字母填充为草绿色

图7–81　标题字最终效果

图7–82　左侧页面整体效果

⑥ 下面开始右侧页面中图片的编排。由于本案例所用图片色彩大多比较鲜艳，因此在版式设计时就要避免过于花哨，采用规则的排列即可，这样不仅能让版式显得简洁大方，并且能更好地传达图片信息。由于方形的图片显得相对比较刻板，因此需要将其框架处理成圆角，使其显得

比较活泼。方法：首先选择工具箱中的■（矩形工具），在右边页面的左上角根据边距线绘制一个宽40毫米、高25毫米的矩形，如图7-83所示；然后执行菜单中的“对象｜角选项”命令（或按住〈Alt〉键，在控制面板中单击■按钮），在弹出的对话框中设置如图7-84所示参数，将“效果”设为■（圆角），将“大小”设为5毫米，单击“确定”按钮，这样矩形自动变成圆角矩形，效果如图7-85所示。接下来将图片置入圆角矩形内，先用■（选择工具）选中框架，执行菜单中的“文件｜置入”命令，在弹出的图7-86所示的对话框中选择资源中的“素材及结果\7.7.2 游戏杂志内页设计\‘游戏杂志内页设计’文件夹\Links\游戏图片1.jpg”图片，单击“确定”按钮，这样图片就会自动置入框架内。接着执行菜单中的“对象｜适合｜使内容适合框架”命令[或在控制面板中单击■（内容适合框架）按钮]，此时内容会自动按当前框架比例进行缩放，效果如图7-87所示。

图7-83　绘制矩形

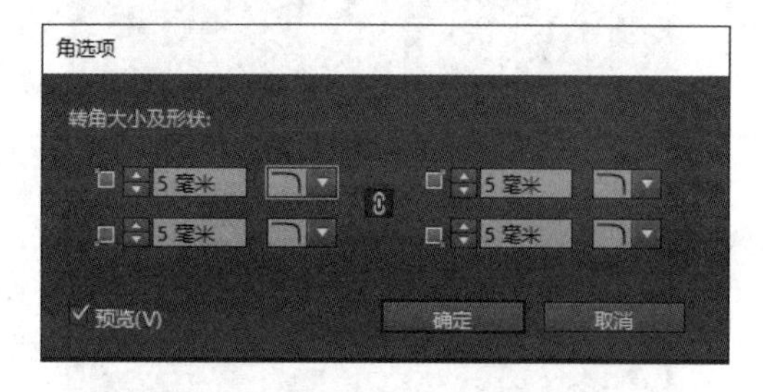

图7-84　将矩形转化为圆角矩形

图7-85　圆角矩形的效果

图7-86　将“游戏图片1.jpg”置入

⑦ 在右侧页面顶部将剩余的图片框架（圆角矩形）绘制完成，如图7-88所示。然后应用同样的方法将图片逐个置入，最终效果如图7-89所示。

图7-87　将图片调整至框架大小

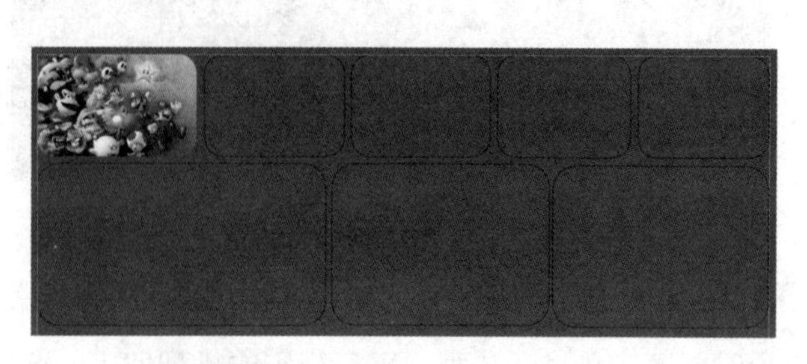

图7-88　绘制剩余圆角矩形框架

⑧ 图片置入完成后，下面一步是右侧版面正文的编辑，首先编辑小标题文字。方法：利用T（文字工具）在图片的下方绘制一个矩形文本框，如图 7–90 所示；然后按快捷键〈Ctrl+T〉，在打开的“字符”面板中设置参数如图 7–91 所示，将“字体”设置为 Arail Black，将“字号”设置为 20 点，其他为默认值，并将其填色设置为深蓝色 [参考色值为 CMYK（100，100，0，0）]。接着在文本框中输入标题文字，效果如图 7–92 所示。

图7–89 图片置入后效果

图7–90 在图像下方绘制一个矩形文本框

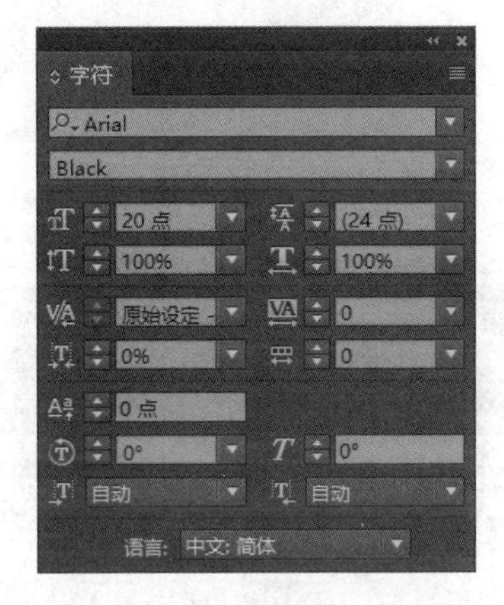

图7–91 在“字符”面板中设置字符参数

⑨ 正文部分的编排。方法：利用T（文字工具）在小标题文字的下方建立一个矩形文本框，如图 7–93 所示，在选项栏内将它的宽度设为 180 毫米，高度设为 115 毫米。然后按快捷键〈Ctrl+T〉，在打开的“字符”面板中设置参数如图 7–94 所示，将“字体”设置为 Arial，将“字号”设置为 8 点，其他为默认值，并将其填色设置为白色，接着在第一个文本框中粘贴入事先复制好的英文文本（资源中的“素材及结果 \7.7.2 游戏杂志内页设计 \ 英文文本 .doc”文件），效果如图 7–95 所示。接着执行菜单中的“对象 | 文本框架选项”命令，在弹出的对话框中设置如图 7–96 所示参数，单击“确定”按钮，文本被自动分为 4 栏，栏间距为 3 毫米，如图 7–97 所示。此时，右侧版面编排就全部完成，效果如图 7–98 所示。

图7–92 输入小标题文字后的效果

⑩ 至此，整个游戏杂志内页版面制作完毕，整体效果如图 7–99 所示。下面执行菜单中的“文件 | 存储”命令，将文件进行存储。然后执行菜单中的“文件 | 打包”命令，将所有相关文件进行打包。

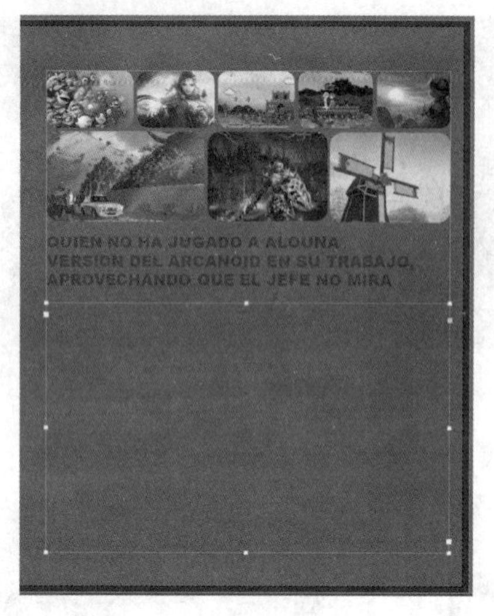

图7-93　创建正文文本框

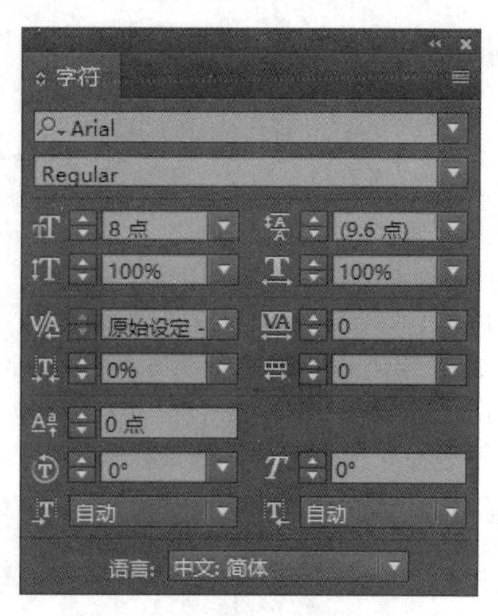

图7-94　设置正文字符参数

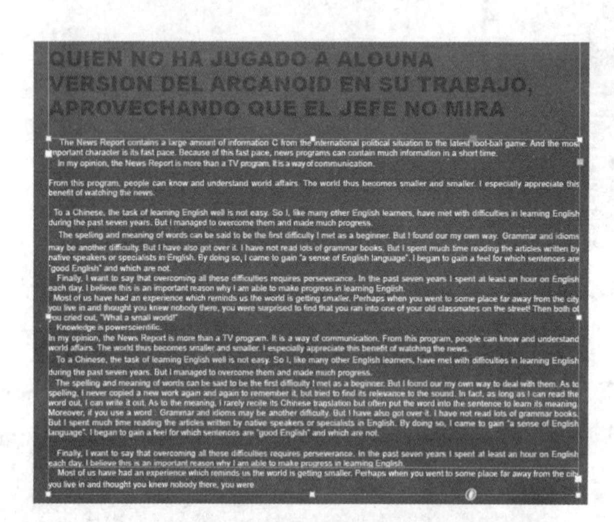

图7-95　在文本框中粘贴入文字

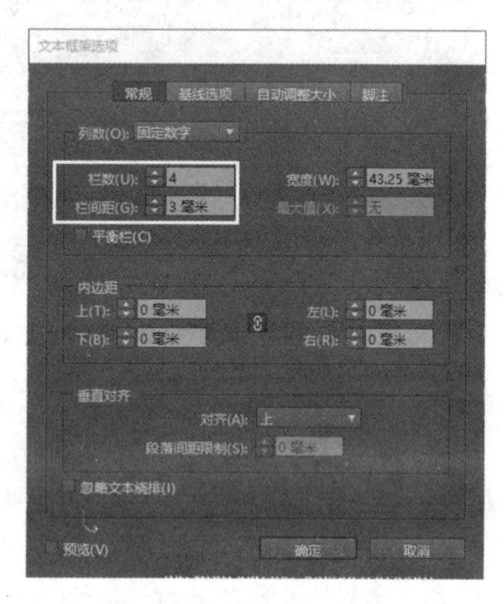

图7-96　“文本框架选项”对话框

图7-97　正文部分最后效果

图7-98　右侧页面的整体效果

图7-99 版面最终效果

课后练习

一、填空题

1. 执行菜单中的“________ | ________”命令，在弹出的“边距和分栏”对话框中可以对当前文档的分栏进行重新设置。

2. 参考线是与标尺密切相关的辅助工具，是版面设计中用于参照的线条。在 InDesign CC 2017 中参考线分为________、________和________3 种类型。

二、选择题

1. 在 InDesign CC 2017 中，显示或隐藏标尺的快捷键是（　　）？

A. Ctrl+R　　B. Ctrl+B　　C. Ctrl+D　　D. Ctrl+A

2. 零点是水平标尺和垂直标尺重合的位置。默认情况下，零点位于各个跨页的第 1 页的（　　）。

A. 左上角　　B. 右上角　　C. 中央　　D. 右下角

三、问答题

1. 简述创建自动页码的方法。
2. 简述从文档中删除主页的方法。

四、上机题

制作图 7-100 所示的多折页效果。

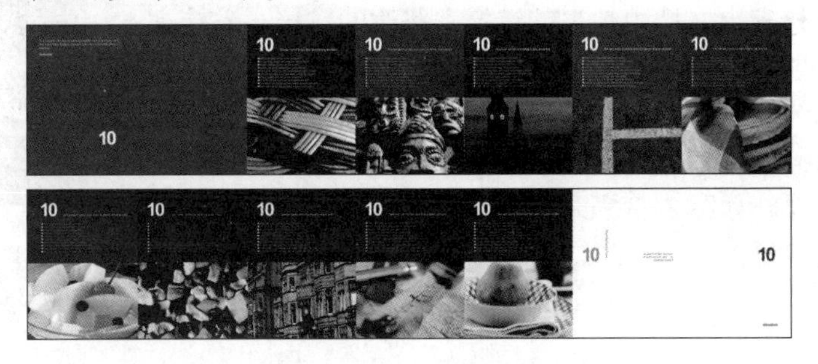

图7-100 多折页效果

第8章 印前与输出

本章重点

在InDesign中完成设计后，即可将文件输出和打包。InDesign的输出方式包括两种：打印与导出PDF文件。前者可以方便地进行打印管理，设置打印或者印刷高级功能，可以方便地在激光打印机、喷墨打印机、胶片或者印刷机中打印高分辨率彩色文档；后者便于网络出版，也就是将其制作成电子文件，这样能够在计算机中浏览或者发布到网络中。InDesign打包功能是将文档中的相关字体、链接的图形图像、文本文件和自定报告等内容一起打包，以便在其他计算机中编辑文档时，能够正常显示而不会出现内容缺失的情况。通过本章学习，读者应掌握在InDesign中打印与创建PDF文件的方法。

- 掌握设置打印的方法
- 掌握创建PDF文件的方法
- 掌握打包文档的方法

8.1 印前检查

在每个文档打印之前都要进行印前检查，比如检查文档中是否有溢流文本、有缺失图像链接等，从而确保文件在输出时没有错误。

在InDesign中，使用“印前检查”面板可以显示、查找并定义错误的显示范围。执行菜单中的“窗口|输出|印前检查”命令，或双击文档窗口底部的  无错误 （印前检查）图标，调出“印前检查”面板，如图8-1所示。

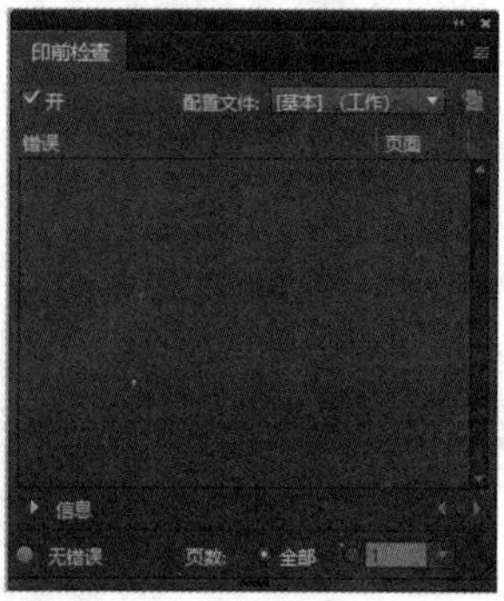

默认情况下，“印前检查”面板采用的是默认的[基本]（工作）配置文件，它可以检查出文档中缺失的链接、修改的链接、溢流文本和缺失的字体等问题。在检测过程中，如果没有检测到错误，“印前检查”图标会显示为绿色，如图8-1所示；如果检测到错误，则会显示为红色，并显示出有几个错误，如图8-2所示，此时在“印前检查”面板中可以展开错误，如图8-3所示，然后双击该错误，从而跳转至相应的页面来解决问题。

图8-1 “印前检查”面板

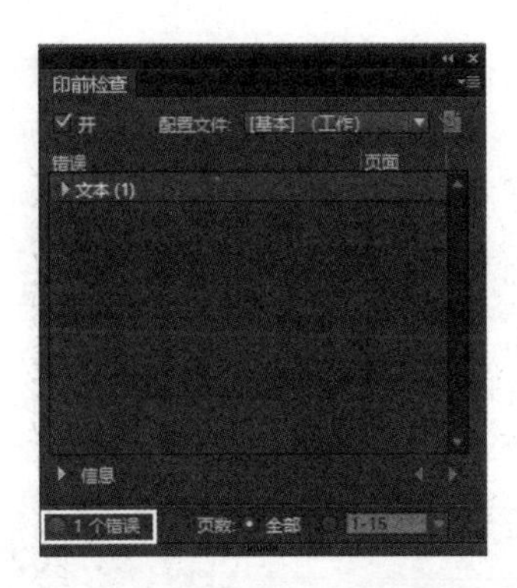

图8-2 检测到1个错误

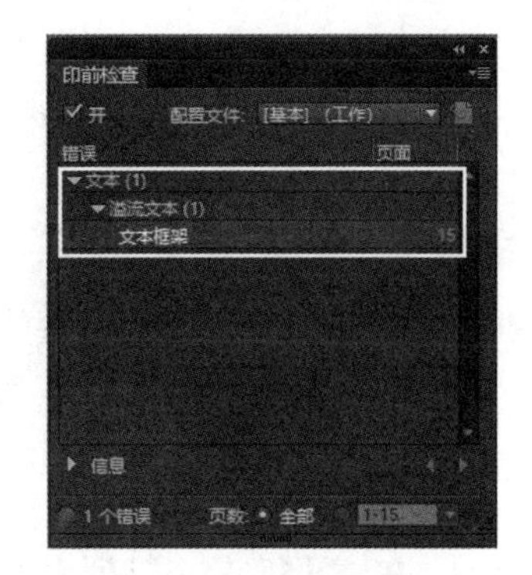

图8-3 展开错误

8.2 打 印 设 置

打印是输出图像最常见的方式之一。在 InDesign 中检查完文档后就可以将文档进行打印输出了。执行菜单中的“文件 | 打印”命令，弹出图 8-4 所示的“打印”对话框，在其中可以对“常规”“设置”“标记和出血”“输出”“图形”“颜色设置”“高级”“小结”参数进行相关设置，设置完成后单击“确定”按钮即可打印。下面具体讲解这些参数。

8.2.1 常规设置

常规选项是所有设置选项中最基础的一项。在该项中可以完成打印数量及打印方式的设置。单击“打印”对话框左侧列表中的“常规”选项，显示出相关选项，如图 8-4 所示。

- 份数：用于设置打印的份数。如果是两份或者两份以上，可以勾选“逐份打印”复选框。如果勾选“逆页序打印”复选框，则将从后向前打印文档。
- 页面：在“页面”选项组的“打印范围”下拉列表中包括“全部页面”“仅偶数页”“仅奇数页”3 个选项，选择不同的选项可打印相关的页面。选中“跨页”复选框可打印跨页，否则将打印单个页面；选中“打印主页”复选框将只打印主页，否则将打印所有页面。
- 选项：在“选项”选项组中，可以设置文档中要打开的图层范围。如果要打印默认情况下不会打印的对象，则可以根据需要启用不同的复选框。勾选“打印非打印对象”复选框，将打印所有对象，而不考虑选择性防止打印单个对象的设置；勾选“打印空白页面”复选框，将打印指定页面范围中的所有页面，包括没有出现文本或对象的页面，当打印分

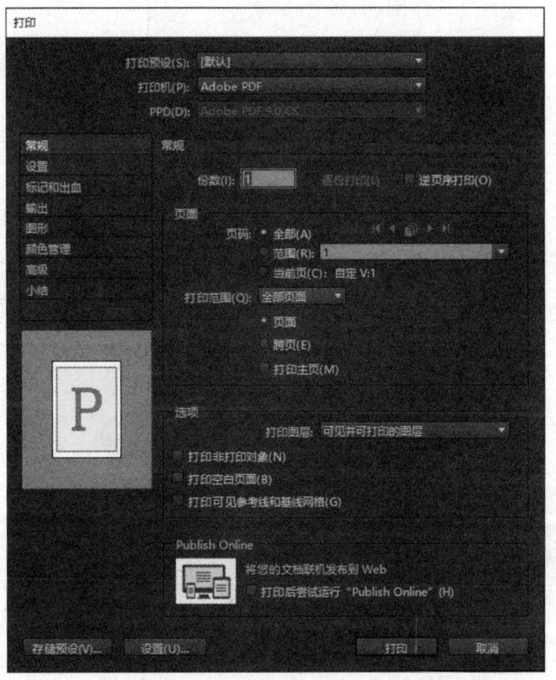

图8-4 “打印”对话框

色时，此复选框不可用；选中“打印可见参考线和基线网格”复选框，将按照文档中的颜色打印可见的参考线和基线网格，打印分色时，该复选框不可用。

8.2.2 页面设置

该选项基本上与Office系列软件中的页面设置相似。不同的是在InDesign中，可在单个打印页面上显示多页的缩览图，还可以使用拼贴将超大尺寸的文档分成一个或多个页面，并进行重叠组合。单击“打印”对话框左侧列表中的“设置”选项，显示出相关选项，如图8-5所示。

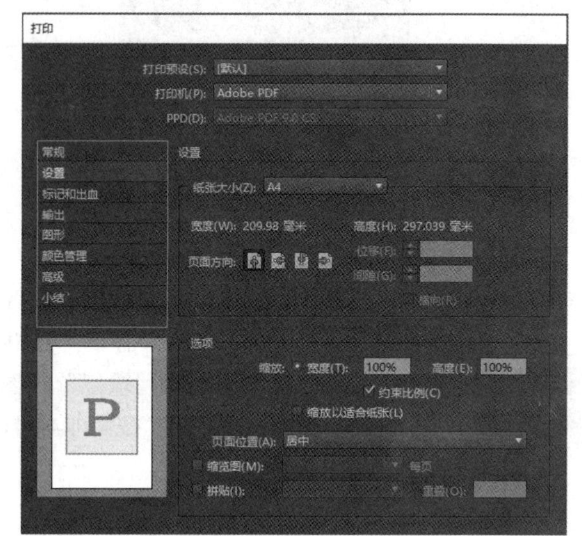

图8-5 “设置”选项中的参数显示

- 纸张大小：在“页面大小”列表中选择打印的纸张大小。下面就会显示所选择纸张的宽度和高度。
- 页面方向：可以选择打印页面的方向。有纵向、反纵向、横向、反横向4种方式供选择，如图8-6所示。
- 缩放：可以设置对象缩放的宽度和高度的百分比。勾选“约束比例”复选框，则会按比例缩放对象。选中“缩放以适合纸张”单选按钮，则会通过缩放对象来适合纸张。
- 页面位置：可以设置打印页面在纸张上的位置，有左上、居中、水平居中或垂直居中4个选项供选择，如图8-7所示。选择不同的选项，打印时内容在页面中的位置均不相同。

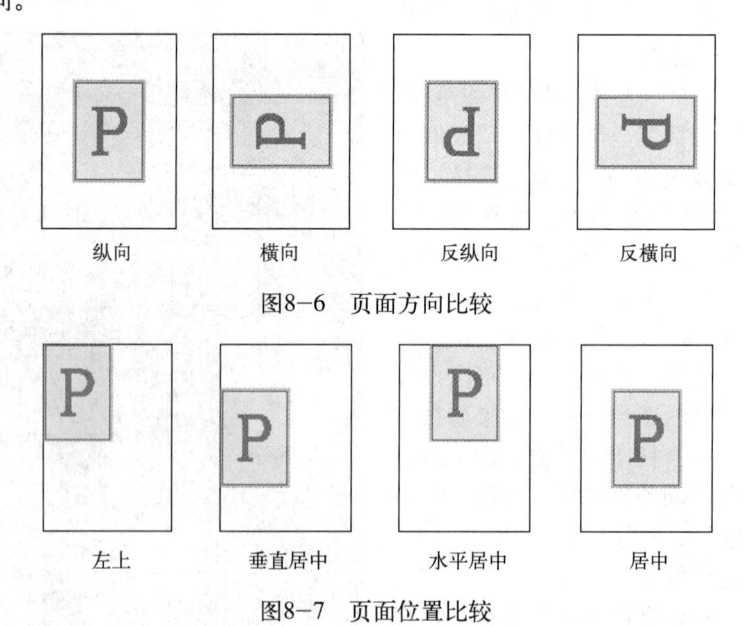

图8-6 页面方向比较

图8-7 页面位置比较

- 缩览图：勾选该复选框，可以在一个页面中打印多页，如图8-8所示。

● 拼贴：勾选该复选框，可以将超大尺寸的的文档分为一个或多个可用页面大小进行拼贴。有“自动拼贴”“自动对齐”“手动”3个选项供选择。选择“自动”，则会自动计算所需拼贴的数量，包括重叠部分；选择“自动对齐”，则会增加重叠量（如果需要），以便最右边拼贴的右边与文档页面的右边对齐，最下面拼贴的底边与文档页面的底边对齐；选择“手动”，则会打印单个拼贴，注意在选择此选项之前，需要首先通过拖动标尺的零点指定拼贴的左上角，然后执行菜单中的“文件|打印”命令，并将“拼贴”选项选择为“手动”。

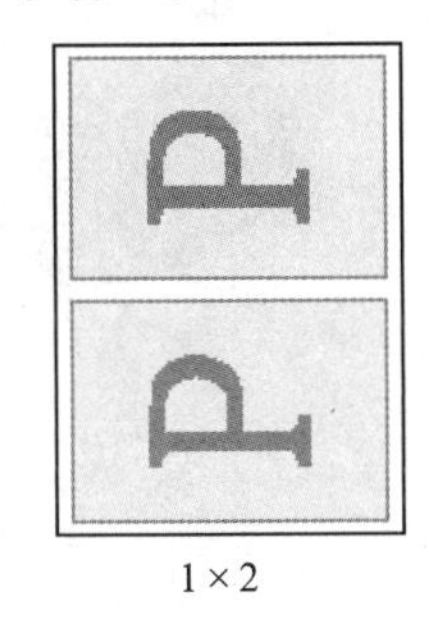
1×2

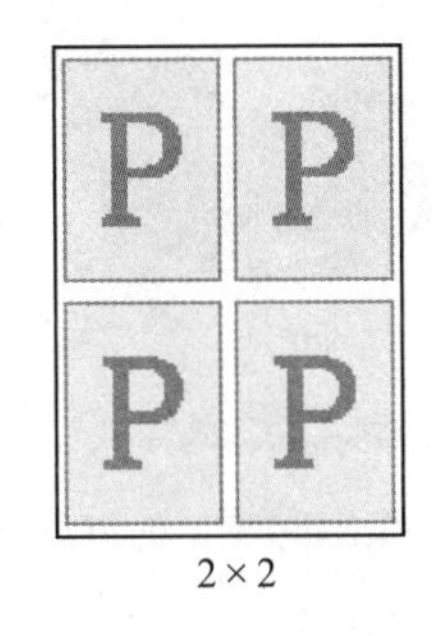
2×2

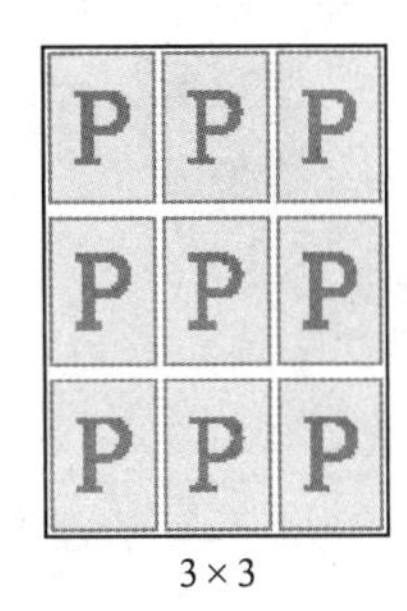
3×3

图8-8 不同多页效果比较

提示

“缩览图”和“拼贴”选项在“打印预览”对话框中无法查看预览效果，必须在“打印”对话框中才能预览效果。

8.2.3 标记和出血设置

在打印文档前，需要添加一些标记来帮助打印机生成线稿时确定纸张裁切的位置、分色胶片对齐的位置等信息。其中，出血是指溢出在印刷边框或裁剪标记和修建标记外面的区域。单击“打印”对话框左侧列表中的“标记和出血”选项，显示出相关选项，如图8-9所示。

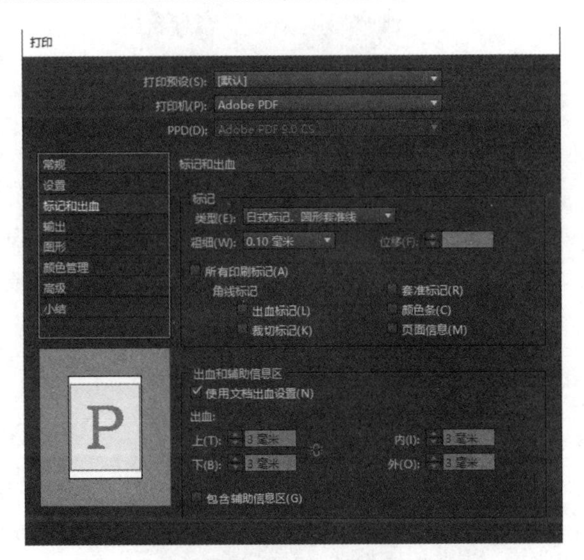

图8-9 “标志和出血”选项中的参数显示

● 类型：用于设置标记类型。有“默认”“日式标记，圆形套准线”“日式标记，十字套准线”3个选项供选择。图8-10为只勾选“套印标记”复选框，然后选择不同类型的打印效果比较。

● 粗细：默认设置为0.10毫米。有“0.05毫米”“0.07 毫米”“0.10 毫米”“0.15毫米”“0.20 毫米”“0.30 毫米”“0.125 点”“0.25 点”“0.50 点”等选项供选择。

● 位移：用于指定InDesign打印页面信息或标记距页面边缘的宽度（裁切标记的位置）。该选项只有在“类型”中选择“默认”时才可用。

● 所有印刷标记：勾选该复选框，将打印所有标记，如图8-11所示；如果未勾选该复选框，将不打印所有标记，如图8-12所示。

- 裁切标记：用于添加定义页面应当裁切位置的水平和垂直细线。裁切标记可以与出血标记一起，通过将上下标记重叠，帮助把一个分色与另一个分色对齐。图 8-13 所示为只勾选“裁切标记”复选框的打印效果。

选择“默认”类型　　选择“日式标记，圆形套准线”类型　　选择“日式标记，十字套准线”类型

图8-10　选择不同类型的打印效果比较

图8-11　勾选“所有印刷标记”复选框的打印效果　图8-12　未勾选“所有印刷标记”复选框的打印效果

- 出血标记：用于添加细线，该线用于控制页面中图像向外扩展区域的大小。图 8-14 所示为只勾选“出血标记”复选框后的打印效果。

图8-13　只勾选“裁切标记”复选框的打印效果　图8-14　只勾选“出血标记”后的打印效果

- 套准标记：在页面区域外添加小的“靶心图”，以对齐彩色文档中不同的分色。
- 颜色条：用于添加表示 CMYK 油墨和灰色色调（以 10% 递增）的颜色小方块。图 8-15

所示为勾选“颜色条”复选框的打印效果。

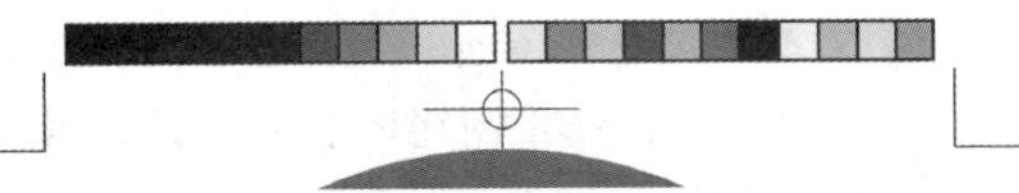

图8-15　勾选“套准标记”后的打印效果

- 页面信息：在每页纸张或胶片的左下角用 6 磅的宋体字体打印文件名、页码、当前日期和时间及分色名称。图 8-16 所示为勾选“页面信息”复选框的打印效果。

提示

“页面信息”选项要求距水平边缘 0.5 英寸（13 mm）。

图8-16　勾选“套准标记”后的打印效果

- 出血：如果选择“使用文档出血设置”将使用文档中的出血设置。如果不选，则可以在上、下、内、外中输入出血宽度。
- 包含辅助信息区：选择此选项，可以打印在“文档设置”对话框中设置的辅助信息区域。

8.2.4　输出设置

“输出”选项用于确定如何将文档中的复合颜色发送到打印机。当启用颜色管理时，颜色设置默认值会使输出的颜色得到校准。在颜色转换中专色信息将保留，只有印刷色将根据指定的颜色空间转换为等效值。单击“打印”对话框左侧列表中的“输出”选项，显示出相关选项，如图 8-17 所示。

- 颜色：用于颜色模式。有“复合保持不变”“复合灰度”“复合 RGB”“复合 CMYK”“分色”“In-RIP 分色”6 个选项供选择。选中“复合保持不变”，会将指定页面的全彩色版本发送到打印机，保留原始文档中所有的颜色值，当选择此选项时，则禁用“模拟叠印”；选择“复合灰度”，会将灰度版本的指定页面发送到打印机；选择“复合 RGB”，会将彩色版本的指定页面发送到打印机，例如，在不进行分色的情况下打印到 RGB 彩色打印机；选择“复合 CMYK”，会将彩色版本的指定页面发送到打印机，例如在不进行分色的情况下打印到 CMYK 打印机；选择“分色”，会为文档要求的每个分色创建 PostScript 信息，并将该信息发送到输出设备，此选项仅可用于 PostScript 打印机；选择“In-RIP 分色”，会将分色信息发送到输出设备的 RIP，此选项仅可用于 PostScript 打印机。

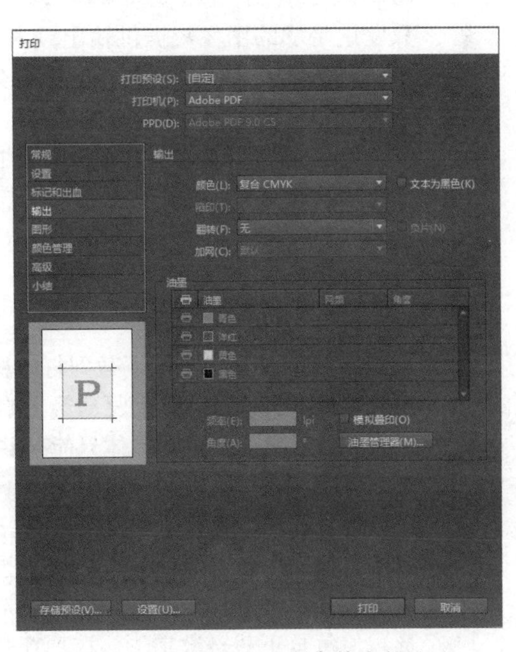

图8-17　“输出”选项中的参数显示

- 文本为黑色：勾选该复选框，InDesign 中创建的文本将全部打印成黑色。同时为打印和创建 PDF 发布创建内容时，此选项很有用。例如，超链接在 PDF 版本中为蓝色，选择此选项后，这些链接在灰度打印机上将打印为黑色，而不是半调图案。
- 陷印：当在“颜色”后选择“分色”或“In-RIP 分色”时，此选项才可以使用。“陷印”有“应用程序内建”“Adobe in-RIP”“关闭”3 个选项供选择。选择“应用程序内建”将使用 InDesign 自带的陷印引擎；选择“Adobe in-RIP”将使用 Adobe in-RIP 陷印；选择“关闭”将不使用陷印。
- 翻转：可以将要打印的页面翻转。有“无”“水平”“垂直”“水平和垂直”4 个选项供选择。
- 加网：用于设置加网方式。
- 油墨：用于选择一种油墨色，并设置该油墨的网屏与密度。

8.2.5 图形设置

“图形”选项用于设置图形与文字打印。单击“打印”对话框左侧列表中的“图形”选项，显示出相关选项，如图 8-18 所示。

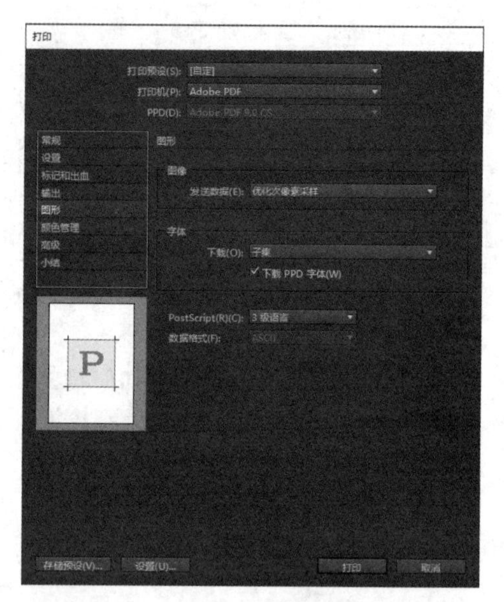

图8-18 “图形”选项中的参数显示

- 发送数据：用于控制置入的位图图像发送到打印机或文件的图像数据量。有“全部”“优化次像素采样”“代理”“无”4 个选项可供选择。选择“全部”，则会在打印时，发送全分辨率数据，该选项适合于任何高分辨率打印或打印高对比度的灰度或彩色图像，只是需要的磁盘空间最大；选择“优化次像素采样”，则会在打印时，只发送足够的图像数据供输出设备以最高分辨率打印图形；该选项用于处理高分辨率图像而将校样打印到台式打印机；选择“代理”，则会发送置入位图图像的屏幕分辨率版本(72 dpi)，选择此选项，打印时间会缩短；选择“无”，则会在打印时，临时删除所有图形，并使用具有交叉线的图形框替代这些图形，可以缩短打印时间。

提示

即使选中“优化次像素采样”选项，InDesign 也不会对EPS或PDF图形进行次像素采样。

- 下载：用于设置将字体下载到打印机的方式。驻留打印机的字体是存储在打印机的内存中或连接到打印机的硬盘驱动器上的字体。Type 1 和 TrueType 字体也可以存储在打印机或计算机上；位图字体只能存储在计算机上。InDesign 会根据需要下载字体，条件是字体安装在计算机的硬盘中。“下载”下拉列表中有“无”“完整”“子集”3 个选项供选择。选择“无”，则会包括对 PostScript 文件中字体的引用，包括驻留在打印机中字体，该文件会告诉 RIP 或后续处理器应当包括字体的位置；选择“完整”，则会在打印作业开始时下载文档所需的所有字体；选择“子集”，则仅下载文档中使用的字符（字形），每页下载一次字形，该项在打印单页文档或具有较少文本的短文档时，可以快速生成较小的 PostScript 文件。

- 下载 PPD 字体：下载文档中使用的所有字体，包括驻留在打印机中的那些字体。使用此选项可让 InDesign 用计算机上的字体轮廓打印普通字体，如 Helvetica、Times 等。
- PostScript（R）（C）：用于指定 PostScript 输出设备中解释器的兼容性级别。
- 数据格式：用于指定 InDesign 将图像数据从计算机发送到打印机的方式。

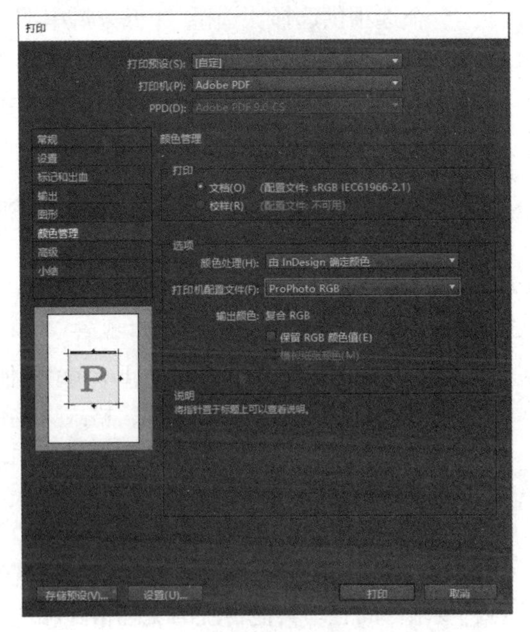

图8-19 “颜色管理”选项中的参数显示

8.2.6 颜色管理设置

“颜色管理”选项可以将文档的颜色转换为台式打印机的色彩空间，从而保证打印机输出中的颜色一致。单击“打印”对话框左侧列表中的“颜色管理”选项，显示出相关选项，如图 8-19 所示。

- 打印：包含“文档”和“校样”两种打印方式。选择“文档”，则可以打印文档；选择“校样”，则可以通过模拟文档在其他设备上的输出方式来打印该文档。
- 颜色处理：有“由 InDesign 确定颜色”和“由 PostScript（R）打印机确定颜色”两个选项供选择。
- 打印机配置文件：用于选择输出设备的配置文件。配置文件描述输出设备的行为以及打印条件（如纸张类型）越准确，颜色管理系统解释文档中实际颜色的数值就越准确。
- 保留 RGB 颜色值：勾选该复选框，InDesign 将颜色值直接发送到输出设备。取消勾选该复选框，InDesign 首先将颜色值转换为输出设备的色彩空间。
- 模拟纸张颜色：将按照文档配置文件的定义模拟由打印机介质显示的纸张颜色。

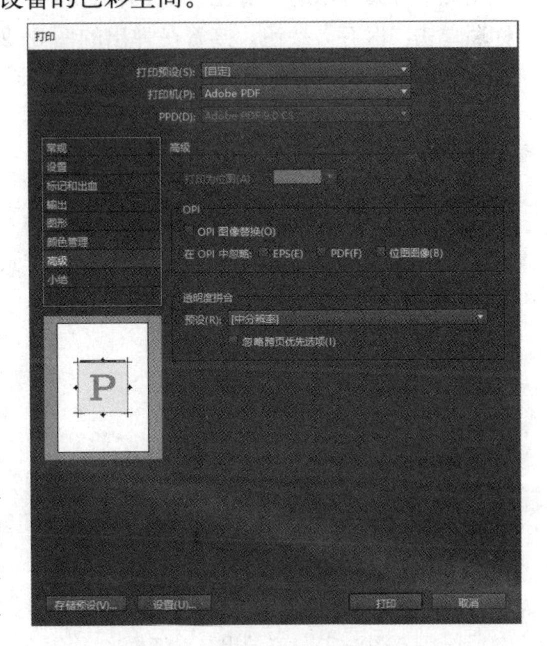

图8-20 “高级”选项中的参数显示

8.2.7 高级设置

“高级”选项用于设置不同打印机对图像的打印设置。单击“打印”对话框左侧列表中的“高级”选项，显示出相关选项，如图 8-20 所示。

- OPI 图像替换：勾选该复选框，InDesign 将在输出时用高分辨率图形替换低分辨率 EPS 代理的图形。要使 OPI 图像替换起作用，EPS 文件必须包含将低分辨率代理图像链接到高分辨率图像的 OPI 注释。InDesign 必须可以访问由 OPI 注释链接的图形。如果高分辨率版本不可用，则 InDesign 会保留 OPI 链接并在导出文件中包括低分辨率代理。取消勾选该复选框，可使 OPI 服务器在以后的工作流程中替换 OPI 链接的图形。

- 在 OPI 中忽略：用于将图像数据发送到打印机或文件时，有选择地忽略导入不同的图形类型，有 EPS、PDF 和位图图像 3 个选项供选择。
- 预设：用于设置拼合透明度分辨率。有“[低分辨率]”“[中分辨率]”“[高分辨率]”3 个选项供选择。选择“[低分辨率]”，可在黑白桌面打印机上快速打印校样，在 Web 发布文档或导出为 SVG 的文档；选择“[中分辨率]”，可在桌面校样，或在 PostScript 彩色打印机上打印文档；选择“[高分辨率]”，则可用于最终出版或者打印高品质校样。
- 忽略跨页优先选项：勾选该复选框，则在透明度拼合时，将忽略跨页覆盖。

8.3 创建 PDF 文档

在 InDesign 中制作出来的文件，除了可以通过打印的方式查看外，还可以将其创建为 Adobe PDF 文件在计算机中进行查看。

PDF（Portable Document Format，便携式文档格式）是由 Adobe 公司开发的独特的跨平台文件格式，它可把文档的文本、格式、字体、颜色、分辨率、链接及图形图像、声音、动态影像等所有信息封装在一个特殊的整合文件中。它在技术上起点高、功能全，大大强于现有的各种流行文本格式。现在其已经成为了新一代电子文本不可争议的行业标准。其拥有超强的跨平台功能（适合于 MAC/Windows/UNIX/OS2 等平台），不依赖任何系统的语言、字体和显示模式。其和 HTML 一样拥有超文本链接，可导航阅读，具有极强的印刷排版功能，可支持电子出版的各种要求。而且与其他传统的文档格式相比，体积更小，更便于在 Internet 上传输。

8.3.1 导出为 PDF 文档

在 InDesign 中打开制作好的文档，执行菜单中的“文件 | 导出”（快捷键〈Ctrl+E〉）命令，弹出图 8-21 所示的“导出”对话框，设置保存类型为 Adobe PDF（打印），然后输入文档名称后单击“保存”按钮。接着在弹出的图 8-22 所示的“导出 Adobe PDF”对话框中单击“导出”按钮，即可导出 PDF 文件。

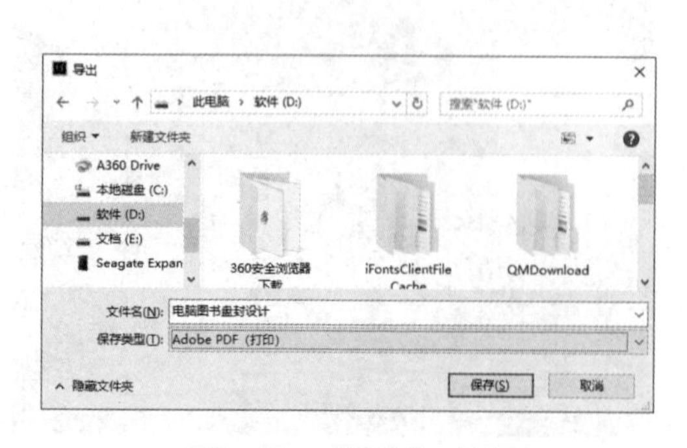

图8-21 “导出”对话框

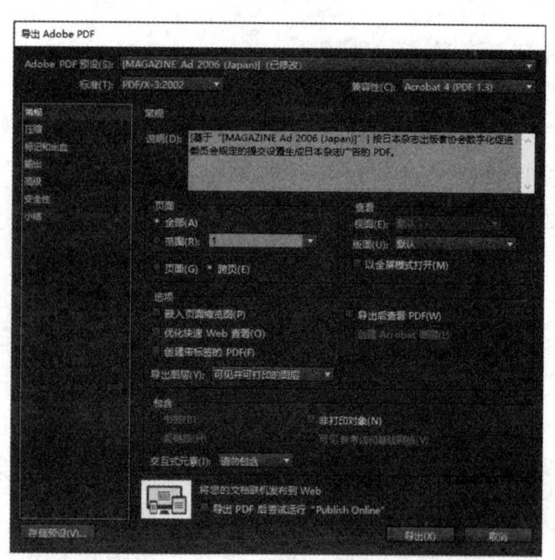

图8-22 “导出Adobe PDF”对话框

提示

要想打开导出的PDF文件，必须在计算机中安装Adobe Acrobat、Adobe Reader、Adobe Photoshop或者Adobe Illustrator。其中Adobe Acrobat和Adobe Reader主要用于查看PDF，而Adobe Photoshop或者Adobe Illustrator主要用于编辑PDF文档。

8.3.2 标准与兼容性

在“导出 Adobe PDF”对话框中，部分选项与“打印”对话框相同，而其他选项则是针对PDF 文件设置的。在导出 PDF 文件时，首先需要在“导出 Adobe PDF”对话框中设置“标准”和“兼容性”选项。

1. “标准”选项

“标准”选项用来指定文件的 PDF/X 格式。PDF/X 标准是由国际标准化组织（ISO）制定的，适用于图形内容交换。在 PDF 转换过程中，将对照指定标准检查要处理的文件。如果 PDF 不符合选定的 ISO 标准，则会显示一条信息，要求选择是取消转换还是继续创建不符合标准的文件。打印发布工作流程中广泛使用的标准有若干种 PDF/X 格式。在“导出 Adobe PDF”对话框“标准”下拉列表中有“无”“PDF/X-1a：2001”“PDF/X-1a：2003”“PDF/X-3：2002”“PDF/X-3：2003”“PDF/X-4：2010”6 个选项供选择，如图 8-23 所示。

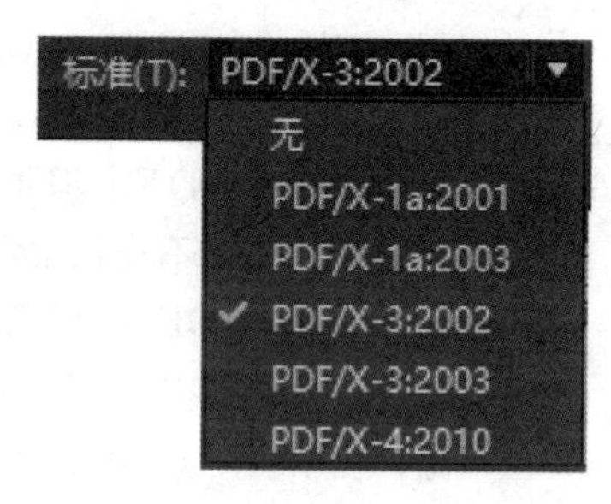

图8-23　“标准”下拉列表

- PDF/X-1a：使用这些设定创建的 Adobe PDF 文档符合 PDF/X-1a：2001 或 PDF/X-1a：2003 规范。这是一个专门为图形内容交换而制定的 ISO 标准。关于创建符合 PDF/X-1a 规范的 PDF 文档的详细信息，可以参阅《Acrobat 用户指南》。可以使用 Acrobat 和 Adobe Reader 4.0以及更高版来打开创建的PDF 文档。
- PDF/X-3：使用这些设定创建的 Adobe PDF 文档符合 PDF/X-3：2002 或 PDF/X-3：2003 规范。这是一个专门为图形内容交换而制定的 ISO 标准。关于创建符合 PDF/X-3 规范的 PDF 文档的详细信息，可以参阅《Acrobat 用户指南》。可以使用 Acrobat 和 Adobe Reader 4.0 以及更高版来打开创建的 PDF 文档。
- PDF/X-4：使用这些设定创建的 Adobe PDF 文档符合 PDF/X-4：2010 规范。这是一个专门为图形内容交换而制定的 ISO 标准。关于创建符合 PDF/X-4 规范的 PDF 文档的详细信息，可以参阅《Acrobat 用户指南》。可以使用 Acrobat 和 Adobe Reader 5.0 以及更高版来打开创建的 PDF 文档。

提示

如果在菜单“文件|Adobe PDF预设”命令中选择一个子命令，如图8-24所示。那么“标准”选项就不需要再设置了。

2. “兼容性”选项

在创建 PDF 文件时，需要确定使用哪个 PDF 版本。另存为 PDF 或编辑 PDF 预设时，可通过选择“兼容性”选项来改变 PDF 版本。在“导出 Adobe PDF”对话框中“兼容性”选项用来指定文件的PDF版本。“兼容性”下拉列表中有Acrobat 4(PDF 1.3)、Acrobat 5(PDF 1.4)、Acrobat 6 (PDF 1.5) 、Acrobat 7 (PDF 1.6) 和Acrobat 8/9 (PDF 1.7) 5个选项供选择，如图8–25所示。

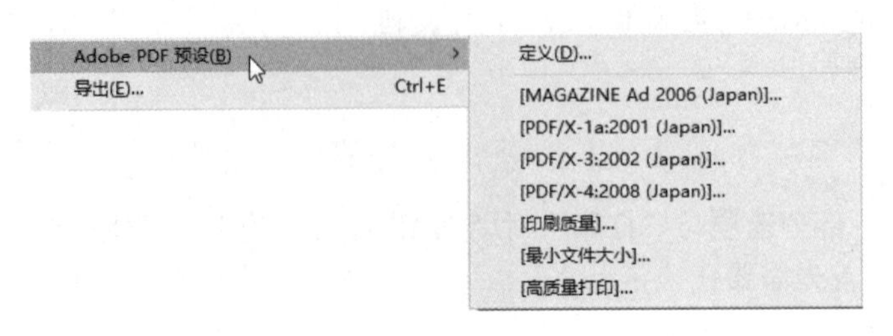

图8–24 “Adobe PDF预设”子命令

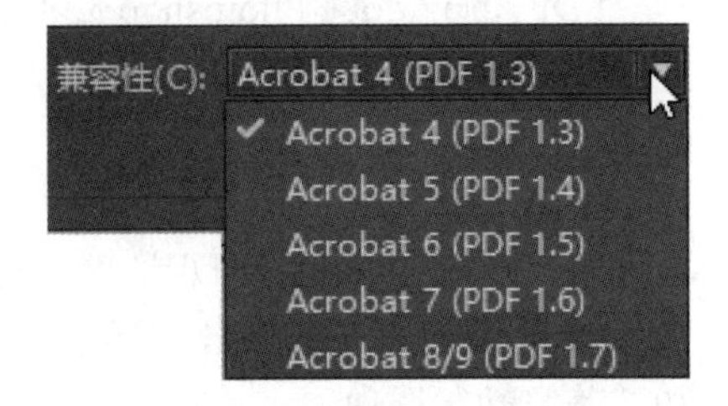

图8–25 “兼容性”下拉列表

- Acrobat 4 (PDF 1.3) ：选择该选项可以在Acrobat 3.0和Acrobat Reader 3.0及更高版本中打开PDF，并且支持40位RC4安全性。由于不支持图层，无法包括使用实时透明度效果的图稿。所以在转换为PDF 1.3之前，必须拼合任何透明区域。
- Acrobat 5 (PDF 1.4) ：选择该项可以在Acrobat 3.0和Acrobat Reader 3.0及更高版本中打开PDF，但更高版本的一些特定功能可能丢失或无法查看，其支持128位RC4安全性。虽然不支持图层，但是支持在图稿中使用实时透明度效果。
- Acrobat 6(PDF 1.5)：选择该项，大多数PDF可以用Acrobat 4.0和Acrobat Reader 4.0和更高版本打开，但更高版本的一些特定功能可能丢失或无法查看。PDF除了支持在图稿中使用实时透明度效果外，还支持生成分层PDF文档的应用程序创建PDF文件时保留图层。
- Acrobat 7 (PDF 1.6) 和Acrobat 8/9 (PDF 1.7)：这两个选项与Acrobat 6 (PDF 1.5) 的功能基本相同，只是在安全性方面，支持128位RC4和128位AES（高级加密标准）安全性。

提示

通常只有在指定需要向下兼容时才使用最新的版本，因为最新的版本包含所有最新的特性和功能。但是，如果要创建将在较大范围内分发的文档，需要选择较低的Acrobat 5（PDF1.3）或Acrobat 6（PDF 1.4）版本，以确保所有用户都能查看和打印文档。

8.3.3 PDF常规选项

“常规”选项用来指定基本的文件选项。单击“导出 Adobe PDF”对话框左侧列表中的“常规”选项，会显示出相关选项，如图8–26所示。

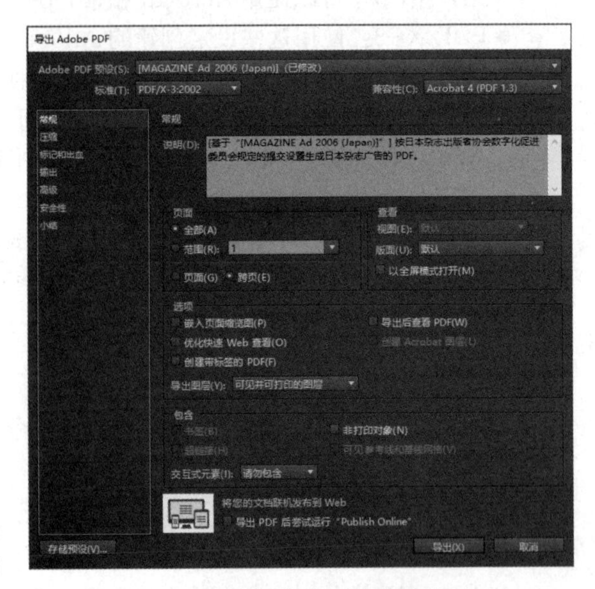

图8–26 “常规”选项中的参数显示

- 全部：用于设置是否导出全部的页面。
- 范围：用于设置所要导出的范围，若输入 10-20，表示导出的范围为 10 到 20 页；输入 15，25，表示导出的范围为 15 和 25 页。
- 页面：选择该选项，文档将以单页方式导出。图 8-27 所示为打开的资源中的“素材及结果 \7.7 宣传双折页封面设计 \‘宣传双折页封面设计’文件夹 \ 宣传双折页封面设计 .indd”文件，该文件一共两页。图 8-28 所示为单页方式导出的效果。

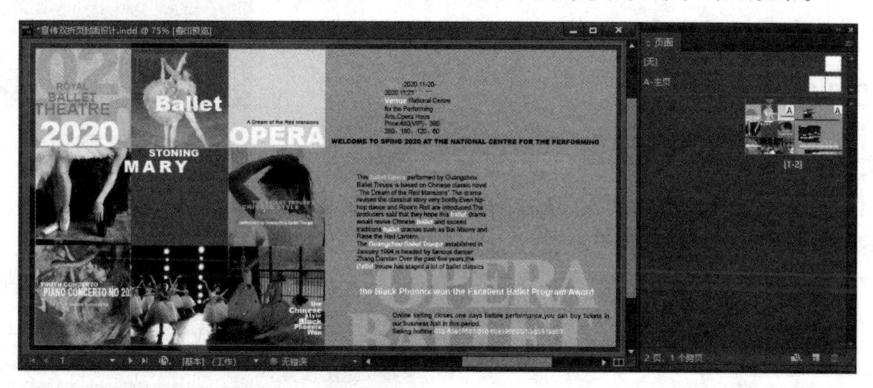

图8-27 “宣传双折页封面设计.indd”文件

- 跨页：选择该选项，文档将以跨页方式导出，如图 8-29 所示。
- 嵌入页面缩览图：勾选该复选框，将为每个导出的页面或跨页创建缩略图。
- 优化快速 Web 查看：用于设置是否要让文件在网页浏览时下载速度变快，勾选该复选框，则文件的相关属性会被压缩，且浏览页面时该页面才会被下载。
- 创建带标签的 PDF：勾选该复选框，可在生成 Acrobat PDF 文件的同时，基于 InDesign 支持的 Acrobat 标签的子集自动为文章中的元素添加标签。
- 导出后查看 PDF：勾选该复选框，将使用默认的 PDF 查看应用程序打开新建的 PDF 文件。

图8-28 以“页面”方式导出的效果

图8-29 以“跨页”方式导出的效果

● 创建 Acrobat 图层：用于设置是否要保留 InDesign 文件中的图层，使其在 Acrobat 6.0 中也可看到该图层。

● 导出图层：用于确定在导出 PDF 文件时包含可见图层和非打印图层的方式。包括“所有图层”“可见图层”“可见并可打印的图层”3 个选项供选择。用户可以先在 InDesign 中使用图 8-30 所示的“图层选项”对话框设置每个图层是否隐藏或设置为非打印图层，然后在导出 PDF 文件时进行设置。

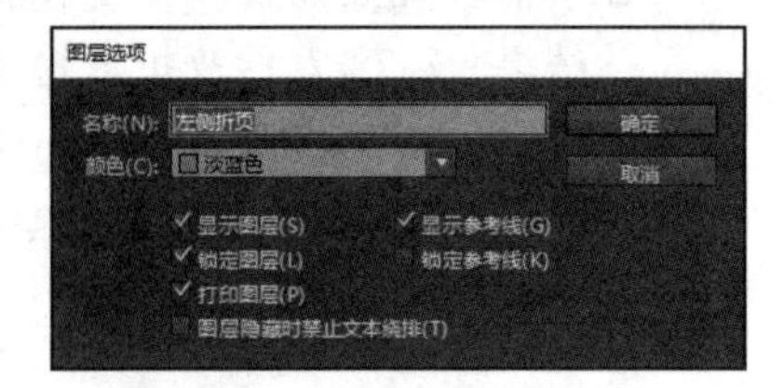

图8-30 “图层选项”对话框

8.3.4 PDF 压缩选项

当将文档导出为 Adobe PDF 时，可以压缩文本和线状图，并对位图图像进行压缩和缩减像素采样。根据选择的设置，压缩和缩减像素采样可以明显减小 PDF 文件的大小，而不会影响细节和精度。

单击“导出 Adobe PDF”对话框左侧列表中的“压缩”选项，可以设置导出 Adobe PDF 压缩设置，如图 8-31 所示。

● “压缩”选项分为“彩色图像”“灰度图像”“单色图像”3 部分。用于设置在图片中压缩和重新取样颜色、灰度或单色图像。

● 图像品质：用于确定应用的压缩量。对于 JPEG 或 JPEG 2000 压缩，可以选择“最小值”“低”“中”“高”“最大值”品质。对于 ZIP 压缩，仅可以使用 8 位。因为 InDesign 使用无损的 ZIP 方法，所以不会删除数据以缩小文件的大小，这样就不会影响图像品质。

● 拼贴大小：用于确定连续显示的拼贴的大小。只有将“兼容性”设置为“Acrobat 6(PDF 1.5)”或更高版本并将“压缩”设置为“JPEG 2000”时，才可以使用此选项。

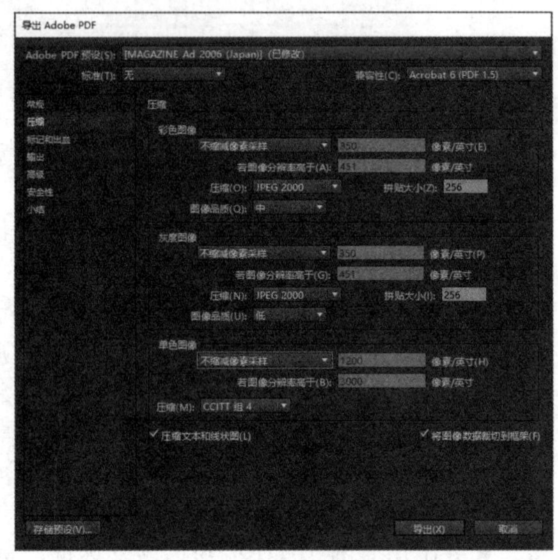

图8-31 “常规”选项中的参数显示

● 压缩文本和线状图：勾选该复选框，将会把纯平压缩（类似于图像的 ZIP 压缩）应用到文档中的所有文本和线状图，而不损失细节或品质。

● 将图像数据裁切到框架：勾选该复选框，将仅导出位于框架可视区域内的图像数据。

8.3.5 PDF 安全性选项

“安全性”选项是将安全性添加到 PDF 文件中，比如打开 PDF 文件的密码口令等。在创建或编辑 PDF 预设时完全性选项不可用，且安全性选项不能用于 PDF/X 标准，所以要设置 PDF 文件的安全性，首先需要设置“标准”为无。

在“导出 Adobe PDF”对话框左侧列表中选择“安全性”选项，右侧会显示出相关的设置界面，如图 8-32 所示。

1. 文档打开口令

文档打开口令主要用于PDF文件打开时的密码。当设置了该选项后，每次打开导出的PDF文件都需要输入密码。

设置“文档打开口令”的具体操作步骤如下。

① 勾选“打开文档所要求的口令”复选框，在“文档打开口令”文本框中输入打开PDF文档的密码。

② 设置完成后，单击“导出”按钮，在弹出的图8-33所示的“口令”对话框中再次输入用来打开文档的密码后单击“确定”按钮，即可导出PDF文件。

③ 打开导出的PDF文件，弹出图8-34所示的“口令”对话框，当输入正确的口令后，单击“确定”按钮即可打开PDF文件。

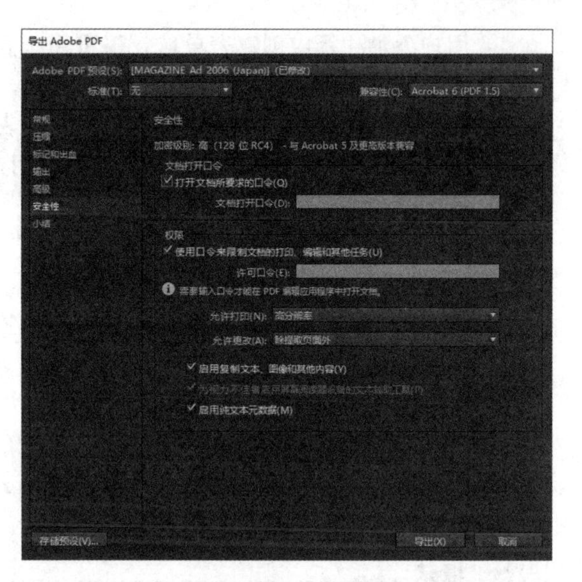

图8-32　“安全性”选项中的参数显示

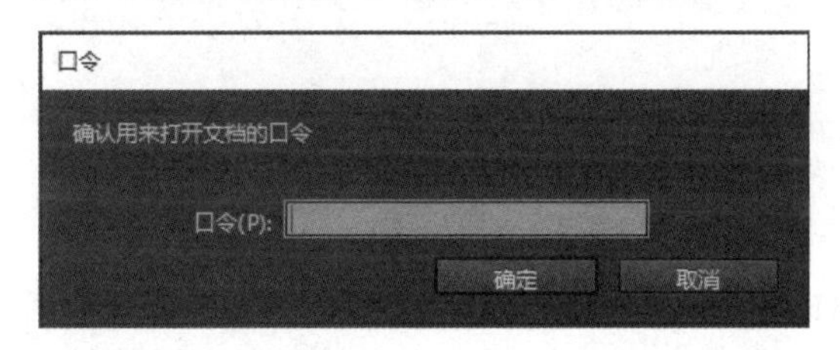

图8-33　确认用来打开文档的“口令”对话框

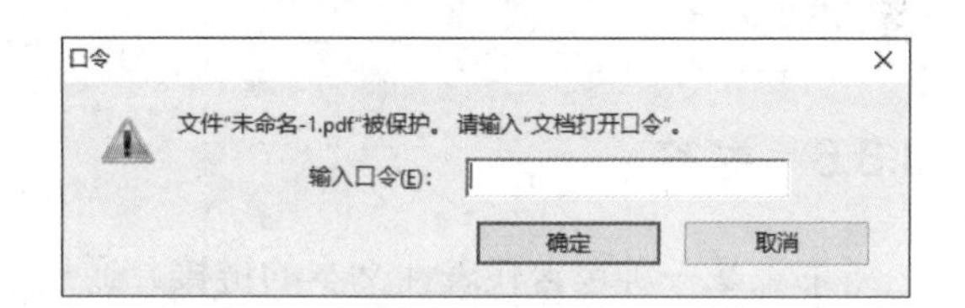

图8-34　打开具有密码的PDF文件的对话框

2. 权限

权限主要用于PDF文件在编辑应用程序中打开的密码。

设置“权限”的具体操作步骤如下。

① 勾选“使用权限来限制文档的打印、编辑和其他任务”复选框，在“许可口令”文本框中输入在相关编辑应用程序可以编辑该PDF文件时所需的密码。

② 在“允许打印”列表中可以指定允许用户用于PDF文档的打印级别，其中分为“无”“低分辨率（150 dpi）”“高分辨率”3个选项。

- 无：选择该选项，将禁止用户打印文档。
- 低分辨率（150 dpi）：选择该选项，用户能够使用不高于150 dpi的分辨率打印。由于每个页面都作为位图图像打印，因此打印速度可能较慢。该项只有在“兼容性”设置为Acrobat 5（PDF 1.4）或更高版本时，本选项才可用。
- 高分辨率：选择该选项，允许用户以任何分辨率进行打印，能将高品质矢量图输出到PostScript及其他支持高品质打印功能的打印机。

③ 在“允许更改”列表中可以定义允许在PDF文档中执行的编辑操作。其中各选项功能如下。

- 无：选中该选项，将禁止用户对文档进行“允许更改”列表中所列的任何更改。
- 插入、删除和旋转页面：选中该选项，将允许用户插入、删除和旋转页面，以及创建书签和缩略图。此选项仅可用于高加密级别。
- 填写表单域和签名：选择该选项，将允许用户填写表单并添加数字签名。此选项不允许用户添加注释或创建表单域，仅可用于高加密级别。

- 注释、填写表单域和签名：选择该选项，将允许用户添加注释和数字签名，并填写表单。此选项不允许用户移动页面对象或创建表单域。
- 除提取页面外：选择该选项，将允许用户编辑文档、创建并填写表单域以及添加注释和数字签名。

④ 选中“启用复制文本、图像和其他内容”复选框，将允许从PDF文档中复制并提取内容。

⑤ 选中“为视力不佳者启用屏幕阅读器设备的文本辅助工具”复选框，将方便视力不佳者访问内容。

⑥ 设置完成后，单击“导出”按钮。然后在弹出的图8-35所示的“口令”对话框中输入密码后单击“确定”按钮，即可导出PDF文件。

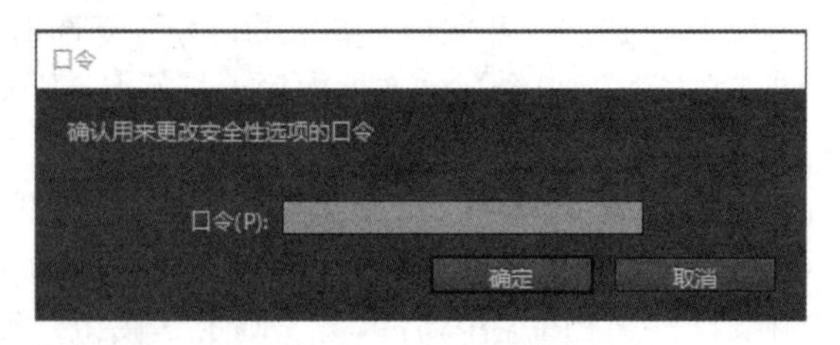

图8-35 确认用来更改安全性选项的“口令”的对话框

提示

在设置“文档打开口令”和“许可口令”选项时，密码不能相同，否则将无法导出PDF文件。

8.3.6 书签

书签是一种包含代表性文本的链接，通过它可以更方便地导出PDF文档。在InDesign中创建的书签显示在Acrobat或Adobe Reader窗口左侧的“书签”列表中。每一个书签都能跳转到文档中的某一页面、文本或者图形。

在InDesign中，利用“书签”面板可以完成书签的一切操作。执行菜单中的“窗口|交互|书签”命令，打开“书签”面板，如图8-36所示。通过该面板可以进行新建书签、重命名书签、删除书签、调整书签位置和排序书签等操作。

1. 创建书签

使用工具箱中的T（文字工具）选中想要跳转的文本，然后单击“书签”面板右下方的（创建新书签）按钮，即可创建一个以选中的文本为名称的书签，如图8-37所示。

图8-36 “书签”面板

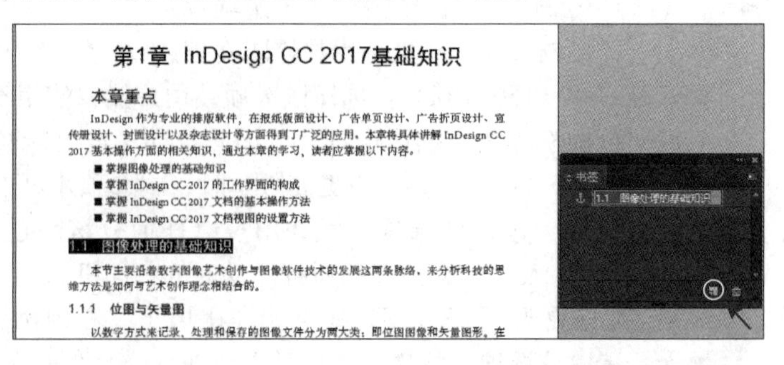

图8-37 创建一个以选中的文本为名称的书签

2. 重命名书签

在“书签”面板中选择要重命名的书签，单击“书签”面板右上角的按钮，在弹出的快捷菜单中选择“重命名书签”命令，如图 8–38 所示。在弹出的“重命名书签”对话框中输入新的书签名称，如图 8–39 所示，单击“确定”按钮，即可重命名书签，如图 8–40 所示。

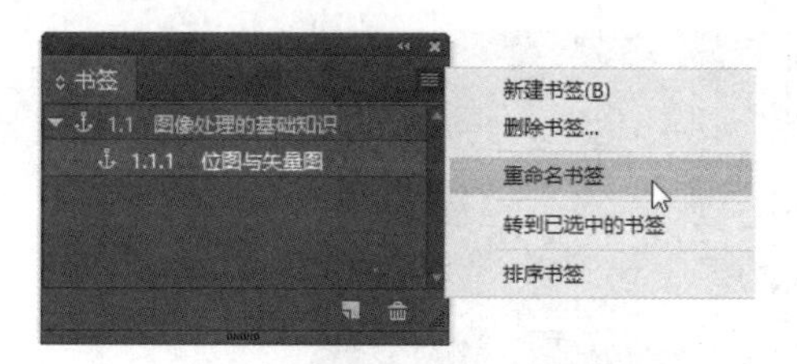

图8–38　选择“重命名书签”命令

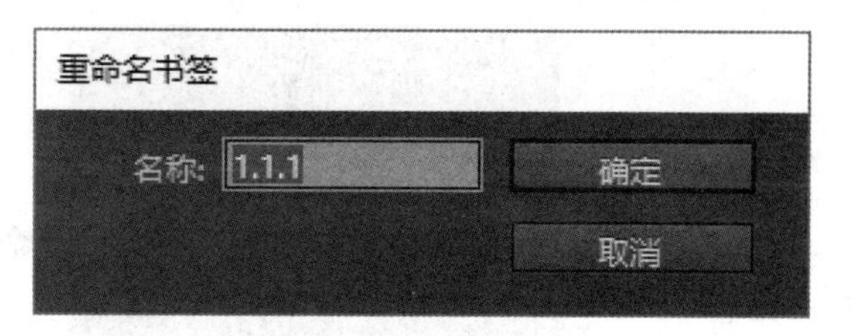

图8–39　输入新的书签名称

提示

在“书签”面板中单击要重命名的书签，使其处于高亮显示状态，输入新的书签名称后按〈Enter〉键确认，即可重命名书签。

3．删除书签

在“书签”面板中选择要删除的书签，单击“书签”面板右下方的（删除书签）按钮，即可删除该书签。

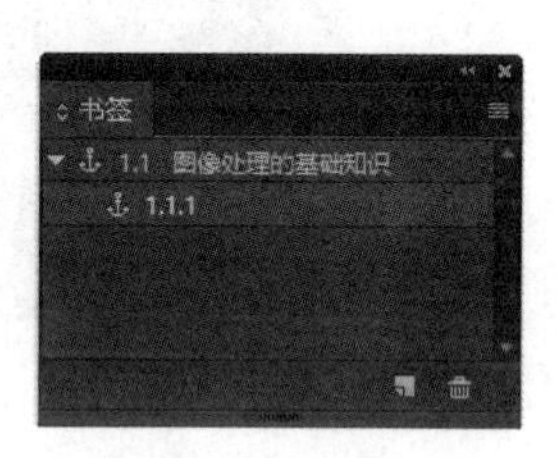

图8–40　重命名书签

4．创建嵌套书签

在“书签”面板中选中一个书签，然后将其拖动到另一个书签上方，松开鼠标按键，即可形成嵌套书签，如图 8–41 所示。

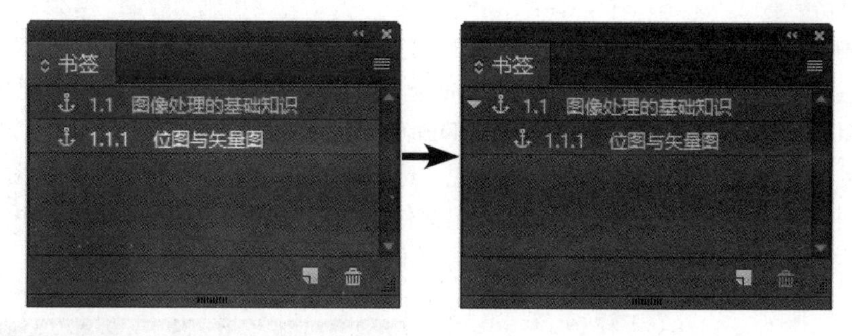

图8–41　嵌套书签

提示

在“书签”面板中选择一个书签，单击“书签”面板右下方的（创建新书签）按钮，可以创建该书签的嵌套书签。

5．调整书签位置

在“书签”面板中选中要调整位置的书签，将其拖动到其他位置，当出现一条灰线时松开鼠标按键即可，如图 8–42 所示。

6．排序书签

当书签顺序被打乱，或者在开始创建书签时就没有按照正文中的页面顺序创建，此时可以重新按照文档的页面顺序排序书签。方法：在“书签”面板中随意选择一个书签，单击“书签”

面板右上角的☰按钮，在弹出的快捷菜单中选择“排序书签”命令，如图 8-43 所示，此时面板中的书签会自动按照页面顺序排列，如图 8-44 所示。

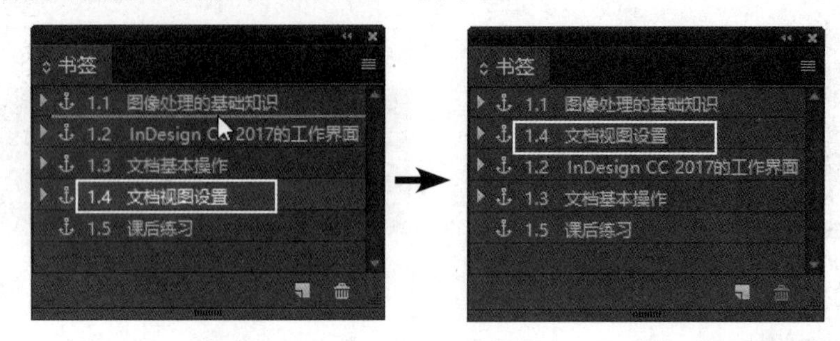

图8-42　调整书签位置

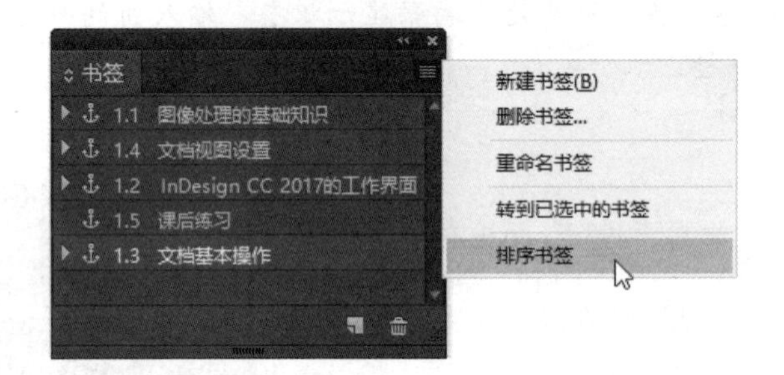

图8-43　选择“排序书签”命令

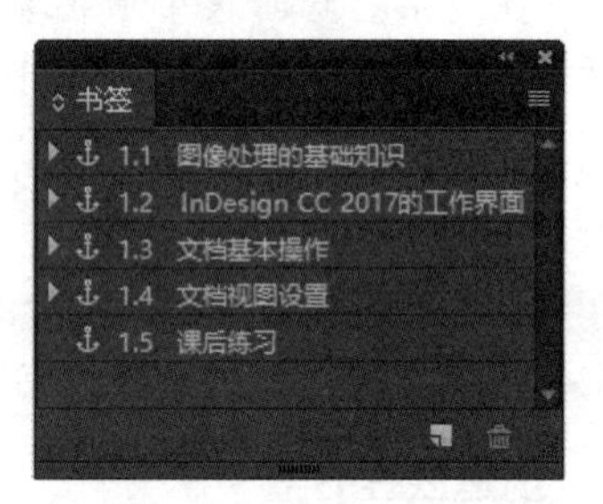

图8-44　“排序书签”效果

7．导出书签

要想在导出 PDF 文件的同时，导出创建的书签，需要在“导出 Adobe PDF”对话框中进行设置。方法：执行菜单中的“文件 | 导出”命令，弹出“导出”对话框，设置要导出文件的名称和位置，并将“保存类型”设置为 Adobe PDF（打印），如图 8-45 所示，单击“保存”按钮。在弹出的“导出 Adobe PDF”对话框的“常规”选项中勾选“书签”复选框，如图 8-46 所示，单击“导出”按钮，即可导出具有书签的 PDF 文件。此时，打开导出的 PDF 文件，单击左侧的某个书签，在右侧即可跳转到相应的文本位置，如图 8-47 所示。

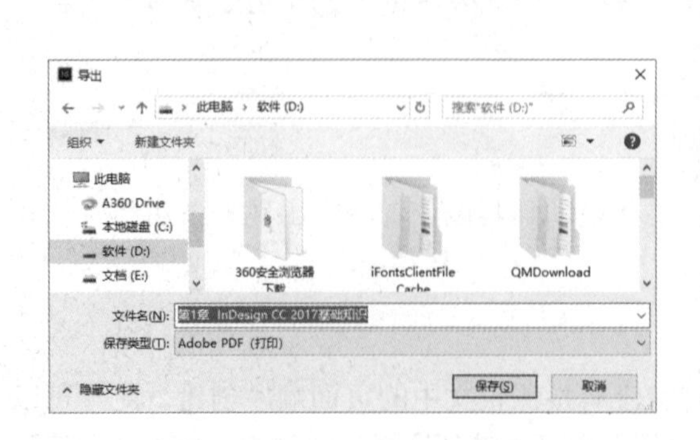

图8-45　设置“导出”参数

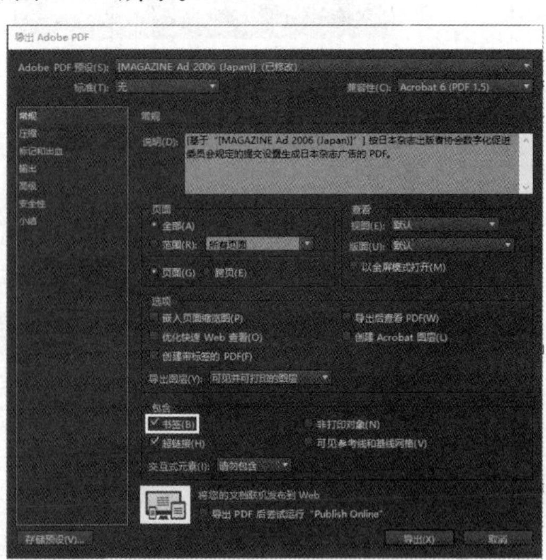

图8-46　设置“导出”参数

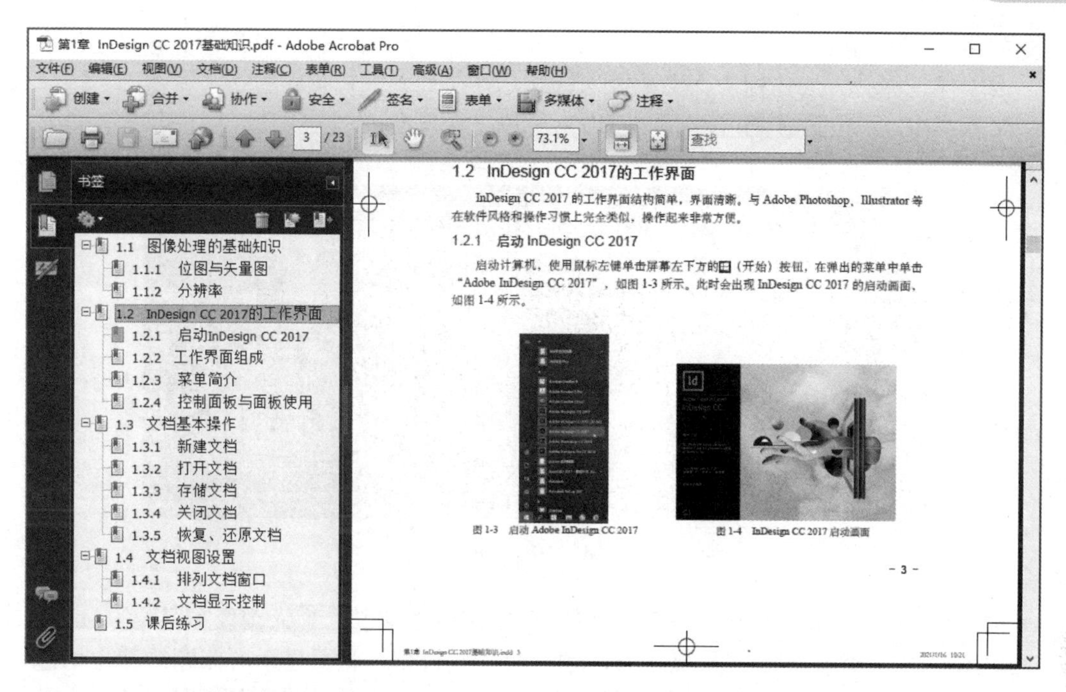

图8-47　单击左侧的某个书签，在右侧即可跳转到相应的文本位置

8.4　打包文档

InDesign 文档包含着字体、图像、图形等元素。为了在使用其他计算机编辑文档时，能够正常显示与输出，而不会出现相关资源丢失的情况，需要在 InDesign 文档完成后将其进行打包。

打包文档的具体操作步骤如下。

① 执行菜单中的“文件 | 打包”命令，弹出图 8-48 所示的“打包”对话框。该对话框中各参数的含义如下。

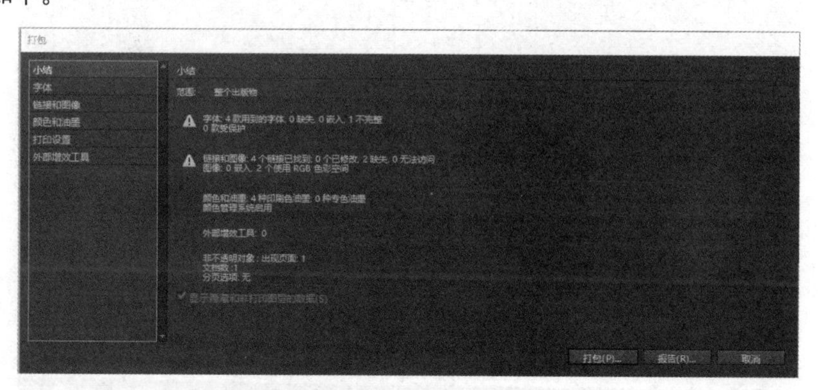

图8-48　“打包”对话框

- 小结：在该选项中，可以了解关于打印文件中的字体、链接和图像、颜色和油墨、打印设置以及外部增效工具的简明信息。当出现警告图标时，可以直接在“打包”对话框左侧选择相应的选项，然后在右侧进行相应的修改。

● 字体：在该选项中，列出了文档中所使用的全部字体，如图 8–49 所示。如果字体有缺失或字体受保护，会在标签上出现警告标志，并在列表中将有问题的字体指出。选择其中某款字体，单击 查找字体(F)... 按钮，可以对字体进行替换。

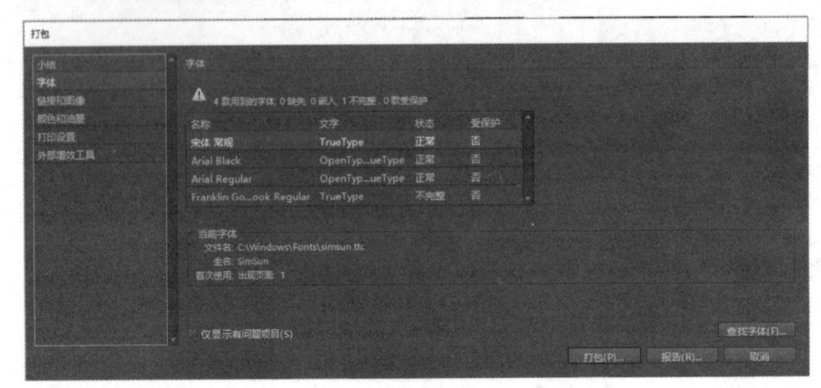

图8–49　“字体”参数

● 链接和图像：在该选项中，列出了文档中使用的所有链接、嵌入图像和置入的 InDesign 文件，如图 8–50 所示。勾选“仅显示有问题项目”复选框，将只显示有问题的图像信息，如图 8–51 所示。此时要修复图像，可以选择缺失的图像，然后单击 重新链接(L) 按钮，在弹出的“定位”对话框中（见图 8–52），单击“打开”按钮，即可完成对缺失文件的重新链接。

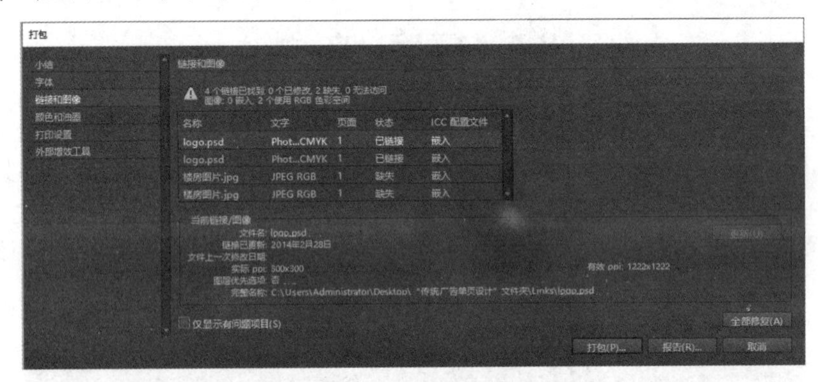

图8–50　“链接和图像”参数

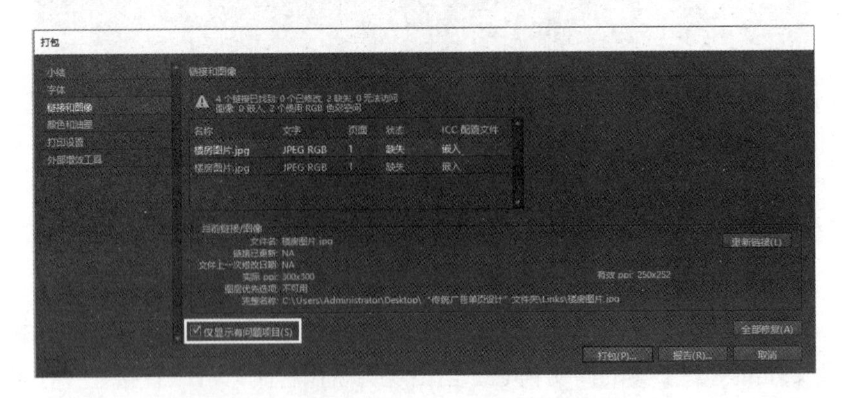

图8–51　勾选“仅显示有问题项目”复选框

- 颜色和油墨：在该选项中，列出了文档中所用到的颜色名称和类型、角度以及行/英寸等信息，如图 8-53 所示。
- 打印设置：在该选项中，列出了与文档打印设置相关的全部内容，如打印驱动程序、分数、页面等信息，如图 8-54 所示。
- 外部增效工具：在该选项中，列出了与当前文档相关的外部插件的全部信息。如果当前文档没有使用外部插件，显示如图 8-55 所示。

图8-52 找到正确的图像文件

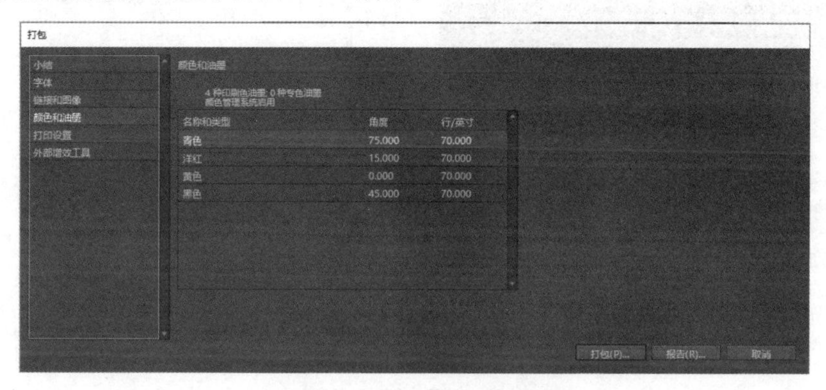

图8-53 “颜色和油墨”参数

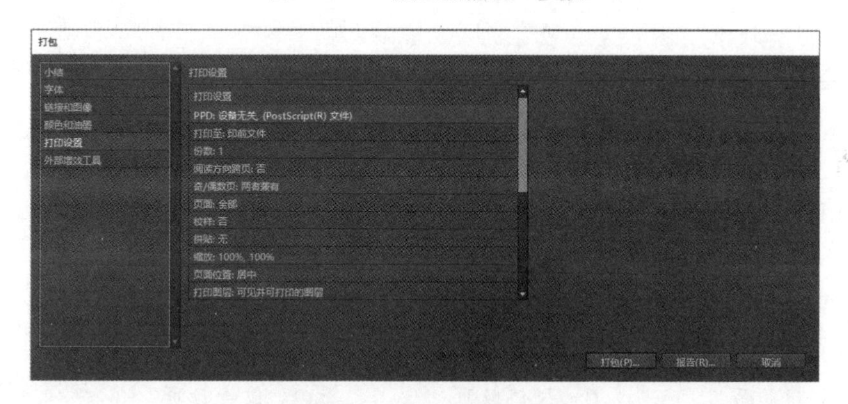

图8-54 “打印设置”参数

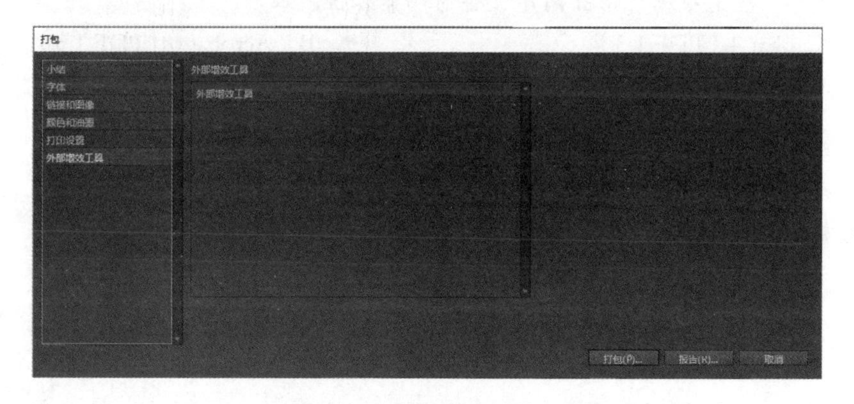

图8-55 “外部增效工具”参数

② 单击“打包”按钮，弹出图 8-56 所示的“打印说明”对话框，在其中输入相关信息。

③ 单击“继续”按钮，弹出图 8-57 所示的“打包出版物”对话框，在其中指定存储打包文件的位置，以及勾选相应的复选框来指定打包文件需要包含的内容，单击“打包”按钮，即可将文件打包。

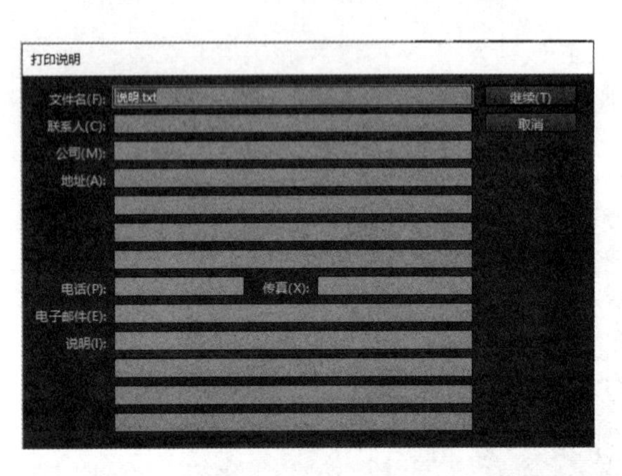

图8-56　“打印说明”对话框

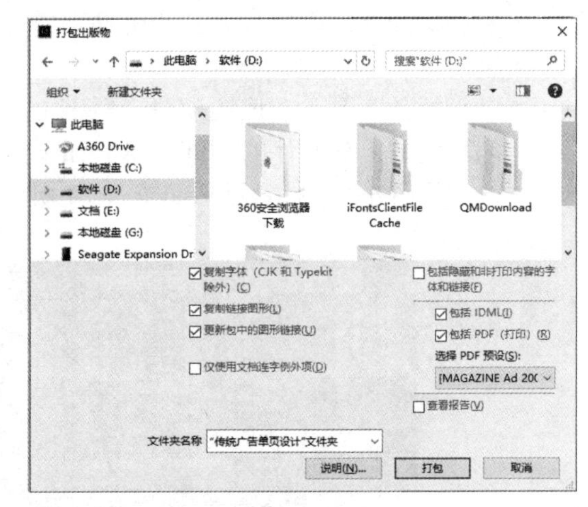

图8-57　“打包出版物”对话框

课 后 练 习

一、填空题

1. 在 InDesign 中，可以选择的打印页面的方向有________、________、________和________4 种。

2. 在 InDesign 中，有________、________、________和________4 种可以设置的打印页面在纸张上的位置。

二、选择题

1. 在“打印”对话框的“打印范围”下拉列表中包括下列（　　）选项。

A. 全部页面　　B. 仅偶数页　　C. 仅奇数页　　D. 跨页

2. 下列（　　）选项属于导出 PDF 文件时的兼容性版本。

A. Acrobat 4（PDF 1.3）　　B. Acrobat 6（PDF 1.5）

C. Acrobat 7（PDF 1.6）　　D. Acrobat 8（PDF 1.7）

三、问答题

1. 简述设置“文档打开口令”的方法。

2. 简述打包文档的方法。

第9章 综合实例

本章重点

通过前面各章的学习，读者已掌握了 InDesign CC 2017 各方面的基础知识，并能够制作一些简单设计。本章将通过 3 个综合实例讲解 InDesign 在实际中的具体应用，旨在帮助读者拓宽思路，提高综合运用 InDesign CC 2017 的能力。

- 掌握一套完整的图书封面和盘封的设计方法
- 掌握完整的 VI（企业视觉识别系统）设计方法
- 掌握完整的三折页设计方法

9.1 图书封面和盘封设计

对于每一本图书而言，封面设计是必不可少的。好的封面设计能够在第一时间吸引读者眼球，使读者对图书产生强烈的阅读兴趣。通过本例学习，读者应掌握完整的图书封面和盘封的设计方法。

9.1.1 图书封面设计

要点

本例将制作一本电脑图书的封面，如图 9–1 所示。通过本例的学习，读者应掌握图书封面的设计方法。

操作步骤：

1．创建文档

本例中图书封面设计由封面、封底和书脊 3 部分组成。其中封面又称封一、封皮、书面，主要起到美化书刊与保护书心的作用，一般情况下，封面包括书名、作者或译者，以及出版社名称等信息；封底又称封四，主要用于显示书号与图书定价，或用来显示目录或正文之外的其余文本；书脊又称封

图9–1　封面设计

脊，主要用来链接封面和封底，一般情况下，书脊上显示书名以及出版社名称。

本书封面和封底宽度和高度均为 185 mm × 260 mm，书籍宽度和高度为 9.2 mm × 260 mm，因此新建文档的版心宽度应为 185 × 2+9.2=379.2 mm，高度应为 260 mm。创建文档的方法：执行菜单中的“文件 | 新建 | 文档”命令，在弹出的对话框中设置如图 9–2 所示的参数值，将“出血”设为 3 mm。然后单击“边距和分栏”按钮，在弹出的对话框中设置如图 9–3 所示的参数值，单击“确定”按钮。接着单击工具栏下方的（正常视图模式）按钮，使编辑区内显示出参考线、网格及框架状态，此时版面状态如图 9–4 所示。

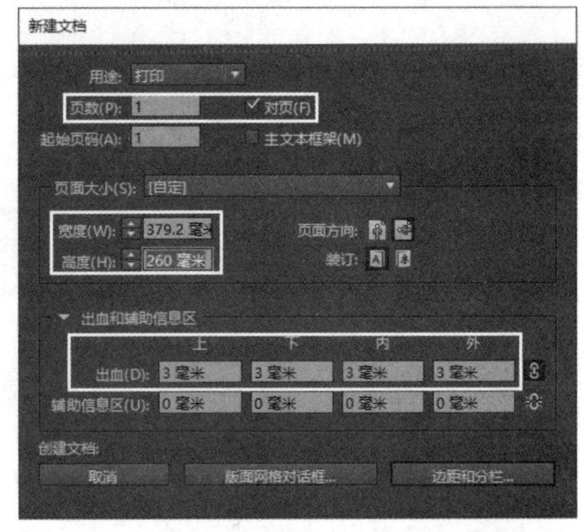

图9–2　在“新建文档”对话框中设置参数

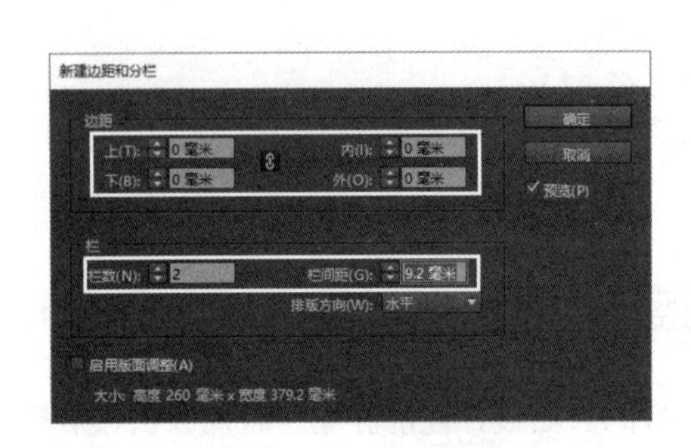

图9–3　设置边距和分栏

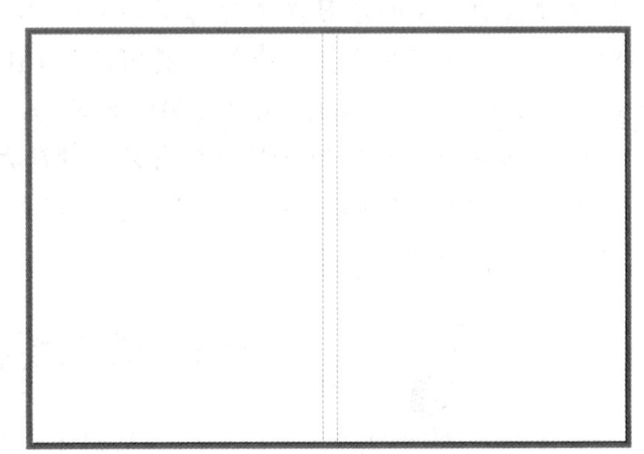

图9–4　版面状态

2. 制作封面

① 利用工具箱中的（矩形工具）在封面区域绘制一个 188 mm × 266 mm 的与封面等大的矩形，然后在上方控制面板中确认矩形坐标和大小，如图 9–5 所示。为了便于观看，暂时将矩形填色设置为绿色，描边设置为（无色），效果如图 9–6 所示。

图9–5　设置矩形坐标和大小

提示

封面版心大小为185 mm × 260 mm，而此处创建的矩形大小为188 mm × 266 mm，因为考虑封面上下右各要预留出3 mm出血。

② 对封面矩形进行三色渐变填充。方法：执行菜单中的“窗口 | 颜色 | 渐变”命令，调出“渐变”面板。然后利用工具箱中的（选择工具）选择创建的矩形，在“渐变”面板中将填色“类型”设为“线性”，左侧和色标的“颜色”均设为棕色 [参考色值为 CMYK（0，60，70，40）]，“角度”设为 90°；在渐变条的 50% 位置单击添加一个色标，将其“颜色”设为棕黑色 [参考色值为 CMYK（0，50，60，80）]，此时“渐变”面板如图 9–7 所示，效果如图 9–8 所示。

图9-6　在封面创建矩形的效果

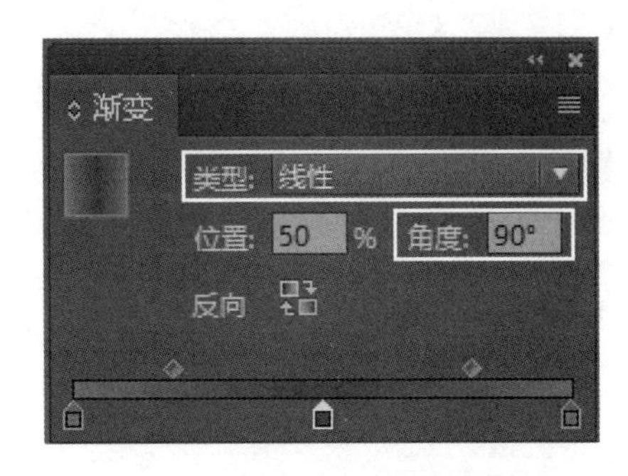

图9-7　"渐变"面板

③ 此时封面矩形的渐变颜色过渡有些生硬，为了产生自然的颜色过渡，下面在"渐变"面板中将渐变条上方左侧颜色过渡点的位置调整为40%，右侧颜色过渡点的位置调整为60%，如图9-9所示，效果如图9-10所示。

图9-8　三色渐变效果

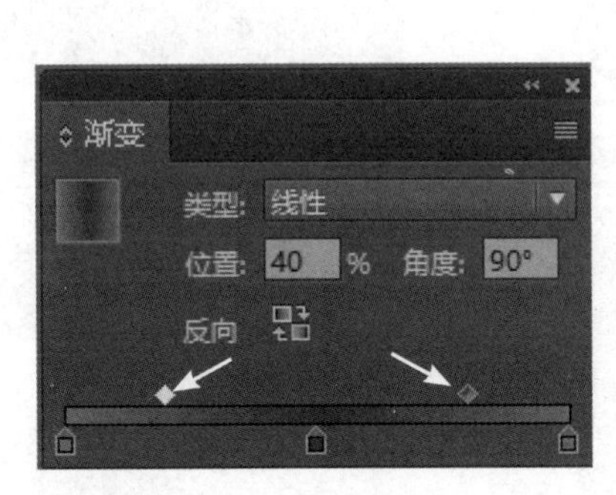

图9-9　调整颜色过渡点的位置

图9-10　调整颜色过渡点的位置后的效果

④ 制作封面中波浪状的图像效果。方法：利用工具箱中的（钢笔工具）绘制图9-11所示路径。然后执行菜单中的"文件｜置入"（快捷键〈Ctrl+D〉）命令，在弹出的对话框中选择资源中的"素材及结果\9.1　图书封面及光盘盘封设计\'图书封面设计'文件夹\Links\效果图.jpg"图片，如图9-12所示，单击"打开"按钮，从而将"ballet-1.jpg"图像置入文档。单击上方控制面板中的（按比例填充框架）按钮，使置入的图片按比例填充框架，效果如图9-13所示。

⑤ 在封面中添加书名文字。方法：选择工具箱中的T（文字工具），然后在封面中创建一个矩形文本框，接着按快捷键〈Ctrl+T〉，在打开的"字符"面板中设置参数如图9-14所示，最后在封面中输入白色文字信息"3ds max+Photoshop"，如图9-15所示。同理，

图9-11　绘制路径

在其下方输入白色文字信息“游戏场景设计 第 4 版”，如图 9-16 所示。

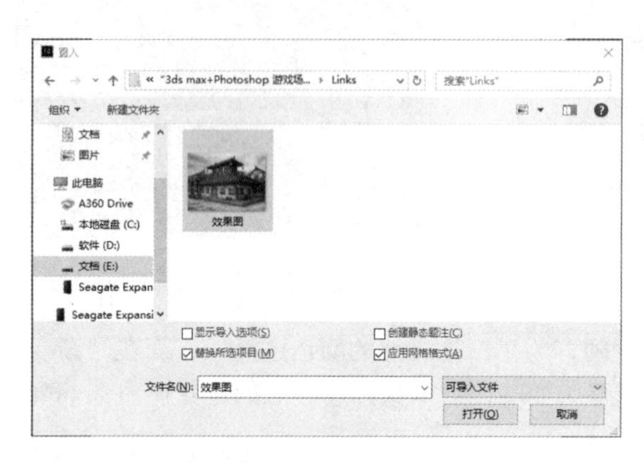

图9-12　选择“效果图.jpg”图片

图9-13　使置入的图片按比例填充框架

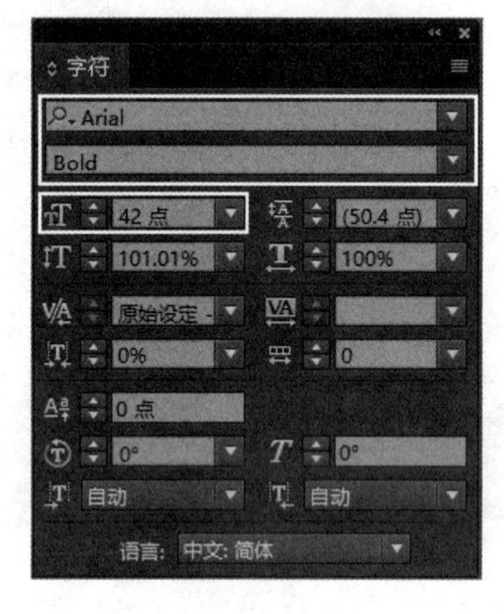

图9-14　在“字符”面板中设置参数

图9-15　输入白色文字“3ds max+Photoshop”

提示

书名文字大小和字体读者可根据自己的喜好自行选择。

⑥ 将封面中的文字和封面矩形水平居中对齐。方法：利用工具箱中的（选择工具），配合〈Shift〉键，同时选择封面中的两个文本框和封面矩形，然后在控制面板中单击（水平居中对齐）按钮，将三者水平居中对齐，效果如图 9-17 所示。

⑦ 同理，使用工具箱中的（文字工具）参照图 9-18 输入封面中的其余文字信息。

⑧ 在封面右下方添加光盘标记。方法：选择

图9-16　输入白色文字“游戏场景设计 第4版”

工具箱中的（椭圆工具），配合〈Shift〉键在封面下方绘制一个圆形，然后将其填色设为白色，描边设为（无色），效果如图 9–19 所示。执行菜单中的“编辑|复制”命令，进行复制，接着执行菜单中的“编辑|原位粘贴”命令，进行原位粘贴。在“变换”面板中将参考点定为（中心），激活（约束缩放比例）按钮，从而使 X、Y 缩放比例一致，最后将（X 缩放百分比）设为 30%，如图 9–20 所示，效果如图 9–21 所示。

图9–17　将文字和封面矩形水平居中对齐效果

图9–18　输入封面中的其余文字效果

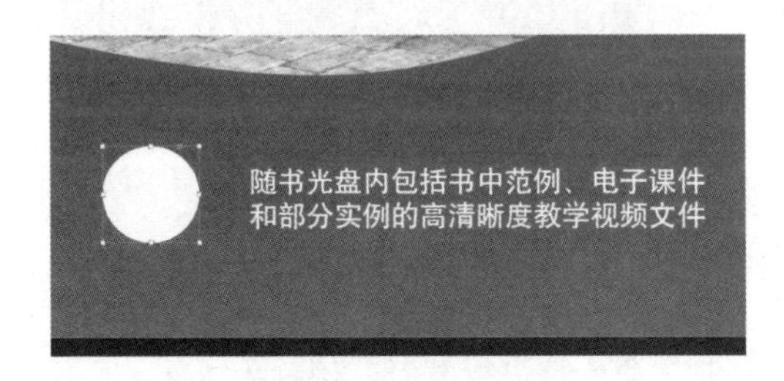

图9–19　绘制圆形

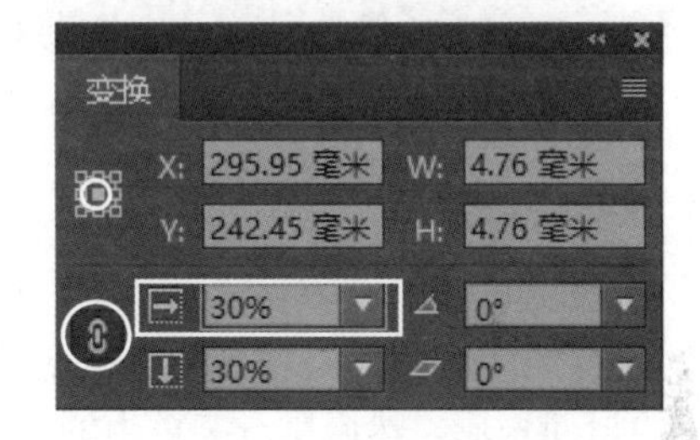

图9–20　设置缩放比例

⑨ 制作光盘标记中间的镂空效果。方法：利用（选择工具）同时选择两个圆形，然后在“路径查找器”面板中单击[减去（从底层的对象中减去顶层的对象）]按钮，如图 9–22 所示，效果如图 9–23 所示。

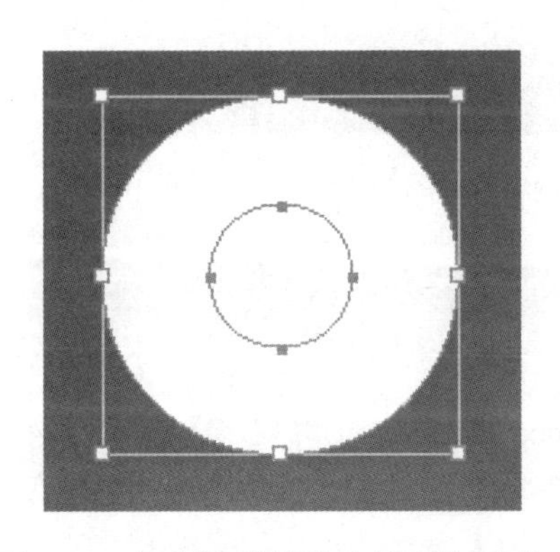
图9–21　复制设置缩放比例后的圆形

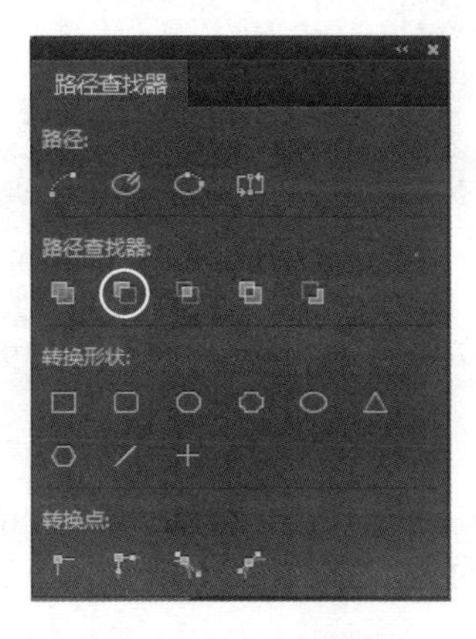

图9–22　单击按钮

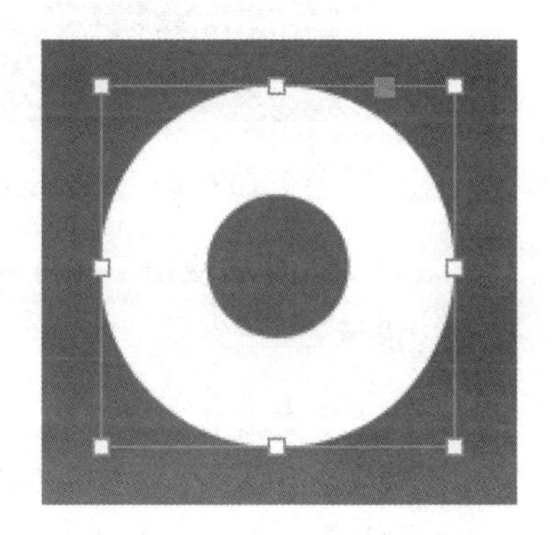
图9–23　镂空效果

⑩ 将镂空的光盘标记适当缩放，然后移动到适当位置。接着使用工具箱中的T（文字工具），在“字符”面板中设置参数如图 9−24 所示，再在光盘标记下方输入白色文字“DVD”，如图 9−25 所示。

⑪ 至此，图书封面部分制作完毕，此时封面整体效果如图 9−26 所示。

图9−24　在“字符”面板设置参数

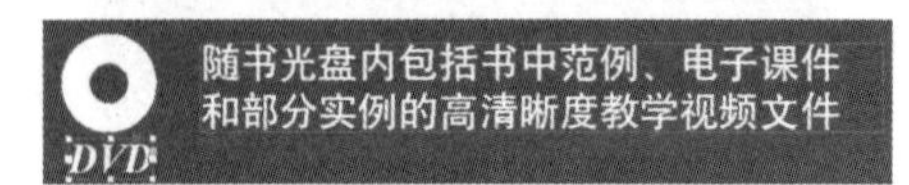

图9−25　输入白色文字“DVD”

图9−26　图书封面整体效果

3．制作封底

① 在“图层”面板中将“图层 1”图层重命名为“封面”图层。

② 将封面区域中作为背景的矩形复制到封底区域。方法：利用▶（选择工具）选择“封面”图层中的封面矩形，然后执行菜单中的“编辑|复制”命令，进行复制。接着为了便于后面操作，在“图层”面板中锁定“封面”图层，再新建“封底”图层，如图 9−27 所示。最后执行菜单中的“编辑|粘贴”命令，进行粘贴，再在上方控制面板中确定矩形坐标如图 9−28 所示，效果如图 9−29 所示。

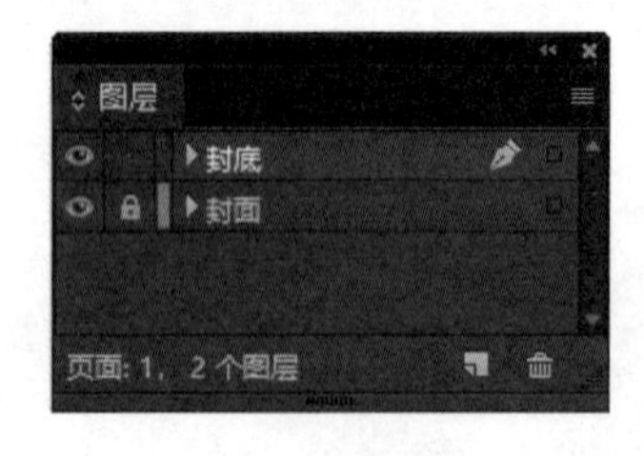

图9−27　图层分布

图9−28　确定矩形坐标

③ 在封底区域使用工具箱中的T（文字工具）参照图 9−30 输入相关文字信息。

提示

为了突出显示本书的书名，将本书书名文字“3ds max+Photoshop 游戏场景设计 第4版”设为黄色[参考色值为CMYK（0，30，65，0）]，其余文字颜色设为白色[参考色值为CMYK（0，0，0，0）]。

图9-29　将封面区域中作为背景的矩形复制到封底区域

图9-30　在封底区域中输入相关文字信息

④ 制作书名前面的圆形小图标。方法：选择工具箱中的■（椭圆工具），配合〈Shift〉键在封底区域绘制一个圆，然后将其填色设为 9 色线性渐变填充［参考色值从左往右依次为：CMYK（15，10，15，0）、CMYK（5，0，15，0）、CMYK（25，50，100，0）、CMYK（15，0，80，0）、CMYK（65，60，75，15）、CMYK（75，45，85，0）、CMYK（100，90，50，15）、CMYK（65，40，20，0）、CMYK（30，10，10，0）］，如图 9-31 所示，描边设为■（无色），效果如图 9-32 所示。

⑤ 选择绘制的圆，执行菜单中的“编辑|复制”命令进行复制。执行菜单中的“编辑|原位粘贴”命令进行原位粘贴。在“变换”面板中将其缩放为 60%。接着将其描边色设为黄色［参考色值为 CMYK（10，0，70，0）］、描边粗细为 4 点、填充色为黑－白径向填充，效果如图 9-33 所示。

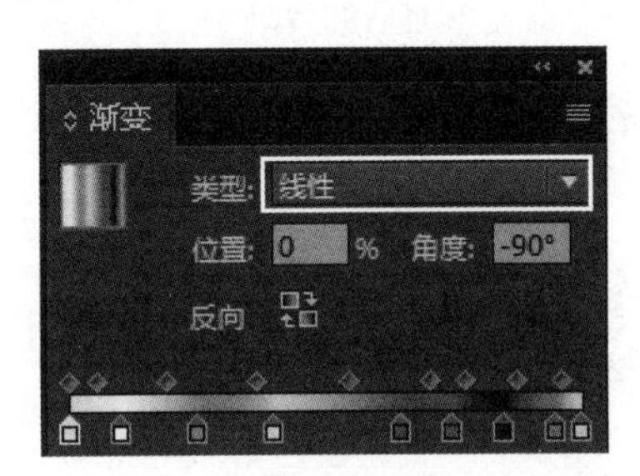

图9-31　设置9色线性渐变色

图9-32　9色线性渐变填充效果

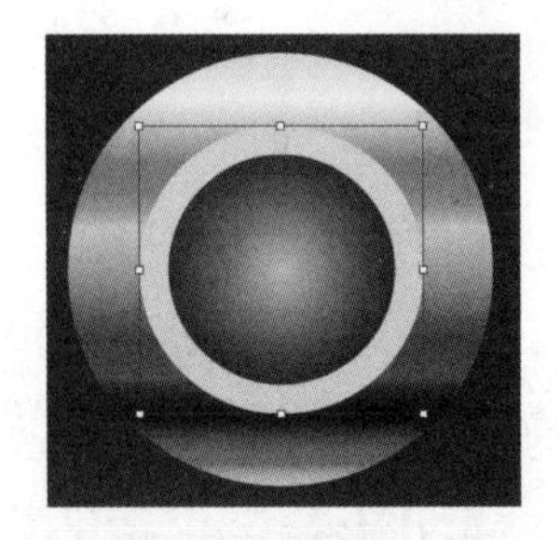

图9-33　对复制缩小的圆进行填充和描边处理

⑥ 同时选中两个圆，执行菜单中的“对象|编组”命令，将它们组成一个整体。然后将其放置到书名文字“分镜头设计”左侧，如图 9-34 所示。

⑦ 利用工具箱中的■（选择工具），配合〈Alt+Shift〉组合键，垂直向下复制 7 个编组后的圆形小图标。然后同时选择 8 个圆形小图标，在控制面板中单击■（垂直居中分布）按钮，将它们垂直方向等间距分布，效果如图 9-35 所示。

⑧ 调整书名文字“3ds max+Photoshop 游戏场景设计 第 4 版”前的按钮填充色。方法：利用工具箱中的■（选择工具）双击“3ds max+Photoshop 游戏场景设计 第 4 版”前的按钮，选中编组后中间的圆，然后在“渐变”面板中将渐变色设为白－红径向颜色渐变，并将渐变条

上方的颜色过渡点的位置设为 20，如图 9−36 所示，效果如图 9−37 所示。

图9−34　将编组后的圆图标放置到文字“分镜头设计”左侧

图9−35　将圆图标垂直居中分布效果

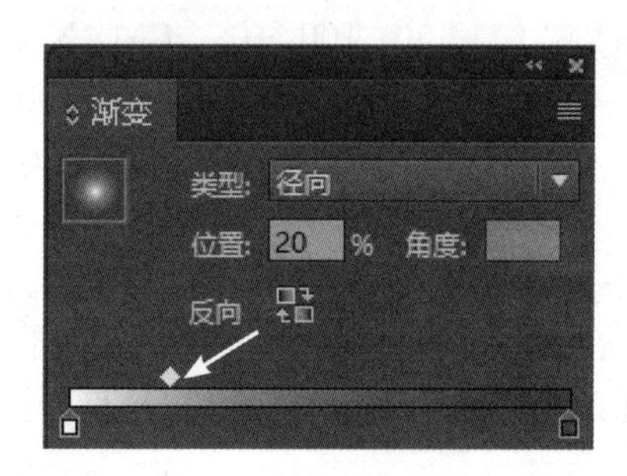

图9−36　设置渐变色

图9−37　修改渐变填充后的效果

⑨ 至此，图书封底部分制作完毕，整体效果如图 9−38 所示。

4．制作书脊

① 在“图层”面板中锁定“封底”图层，然后新建“书脊”图层，如图 9−39 所示。

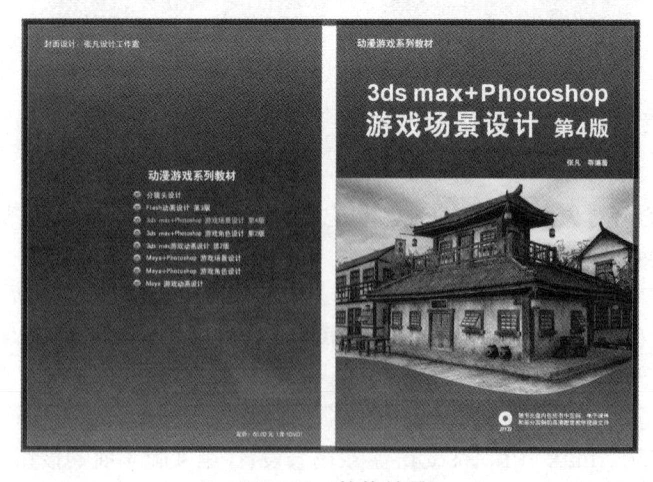

图9−38　整体效果

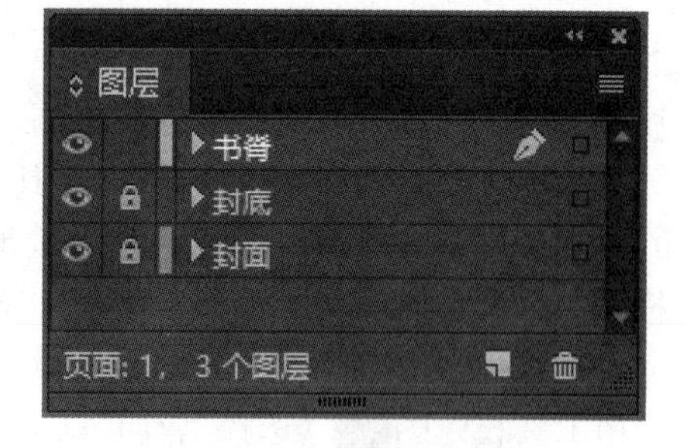

图9−39　新建“书脊”图层

② 利用工具箱中的（矩形工具）在书脊区域绘制一个 185 mm × 9.2 mm 的与书脊等大的矩形，然后在上方控制面板中确认矩形坐标和大小，如图 9–40 所示，从而使其左侧与封底右侧重合，右侧与封面左侧重合。接着利用工具箱中的（吸管工具）吸取封面（或封底）的颜色，从而使书脊与封面（或封底）的填色和描边相同，效果如图 9–41 所示。

图9–40 确定书脊坐标

③ 此时书脊的填色渐变角度与封面和封底不一致，下面在“渐变”面板中将书脊的渐变“角度”设为 90°，如图 9–42 所示，从而使书脊与封面、封底的填色渐变方向完全一致，效果如图 9–43 所示。

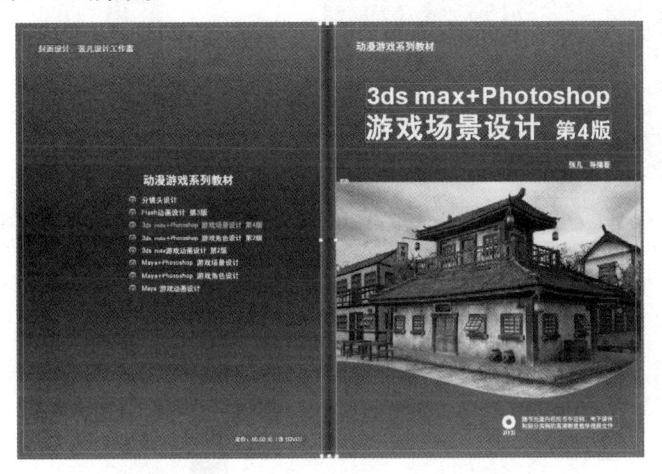

图9–41 设置书脊的填色和描边

图9–42 设置书脊填色渐变角度

④ 在书脊中输入书名文字并进行对齐。方法：选择工具箱中的（直排文字工具），在“字符”面板中设置如图 9–44 所示，然后在书脊中输入文字“3ds max+Photoshop 游戏场景设计 第 4 版”，再将所有文字的颜色改为白色。接着选择输入的中文文字“游戏场景设计 第版”，再将其字体更改为“汉仪大黑简”，最后利用（选择工具）选择整个文字块，在“对齐”面板中选择（对齐页面），再单击（水平居中对齐）按钮，如图 9–45 所示，效果如图 9–46 所示。

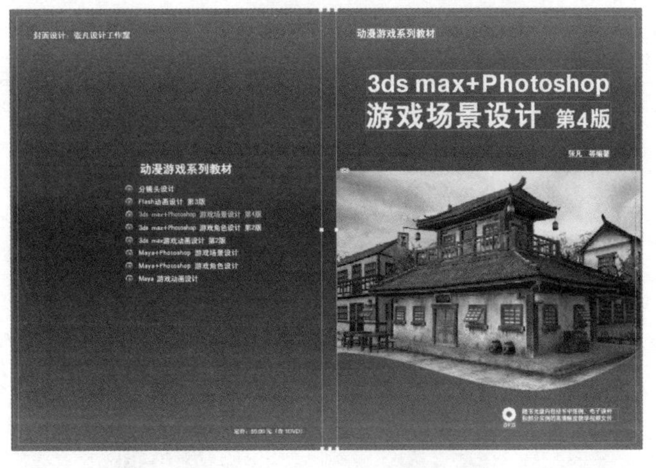

图9–43 书脊与封面、封底的填色渐变方向完全一致的效果

⑤ 更改书脊中直排阿拉伯数字“4”的方向。方法：利用工具箱中的（直排文字工具）选择书脊中的直排阿拉伯数字“4”，如图 9–47 所示。然后在上方控制面板中勾选“直排内横排”复选框，即可将阿拉伯数字“4”由直排更改为横排，效果如图 9–48 所示。

⑥ 同理，在书脊中添加其余文字，然后将封面中的光盘标记复制到书脊中并适当缩放，效果如图 9–49 所示。

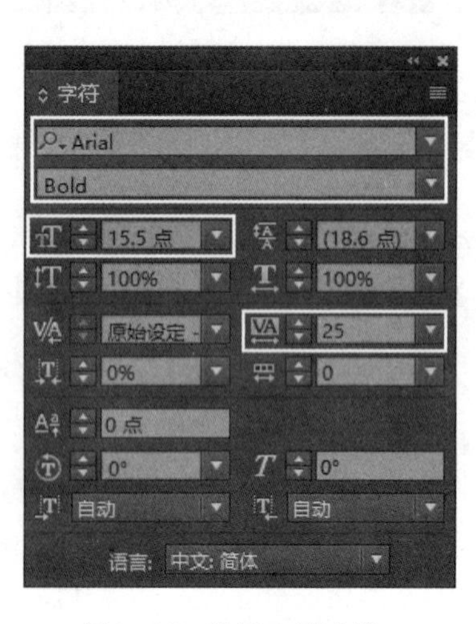

图9-44 设置字符参数

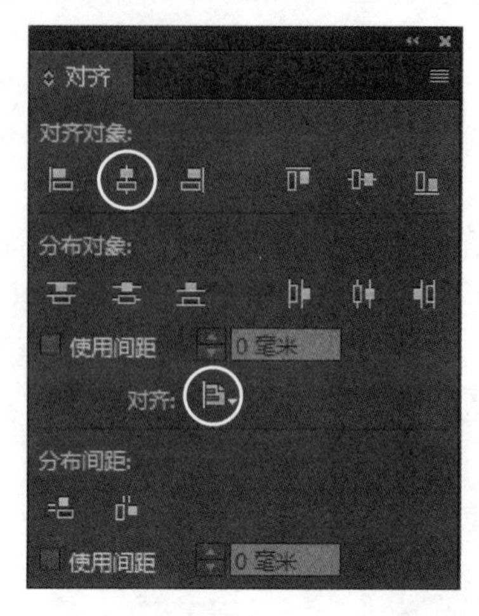

图9-45 单击 (水平居中对齐) 按钮

图9-46 在书脊中输入书名文字效果

图9-47 选择直排文字“4”

图9-48 将直排文字“4”更改为横排文字

图9-49 在书脊中添加其余文字和光盘标记

⑦ 至此，电脑图书封面的版面编辑全部完成，整体效果如图 9-50 所示。执行菜单中的“文件 | 存储”命令，将文件进行存储。然后执行菜单中的“文件 | 打包”命令，将所有相关文件进行打包。

9.1.2　图书盘封设计

要点

本例将制作一个与前面图书封面相配套的光盘盘封设计，如图 9−51 所示。通过本例的学习，读者应掌握光盘盘封设计的方法。

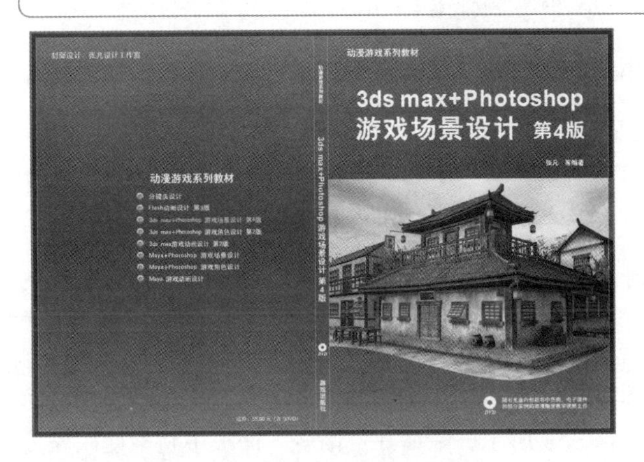

图9−50　电脑图书封面整体效果

图9−51　盘封设计

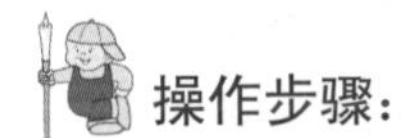

操作步骤：

① 执行菜单中的“文件｜新建｜ 文档”命令，在弹出的对话框中设置如图 9−52 所示的参数值，将“出血”设为 3 毫米。然后单击“边距和分栏”按钮，在弹出的对话框中设置如图 9−53 所示的参数值，单击“确定”按钮，设置完成的版面状态如图 9−54 所示。

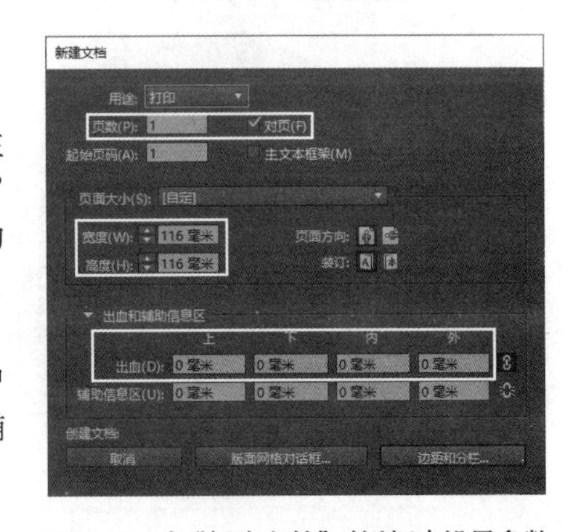

图9−52　在“新建文档”对话框中设置参数

② 创建作为盘封背景的圆。方法：选择工具箱中的（椭圆工具），在文档窗口中单击，在弹出的“椭圆”对话框中将“宽度”和“高度”均设为 116 毫米，如图 9−55 所示，单击“确定”按钮。接着在“对齐”面板中选择（对齐页面），再单击（水平居中对齐）和（垂直居中对齐）按钮，如图 9−56 所示，将其中心对齐，效果如图 9−57 所示。

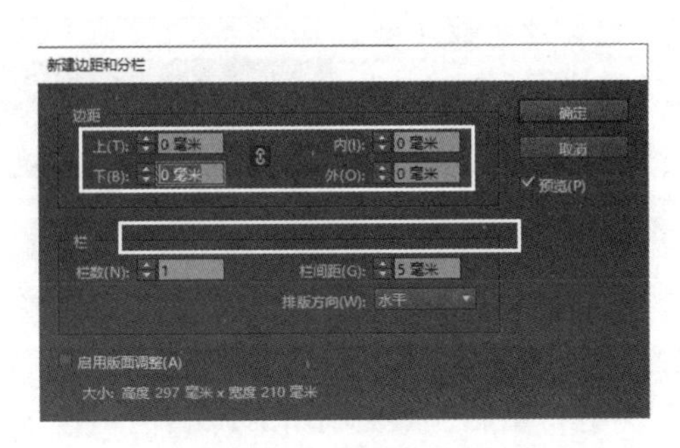

图9−53　设置边距和分栏

图9−54　版面效果

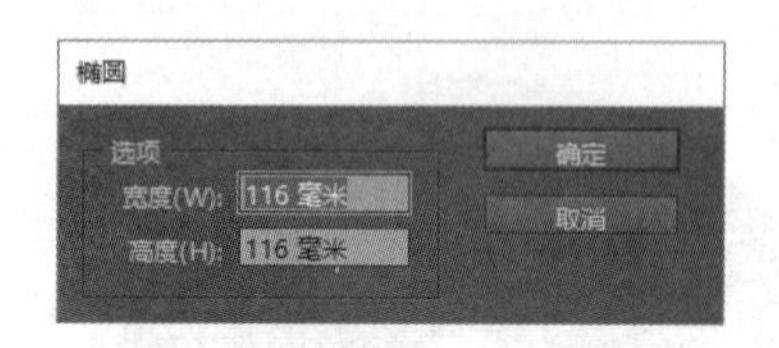

图9-55　设置“椭圆”参数

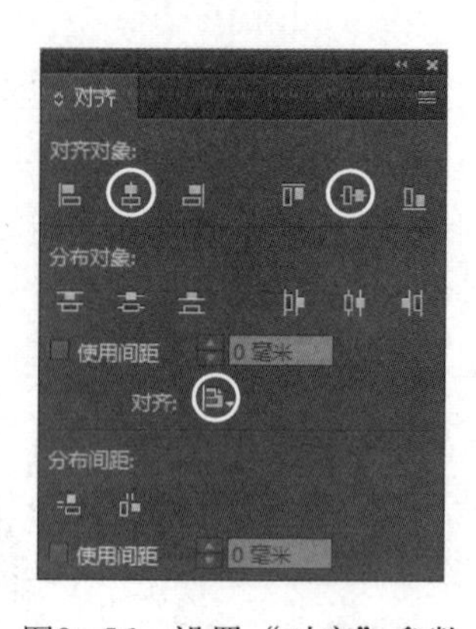

图9-56　设置“对齐”参数

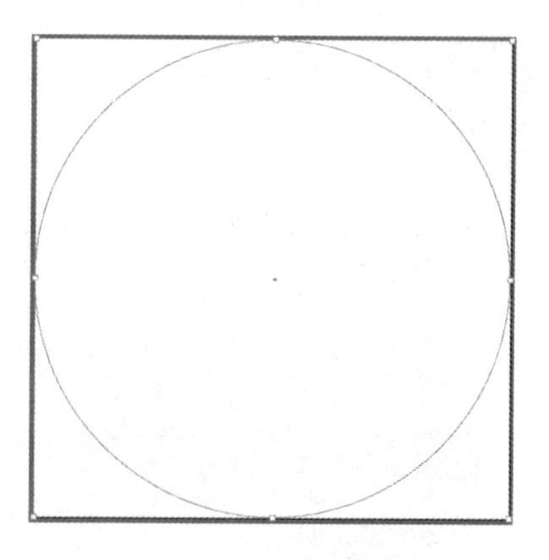

图9-57　创建作为盘封的圆

③ 目前制作的盘封是与前面制作的封面相配套的，下面将盘封的填色设为与封面一致的渐变色。方法：选择工具箱中的 （吸管工具），执行菜单中的“文件|打开”命令，打开前面制作的“电脑图书封面设计 .indd”文件，在封底区域单击，从而吸取颜色，此时光标变为 形状，接着回到当前盘封文件中，在圆区域单击即可将“电脑图书封面设计 .indd”文件中封底的填色和描边属性赋予作为盘封的圆形，效果如图 9-58 所示。最后在“渐变”面板中将渐变“角度”改为 90°，效果如图 9-59 所示。

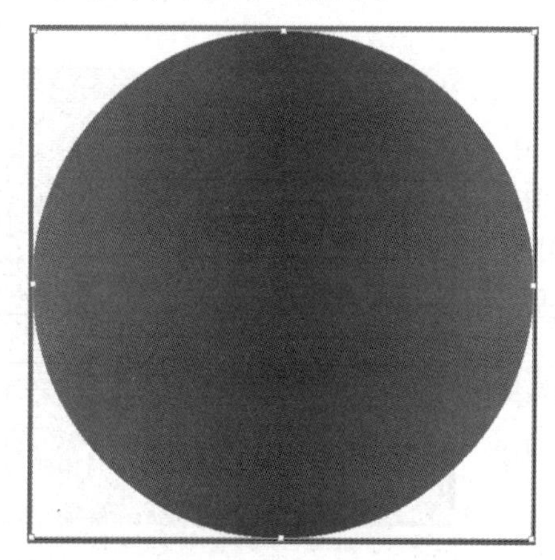

图9-58　将封底填色和描边属性赋予盘封

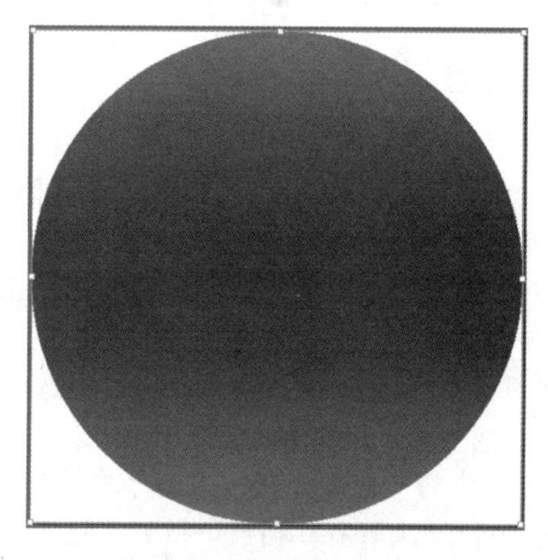

图9-59　将盘封的渐变填色角度旋转90°的效果

④ 制作盘封中的镂空效果。方法：选择工具箱中的 （椭圆工具），在文档窗口中单击，在弹出的“椭圆”对话框中将“宽度”和“高度”均设为 38 毫米，如图 9-60 所示，单击“确定”按钮。接着在“对齐”面板中单击 （对齐页面），再单击 （水平居中对齐）和 （垂直居中对齐）按钮，从而将其中心对齐。最后同时选择一大一小两个圆，在“路径查找器”面板中单击 [减去（从底层的对象中减去顶层的对象）] 按钮，如图 9-61 所示，效果如图 9-62 所示。

图9-60　设置“椭圆”参数

⑤ 在盘封左侧添加波浪状图像。方法：打开“电脑图书封面设计 .indd”文件，然后解锁“封面”图层，再选择封面中的波浪状图像，执行菜单中的“编辑|复制”命令，进行复制，接着回到盘封文件中，执行菜单中的“编辑|粘贴”命令，进行粘贴。最后利用工具箱中的 （选择工具），配合〈Ctrl+Alt〉组合键，将粘贴后的波浪状图像等比例缩小后放置到盘封左侧中间位置，

效果如图 9-63 所示。

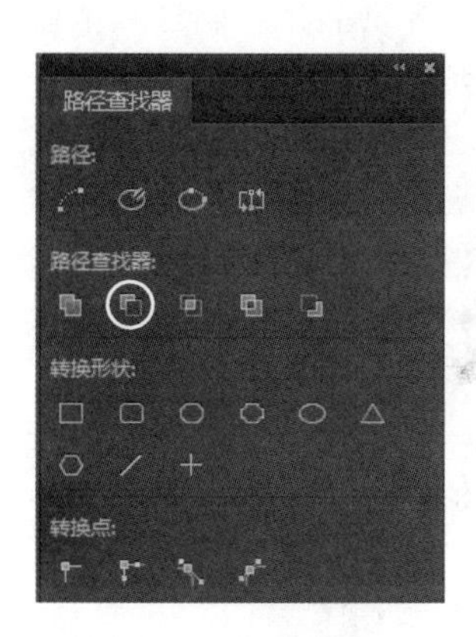

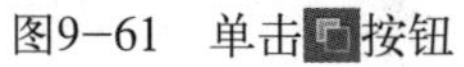
图9-61 单击按钮

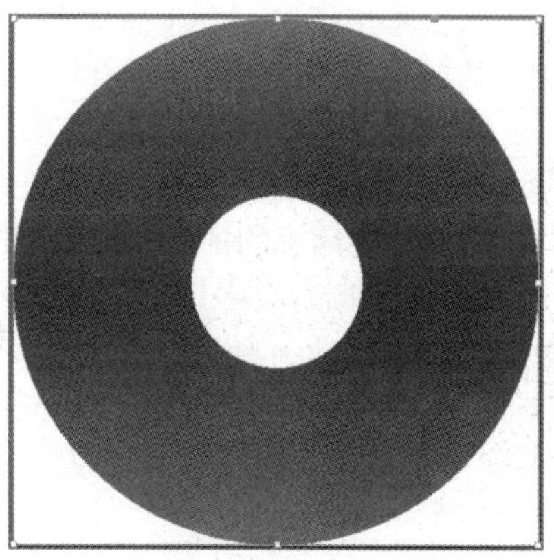
图9-62 镂空效果

图9-63 将等比例缩小后的波浪状图像放置到盘封左侧中间位置

⑥ 将封面中的书名文字放置到盘封中。方法：在“电脑图书封面设计 .indd”文件中选择封面中的书名文字，执行菜单中的“编辑 | 复制”命令进行复制，接着回到盘封文件中，执行菜单中的“编辑 | 粘贴”命令进行粘贴。最后利用工具箱中的 （选择工具），配合〈Ctrl+Alt〉组合键，将粘贴后的文字等比例缩小后放置到盘封上部位置，在“对齐”面板中单击 （水平居中对齐）按钮，从而将文字水平居中对齐，效果如图 9-64 所示。

⑦ 使用工具箱中的 （文字工具）参照图 9-65 输入封面中的其余文字信息。

图9-64 将书名文字水平居中对齐

图9-65 输入其余文字信息

⑧ 至此，电脑图书盘封的版面编辑全部完成。执行菜单中的“文件 | 存储”命令，将文件进行存储。然后执行菜单中的“文件 | 打包”命令，将所有相关文件进行打包。

9.2 VI 设计

VI（企业视觉识别系统）设计代表着一个企业的总体形象，它是以标志、标准字、标准色为核心展开的完整的、系统的视觉表达体系，它将企业理念、企业文化、服务内容、企业规范等抽象概念转换为具体符号，塑造出独特的企业形象。视觉识别设计具有较强的传播力和感染力，最容易被公众接受，对一个企业而言具有重要的意义。随着时代的发展，当今的企业视觉系统不仅仅是一种标志，往往由此延展出一些能代表企业自身形象的延伸物，例如：工作人员名片、企业专用信封、企业专用信纸、专用光盘、专用纸袋、企业形象宣传册等物品，它们都以企业标志和标准色为核心，以共同拥有相同的元素从而形成一个整体，彰显企业统一、正规、大气和团结的特质。

本案例是一家复印机公司的视觉识别系统的设计，包括：标志、名片、信封、信纸、宣传册封面及盘封设计。企业的名称是“imoga”。复印机的抽象图像比较像一个大写的字母“G”，而“imoga”中恰好又含有“g”，因此标志图形是以字母“G”为原始图形而设计；企业的标准色是一种红色，标准字的颜色是黑色，红和黑是经典的组合，给人大气却富有个性的感觉。标志、名片、信封、信纸、宣传册封面及盘封的设计都是根据其标志、标准字和标准色为核心，形成一个统一的系列。通过本例学习，读者应掌握完整的VI（企业视觉识别系统）设计方法。

9.2.1 imoga标志设计

要点

本例将制作imoga标志设计，如图9–66所示。通过本例学习应掌握VI设计中标志设计的基本方法。

图9–66 imoga标志设计

操作步骤：

① 执行菜单中的“文件 | 新建 | 文档”命令，在弹出的对话框中设置参数，如图9–67所示，将“页数”设为1页，页面“宽度”设为150毫米，“高度”设为50毫米，将“出血”设为0毫米。然后单击“边距和分栏”按钮，在弹出的对话框中设置参数，如图9–68所示（这是一个单页、并且无边距和分栏的文档），单击“确定”按钮，完成边距和分栏设置。接着单击工具栏下方的▣（正常视图模式）按钮，使编辑区内显示出参考线、网格及框架状态，版面状态如图9–69所示。

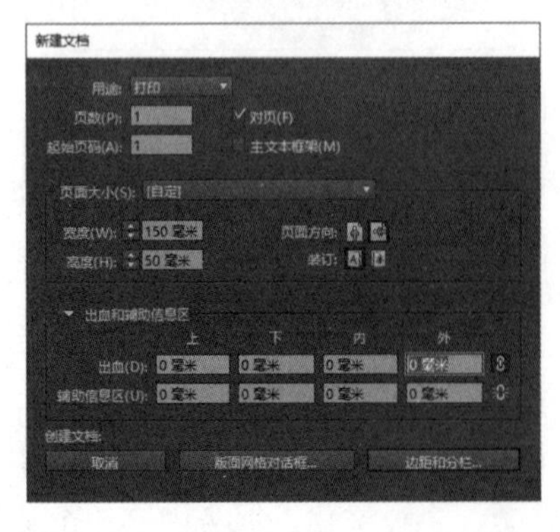

图9–67 在“新建文档”对话框中设置参数

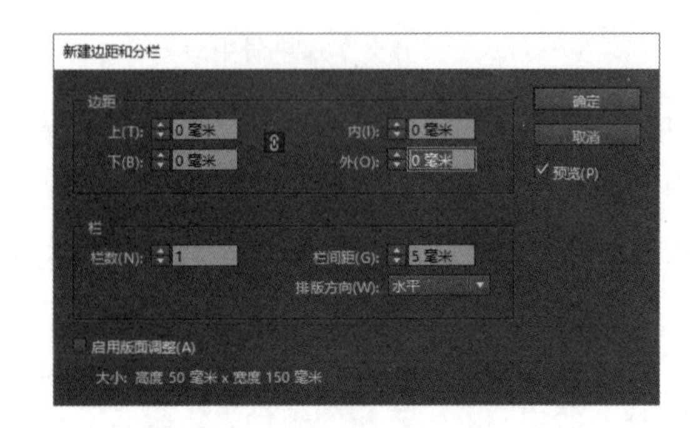

图9–68 设置边距和分栏

② 版面调整完成后，现在开始标志的绘制。标志主要包括三部分：标志主图形，标准字以及企业的一些相关信息（不同企业有不同的搭配方式）。首先开始标志主图形的绘制。方法：选择工具箱中的（钢笔工具），在页面左部绘制一个异形字母“G”形状的闭合路径，如图 9-70 所示。然后在已绘制好图形的左上方绘制一个四分之一圆形的闭合路径，使其与异形字母“G”图形左对齐，如图 9-71 所示。接着将这两个图形填充为红色，这种红色是这个企业的标准色之一，参考色值为 CMYK（40，95，100，10），标志主图形填色后效果如图 9-72 所示。

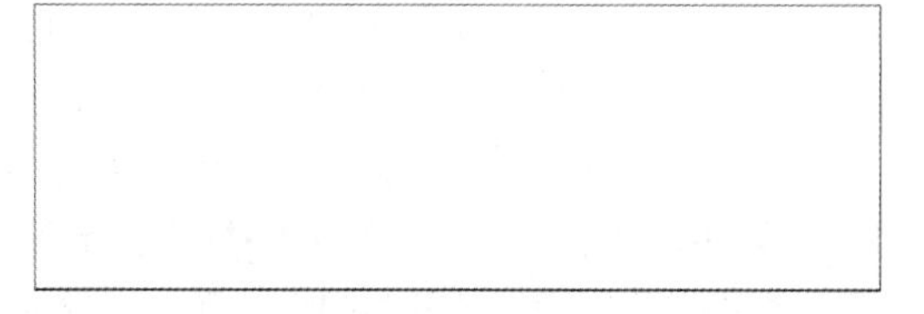
图9-69　版面状态

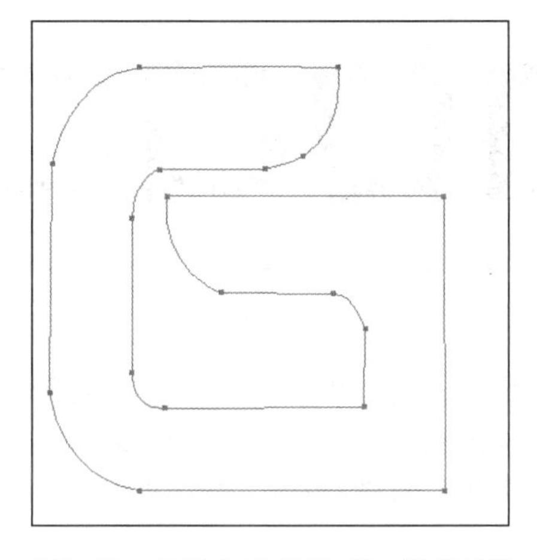
图9-70　异形字母“G”闭合路径效果

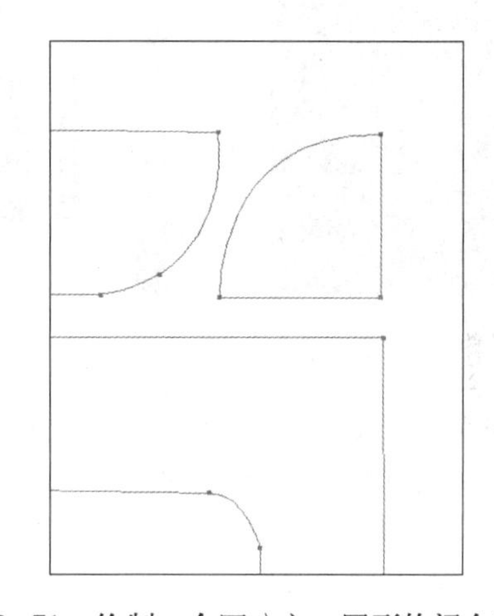
图9-71　绘制一个四分之一圆形的闭合路径

③ 标志主图形完成后，下面开始标准字的绘制。为了体现企业独特的气质，要设计专属该企业的独一无二的文字，以便于加深消费者对本企业的印象。标准字一般不采用字库里的现成字体，需要重新设计绘制能体现企业特征的艺术字，方法主要有两种，一种是通过字库里的文字进行加工变形；另一种是直接创作绘制，用户可以根据实际情况选择其中一种方法，这里采用后者——直接创作绘制。方法：选择（钢笔工具），在标志主图形的右侧绘制出企业名称“imoga”字样的闭合路径，填充为黑色（注意每个字母之间的高度一致，整行字母与标志主图形顶对齐，这些都可以创建参考线来协助完成），效果如图 9-73 所示。

图9-72　标志主图形完成效果

图9-73　标准字闭合路径填色后的效果

④ 此时“imoga”中的字母“a”和字母“o”的镂空部分还是实体的，必须给它们添加镂空部分。方法：利用（钢笔工具）绘制图 9-74 所示镂空部分，然后用（选择工具）将镂空部分和主字母同时选中，打开“路径查找器”面板，单击面板中的（排除重叠：重叠形状区域除外）按钮，如图 9-75 所示，这样镂空部分就制作出来了，效果如图 9-76 所示。标准字绘制完成。

图9-74 字母镂空部分闭合路径效果

图9-75 单击“排除重叠”按钮

图9-76 标准字最终效果

⑤ 标准字完成以后，开始添加企业的相关信息（企业的网站地址）。首先利用（文字工具）在标准字的下方创建一个长条形的文本框，然后在文本框中添加如图 9-77 所示的网址，所用“字体”为 Century Gothic，“字号”为 14 点，填色为 60% 灰色。至此，标志也就全部绘制完成，整体效果如图 9-78 所示。

图9-77 网址信息效果

⑥ 将文件储存为 indd 格式文档。方法：执行菜单中的“文件 | 存储”命令，在弹出的对话框中将“文件名”设为“imoga 标志”，“保存类型”设为“InDesign CC 2017 文档”，如图 9-79 所示，单击“保存”按钮即可。

图9-78 标志总体效果

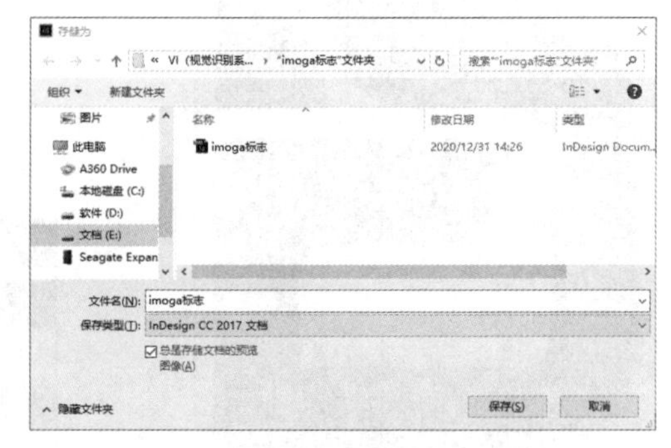

图9-79 储存为indd文档文件

提示

也可以导出为eps文件，供Adobe等其他图像编辑软件使用，具体操作方法在9.2.5中详细介绍。

⑦ 执行菜单中的“文件 | 存储”命令，将文件进行存储。然后执行菜单中的“文件 | 打包”命令，将所有相关文件进行打包。

9.2.2 imoga 名片设计

要点

本例将制作 imoga 名片，效果如图 9–80 所示。名片的设计要活用标准元素，将它们进行合理的分布，形成简洁大气的版面效果，再将人物信息整齐地编排出来即可。通过本例学习应掌握 VI 设计中名片设计的基本方法。

(a) 名片正面

(b) 名片背面

图9–80 imoga名片设计

操作步骤：

1．创建文档

执行菜单中的“文件 | 新建 | 文档”命令，在弹出的对话框中设置参数如图 9–81 所示，将“页数”设为 2 页，将“对页”前面的“√”取消，使其成单页排列模式，将页面“宽度”设为 90 毫米，“高度”设为 55 毫米（这是标准名片的尺寸，可根据自己的需要自行设置尺寸），将“出血”设为 3 毫米。然后单击“边距和分栏”按钮，在弹出的对话框中设置参数如图 9–82 所示（这是一个双页、并且无边距和分栏的文档）。接着单击工具栏下方的▣（正常视图模式）按钮，使编辑区内显示出参考线、网格及框架状态，版面状态如图 9–83 所示。

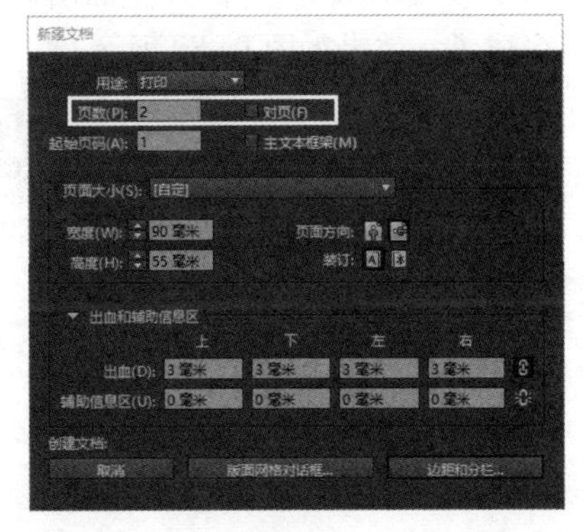

图9–81 在“新建文档”对话框中设置参数

2．制作名片的正面

① 利用⊠（矩形框架工具）在第 1 页的右中部创建一个长条形矩形框架，如图 9–84 所示，将其填充为标准红色 [参考色值为 CMYK（40，95，100，10）]，效果如图 9–85 所示。

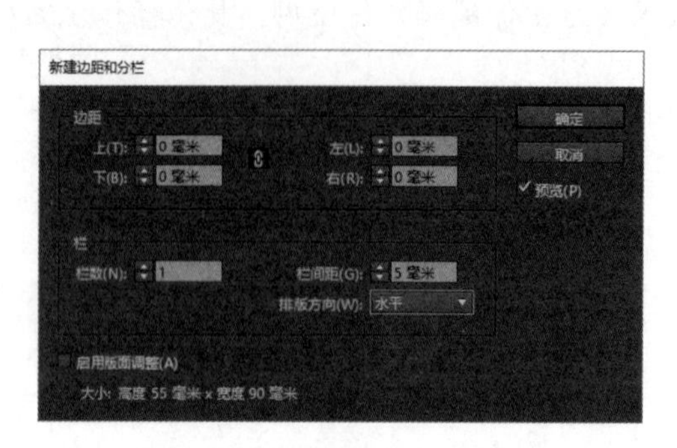

图9-82　设置边距和分栏

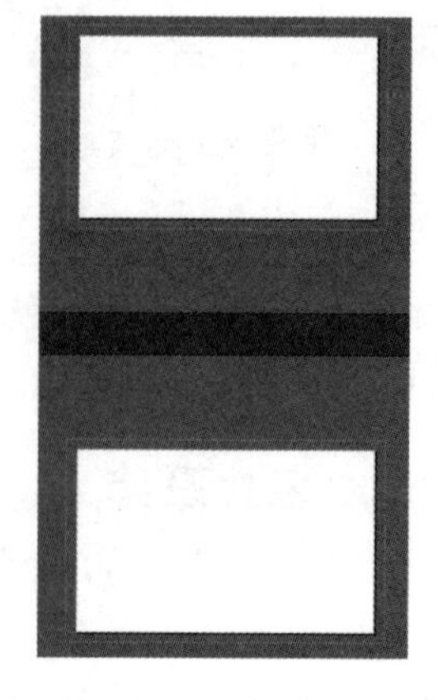

图9-83　版面状态

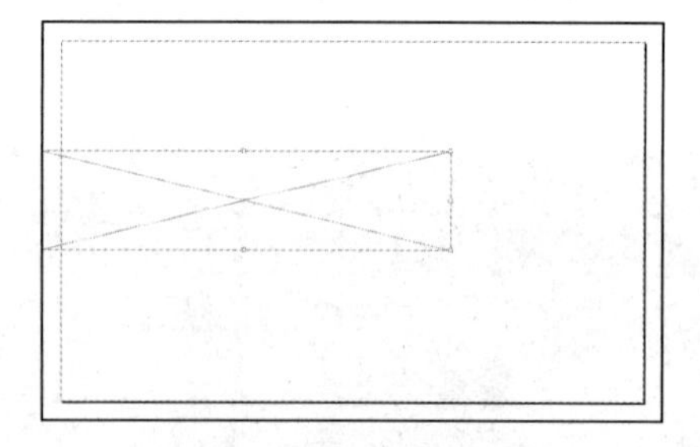

图9-84　矩形框架效果

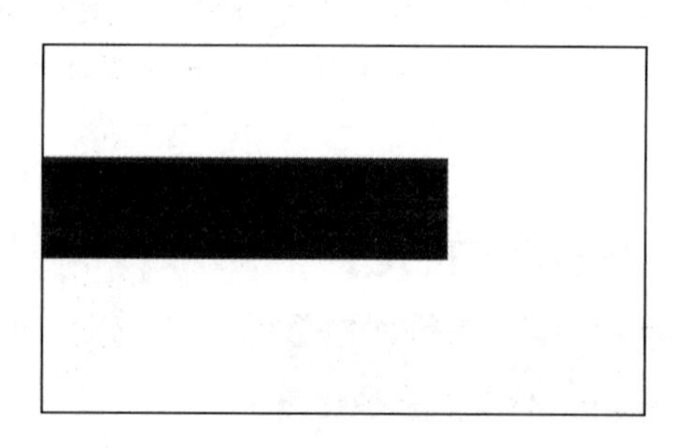

图9-85　填色后效果

② 执行菜单中的“文件|置入”命令，置入资源中的“素材及结果\9.2 VI(企业视觉识别系统)\‘imoga标志’文件夹\imogo.pdf”文件。然后调整其大小并放至红色色块的上方，如图 9-86 所示。最后将标志中的标志主图形复制并放大，添加到页面的右上角，将其填色改为一种暖灰色[参考色值为 CMYK (0, 0, 10, 20)]，效果如图 9-87 所示。这样名片正面所需要的标准原色的编排就完成了，效果如图 9-88 所示。

图9-86　标志添加后效果

图9-87　标志主图形添加后效果

图9-88　名片正面效果

③ 在页面左下方添加人物的姓名，如图9–89所示，所用“字体”为Franklin Gothic Book，“字号”为12点，“填色”为标准红色。然后在人名的下方添加职务信息，如图9–90所示，“字体”为Century Gothic，“字号”为6点，“填色”同样为标准红色。至此，名片正面的内容编排完成，整体效果如图9–91所示。

图9–89　人物姓名信息效果

图9–90　职务信息文字效果

3．制作名片的背面

① 利用（矩形工具）在第2页中创建一个与页面相同大小的矩形，并将其填充为标准红色，如图9–92所示。将标志主图形复制并粘贴到页面的右上方，将其“填色”改为白色，效果如图9–93所示。执行菜单中的“对象｜效果｜透明度”命令，在弹出的对话框中设置参数如图9–94所示，将“模式”设为“正常”，“不透明度”设为15%，其他为默认值，单击“确定”按钮，效果如图9–95所示。

图9–91　名片正面总体效果

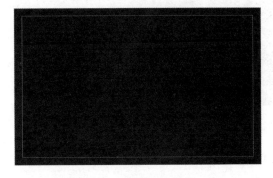

图9–92　背景色块效果

图9–93　标志主图形效果

提示

在“效果”面板中也可以设置对象的不透明度。

② 在页面左部添加人物的电话、地址、邮箱等个人信息。方法：利用（文字工具）创建一个矩形文本框，然后按快捷键〈Ctrl+T〉，在打开的“字符”面板中设置字符参数如图9–96所示，将“字体”设置为Century Gothic，“字号”设置为5.5点，“行距”设置为10点，其他为默认值，“填色”为白色，在文本框中输入文字信息，如图9–97所示。至此，名片的背面

也编排完成，整体效果如图 9-98 所示。

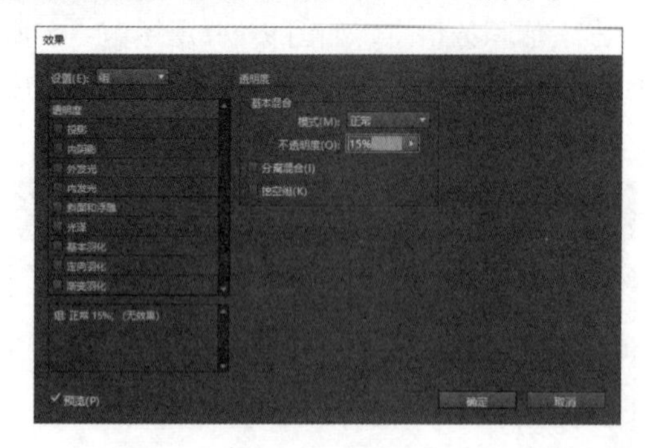

图9-94　设置标志主图形透明度参数

图9-95　透明度调整后效果

图9-96　设置个人信息字符参数

图9-97　文字信息输入后效果

图9-98　名片背面总体效果

③ 执行菜单中的“文件 | 存储”命令，将文件进行存储。执行菜单中的“文件 | 打包”命令，将所有相关文件进行打包。

9.2.3　imoga 信封信纸设计

要点

本例将讲解 imoga 信封信纸设计，如图 9-99 所示。通过本例学习应掌握 VI 设计中信封信纸设计的基本方法。

（a）imoga 信封　　（b）imoga 信纸

图9–99　imoga信封信纸设计

操作步骤：

1．制作 imoga 信封（只介绍信封的正面设计）

① 执行菜单中的“文件｜新建｜文档”命令，在弹出的对话框中设置参数如图 9–100 所示，将“页数”设为 1 页，页面“宽度”设为 220 毫米，“高度”设为 110 毫米（这是标准 2 号信封的尺寸，也可根据自己的需要自行设置尺寸），并将“出血”设为 3 毫米。然后单击“边距和分栏”按钮，在弹出的对话框中设置参数如图 9–101 所示，单击“确定”按钮，此时的版面状态如图 9–102 所示。

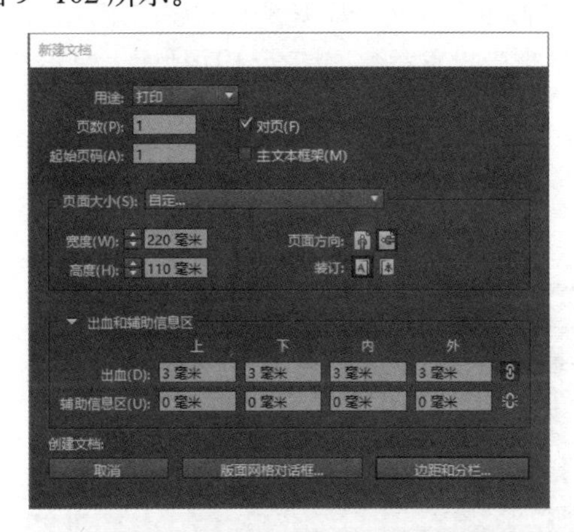

图9–100　在“新建文档”对话框中设置参数

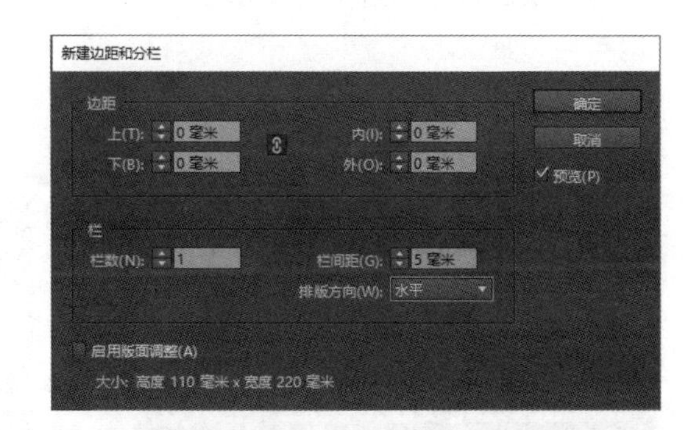

图9–101　设置边距和分栏

② 将标志、标志主图形、红色色块等标准元素（按照名片的编排形式）复制并粘贴到页面中的合适位置，请读者参照图 9–103 自行编排。

③ 在页面的正下方添加企业的相关信息，如图 9–104 所示，所用“字体”为 Franklin

Gothic Book，“字号”为9点，“填色”为标准红色。至此，信封的简单版面编排完成，整体最终效果如图9-105所示。

图9-102　版面状态

图9-103　标准元素在页面中位置

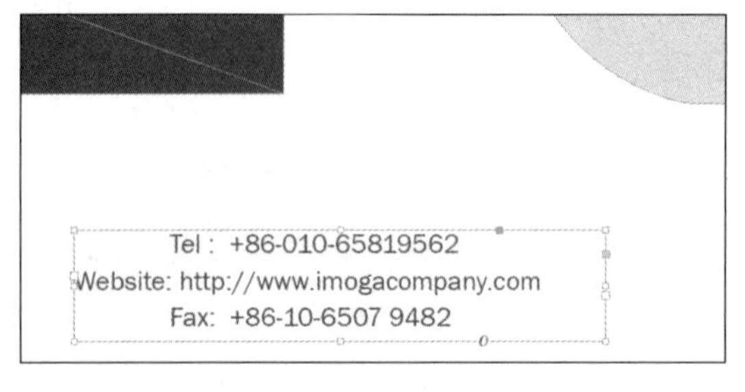

图9-104　企业相关信息文字效果

图9-105　imoga信封最终效果

④ 执行菜单中的“文件|存储”命令，将文件进行存储。然后执行菜单中的“文件|打包”命令，将所有相关文件进行打包。

2. 制作imoga信纸

① 执行菜单中的“文件|新建|文档”命令，在弹出的对话框中设置如图9-106所示参数，将“页数”设为1页，页面“宽度”设为210毫米，“高度”设为297毫米，并将“出血”设为3毫米。然后单击“边距和分栏”按钮，在弹出的对话框中设置参数如图9-107所示，单击“确定”按钮，版面状态如图9-108所示。

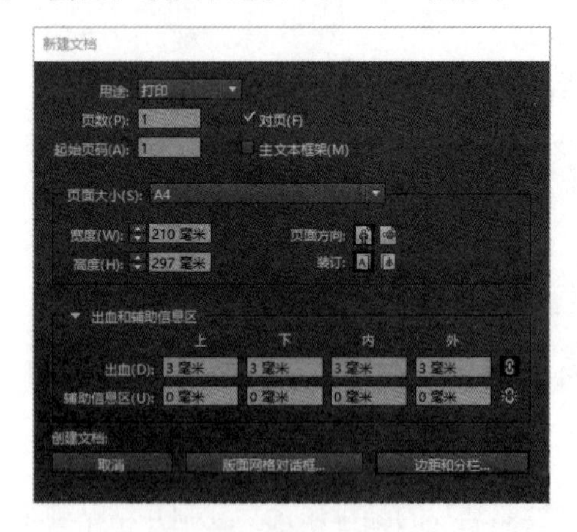

图9-106　在“新建文档”对话框中设置参数

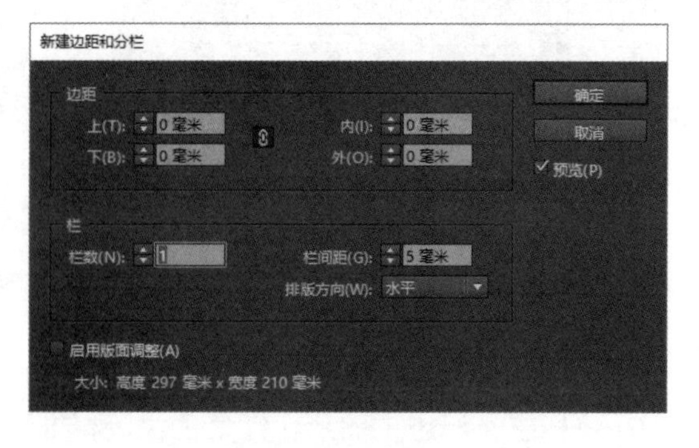

图9-107　设置边距和分栏

② 版面设置完成后，将与名片、信封相同的设计元素复制并粘贴到页面中的合适位置，重

新进行编排，效果如图 9-109 所示。

图9-108 版面状态

图9-109 标准元素置入版面后的效果

③通常在信纸的左上角都有一些时间、地点信息的空格供写信人填写，下面制作这一部分。方法：利用T（文字工具）在页面左上角添加一个文本框，按快捷键〈Ctrl+T〉，在打开的“字符”面板中设置字符参数如图 9-110 所示，将“字体”设置为 Arial，“字号”设为 8 点，“行距”设为 24 点，其他为默认值，“填色”为 50% 灰色，在文本框中输入提示信息文字，如图 9-111 所示。

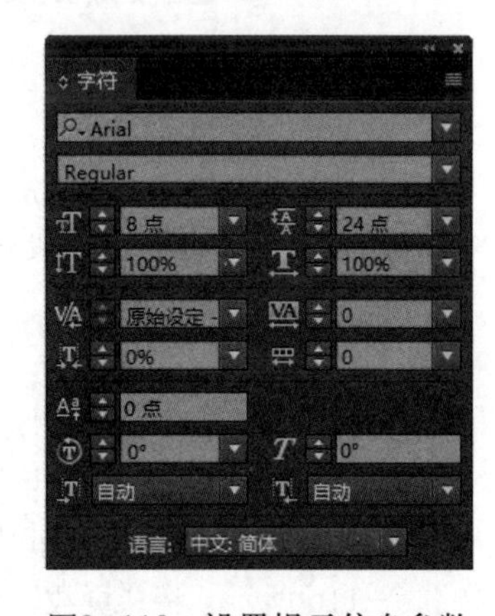

图9-110 设置提示信息参数

④ 将企业相关信息添加到页面的正下方，同样的字符内容及样式直接从刚刚编排完成的文件中复制粘贴即可，效果如图 9-112 所示。

⑤ 至此，信纸的设计制作就全部完成了，总体效果如图 9-113 所示，添加文字内容后的效果如图 9-114 所示。

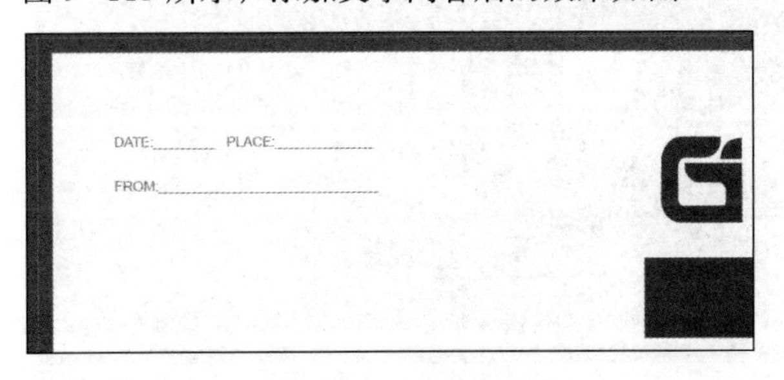

图9-111 提示信息效果

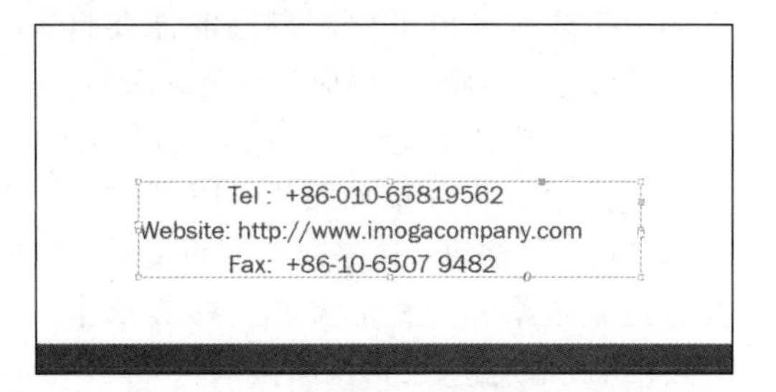

图9-112 企业相关信息添加后的效果

⑥ 执行菜单中的“文件|存储”命令，将文件进行存储。执行菜单中的“文件|打包”命令，将所有相关文件进行打包。

图9-113　信纸完成后效果

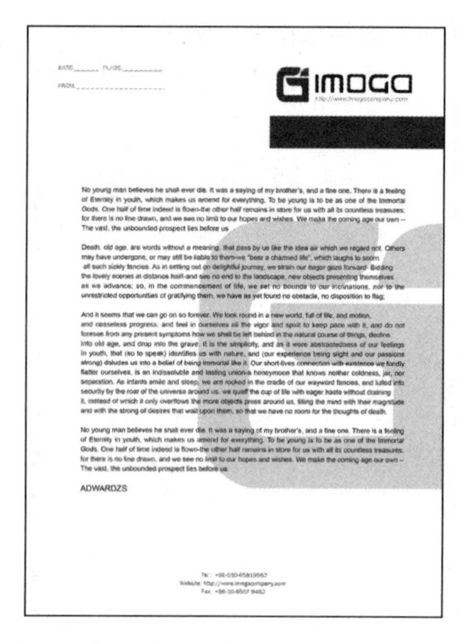

图9-114　信纸添加文字内容后的效果

9.2.4　imoga 宣传册封面设计

要点

本例将制作一个 imoga 宣传册封面设计，如图 9-115 所示。通过本例的学习应掌握 VI 设计中宣传册封面设计以及导出为 PDF 文件的方法。

操作步骤：

① 执行菜单中的"文件 | 新建 | 文档"命令，在弹出的对话框中设置参数如图 9-116 所示，将"页数"设为 2 页，页面"宽度"设为 210 毫米，"高度"设为 297 毫米（也可根据自己的需要自行设置尺寸），将 "出血"设为 3 毫米。然后单击"边距和分栏"按钮，在弹出的对话框中设置参数如图 9-117 所示，单击"确定"按钮。这是一个双页文档，并且是无边距和分栏的文档。接着单击工具栏下方的▣（正常视图模式）按钮，使编辑区内显示出参考线、网格及框架状态。

图9-115　imoga宣传册封面设计

② 由于页面在默认状态下是随机排列的，所以两页在工作区中呈一上一下分开排列的状态，如图 9-118 所示，这里需要将两页以跨页方式排列。方法：单击"页面"面板右上角的▤按钮，在弹出的快捷菜单中将"允许选定的跨页随机排布"前的"✓"取消。在"页面"面板中将第 2

页移至第 1 页的旁边即可，如图 9–119 所示，此时的版面状态如图 9–120 所示。

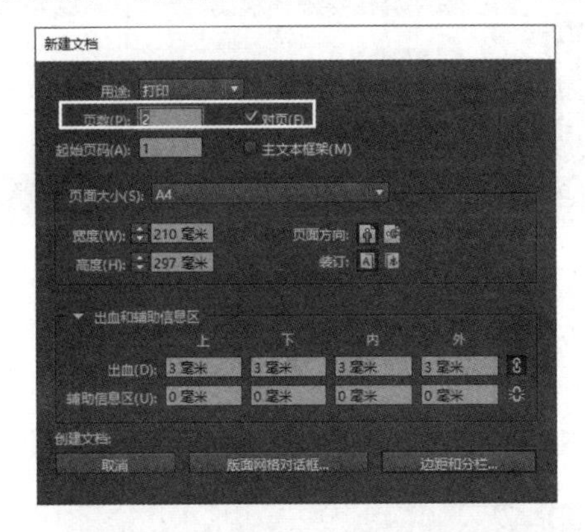

图9–116　在“新建文档”对话框中设置参数

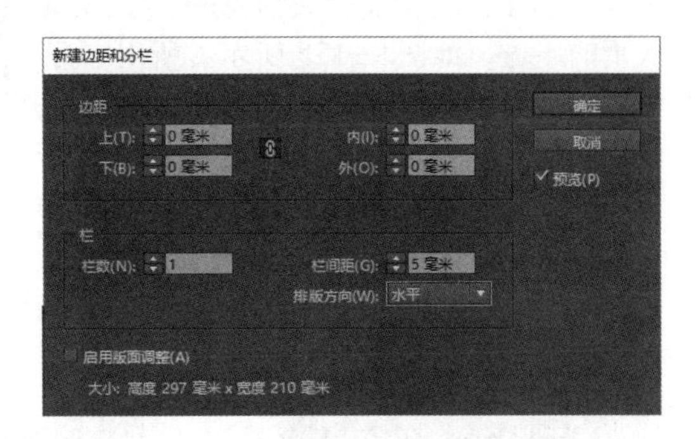

图9–117　设置边距和分栏

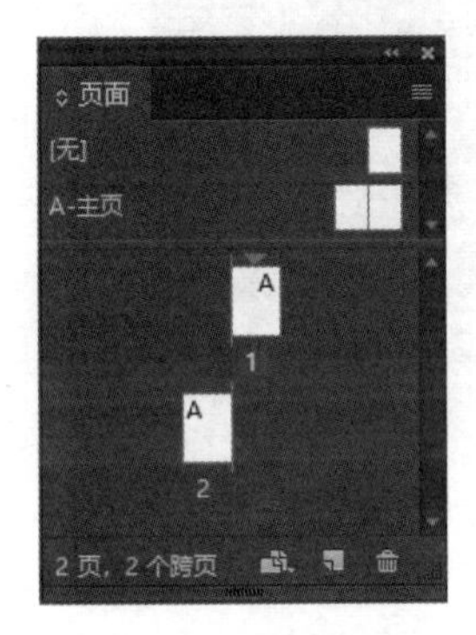

图9–118　页面未调整前的页面面板状态

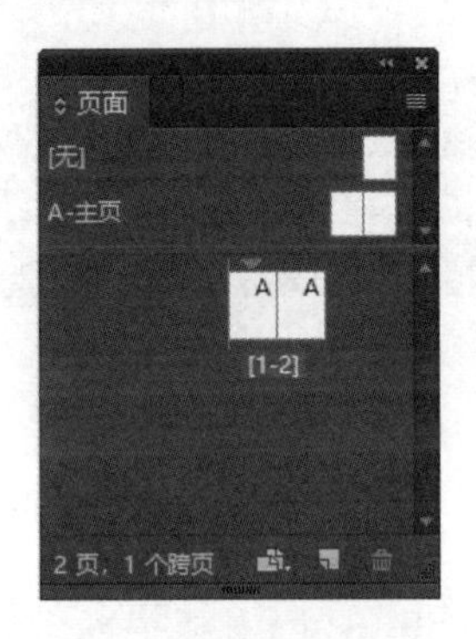

图9–119　将第1页和第2页呈跨页方式排列

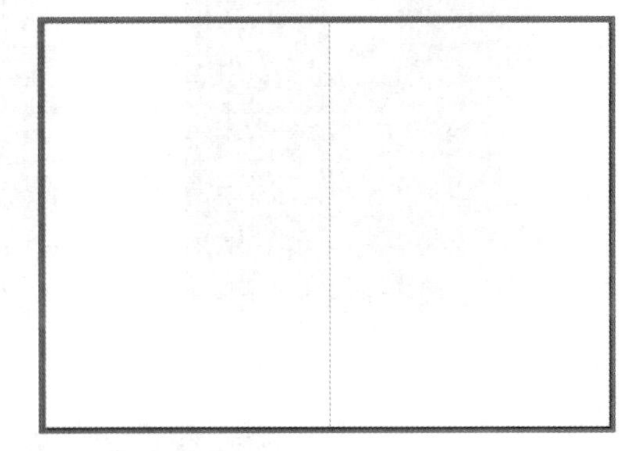

图9–120　版面状态

③ 版面设置完成后，现在开始背景色块的编排。方法：利用▢（矩形工具）创建一个与跨页相同大小的矩形，然后将其填充为标准红色，效果如图 9–121 所示。接着在第 2 页也就是封面页的右上部添加一个白色的矩形色块，如图 9–122 所示，再将一个标志复制到白色色块的中部，如图 9–123 所示。

图9–121　背景色块效果

图9–122　白色色块效果

④ 将标志主图形复制一个到第 1 页，即封底页的中部，并将其“填色”设为白色，效果如图 9-124 所示。将企业相关信息的文字添加到封底页的下方，如图 9-125 所示，所用字符参数与信封底部的企业相关信息字符参数一致，只是填色变为了白色。

图9-123 标志添加后效果

⑤ 至此，企业宣传册封面的编排就全部完成了，所用元素全是标准元素，整体风格简洁大气，总体效果如图 9-126 所示。

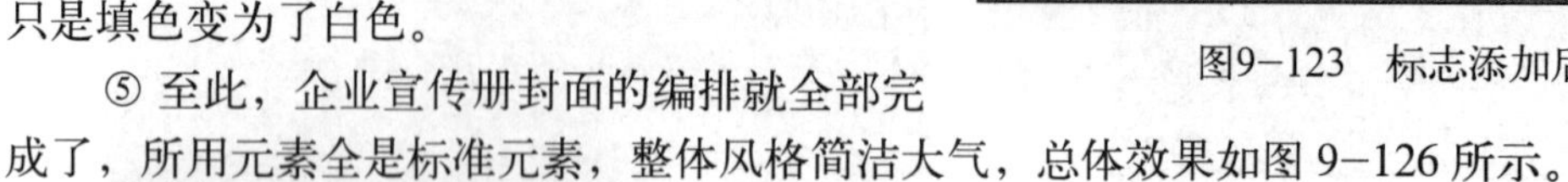

图9-124 标志主图形添加后效果

图9-125 企业相关信息添加后效果

图9-126 宣传册封面总体效果

⑥ 为了方便印刷，像宣传册这种设计文件，通常要将封面文件和内页文件分别导出为 PDF 格式供印刷厂制版。PDF 的导出方法为：执行菜单中的“文件 | 导出”命令，在弹出的对话框中设置参数如图 9-127 所示，将“文件名”设为“imoga 宣传册封面”，“保存类型”设为“Adobe PDF（打印）”，单击“保存”按钮。在弹出的对话框中设置如图 9-128 所示参数，在左侧选项栏中选择“常规”选项，在右侧选择“全部”，然后选择“跨页”，其他为默认值。接下来，在左侧选项栏中选中“标记和出血”选项，选中“所有印刷标记”前方的“✓”，选中“使用文档出血设置”前的“✓”，如图 9-129 所示，最后单击“导出”按钮，自动生成 PDF 格式文档。导出后的 PDF 格式页面显示如图 9-130 所示，出血和裁切的标记都清晰可见，这样就更加方便印厂进行印刷和裁切。

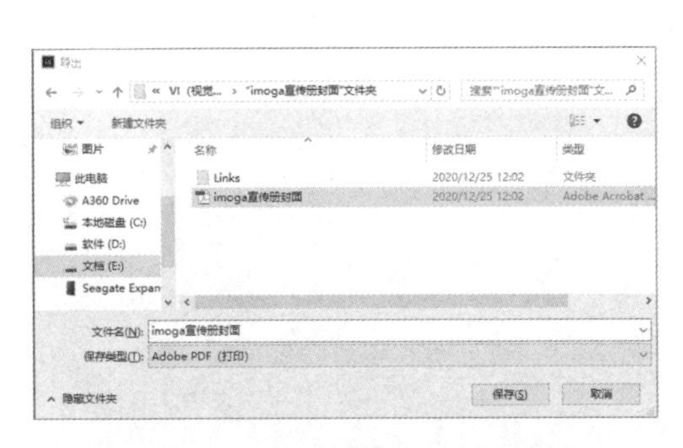
图9-127　在对话框中设置导出参数

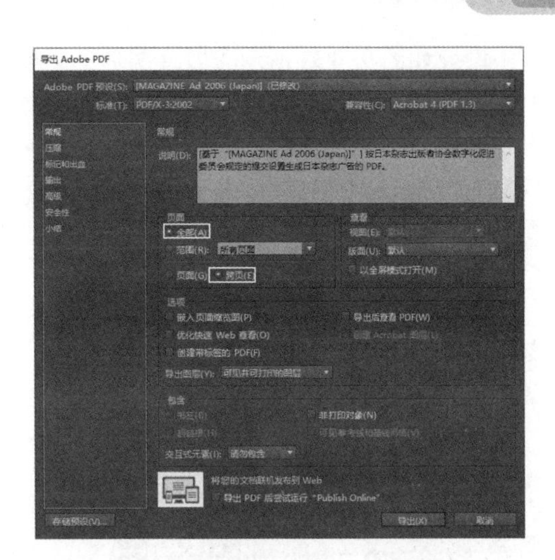
图9-128　设置“常规”选项栏参数

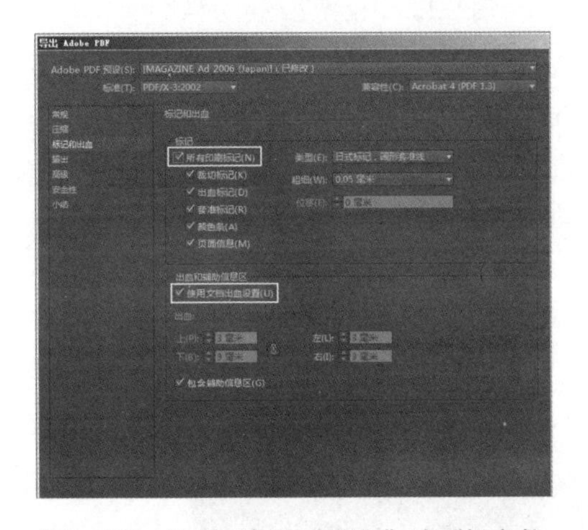
图9-129　设置“标记和出血”选项栏参数

图9-130　导出后的PDF页面显示效果

9.2.5　imoga 盘封设计

要点

本例讲解imoga光盘封面（盘封）设计，如图9-131所示。通过本例学习应掌握VI设计中盘封设计和导出为EPS文件的方法。

图9-131　imoga盘封设计

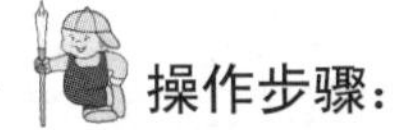

操作步骤：

① 执行菜单中的“文件｜新建｜ 文档”命令，在弹出的对话框中设置如图9-132所示参数，将“页数”设为1页，页面“宽度”设为116毫米，“高度”设为116毫米，并将“出血”设为3毫米。然后单击“边距和分栏”按钮，在弹出的对

话框中设置如图 9–133 所示参数（这是一个单页文档，并且是无边距和分栏的文档），单击“确定”按钮。接着单击工具栏下方的 （正常视图模式）按钮，使编辑区内显示出参考线、网格及框架状态，版面状态如图 9–134 所示。

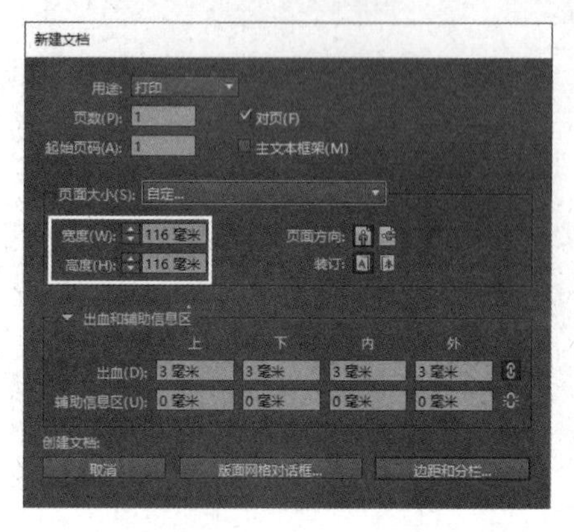

图9–132　在“新建文档”对话框中设置参数

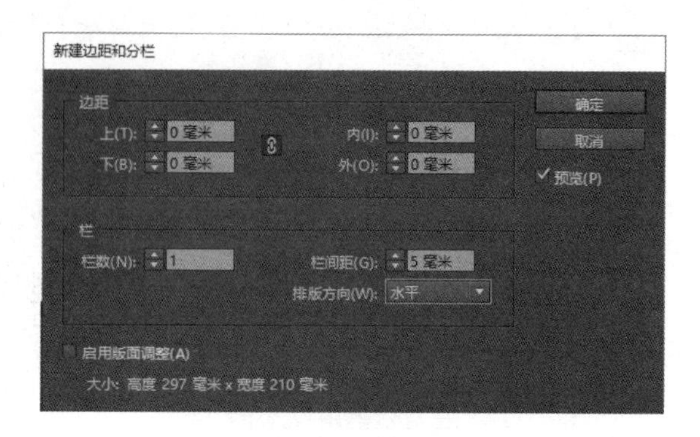

图9–133　设置边距和分栏

② 版面设置完成后，现在开始绘制光盘的盘面。首先选择工具箱中的 （椭圆工具），在页面空白处单击，在弹出的对话框中设置如图 9–135 所示参数，将“宽度”和“高度”均设为 116 毫米，单击“确定”按钮。此时在页面中出现一个圆形闭合路径，如图 9–136 所示，将其“填色”设置为标准红色，并中心对齐，效果如图 9–137 所示。

图9–134　版面状态

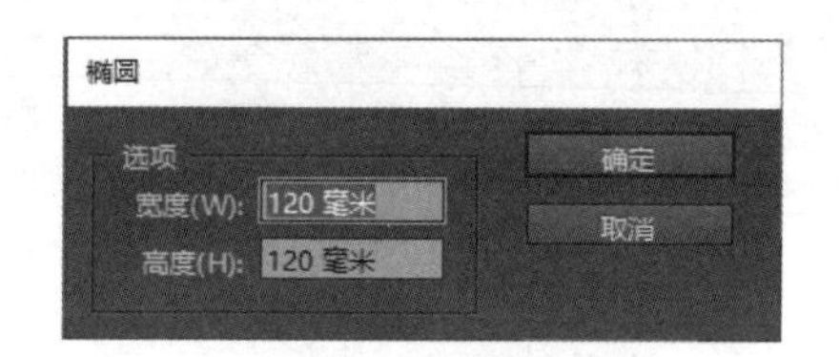

图9–135　设置椭圆参数

图9–136　圆形闭合路径效果

图9–137　圆形填色后效果

③ 从刚才绘制的圆形中心出发，利用（椭圆工具）绘制一个“高度”和“宽度”都为38毫米的圆，并中心对齐，效果如图9−138所示。利用（选择工具）同时选中这两个同心圆，打开“路径查找器”面板，单击面板中的（排除重叠：重叠形状区域除外）按钮，此时中间的小圆部分变为镂空效果，如图9−139所示。

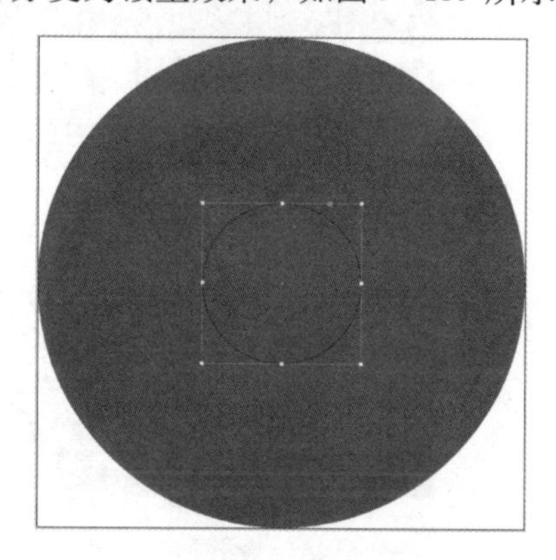

图9−138　镂空部分圆形闭合路径效果

图9−139　镂空部分绘制完成效果

④ 利用（钢笔工具）在盘面的右中部（根据盘面的边缘）绘制一个不规则闭合路径，并将其填充为白色，效果如图9−140所示，再将标志复制粘贴到白色色块内部，如图9−141所示。

⑤ 至此，盘封的设计就完成了，最终效果如图9−142所示。

图9−140　白色色块效果

图9−141　标志置入后效果

⑥ 为了方便盘封的印刷和制作，需将其导出为EPS格式，以便在其他绘图软件中也可编辑。方法：执行菜单中的“文件｜导出”命令，在弹出的对话框中设置如图9−143所示参数，将“文件名”设为“imoga盘封”，将“保存类型”设为“EPS”，然后单击“保存”按钮；在弹出的对话框中设置参数如图9−144所示，选中“全部页面”，并将“上”“下”“左”“右”出血都设为3毫米，最后单击“保存”按钮。这样，EPS格式文件就会自动生成，文件中会包括所有图层，可供印刷厂进行调整。

⑦ 执行菜单中的“文件|存储”命令，将文件进行存储。执行菜单中的“文件|打包”命令，将所有相关文件进行打包。

图9−142　盘封最终效果

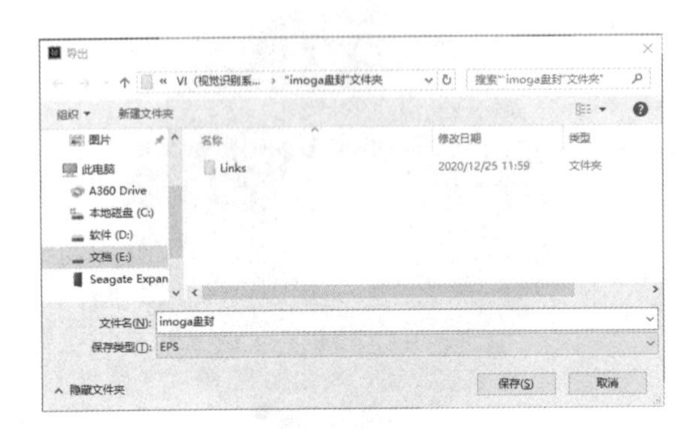

图9-143　设置导出参数

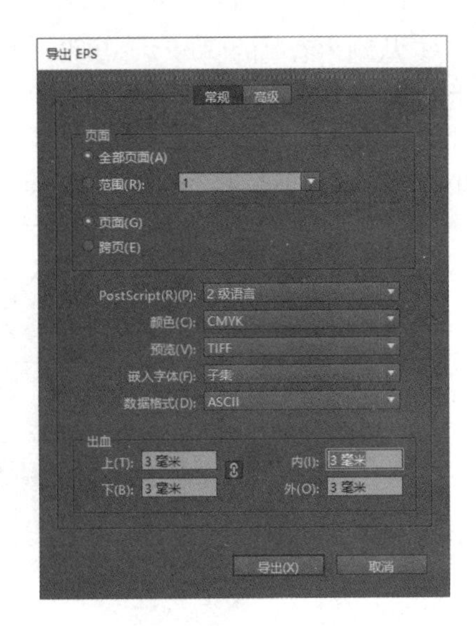

图9-144　设置EPS图像格式参数

9.3　儿童基金会折页设计

要点

本例将制作一个关于儿童基金会组织的三折页设计，效果如图 9-145 所示。既然与儿童工作相关，折页的整体应当以活泼的风格为主。基金会有自己的 Logo，并且这个 Logo 本身就具有很强的图形艺术效果，因此它就可以作为折页的主要元素，折页的色彩基调也全部采用 Logo 的标准色，使整体折页具有统一性。另外，折页中采用的图片都倾向于色彩明快的卡通人物（或风景）的矢量图形，使整个折页充满童趣，天真烂漫。通过本例学习应掌握折页的页面设置、图形的绘制、图形的运算、艺术字效果、文字的沿线排版、文本样式、图形内排文、图片的置入与编辑等知识的综合应用。

图9-145　儿童基金会折页设计

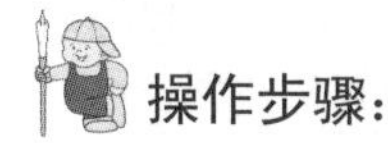

操作步骤：

1．创建文档

① 执行菜单中的“文件｜新建｜文档”命令，在弹出的对话框中设置如图 9–146 所示参数，将“页数”设为 6 页，页面“宽度”设为 90 毫米，“高度”设为 200 毫米，将“出血”设为 3 毫米，单击“边距和分栏”按钮。在弹出的对话框中设置参数，如图 9–147 所示，单击“确定”按钮。单击工具栏下方的（正常视图模式）按钮，使页面编辑区内显示出参考线、网格及框架状态。

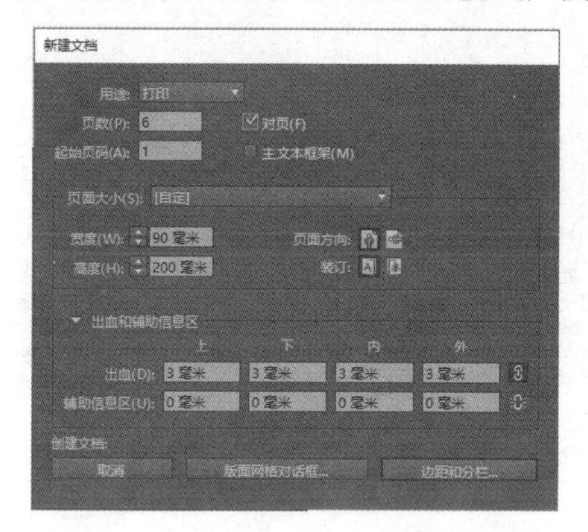

图9–146　在“新建文档”对话框中设置参数

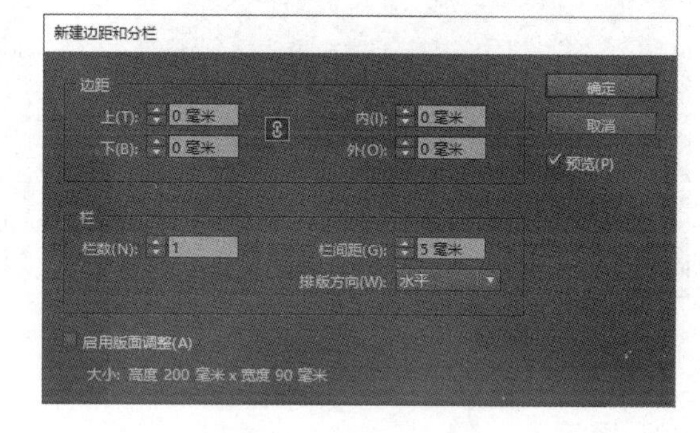

图9–147　设置边距和分栏

② 本案例是 3 跨页折页，因此与以往采取的常规两页双联的页面排列方式不同，要将页面默认状态下的双跨页随机分布（见图 9–148）改为三跨页。方法：单击“页面”面板右上角的按钮，在弹出的快捷菜单中将“允许文档页面随机排布”前的“✓”取消，这样就可以在页面面板中随意拖动页面图标以调整其位置。下面拖动页面将其调整至三跨页分布，如图 9–149 所示，调整页面后的版面状态如图 9–150 所示。

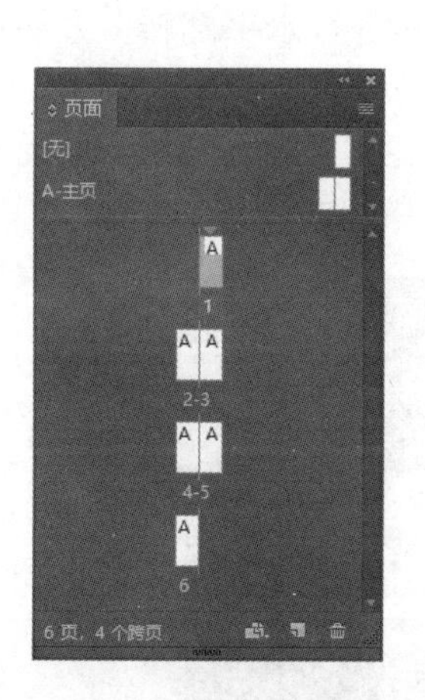

图9–148　页面随机分布状态

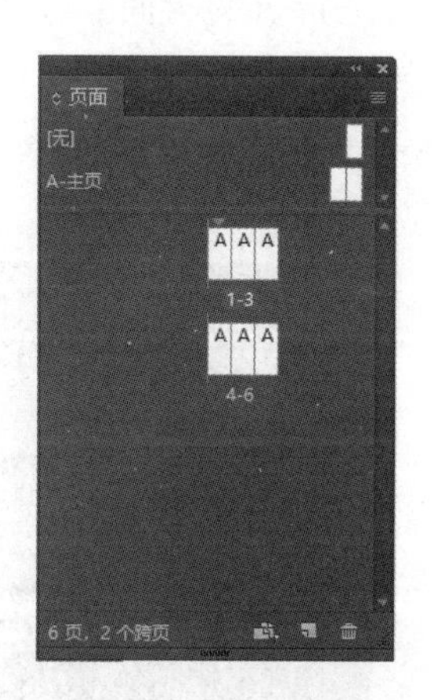

图9–149　将页面调整至三跨页模式

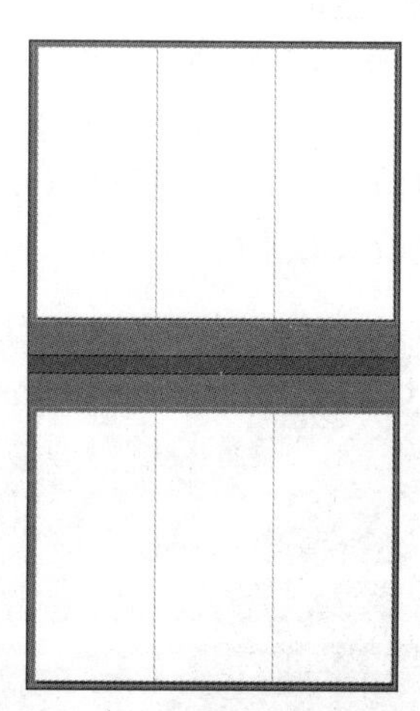

图9–150　页面调整完成后的版面状态

2．制作折页的正面版面

① 页面排列方式调整完成后，开始折页正面的编排。首先设置背景的颜色。方法：选择工

具箱中的（矩形框架工具），在第一个三跨页（1 ~ 3 页）上创建一个与跨页大小一致的矩形框架，并将其填色设置为深蓝色[参考色值为 CMYK（100，85，50，20）]，效果如图 9–151 所示。执行菜单中的“对象 | 锁定”命令，锁定矩形框架。

② 这种蓝色是基金会 Logo 中的一种标准色，下面将它添加到色板中，方便以后直接使用。方法：使用工具箱中的（选择工具）选中背景色块，双击工具箱下部的“填色”框，在弹出的图 9–152 所示对话框中单击“添加 CMYK 色板”按钮，单击“确定”按钮。这样这种深蓝色就被自动添加到色板中了，以后如果要再用到该颜色，直接在“色板”中选择即可。

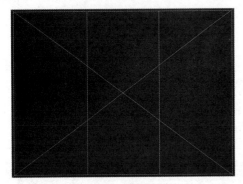

图9–151　背景色块效果

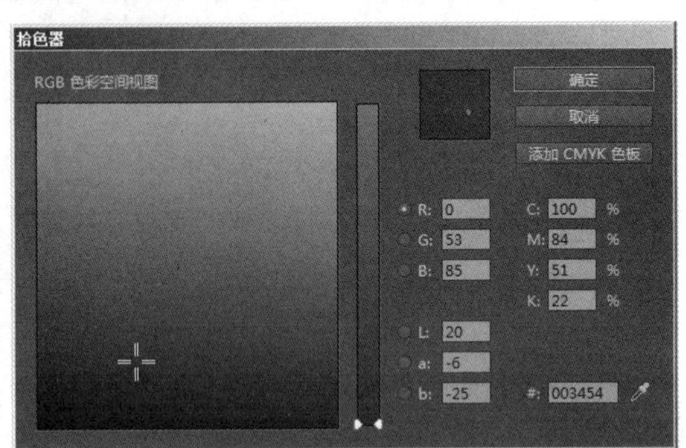

图9–152　将背景色添加到色板中

提示

按快捷键〈F5〉可直接打开“色板”。

③ 选择工具箱中的（钢笔工具），在跨页的左下方（也就是第 3 页的左下方）绘制一个舞动的抽象小人图形，并将其“填色”设置为黄绿色[参考色值为 CMYK（35，0，95，0）]，如图 9–153 所示。这种颜色也是基金会 Logo 中的一种标准色，下面用与前一步骤同样的方法将其添加到色板中。

④ 将小人复制一份到右上方（这一页是折页的封面），然后将其进行水平翻转。方法：选中抽象小人，执行菜单中的“对象 | 变换 | 水平翻转”命令，从而得到一个对称图形，如图 9–154 所示。这个抽象小人图形是基金会 Logo 中的一个重要元素，这种象征企业形象的元素要被充分展开使用。

图9–153　绘制抽象小人图形

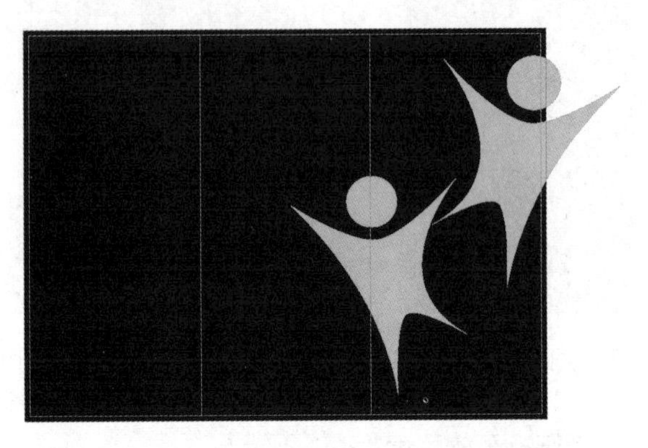

图9–154　将小人图形复制一个到页面的右上方

⑤ 制作折页正面的核心图形，即该基金会的 Logo 图案，该 Logo 是由几个不同色彩的同心圆和抽象小人以及数字组成的，可在 InDesign CC 2017 软件中直接绘制，首先绘制不同颜色的同心圆。方法：在工具箱中选择（椭圆工具），按住〈Shift〉键在跨页第 3 页两个小人中间绘制一个圆，并设置其“填色”为“色板”中以前存储的黄绿标准色，效果如图 9−155 所示。然后按快捷键〈Ctrl+C〉将其复制，再执行菜单中的“编辑|原位粘贴”命令，在黄绿色圆上方复制出一个等大的同心圆。接着改变其大小比例，在选项栏内“X／Y 缩放百分比”栏中分别输入 96%，使同心圆向内缩小一圈。最后将其“填色”设置为“色板”中前面设定好的深蓝标准色，效果如图 9−156 所示。

图9−155　绘制黄绿色圆

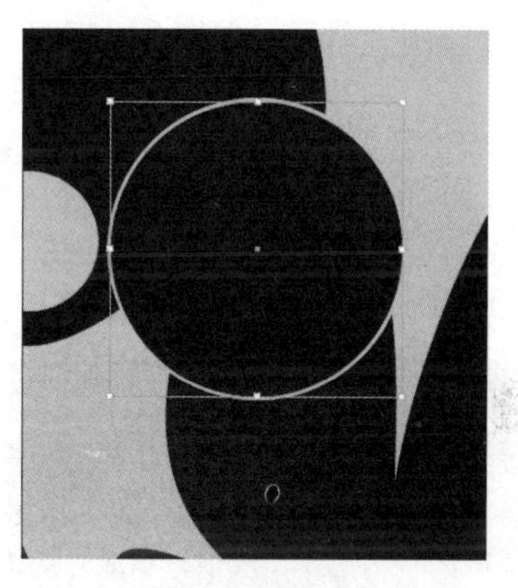

图9−156　较大的深蓝色同心圆效果

⑥ 同理，在深蓝色圆形上方再复制出一个小一些的同心圆，将其“填色”设置为天蓝色［参考色值为 CMYK（80，20，5，0）］，效果如图 9−157 所示，并将这种颜色添加到 CMYK 色板中。最后，在天蓝色圆上方再复制出一个更小一些的深蓝色同心圆，效果如图 9−158 所示。

图9−157　天蓝色同心圆效果

图9−158　较小深蓝色同心圆效果

提示

各同心圆的缩放比例读者可自行设置。

⑦ 复制两个抽象小人，放在刚才绘制的一系列同心圆的上方，并调整其大小。然后将其“填色”设置为白色和蓝绿标准色，效果如图 9−159 所示，此时标识已初具规模。

⑧ 下面开始艺术字的绘制，由于字库内的字体风格都太过规则，因此最好不要直接采用，而是自行绘制。方法：首先选择工具箱中的 （钢笔工具），在蓝色背景上绘制出“CALVARY KIDS”字样形状的闭合路径，注意：文字呈弧形排列，并且左大右小，富有动感。绘制后的路径效果如图 9-160 所示，然后将其“填色”设置为黄绿标准色，效果如图 9-161 所示。

图9-159　同心圆上方抽象小人效果

⑨ 利用 （钢笔工具）绘制字母“A”“R”“D”中心镂空部分的闭合路径，如图 9-162 所示。然后利用 （直接选择工具）同时选中镂空部分和与其相应的字母，接着打开“路径查找器”面板，单击其中的 （排除重叠：重叠形状区域除外）按钮，如图 9-163 所示。这样镂空部分和相应字符就会自动形成一个整体的闭合路径，字母中间部分变得透明，效果如图 9-164 所示。

图9-160　艺术字闭合路径效果

图9-161　将其“填色”设置为黄绿标准色

图9-162　绘制字母镂空部分

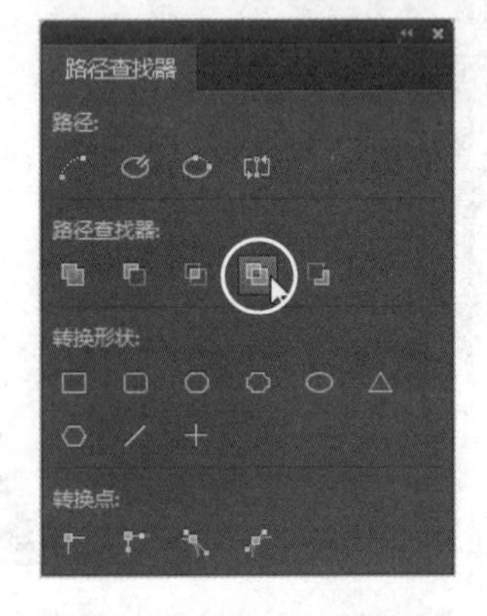

图9-163　单击“排除重叠：重叠形状区域除外”按钮

⑩ 艺术字的基本字形绘制完成后，下面对其添加效果，首先为其设置简单的描边效果。方法：利用 （选择工具）选中所有字母，执行菜单中的“对象 | 编组”命令，使其成为一个整体。按快捷键〈F10〉打开“描边”面板，将描边“粗细”设置为 0.5 毫米，并单击 （圆头端点）和 （圆角连接）按钮，如图 9-165 所示。将描边颜色设置为深蓝标准色，并将艺术字移动到同心圆上方合适的位置，效果如图 9-166 所示。

图9-164 排除重叠后艺术字效果

图9-165 设置描边参数

⑪ 为了使艺术字显得更有厚重感，下面给其添加一圈外发光效果。方法：利用 （选择工具）选中艺术字，执行菜单中的“对象 | 效果 | 外发光”命令，在弹出的对话框中将“模式”设为“正常”，“颜色”设为深蓝标准色，“不透明度”设为100%，“方法”设为“柔和”，“大小”设为2毫米，“杂色”设为0%，“扩展”设为33%，如图9-167所示。单击“确定”按钮，此时艺术字周围多了一层深蓝色光晕效果，如图9-168所示。

图9-166 艺术字描边效果

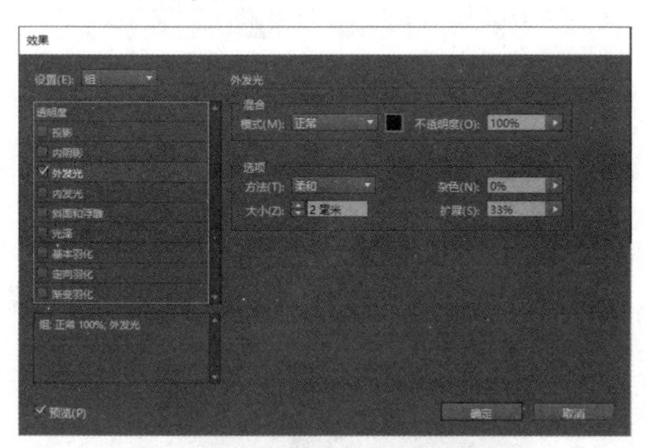

图9-167 设置外发光效果参数

图9-168 艺术字外发光效果

⑫ 为了使艺术字更有层次感，下面再添加天蓝色的投影效果。方法：利用 （选择工具）选中艺术字，执行菜单中的“对象 | 效果 | 投影”命令，在弹出的对话框中将“模式”设为“正常”，“颜色”设为天蓝标准色，“不透明度”设为70%，“距离”设为1.7毫米，“角度”设为135°，“X位移”设为1.2毫米，“Y位移”设为1.2毫米，其他为默认值，如图9-169所示。完成之后单击“确定”按钮，此时艺术字下方多了一层天蓝色投影效果，如图9-170所示。

⑬ 在天蓝色圆（同心圆内）的外围有一圈文字信息，下面利用沿线排版的技巧制作文字沿圆排列的效果。方法：绘制一个如图9-171所示的同心圆（此圆的描边和填色都为无，是纯路径），然后选择 （路径文字工具），将鼠标移动到圆路径上需要文字开始的位置，单击路径，输入文字，此时文字即可根据路径的形状自动排列。最后选中文字，在“字符”面板中设置文字参数，

如图 9－172 所示，文字排列效果如图 9－173 所示。

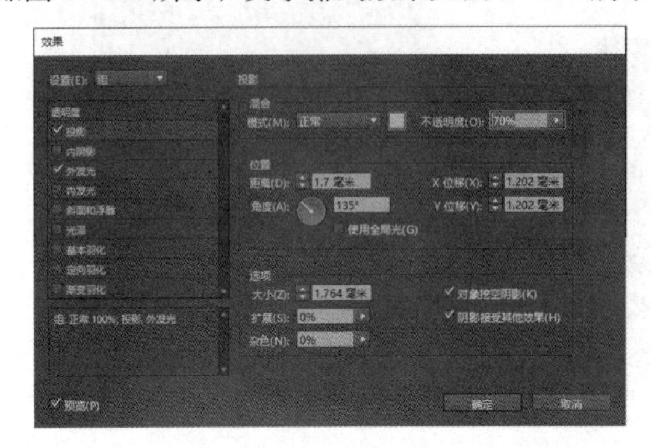

图9－169　设置投影参数

图9－170　艺术字投影效果

图9－171　绘制半圆文字路径

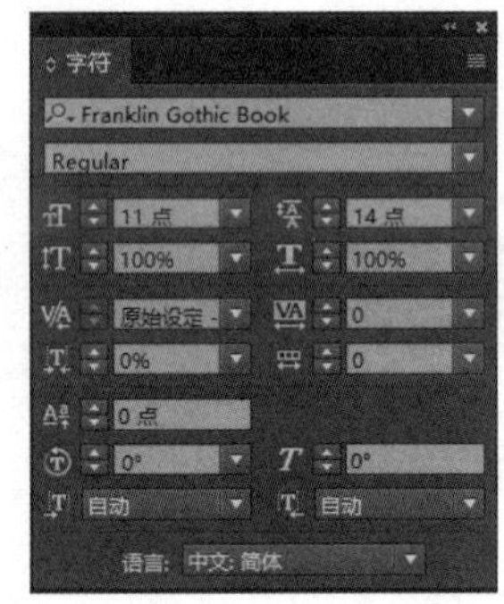

图9－172　设置信息文字字符参数

图9－173　半圆路径文字效果

提示

利用工具箱中的 (直接选择工具) 选中路径文字，然后拖动路径文字起始或终止光标线可改变路径文字的位置，如图9－174所示；拖动中间位置光标线可翻转文字方向。

⑭ 这样，基金会的 Logo 就全部绘制完成了，跨页第 3 页即折页的封面编排完成了，效果如图 9－175 所示。

图9－174　改变路径文字的起始位置

图9－175　跨页第3页整体效果

⑮ 折页的正面是由三跨页组成的，实际上跨页的第 3 页和第 2 页相当于封面和封底，而跨页的第 1 页要被折进内页中去，所以在跨页的第 2 页中部要添加一个基金会的标语，用来体现基金会的宗旨和形象。标语是事先做好的艺术文字，呈图片形式，只需直接置入即可。方法：执行菜单中的“文件｜置入”命令，在弹出的对话框中选择资源中的“素材及结果 \9.3 儿童基金会折页设计 \‘儿童基金会折页设计’文件夹 \Links\ 基金会标语 .png”，如图 9–176 所示，单击“确定”按钮。然后将标语拖动到第 2 页的中上部，此时跨页第 2 页的编排就完成了，如图 9–177 所示。

图9–176　置入“基金会标语.png”文件

图9–177　跨页第2页效果

提示

一般封底的图案和文字都不必太多，因此跨页第2页的编排比较简洁。

⑯ 将跨页第 3 页中的抽象小人复制一个到跨页第 1 页的左上方。至此，折页的正面全部编排完成，效果如图 9–178 所示。

3．制作折页的背面版面

① 折页背面即第二个跨页的编排。首先将第二个跨页的第 1 页和第 3 页的背景色填充为洋红色［参考色值为 CMYK（0，100，0，0）］和青色［参考色值为 CMYK（100，0，0，0）］，读者也可以自己选择折页的背景颜色，效果如图 9–179 所示。

图9–178　三折页正面整体效果

图9–179　填充第二跨页中每页的背景色

② 图片的编排。首先将所需的图片置入文档。方法：执行菜单中的“文件 | 置入”命令，在弹出的对话框中选择资源中的“素材及结果\9.3 儿童基金会折页设计\‘儿童基金会折页设计’文件夹\Links\快乐女孩 .png”，如图 9-180 所示，单击“确定”按钮，并将“快乐女孩 .png”移至第 2 跨页第 3 页的上方，如图 9-181 所示。

③ 将标识中的重要元素——抽象小人复制一份放在第 2 跨页第 3 页的左下方，并将其填色设置为白色，如图 9-182 所示。这样，第 2 跨页第 3 页中的图片就处理完成了。

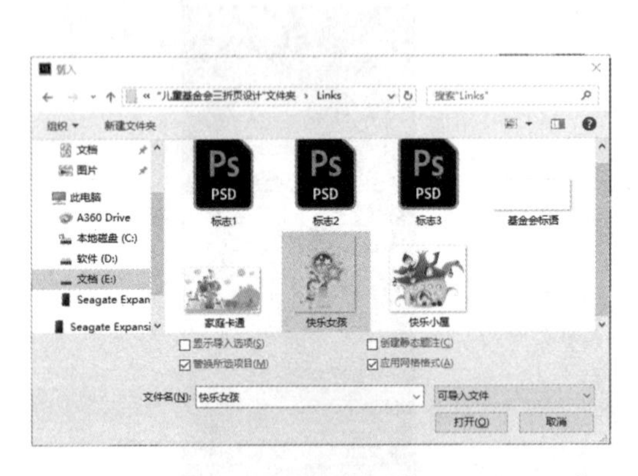

图9-180　在对话框中选择“快乐女孩.png”

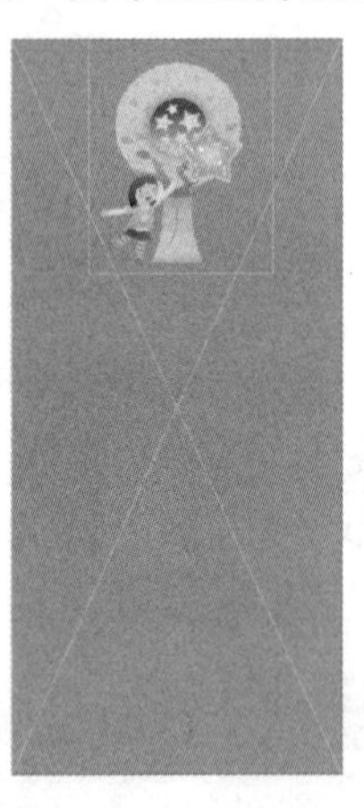

图9-181　将“快乐女孩 .png”移至页面上方

图9-182　将抽象小人复制到页面的左下方

④ 第 2 跨页第 2 页的图片编排。执行菜单中的“文件 | 置入”命令，在弹出的对话框中选择资源中的“素材及结果\9.3 儿童基金会折页设计\‘儿童基金会折页设计’文件夹\Links\家庭卡通 .png”，单击“确定”按钮。将“家庭卡通 .png”移至跨页第 2 页的中上部，如图 9-183 所示。在“家庭卡通 .png”的下一层用⊠（矩形框架工具）绘制一个矩形框架，并将其“填色”设置为深蓝标准色，效果如图 9-184 所示。最后，同样将抽象小人复制一个到“家庭卡通 .png”和深蓝色块面两层的中间，并将其填色设置为黄绿标准色，如图 9-185 所示。至此，第 2 跨页第 2 页的图片就全部编排完成了。

图9-183　置入“家庭卡通”图片

图9-184　在图片的下一层绘制深蓝色块

图9-185　添加抽象小人效果

⑤ 第2跨页第1页的主要图片只有一个，因此只需直接置入图片即可。方法：执行菜单中的“文件 | 置入”命令，在弹出的对话框中选择资源中的“素材及结果\9.3 儿童基金会折页设计\‘儿童基金会折页设计’文件夹\Links\快乐小屋.png”，单击“确定”按钮。然后将“快乐小屋.png”移至跨页第1页的上方，效果如图9-186所示。

⑥ 由于图片与背景有的颜色比较相近，因此需要给图片设置外发光效果，使其与背景层次拉开。方法：执行菜单中的“对象 | 效果 | 外发光”命令，在弹出的对话框中设置外发光参数如图9-187所示。单击“确定”按钮，可见图片外围出现了一圈白色光晕，这样第2跨页的图片就全部编排完成，总体效果如图9-188所示。

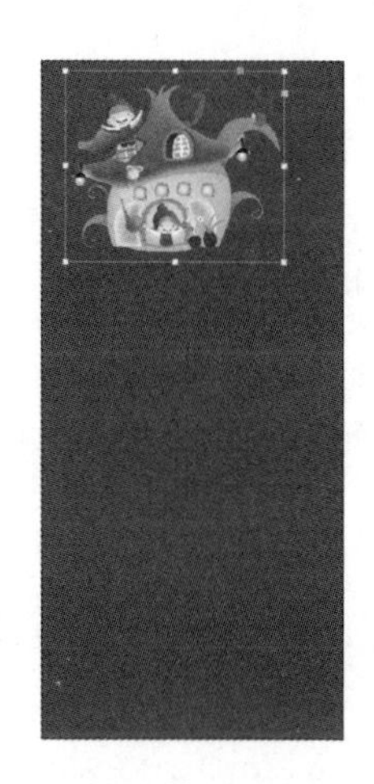

图9-186 将“快乐小屋.png”放至页面上方

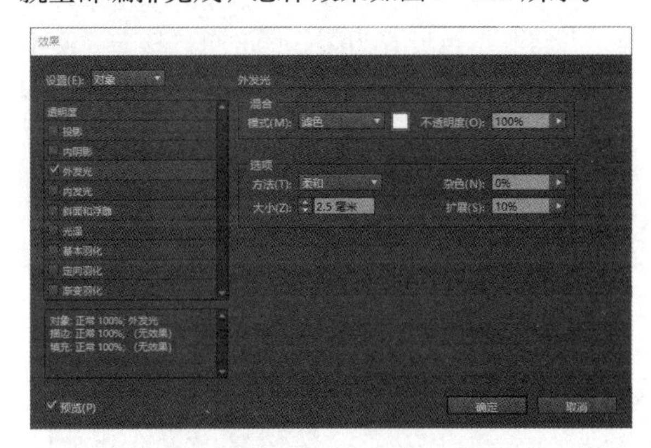

图9-187 设置外发光效果参数

图9-188 第2跨页图像文件编排完成效果

⑦ 第2跨页中文字的编排。首先从第2跨页第3页开始文字编排。方法：选择工具箱中的T(文字工具)，在“快乐女孩.png”图像文件的下方创建一个长条矩形文本框，如图9-189所示。然后按快捷键〈Ctrl+T〉，在打开的“字符”面板中设置参数如图9-190所示，将“字体”设置为Cooper Std(由于是关于儿童基金的宣传折页，因此在字体的选择上要选择较活泼的字体)，将“字号”设置为11点，其他为默认值。在文本框中输入标题文字，并将其填色设置为白色，效果如图9-191所示。

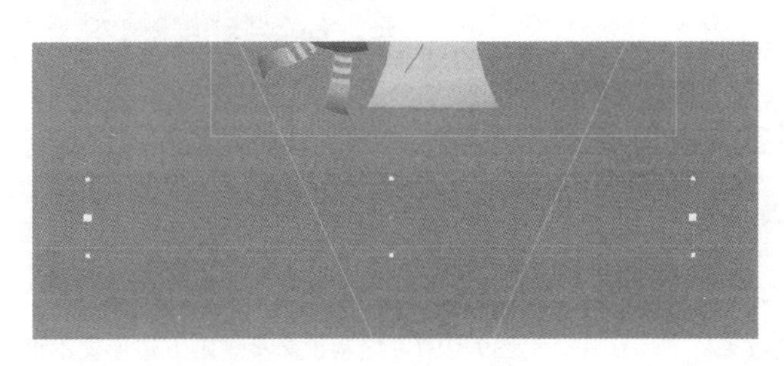

图9-189 在“快乐女孩.png”图像文件的下方创建标题文本框

图9-190 设置标题文字参数

⑧ 由于在版面中这种字体会频繁使用，因此将它添加到字符样式面板中。方法：将标题文字涂黑选中，然后在“字符样式”面板中单击▣（创建新样式）按钮，并将新建的样式命名为“标题文字”，如图 9-192 所示。这样，之后需要使用这种字体时在“字符样式”面板中选择“标题文字”样式即可。

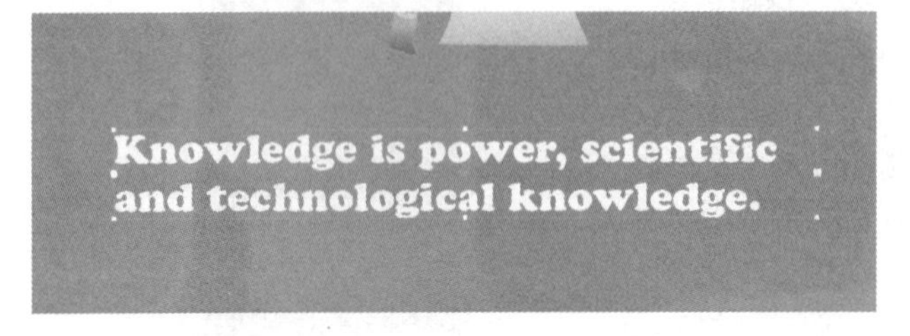

图9-191　在文本框中输入标题文字

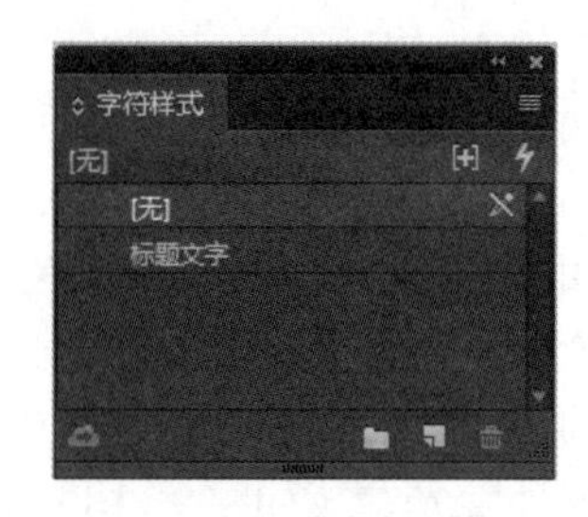

图9-192　将标题文字添加到“字符样式”面板中

⑨ 正文部分的编排。同样利用T（文字工具）在标题文字下方创建一个矩形正文文本框，然后在“字符”面板中设置如图 9-193 所示参数，并将其填色设置为深蓝标准色。接着在文本框中粘贴事先准备好的文字，效果如图 9-194 所示。最后使用同样的方法将这种字符样式添加到“字符样式”面板中，并将其命名为“正文”，如图 9-195 所示。

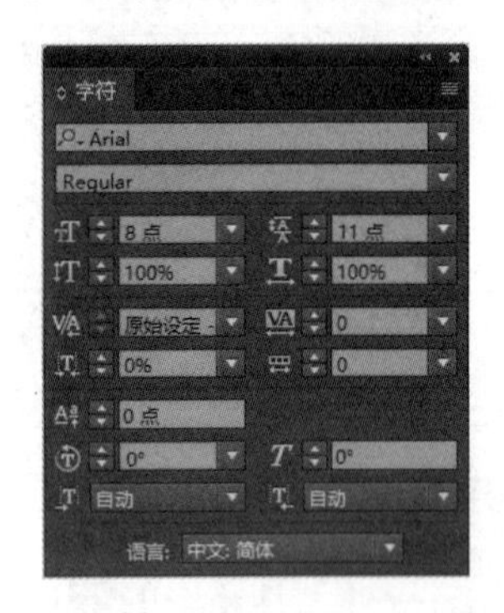

图9-193　设置正文字符参数

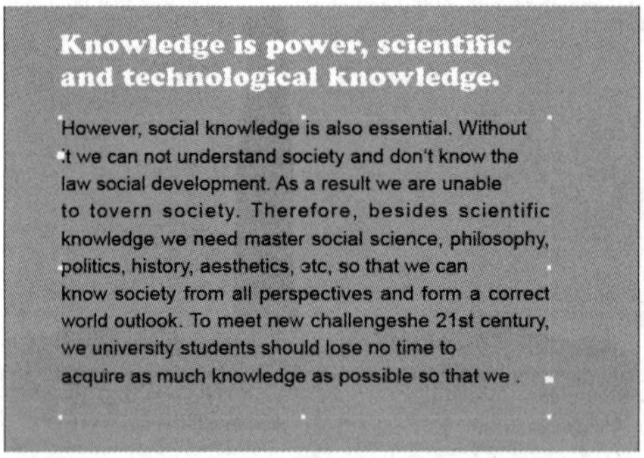

图9-194　在文本框中粘贴正文文字

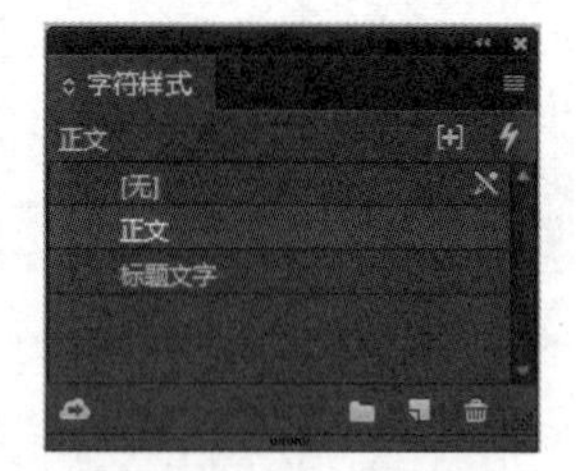

图9-195　将正文添加到“字符样式”面板中

⑩ 下一段正文的编排。首先在上段正文的下方创建文本框，然后选择“标题文字”字符样式，在文本框中输入标题文字即可，效果如图 9-196 所示。

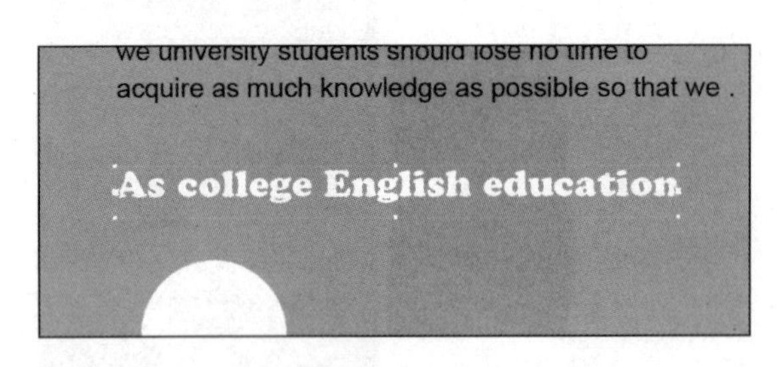

图9-196　第二段文字标题效果

图9-197　绘制正文不规则五边形文本框

⑪ 在标题文字下方创建正文文本框，由于左侧有抽象小人，因此该文本框必须是不规则文

本框，首先用（钢笔工具）绘制一个不规则五边形闭合路径，如图 9−197 所示，然后选择“正文”字符样式，接着粘贴准备好的文本即可，效果如图 9−198 所示。至此，本页的文字编排就完成了，整体效果如图 9−199 所示。

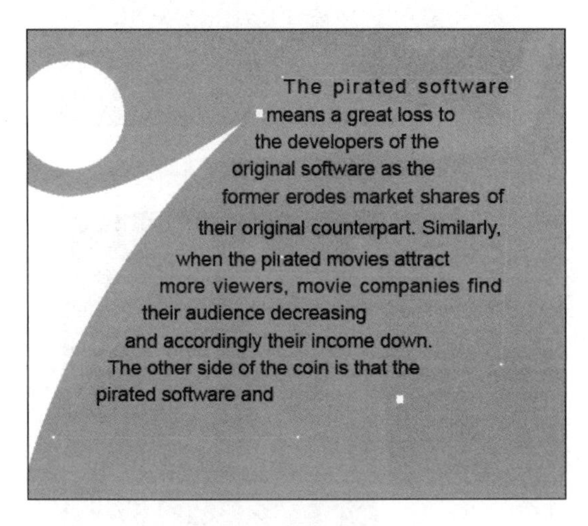

图9−198　在文本框中粘贴文字

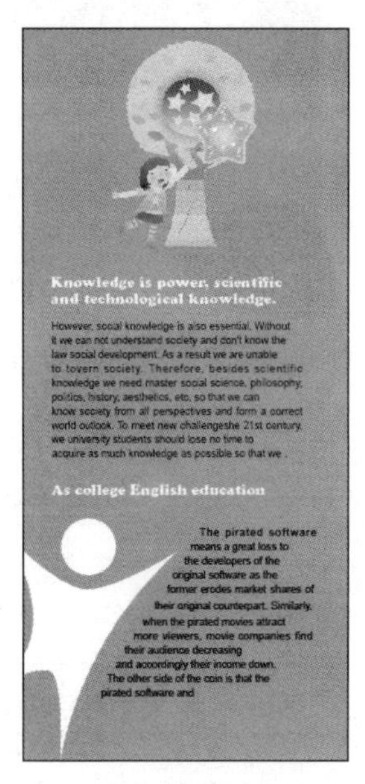

图9−199　本页整体效果

⑫ 第 2 跨页第 2 页的文字编排，首先编排在深蓝色块的左上方的一些文字。同样，利用（文字工具）创建标题文本框，由于这里的文字使用的字体与之前添加到“字符样式”面板中的字体不一样，因此要重新设置字符参数。方法：按快捷键〈Ctrl+T〉，在打开的“字符”面板中设置参数如图 9−200 所示，在文本框中输入标题文字，如图 9−201 所示。在标题文字下方再输入一段正文文字，并在“字符”面板中设置参数如图 9−202 所示，将其填色设置为黄绿标准色，如图 9−203 所示。

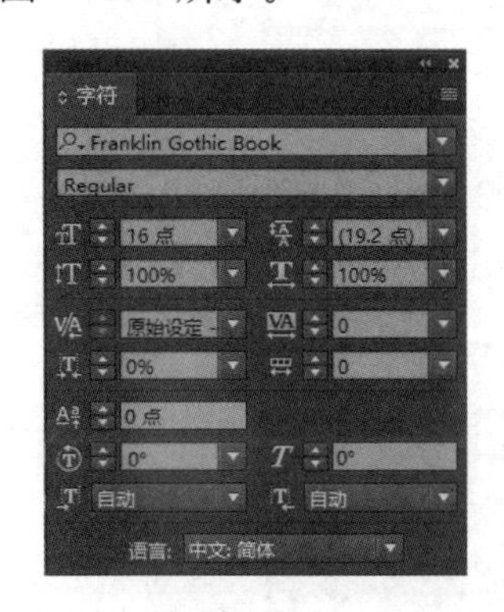

图9−200　设置第2种标题字符参数

图9−201　在文本框中输入标题文字

⑬“卡通家庭 .png”图像下方的文字编排，所用标题字的字体和正文的字体都与之前的一样，因此直接在“字符样式”面板中选择即可。然后将标题文字的填色改为天蓝标准色，如图 9−204 所示。读者可参照图 9−205 自行编排其他文字，编排后中间页整体效果如图 9−206 所示。

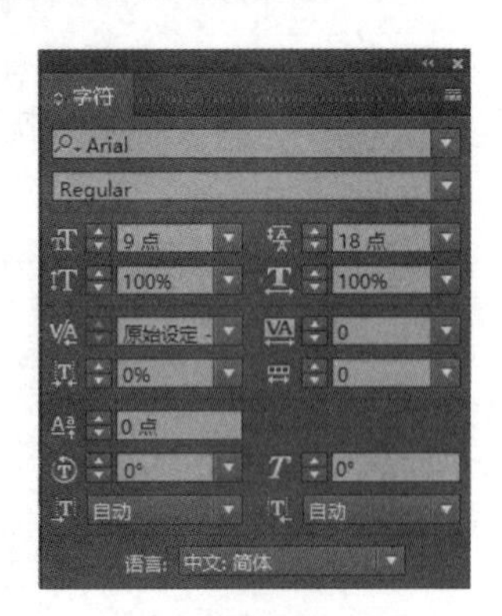

图9-202　设置第2种正文字符参数

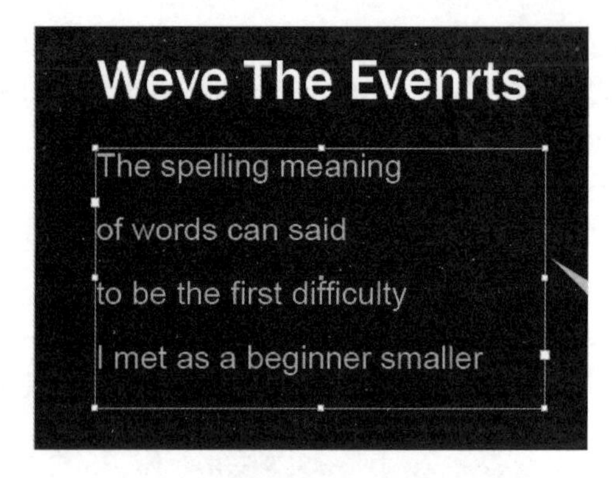

图9-203　将正文文本粘贴入文本框

图9-204　标题字色彩改为天蓝标准色

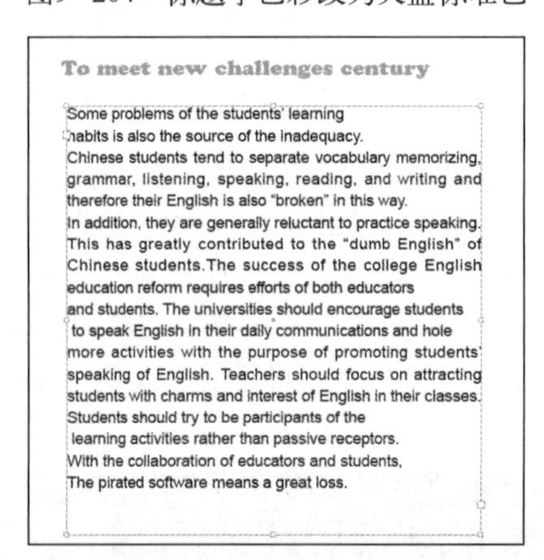

图9-205　图片下方文字效果

图9-206　中间页整体效果

⑭ 为了使版面完整，读者可参照图 9-207 添加第 2 跨页第 1 页上的其他文字。

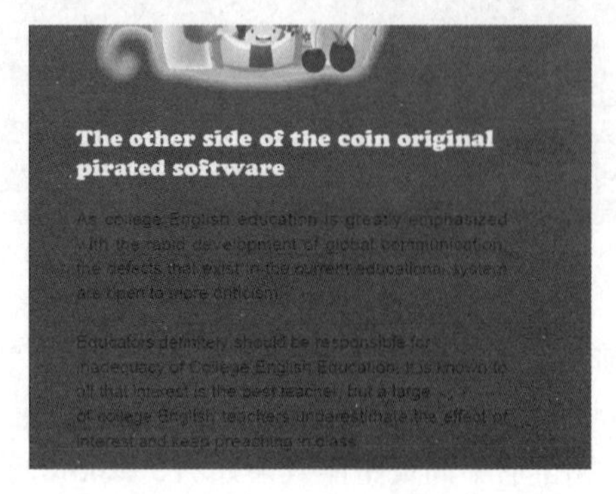

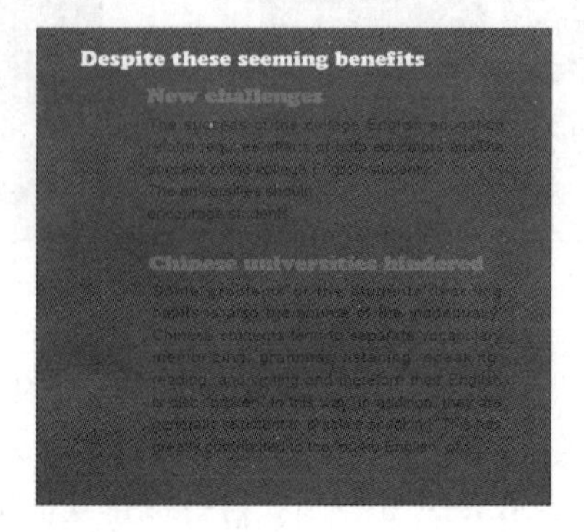

图9-207　添加上其他文字

⑮ 在第 2 跨页中第 1 页的左下方还有三个赞助企业的标志需要置入，执行菜单中的“文件｜置入”命令，在弹出的对话框中选择资源中的“素材及结果 \9.3 儿童基金会折页设计 \‘儿童基金会折页设计’文件夹 \Links\ 标志 2.psd”，如图 9-208 所示，单击“确定”按钮。将“标志 2.psd”移至页面下方文字的左部，如图 9-209 所示。使用同样的方法将其余两个标志置入文档并放在“标志 2.psd”的下方，如图 9-210 所示。此时第 2 跨页中第 1 页整体效果如图 9-211 所示。

图9-208 选择“标志2.psd”文件

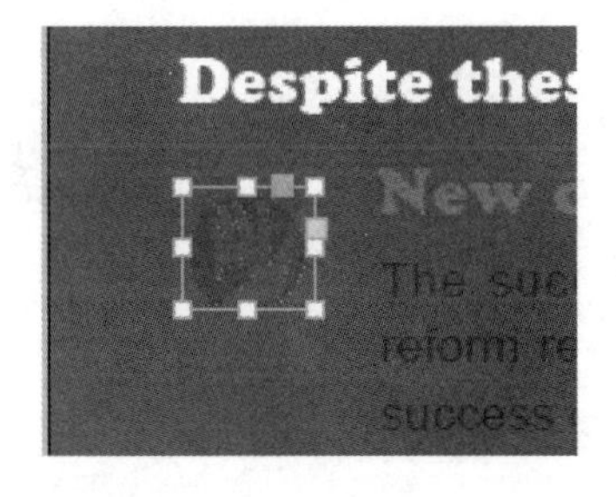

图9-209 “标志2.psd”效果

图9-210 其余两个标志排列效果

⑯ 至此，折页背面 3 页的编排全部完成，整体效果如图 9-212 所示。执行菜单中的“文件｜存储”命令，将文件进行存储。执行菜单中的“文件｜打包”命令，将所有相关文件进行打包。

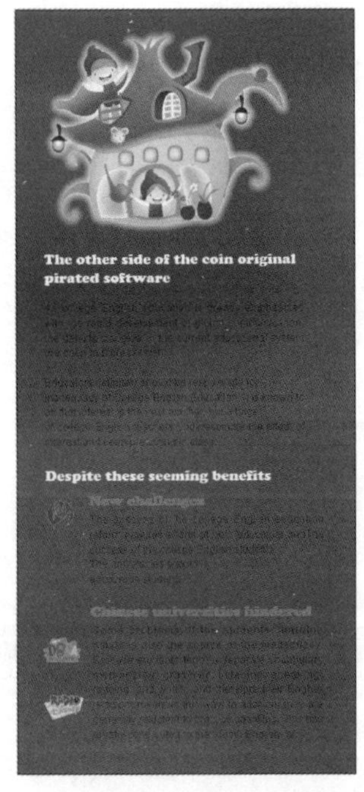

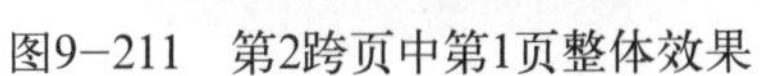

图9-211 第2跨页中第1页整体效果

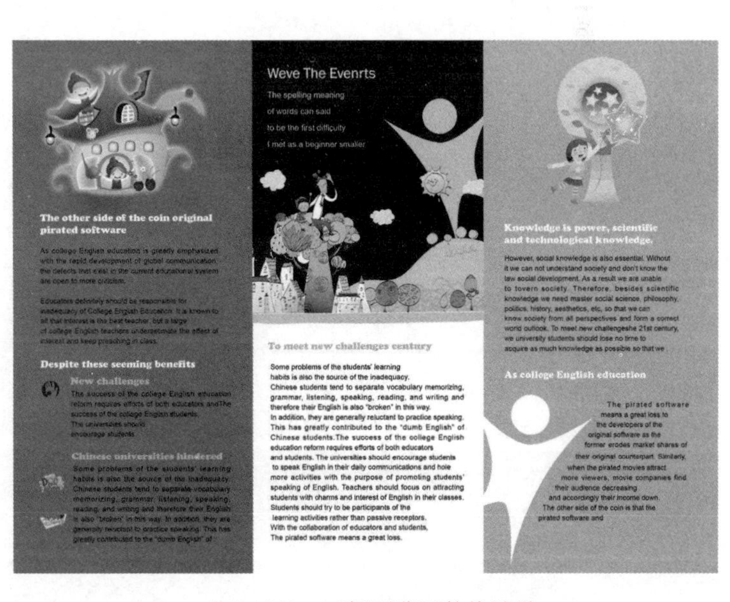

图9-212 三折页背面整体效果

课后练习

1. 制作图 9-213 所示的名片效果。
2. 制作图 9-214 所示的信封效果。

图9-213 名片效果

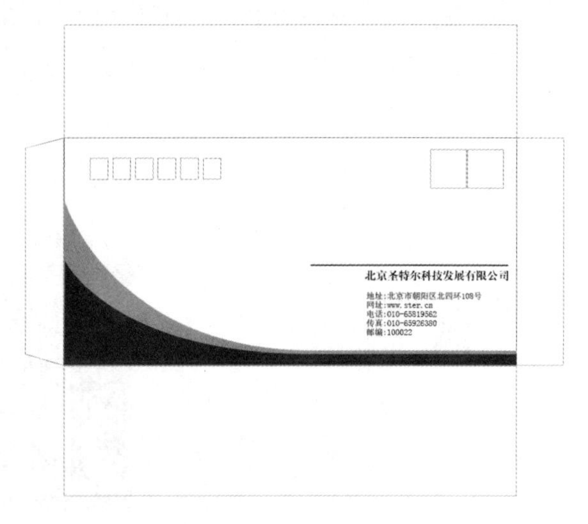

图9-214 信封效果